高等职业教育数控技术专业规划教材
国家示范性高职院校建设项目成果

零件三维建模与制造

——UG NX 三维造型

主　编　高永祥
副主编　杜红文
参　编　单　岩　周超明
主　审　徐志扬

机械工业出版社

本书以 UG NX 6.0 中文版为操作平台，通过项目由浅入深、循序渐进地介绍了 UG NX6.0 建模设计的全过程。书中精选了 6 个项目载体，作为学习引入，旨在快速有效地帮助初学者掌握软件的常用功能。本书还针对此前毫无 UG 基础的用户，可以使他们学习完本书后，迅速掌握 UG NX 软件的使用。全书共分 6 个项目，按项目的难易程度，依次介绍了阀盖三维建模、减速器传动轴三维建模、圆盘模腔三维建模、支架三维建模、汽车模型曲面建模、阀体三维建模与装配等内容。对于每个项目，都从工作任务分析、项目实施、知识技能点、项目小结、实战训练几方面进行介绍。

随书配有光盘，提供了实例素材源文件和视频动画演示，可以帮助读者获得最佳的学习效果。光盘中还有教学 PPT 电子教案，以方便教师授课之用。

本书可作为大中专院校相关专业的教材和社会相关培训班用书，还适合 UG NX6.0 的初、中级用户学习阅读。

图书在版编目（CIP）数据

零件三维建模与制造：UG NX 三维造型/高永祥主编 . —北京：机械工业出版社，2010.8（2018.2 重印）

高等职业教育数控技术专业规划教材，国家示范性高职院校建设项目成果

ISBN 978-7-111-30860-7

Ⅰ.①零…　Ⅱ.①高…　Ⅲ.①三维—机械元件—计算机辅助设计—应用软件，UG NX　Ⅳ.①TH13-39

中国版本图书馆 CIP 数据核字（2010）第 148508 号

机械工业出版社（北京市百万庄大街 22 号　邮政编码 100037）
策划编辑：郑　丹　王英杰　　责任编辑：王英杰
版式设计：霍永明　　责任校对：陈立辉
封面设计：鞠　杨　　责任印制：李　洋
北京瑞德印刷有限公司印刷（三河市胜利装订厂）
2018 年 2 月第 1 版 · 第 4 次印刷
184mm×260mm · 18.5 印张 · 457 千字
7901—9400 册
标准书号：ISBN 978-7-111-30860-7
ISBN978-7-89451-637-4（光盘）
定价：49.50 元（含 1CD）

凡购本书，如有缺页、倒页、脱页，由本社发行部调换

电话服务　　网络服务
服务咨询热线：010-88379833　　机工官网：www.cmpbook.com
读者购书热线：010-88379649　　机工官博：weibo.com/cmp1952
教育服务网：www.cmpedu.com
封面无防伪标均为盗版　　金书网：www.golden-book.com

前　言

随着信息化技术在现代制造业的普及和发展，零件三维建模及制造技术已经从一种稀缺的高级技术变成制造业工程师的必备技能，并替代传统的工程制图技术，成为工程师们的日常设计和交流工具。UG NX6.0 是目前先进的计算机辅助设计、分析和制造软件之一，广泛应用于航空、航天、通用机械等领域。

在全书的编写过程中，充分考虑、分析了机械类相关岗位（群）的工作过程、工作任务与职业能力，归整本课程培养的主要职业能力为产品建模能力、产品装配能力、产品逆向造型设计能力、数控编程能力等，并针对这些能力要求编写两本书：《零件三维建模与制造——UG NX 三维造型》、《零件三维建模与制造——UG NX 逆向设计、数控编程》。

本书的编写始终贯彻以工作项目为载体，坚持少理论多练习的原则，重点讲授工程项目中常用的知识与操作技巧。本书共分 6 个项目，按项目难易程度，依次介绍了阀盖三维建模、减速器传动轴三维建模、圆盘模腔三维建模、支架三维建模、汽车模型曲面建模、阀体三维建模与装配等内容，并相应插入 UG NX6.0 软件的主要知识点及操作技巧。

本书具有以下特色：

1. 内容的实用性。本书紧紧围绕高职高专数控技术专业 CAD/CAM 软件应用的教学要求，遵循学生认知规律并注重内容的实用性，由浅入深，系统、合理地讲述各个项目。在知识技能点讲解时力求精练，重点突出，以便使读者能以尽可能少的时间把握知识要点。

2. 项目内容的设计兼顾教学对象的特点。针对初学者的基础和特征，打破以知识传授为主要特征的传统学科体系，转变为以工作任务为中心组织课程内容，教材内容突出对初学者职业能力的训练，把知识与技能的培养有机地融入工作任务过程中。

3. 项目内容编排独特，附有丰富的图表。全书的项目载体都是精心挑选的工程实例，基本上涵盖了零件建模的基本知识。项目内容讲解详细，条理清晰，读者完全可以先练习后学习相关知识，非常适合自学和项目教学。

4. 配有视频动画教学。随书光盘中提供了本书全部实例素材源文件和项目操作视频动画录像，可以帮助读者轻松、高效地学习。

5. 配有 PPT 格式的电子教案，以方便教师授课之用。

本书由高永祥任主编，杜红文任副主编，周超明、单岩参加了编写，徐志扬审阅了全稿。高永祥对全书进行统稿，并编写项目 1、项目 6；杜红文编写项目 3；周超明编写项目 4、项目 5；单岩编写项目 2。本书在编写过程中得到浙大旭日科技有限公司、杭州娃哈哈集团有限公司精密机械分公司等企业技术员的大力帮助和指导，在此表示感谢。

限于编写时间和编者水平，书中必然会存在需要进一步改进和提高的地方。我们期望读者及专业人士提出宝贵意见与建议，以便今后不断加以完善。

编　者

目　　录

项目1　阀盖三维建模

项目摘要

本项目是完成一个简单机械零件——阀盖的建模。通过一个阀盖的实体建模，用户能对UG软件入门操作有一个比较感性的认识，并可以快速了解UG的建模操作界面、文件操作、基本实用工具的使用、工具栏的定制及简单命令操作等知识。

能力目标

- ◆ 能熟悉UG软件用户界面。
- ◆ 能掌握简单草图的创建。
- ◆ 会使用回转体、抽壳、孔、边倒圆等简单命令。
- ◆ 会设置快捷键和鼠标的操作。
- ◆ 能对资源条、类选择器、构造器、对话框等知识有一定了解。

1.1　工作任务分析

完成阀盖后的数据模型图如图1-1所示。

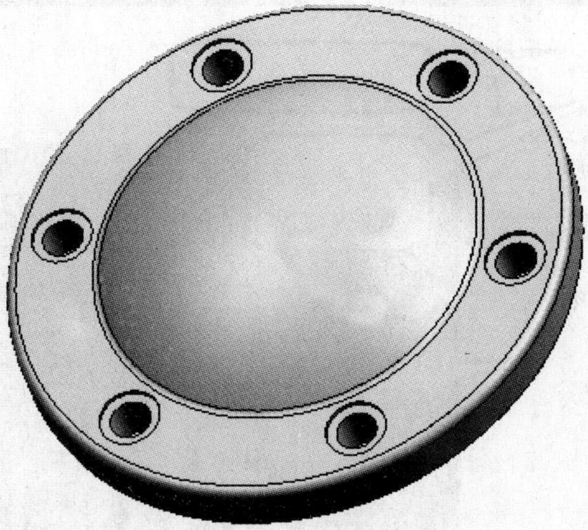

图1-1　阀盖

图1-1是已经完成的阀盖模型，从图中可以看出模型是盘类零件，在建模的时候只需创建一个草图，然后通过回转命令创建阀盖主体。阀盖零件的厚度为25mm，可以通过抽壳命令完成创建。阀盖上均匀分布6个沉头孔，创建6个沉头孔时，可以先创建一个沉头孔，其余5个可以通过圆形阵列的方式完成。最后，通过边倒圆命令，完成阀盖零件的倒圆角特

征，具体操作步骤如图 1-2 所示。

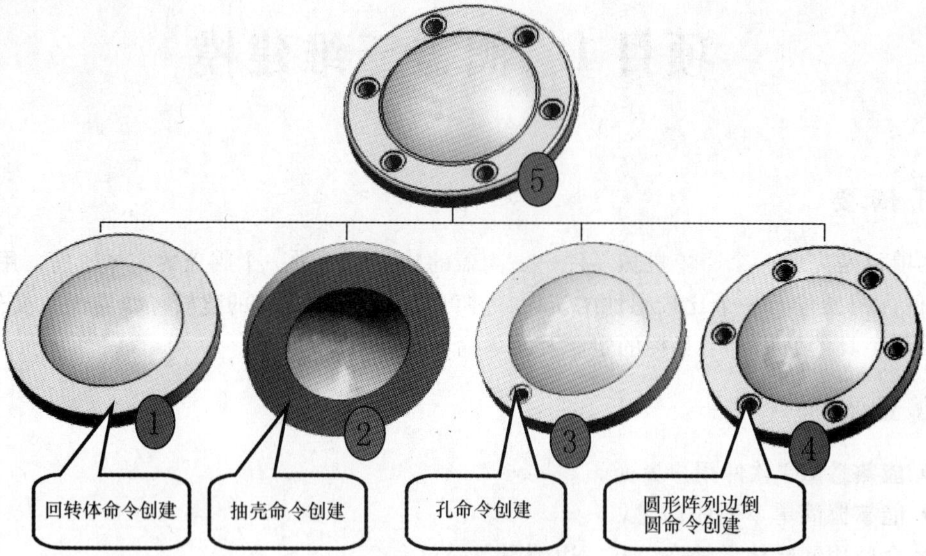

图 1-2　阀盖建模步骤

1.2　阀盖草图创建

（1）双击桌面的快捷图标，打开 UG NX 6 软件，出现 UG 界面，如图 1-3 所示。

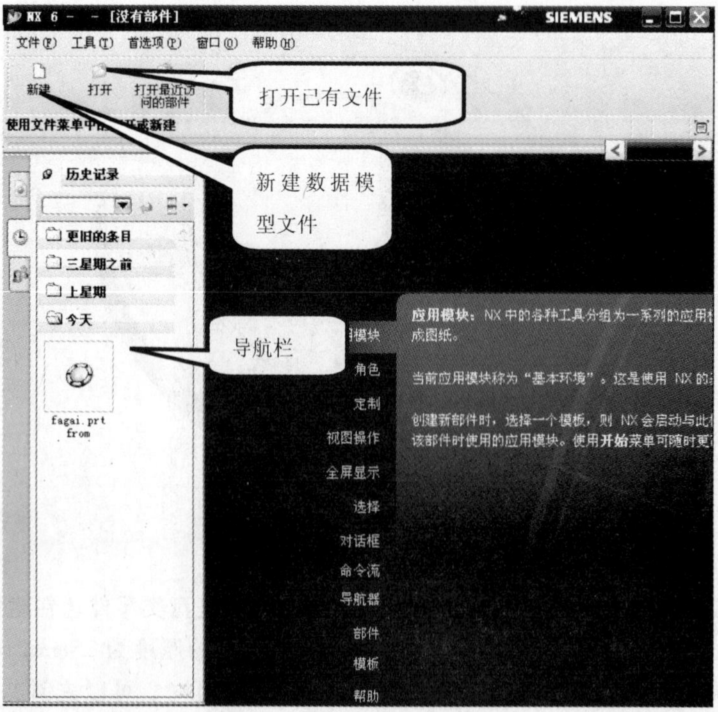

图 1-3　UG 初始界面

(2) 在 UG NX 软件中选择【新建】图标或从文件下拉菜单中选择【新建】选项，弹出如图 1-4 所示【新建对话框】。注意单位为【毫米】，【模板】选择【模型】，输入新文件名称【fagai. prt】，指定文件放置的文件夹所在的位置【D：\ UG \ 】，单击【确定】按钮。完成新建一个零件文件，并自动进入建模模块。该文件包含了一个基准坐标系和工作坐标系，UG NX 建模用户界面如图 1-5 所示。

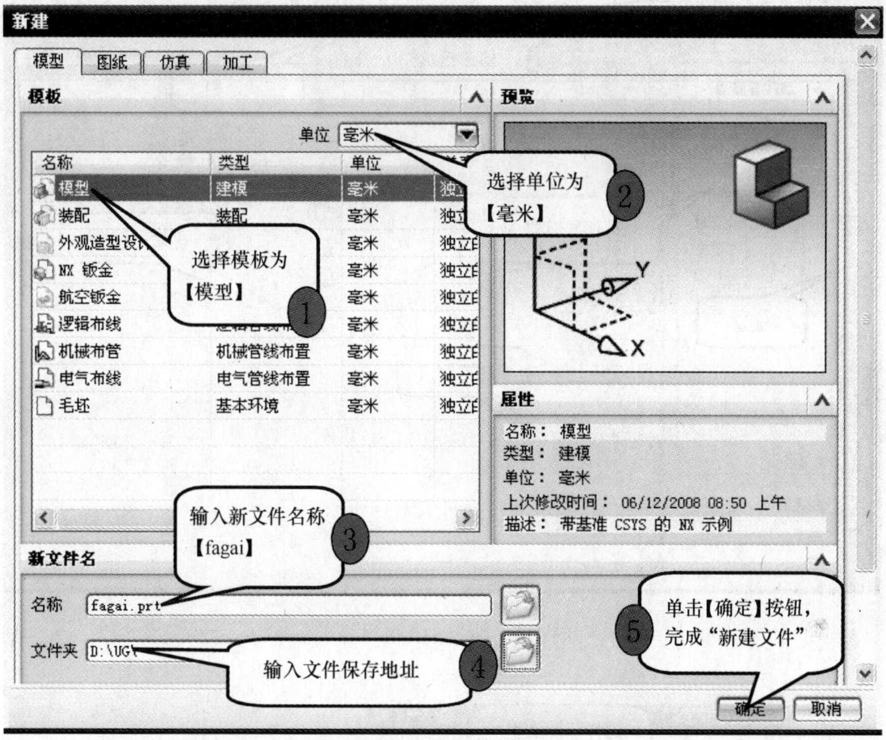

图 1-4　UG 新建文件对话框

(3) 选择【插入】→【草图】或单击【特征】工具条上的【草图】图标，弹出如图 1-6 所示【创建草图】对话框，默认以当前工作坐标系的【XC-YC】平面作为草图平面，单击【确定】按钮进入草图模块。

(4) 草图系统自动开启【配置文件】命令，打开配置文件对话框，在对话框中选择对象类型为【直线】，输入模式为【参数模式】，选择【坐标系原点】为直线起点，在长度框中输入【140】，在角度框中输入【0】，按 <Enter> 完成直线 1 绘制，如图 1-7 所示。

(5) 直线段 2 的绘制，选择【直线 1 端点】为直线起点，在长度框中输入【25】，角度框中输入【90】，按 <Enter> 完成直线 2 绘制，如图 1-8 所示。

(6) 直线段 3 的绘制，选择【直线 2 端点】为直线起点，在长度框中输入【45】，角度框中输入【180】，按 <Enter> 完成直线 3 绘制，如图 1-9 所示。

(7) 直线段 4 的绘制，开启【配置文件】命令，选择【直线 1 端点】为直线起点，在长度框中输入【60】，角度框中输入【90】，按 <Enter> 完成直线 4 绘制，如图 1-10 所示。

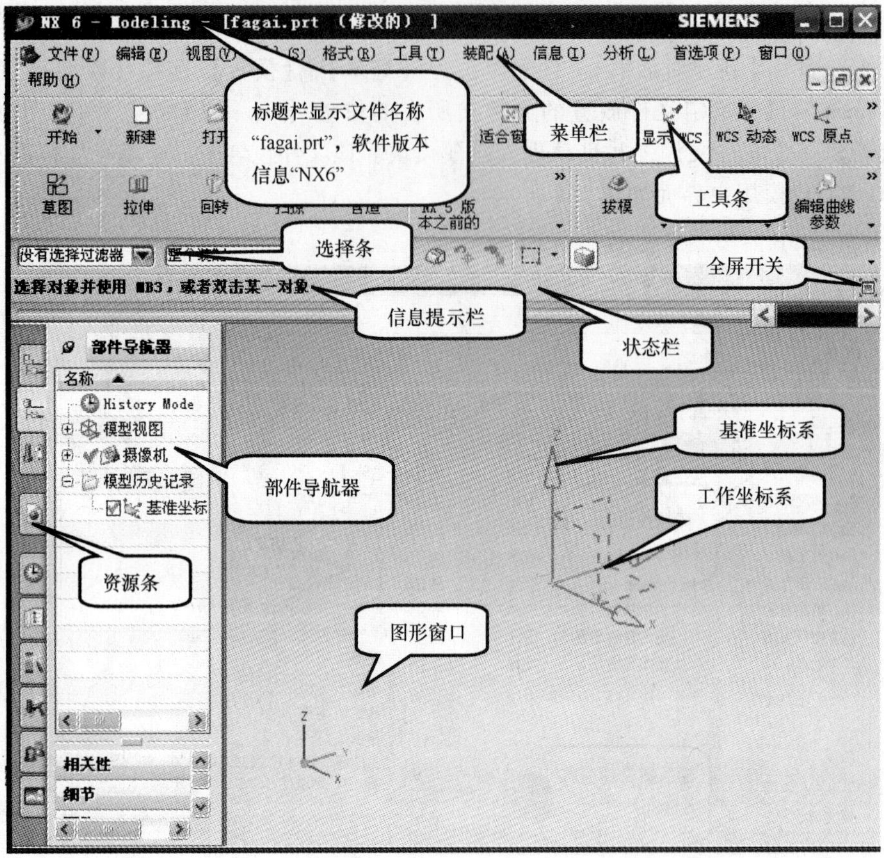

图 1-5　UG 建模用户界面

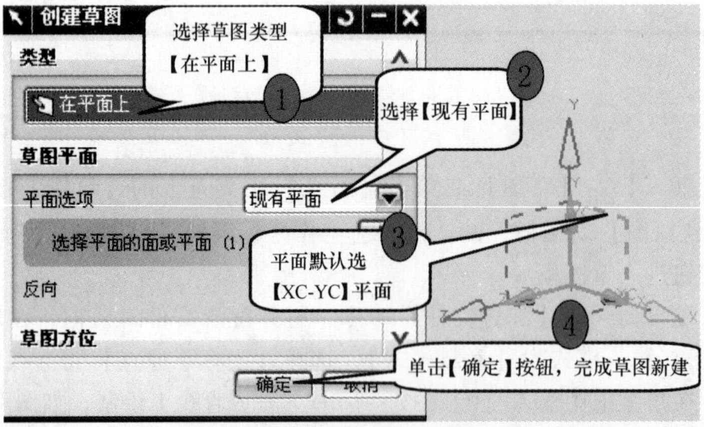

图 1-6　【创建草图】对话框

（8）圆弧段 5 的绘制，开启【配置文件】命令，打开配置文件对话框，选择对象类型为【圆弧】，输入模式为【参数模式】，选择【直线 4 端点】为直线起点，半径输入【146】，选择【直线 3 端点】为圆弧的末点，在圆弧中间位置单击鼠标左键，完成圆弧 5 绘制，如图 1-11 所示。

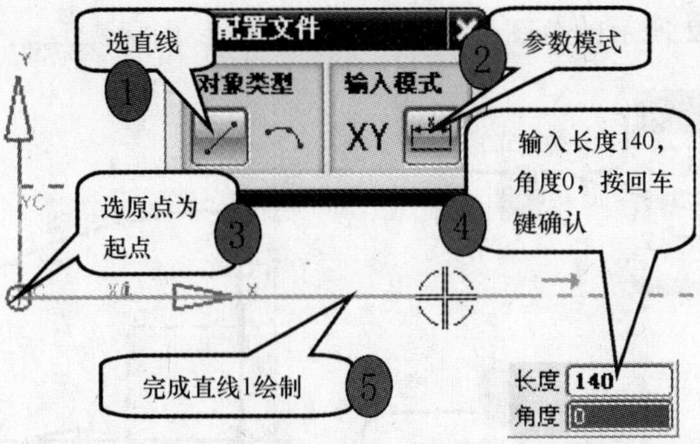

图 1-7　绘制直线 1

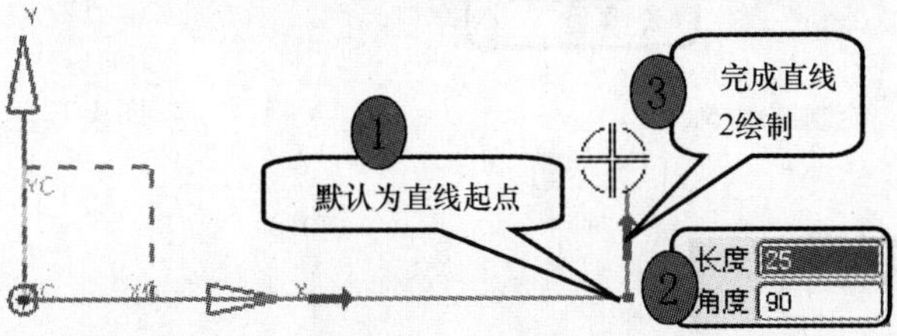

图 1-8　绘制直线 2

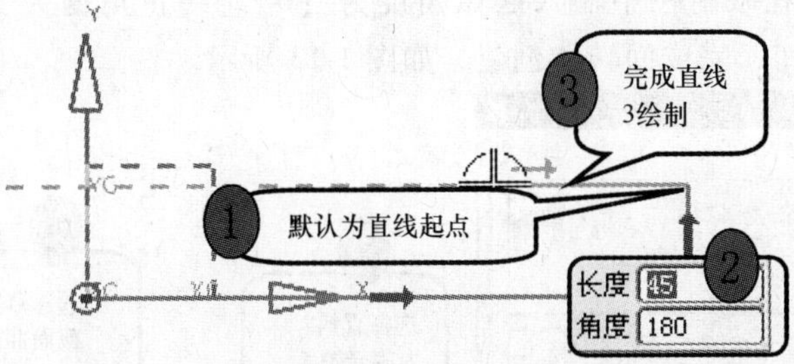

图 1-9　绘制直线 3

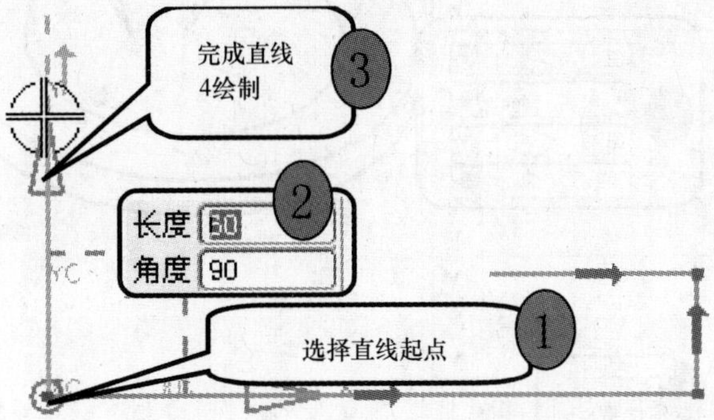

图 1-10　绘制直线 4

（9）完成如图 1-12 所示的草图，单击【完成草图】图标，退出草图环境。

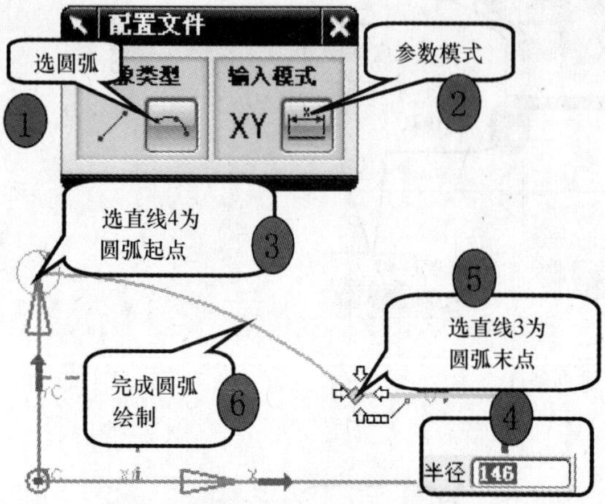

图 1-11　绘制圆弧 5

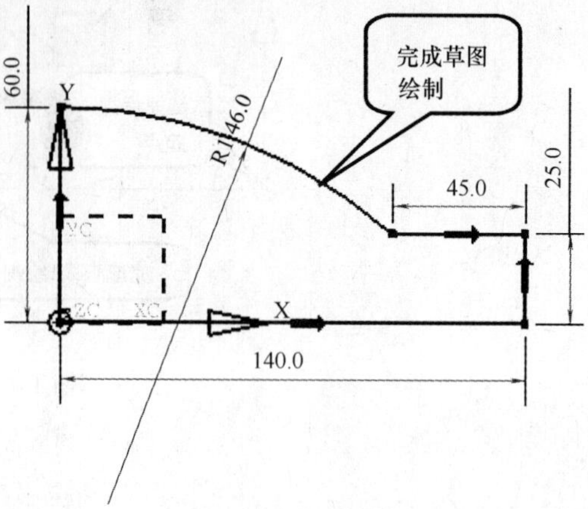

图 1-12　草图绘制

1.3　阀盖实体创建

（1）选择菜单中的【插入】→【设计特征】→【回转】命令，或在【成形特征】工具条选择【回转体】图标，出现【回转】对话框。在图形中选择上一步的草图曲线，选择【直线 4】为旋转轴，在限制栏中输入起始角度为【0】，终止角度为【360】，其余选项默认，单击【确定】按钮，完成回转体创建，如图 1-13 所示。

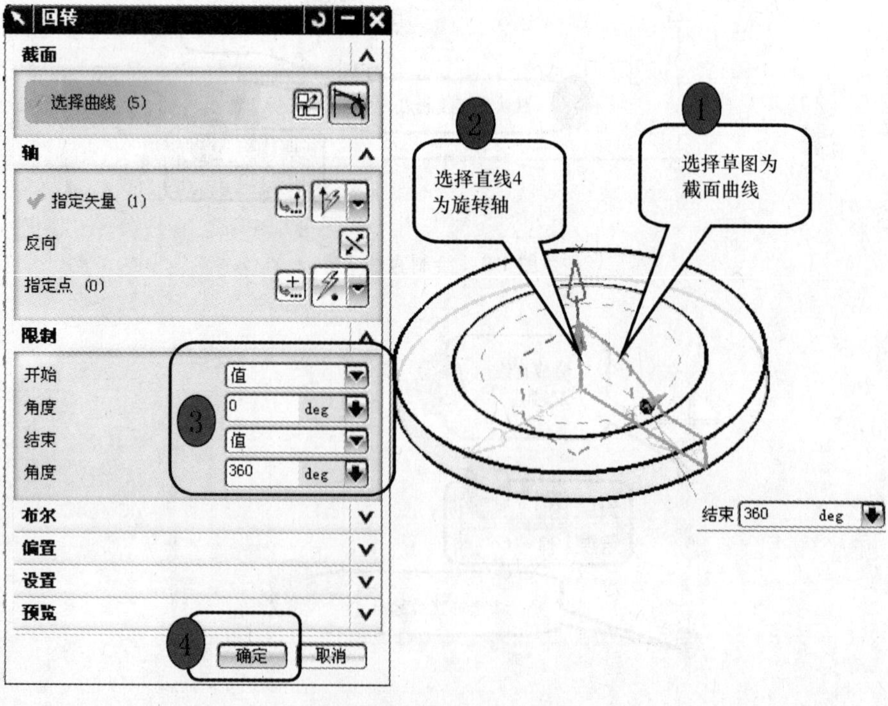

图 1-13　“回转体”创建

（2）选择菜单中的【插入】→【偏置/缩放】→【抽壳】命令，或在【特征操作】工具条选择【抽壳】命令图标，出现【壳单元】对话框。在类型栏选择【移除面，然后抽壳】，选择【阀盖底面】为要冲裁的面，厚度输入【25】，如图 1-14 所示。单击【确定】按钮，完成阀盖抽壳操作，如图 1-15 所示。

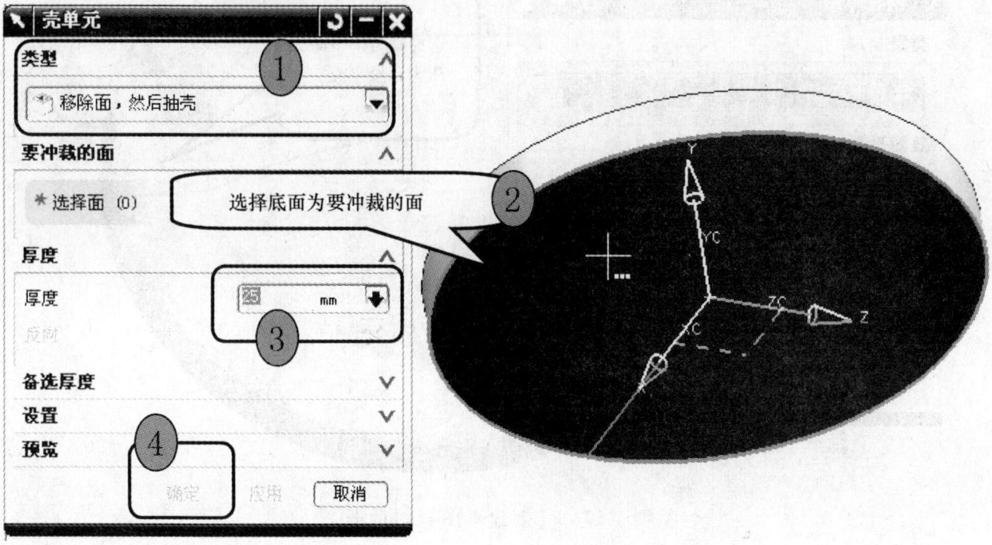

图 1-14　“抽壳”创建

（3）选择菜单中的【插入】→【设计特征】→【孔】命令，或在【特征操作】工具条选择【孔】图标，出现【孔】对话框。在类型栏选择【常规孔】，在位置栏选择【草图】图标，并打开草绘对话框，如图 1-16 所示。

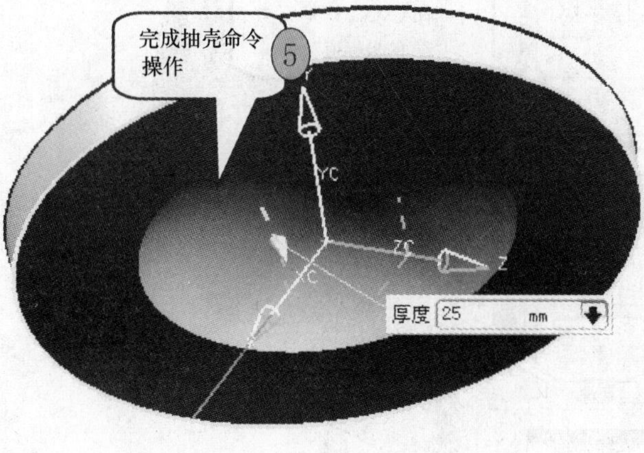

图 1-15　“抽壳特征”操作

图 1-16　【孔】对话框

（4）选择【以阀盖顶平面】作为草图平面，单击【确定】进入草图模块，如图 1-17 所示，系统自动打开点构造器对话框，在 XC 位置处输入【115】，在 YC 处输入【0】，在 ZC

处输入【0】，单击【确定】按钮，再单击【取消】按钮，如图 1-18 所示。单击【完成草图】图标 ，退出草图环境。

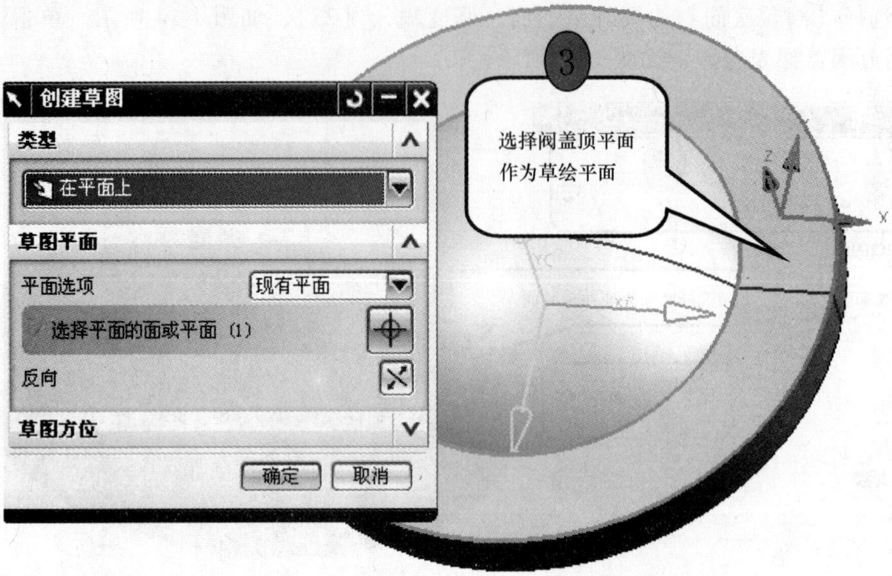

图 1-17 【创建草图】对话框

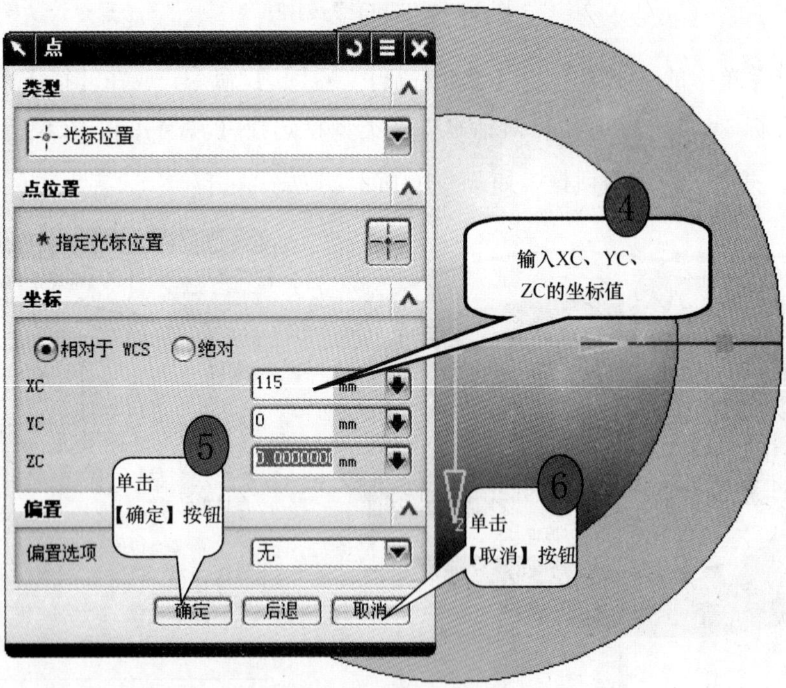

图 1-18 输入孔中心位置坐标

(5) 继续孔对话框，在方向栏输入【垂直于面】，形状和尺寸栏选择【沉头孔】；尺寸栏中，输入沉头孔直径为【30】，沉头孔深度为【2】，直径为【20】，深度限制栏选择

【值】，孔深度输入【50】，尖角为【118】；布尔运算栏，选择【求差】，单击【确定】按钮，如图 1-19 所示，完成沉头孔创建。

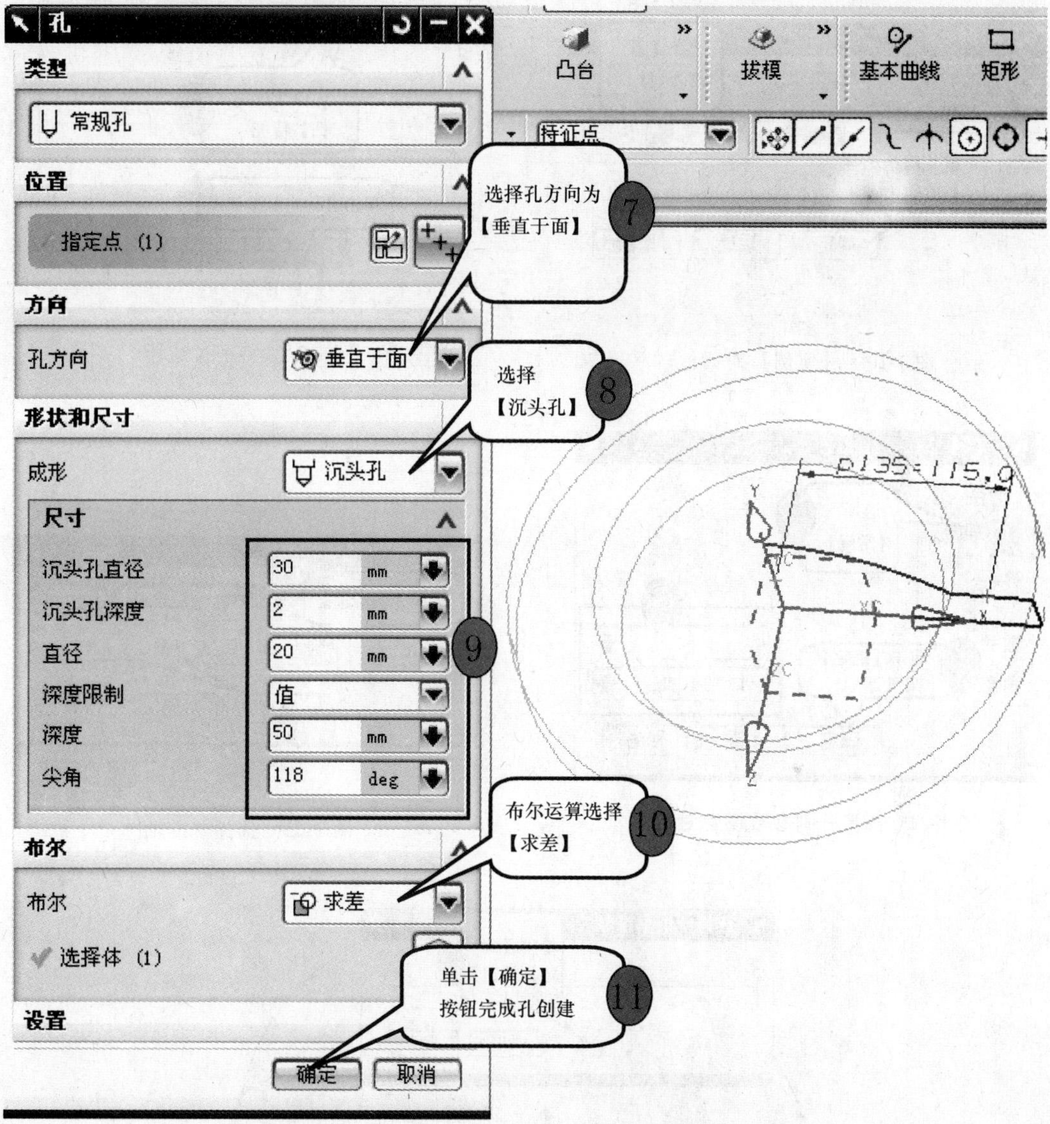

图 1-19　【孔】命令对话框

（6）创建 6 个沉头孔。选择菜单中的【插入】→【关联复制】→【实例特征】命令，或在【特征操作】工具条选择【实例特征】图标，打开【实例特征】对话框。选择【圆形阵列】如图 1-20 所示。进入特征过滤器，选择【沉头孔】如图 1-21 所示。进入圆形阵列参数设置对话框，在方法栏选择【常规】，数字选择【6】，角度选择【60】，单击【确定】，如图 1-22 所示。打开复制旋转轴对话框，选择【基准轴】，单击【确定】按钮，如图 1-23 所示。选择【Y 轴】作为旋转轴，单击【确定】按钮如图 1-24 所示，单击【是】创建实例，如图 1-25 所示。完成 6 个沉头孔阵列，如图 1-26 所示。

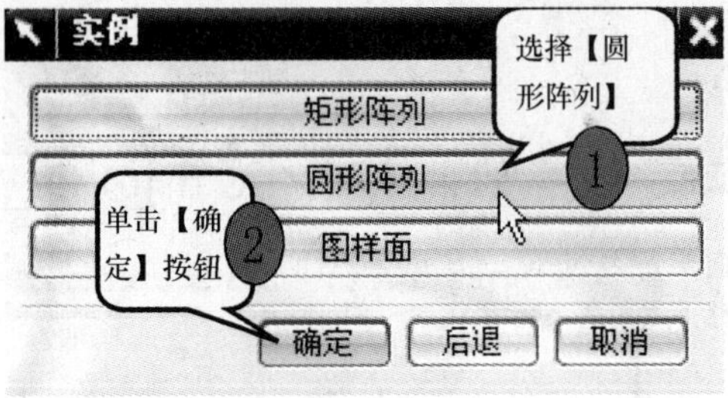

图 1-20 【实例】对话框

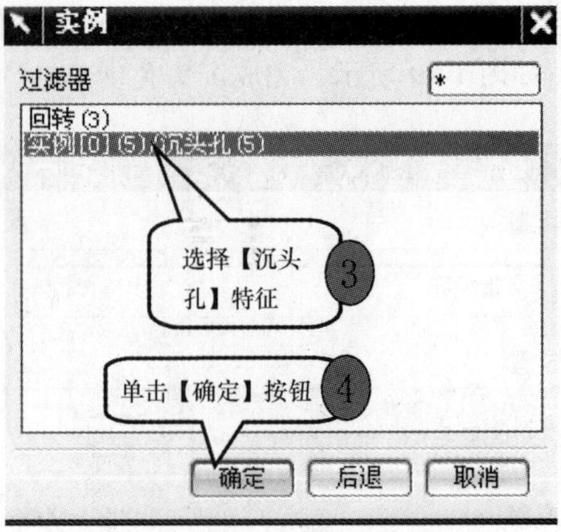

图 1-21 特征过滤器

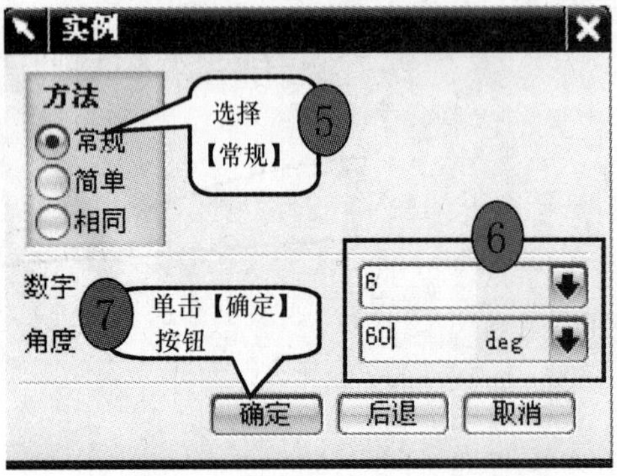

图 1-22 圆形阵列参数设置对话框

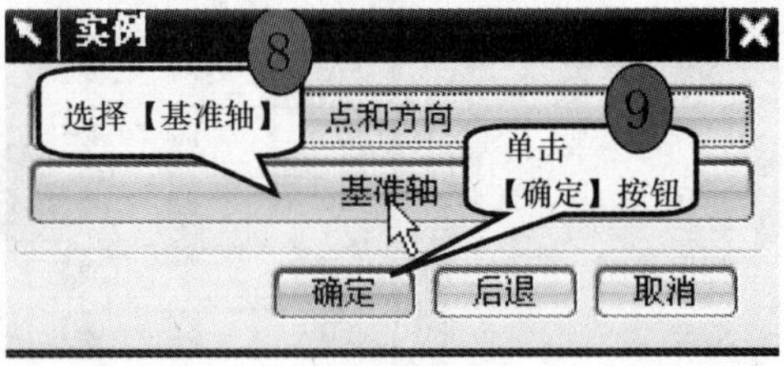

图 1-23 选择基准轴

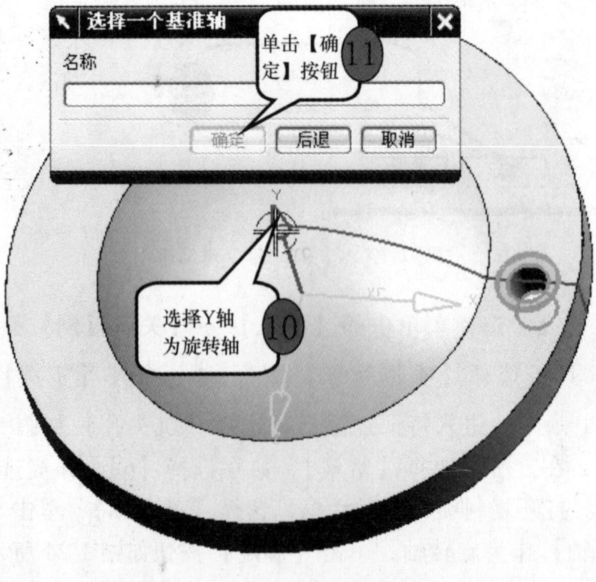

图 1-24 选择旋转轴

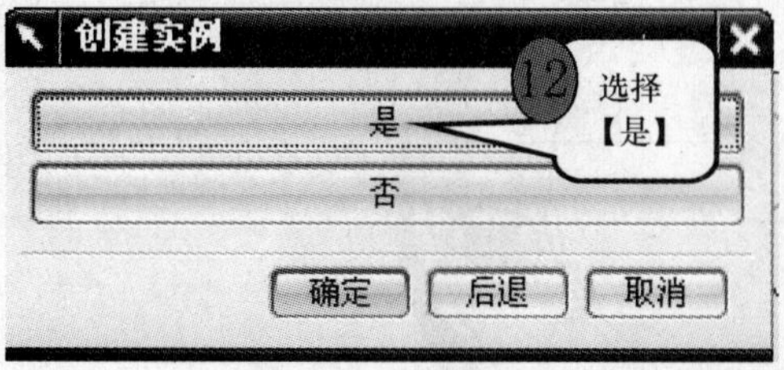

图 1-25 【创建实例】对话框

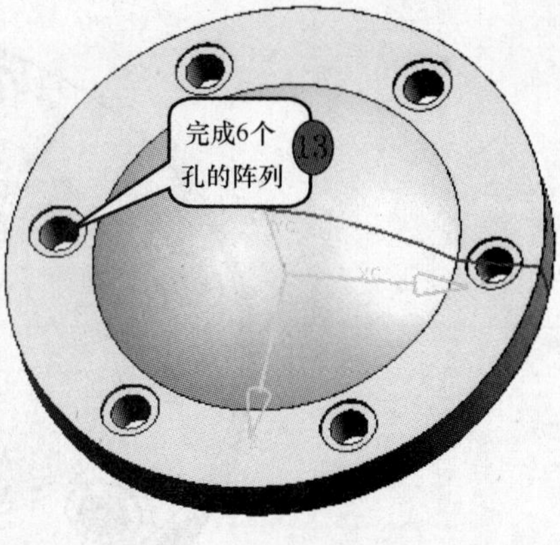

图 1-26 完成阵列操作

（7）完成零件一条边倒圆角。选择菜单中的【插入】→【细节特征】→【边倒圆】命令，或在【特征操作】工具条选择【边倒圆】图标，打开边倒圆对话框。选择如图 1-27 所示的一条边，输入半径值为【2】，其他选项默认，单击【确定】按钮，完成一条边倒圆角。

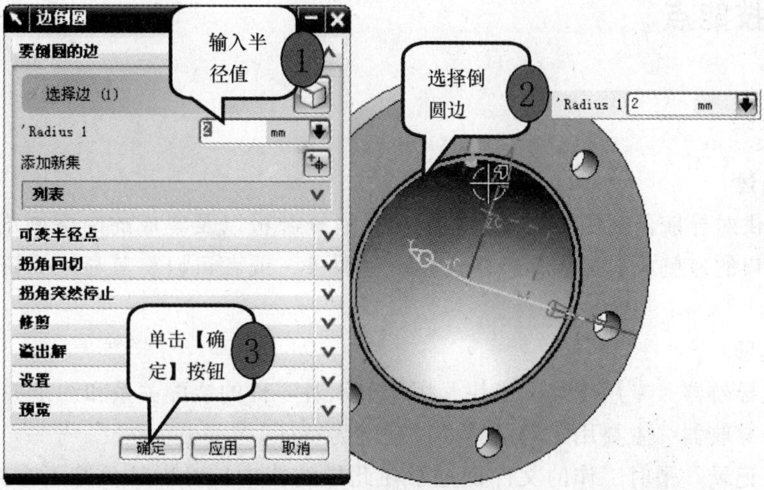

图 1-27 【边倒圆】对话框

（8）同理，完成两条边倒圆角。选择菜单中的【插入】→【细节特征】→【边倒圆】命令，或在【特征操作】工具条选择【边倒圆】图标，打开边倒圆对话框。选择如图 1-28 所示的两条边，输入半径值为【5】，其他选项默认，单击【确定】按钮，完成边倒圆角。

（9）这样就完成了整个阀盖的建模，如图 1-29 所示。

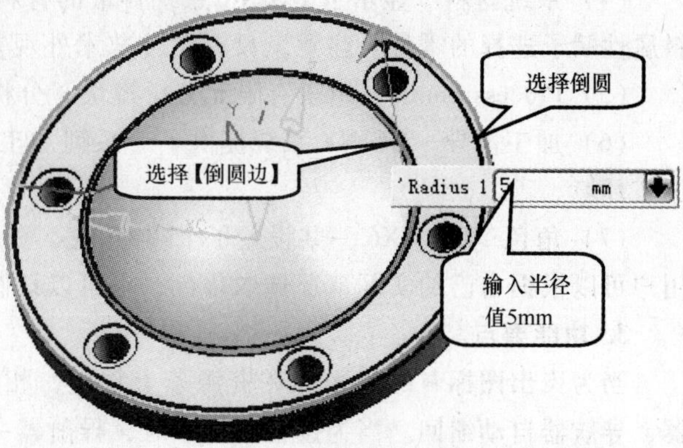

图 1-28 选择倒圆边

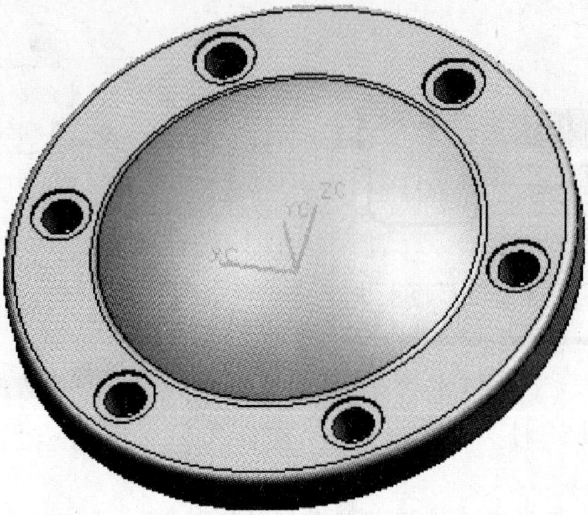

图 1-29　阀盖

1.4　知识技能点

1.4.1　资源条

1. 功能描述

资源条提供对导航器、历史记录、角色和其他资源板以及集成的网络浏览器的访问权。可以在图形窗口的左侧或右侧以标准格式显示资源条，或者可以将其显示为资源条工具条，如图 1-30 所示。

2. 功能选项

（1）装配导航器　专用于装配模块，用于显示各零件的装配关系和约束关系。

（2）部件导航器　主要用于记录建模过程中的特征。

（3）历史记录　平时工作的文件都记录在此导航器中，可以从预览下方查看文件存放在硬盘中的路径，也可以单击预览快速打开该文件。

（4）系统材料　显示了 UG NX 系统自带的材料。拖动材料图标至零件上，可以将此材料属性赋予选择的零件。注意，只有在【艺术外观】显示模式下才能看见材料的属性。

（5）Process Studio　用于有限元分析模块，分析的过程和结果在导航器中显示出来。

（6）加工向导　UG NX 系统提供了一系列加工的模板，使用这些模板快速进入特定的加工环境。

（7）角色　UG NX6 一共设置了 15 种角色，分属两大类，即行业特定的和系统默认的。用户可以根据自己的实际情况选取角色，也可以订制个性化的角色。

3. 功能要点

当为飞出图标时，光标在资源条上划过，相应的导航器会自动飞出；光标离开导航器，导航器自动缩回。当为锁住图标时，导航器一直处于显示状态。快速双击资源条上的图标，导航器脱离资源条，用鼠标可以拖动至窗口任何位置。

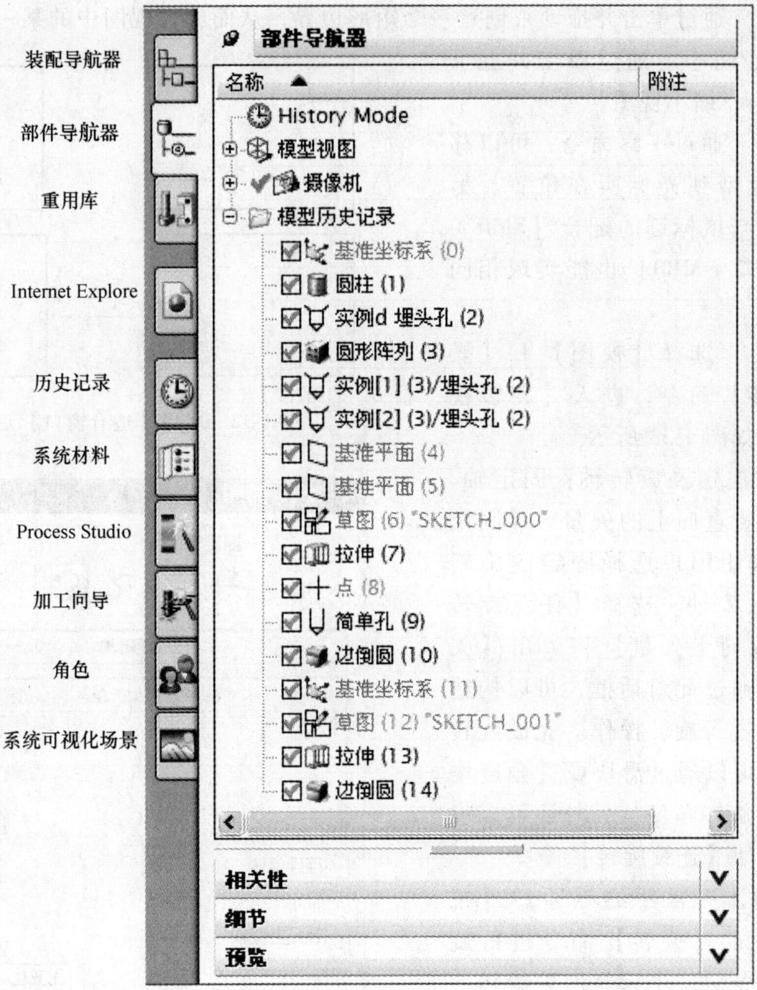

图 1-30　资源条工具条

1.4.2　视图操作

1. 功能描述

使用视图操作对话框中的选项可以对当前图形区进行视图操作，如缩放、平移、旋转、设置旋转点等，如图 1-31 所示。

2. 功能选项

(1) 适合窗口　通过适合窗口命令可以调整工作视图的中心和比例以显示所有对象。【适合窗口】仅作用于工作视图。图 1-32 显示了应用【适合窗口】后的效果。当用户通过一系列的视图操作后，如果发现很多模型都不在视图之内时，可以应用【适合窗口】命令显示所有模型，然后再调节视图状态。

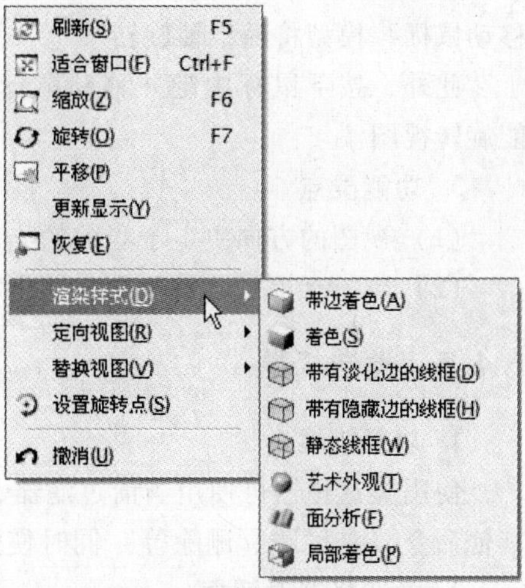

图 1-31　视图操作

（2）缩放　通过单击并拖动来创建一个矩形边界，从而放大视图中的某一特定区域。

（3）放大/缩小　通过单击并上下移动鼠标来放大/缩小视图。

（4）平移　通过平移命令，可以移动视图中的模型到光标所在位置。另外，通过键盘与鼠标键的配合【Shift + MB2】或【MB2 + MB3】也能实现相同的效果。

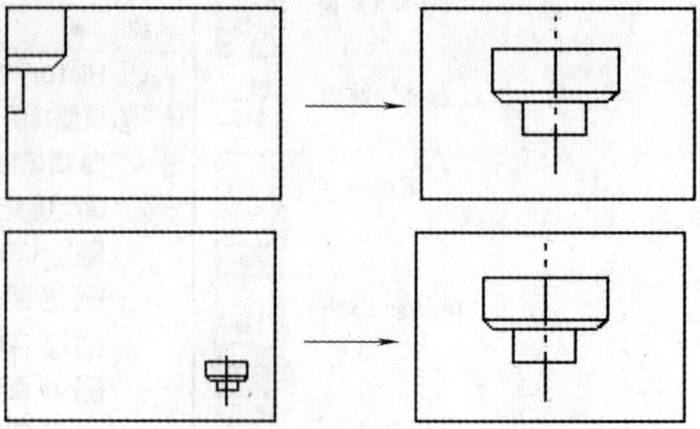

图 1-32　应用【适合窗口】后的效果

（5）旋转　选择【视图】|【操作】|【旋转】命令，进入【旋转视图】对话框，如图 1-33 所示。

有三种方法定义旋转轴：固定轴、任意旋转轴、竖直向上的矢量。【固定轴】选项可以让用户选择固定的旋转轴，如 X、Y、Z 轴。选择【任意旋转轴】和【竖直向上矢量】将弹出【矢量】对话框，通过此对话框，可以构造特定的旋转轴进行旋转操作。完成旋转轴的设置后，可以通过滑块或【角度增量】字段设置旋转角度。另外还可以设置其他选项，如【连续旋转】等。

在设计中，更常用的是通过【视图】工具栏上的【旋转】命令进行旋转。单击此命令后，光标显示为旋转形式，移动鼠标就可以旋转视图。还可以选择模视图中的直线作为旋转轴，然后移动鼠标，模型将随绕轴旋转。

此外，按下鼠标中键并移动鼠标也能旋转视图。

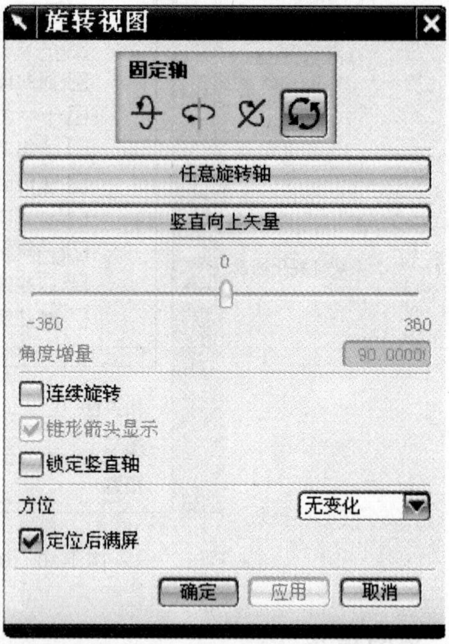

图 1-33　【旋转视图】对话框

3. 功能要点

（1）视图的方向决定于当前的绝对坐标系，与工作坐标系无关。

（2）UG NX 系统允许用户个性化定制视图，以方便用户定义出符合自己需要的视图菜单。

1.4.3　类选择器

1. 功能描述

使用类选择器可使用当前过滤器、鼠标手势以及选择规则来选择对象，这个工具要配合其他命令（如隐藏、删除等）同时使用。

2. 类选择器对话框

类选择器对话框如图 1-34 所示。

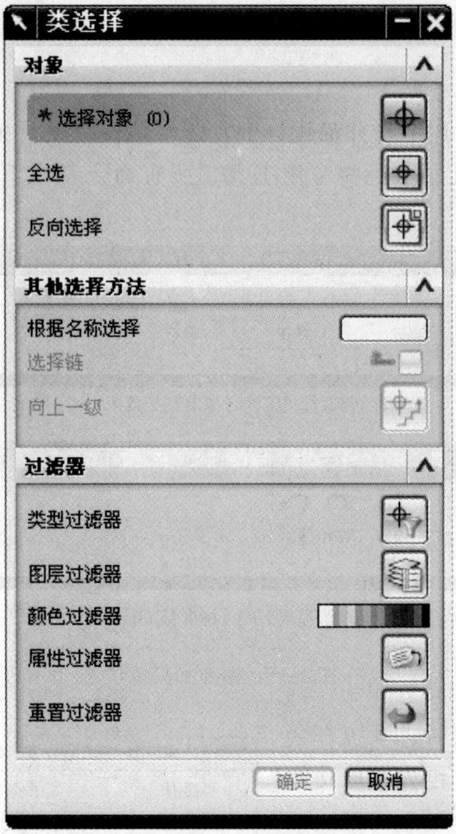

图 1-34 【类选择】对话框

3. 类选择器对话框选项描述

类选择器对话框选项描述，如表 1-1 所示。

表 1-1 类选择器对话框选项描述

选项	描 述
对 象	
选择对象	在绘图区手动选择对象
全选	选取所有符合过滤条件的对象。如果不指定过滤器，系统将选取工作视图中所有处于显示状态的对象
反向选择	选取在绘图区中未被选中的并且符合过滤条件的所有对象
过 滤 器	
类型过滤器	通过指定对象的类别来限制选择对象的范围
图层过滤器	通过指定对象所在的图层来限制选择对象的范围
颜色过滤器	通过指定对象的颜色来限制选择对象的范围
属性过滤器	通过指定对象的属性来限制选择对象的范围
重置过滤器	取消之前设置的所有过滤方式，恢复到系统的默认状态设置

1.4.4 工具条

1. 功能描述

工具条是为快速访问常用的操作而设计的特殊对话框，工具条是一行图标，每个图标代表一个功能，默认状态下只显示一些常用工具，所有命令都在下拉菜单中显示，如图 1-35 所示。

普通模式下的【标准】工具条

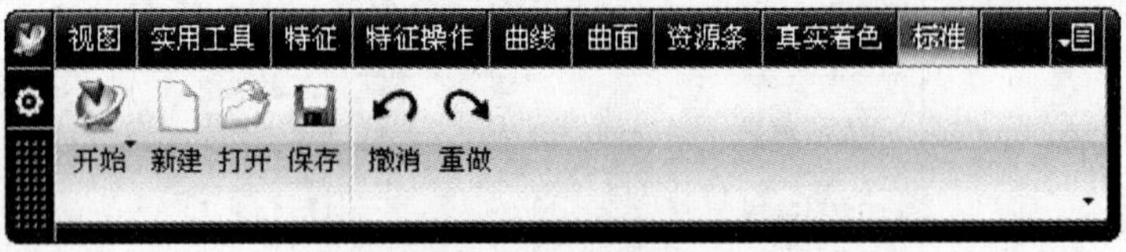

全屏模式下的【标准】工具条

图 1-35　标准工具条

当单击任何一个菜单项时，系统都会展开一个下拉式菜单，其中包含与该功能有关的命令，如图 1-36 所示。

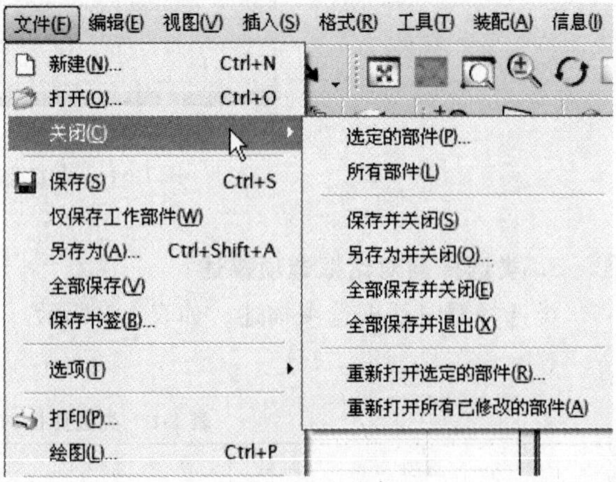

图 1-36　下拉式菜单

2. 选项描述

UG 启动后，很多工具条处于隐藏状态。如果显示所有工具条，UG 的绘图空间将会变得很小，不利于用户操作。定制工具条的方法有：

(1) 拖动工具条　工具条可停靠在绘图区的上方、下方或右方。要想拖动工具条，只需选择工具条头部或上部，按下鼠标左键不放并移动鼠标，即可拖动工具条。

(2) 隐藏/显示工具条命令　单击工具条右上角的小三角形，能展开该工具条包含的所有命令，通过勾选某命令可以打开或隐藏该命令，如图 1-37 所示。

(3) 调用【定制】对话框进行对话框设置　在工具条上单击鼠标右键，选择【定制】命令，弹出【定制】对话框，或者选择下拉菜单中的【工具】→【定制】也能打开【定制】对话框，如图 1-38 所示。该对话框主要有五个选项：【工具条】、【命令】、【选项】、【排样】和【角色】。

1)【工具条】选项卡　如图1-38所示，工具条列表框中列出了 UG 里所有可调用的工具条名称，在工具条名称前的复选框中打上“√”即可显示该工具条，反之则可隐藏该工具条。类似的，在工具条上单击鼠标右键，弹出工具条列表，可以直接在该列表中进行显示

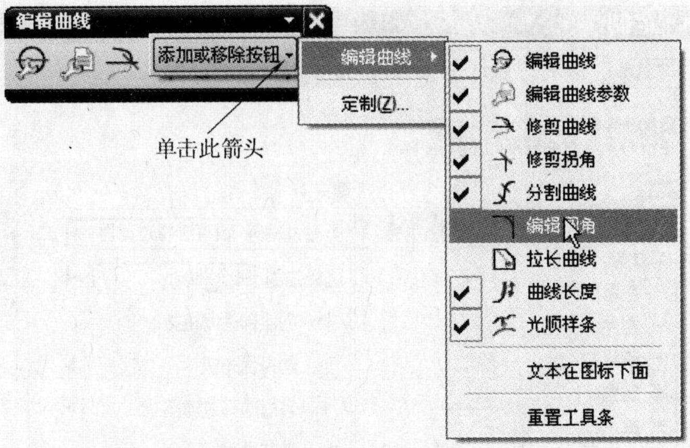

图 1-37　隐藏/显示工具条命令

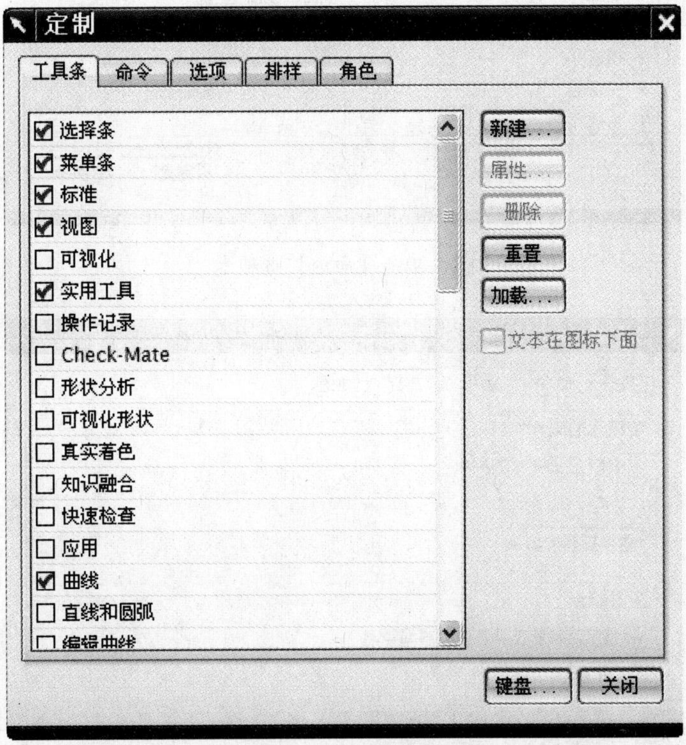

图 1-38　【工具条】选项卡

（勾选）或者隐藏（取消勾选）工具条的设置。

2）【命令】选项卡　如图 1-39 所示，在【类别】列表框中选择命令类别名称，右边的【命令】列表框中将列出该类别中所有的功能图标按钮，选择需要的图标并拖动到当前工作界面中的工具条上即可添加一个工具按钮。

3）【选项】选项卡　如图 1-40 所示，【工具条图标大小】和【菜单图标大小】选项区域内列出了系统提供的四种图标尺寸规格，为使绘图区域尽可能大，并兼顾选择工具栏上图标的方便性，建议选择【小】或【特别小】。

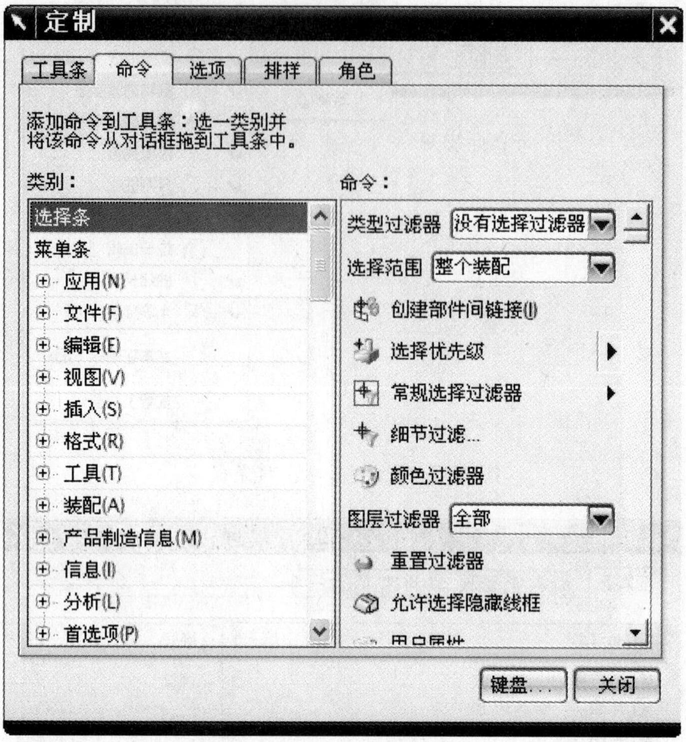

图 1-39 【命令】选项卡

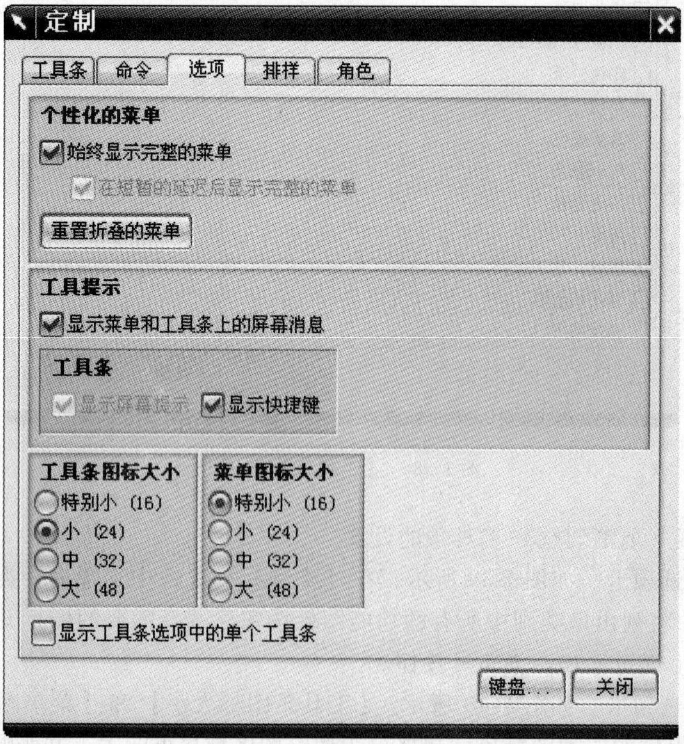

图 1-40 【选项】选项卡

4)【排样】选项卡 如图1-41所示，选择【重置布局】可重置布局到默认状态。【提示/状态位置】、【选择条位置】可以设置提示栏、状态栏和选择条的位置。

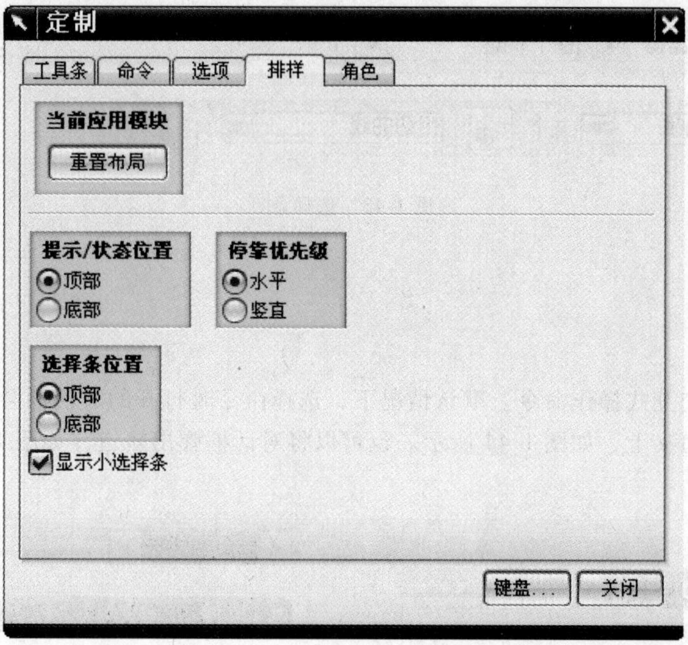

图1-41 【排样】选项卡

5)【角色】选项卡 如图1-42所示，该选项卡用于加载或创建角色。

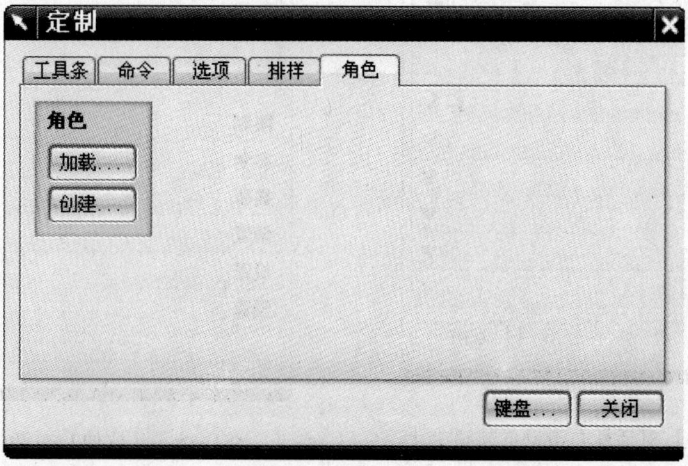

图1-42 【角色】选项卡

1.4.5 选择条

1. 功能描述

使用选择条工具可以使用一些规则来指定支持设计意图的对象集合。

2. 功能选项

图 1-43 所示为选择条。

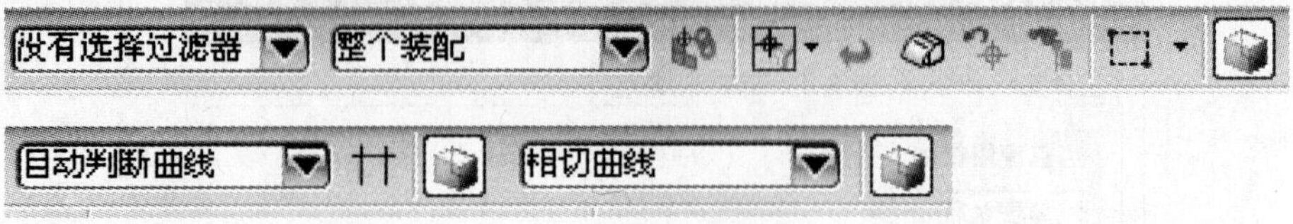

图 1-43　选择条

1.4.6　对话框

1. 功能描述

对话框用于交互式操作命令。默认情况下，选择命令时打开的对话框会定位于在对话框轨道上滑动的轨道夹上，如图 1-44 所示。也可以将对话框弹出轨道，如图 1-45 所示。

图 1-44　【拉伸】对话框在滑动的轨道夹上

图 1-45　【拉伸】对话框弹出轨道

2. 功能要点

(1) 视觉提示　命令对话框使用若干视觉提示来帮助指导完成选择过程。

1) 橙色高亮　当前选择选项以橙色高亮显示，如图 1-46 所示。图形窗口中为当前选择选项所选择的对象也为橙色。提示行会提供所需选择的更详细的提示。

2) 绿色　备选图形窗口中选定的对象为绿色。

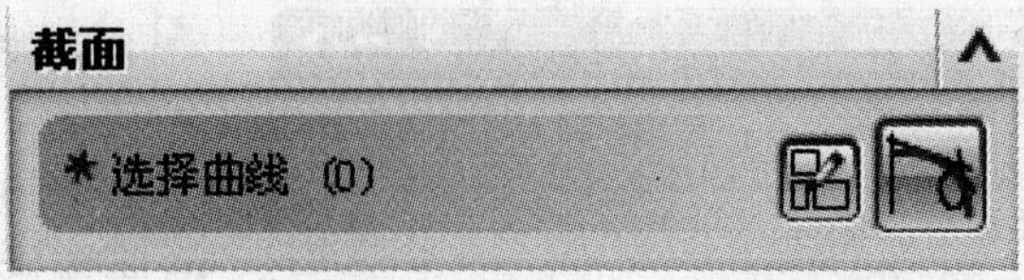

图 1-46　橙色高亮显示

3）绿色高亮　下一个默认操作的按钮以绿色高亮显示。单击鼠标中键或 <Enter> 接受默认操作。提供所有必要的输入之后，单击【确认】和【应用】按钮变为活动状态。通常，【确认】按钮是默认操作。

4）* 红色星号　选择选项旁的红色星号表示尚未做出此必要选择。

5）绿色复选标记　选择选项旁的绿色复选标记表示已做出必要选择，或软件已做出自动判断的默认选择。

（2）轨道夹按钮

1）左移　将对话框沿着对话框轨道左移至预定义的位置。

2）右移　将对话框沿着对话框轨道右移至预定义的位置。

3）夹住　在轨道夹上夹住对话框。夹住对话框时，可以沿对话框轨道滑动轨道夹，或通过单击箭头将轨道夹移动到预定义的位置，来定位对话框。

4）松开　松开轨道夹上的对话框。松开对话框时，对话框会浮动。可以通过拖动其标题栏将对话框定位到屏幕的任何位置。

5）重置　将对话框输入值重置为默认值。编辑特征时，默认值为创建特征时使用的值。

6）隐藏折叠的组　隐藏当前折叠的所有对话框组。

7）显示折叠的组　显示当前折叠的所有对话框组。

8）关闭　关闭此对话框。

1.4.7　矢量构造器

1. 功能描述

使用矢量构造器可指定一个矢量方向，该工具配合其他命令（如拉伸、旋转等）一起使用。

2. 矢量对话框

【矢量】对话框如图 1-47 所示。

3. 矢量对话框选项描述

矢量对话框选项描述如表 1-2 所示。

图 1-47 【矢量】对话框

表 1-2 矢量对话框选项描述

选 项	描 述
	类 型
类 型	指定移动方法 自动判断的矢量：指定相对于选定几何体的矢量 两点：在任意两点之间指定一个矢量 与 XC 成一角度：在 XC-YC 平面中，在从 XC 轴成指定角度处指定一个矢量 曲线/轴矢量：指定与基准轴的轴平行的矢量，或者指定与曲线或边在曲线、边或圆弧起始处相切的矢量。如果是完整的圆，软件将在圆心并垂直于圆面的位置处定义矢量。如果是圆弧，软件将在垂直于圆弧面并通过圆弧中心的位置处定义矢量 曲线上矢量：在曲线上的任一点指定一个与曲线相切的矢量。可按照圆弧长或百分比圆弧长指定位置 面/平面法向：指定与基准面或平的面的法向平行或与圆柱面的轴平行的矢量 XC 轴：指定一个与现有 CSYS 的 XC 轴或 X 轴平行的矢量 YC 轴：指定一个与现有 CSYS 的 YC 轴或 Y 轴平行的矢量 ZC 轴：指定一个与现有 CSYS 的 ZC 轴或 Z 轴平行的矢量 - XC 轴：指定一个与现有 CSYS 的负方向 XC 轴或负方向 X 轴平行的矢量 - YC 轴：指定一个与现有 CSYS 的负方向 YC 轴或负方向 Y 轴平行的矢量 - ZC 轴：指定一个与现有 CSYS 的负方向 ZC 轴或负方向 Z 轴平行的矢量 视图方向：指定与当前工作视图平行的矢量 按系数：按系数指定一个矢量 按表达式：使用矢量类型的表达式来指定矢量

4. 功能要点

(1) 矢量构造器通常是配合其他命令使用的。

(2) 矢量没有原点。

（3）一旦构造了一个矢量，在图形显示窗口将显示一个临时的矢量符号。通常操作结束后该矢量符号即消失，也可用刷新功能消除其显示。

1.4.8 鼠标和键盘操作

1. 功能描述

鼠标和键盘是主要输入工具，如果能够妥善使用鼠标与键盘，就能快速提高设计效率。因此正确、熟练地操作鼠标和键盘十分重要。

2. 功能选项

（1）鼠标操作

1）使用UG时，最好选用如图1-48所示的含有三键功能的鼠标。在UG的工作环境中，鼠标的左键MB1、中键MB2和右键MB3均含有其特殊的功能。

2）左键（MB1）：鼠标左键用于选择菜单、选取几何体、拖动几何体等操作。

3）中键（MB2）：鼠标中键在UG系统中起着重要的作用，但不同的版本其作用具有一定的差异。

4）右键：单击鼠标右键（MB3），会弹出快捷菜单（称之为鼠标右键菜单），菜单内容依鼠标放置位置的不同而不同。

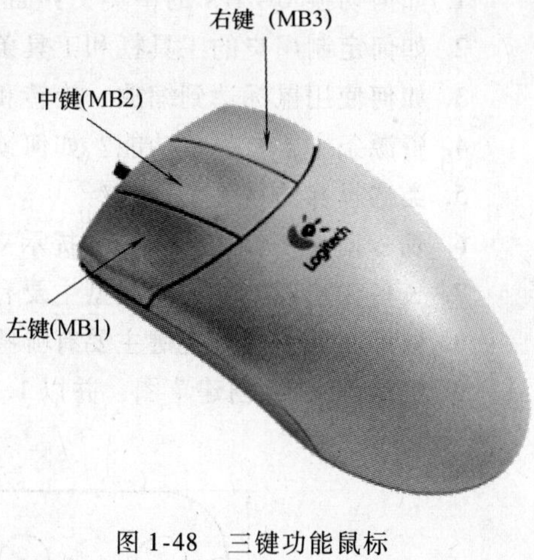

图1-48 三键功能鼠标

（2）键盘快捷键及其作用 在设计中，键盘作为输入设备，快捷键操作是键盘主要功能之一。通过快捷键，设计者能快速提高效率。尤其是通过鼠标要反复地进入下一级菜单的情况，快捷键作用更明显。UG中的键盘快捷键数不胜数，甚至每一个功能模块的每一个命令都有其对应的键盘快捷键，表1-3列出了常用快捷键。

表1-3 常用快捷键

按键	功能	按键	功能
Ctrl + N	新建文件	Ctrl + J	改变对象的显示属性
Ctrl + O	打开文件	Ctrl + T	几何变换
Ctrl + S	保存	Ctrl + D	删除
Ctrl + R	旋转视图	Ctrl + B	隐藏选定的几何体
Ctrl + F	满屏显示	Ctrl + Shift + B	颠倒显示和隐藏
Ctrl + Z	撤销	Ctrl + Shift + U	显示所有隐藏的几何体

1.5 项目小结

1. 引入简单零件阀盖作为零件三维建模的入门载体，让用户对UG NX软件的操作有一定的了解。

2. 项目建模采用的工具软件为 UG NX 软件。该软件是面向制造行业、功能强大的公认的世界一流的 CAD/CAE/CAM 一体化软件之一，广泛应用于机械设计制造行业，非常适合工程设计人员使用。

3. 项目的讲解主要是通过项目工作任务分析、项目实施步骤、知识技能点三大部分组成。其中知识技能点部分是对项目讲解过程中涉及的重要知识点或未涉及的重要知识点进行进一步补充讲解。

1.6 实战训练

1. 如何切换 UG NX 的中英文界面？
2. 如何定制用户的工具栏和工具条？
3. 如何使用鼠标达到缩放、旋转和平移的视图效果？
4. 资源条主要有哪些功能？如何锁住资源条图标？请举例说明。
5. 类选择器的作用是什么？
6. 命令对话框使用若干视觉提示来帮助指导完成选择过程，请举例说明。
7. 矢量构造器中的矢量类型主要有哪些？
8. 鼠标和键盘的快捷键主要有哪些？如何使用？
9. 根据图 1-49 创建草图，并以 1.49. prt 文件名保存。

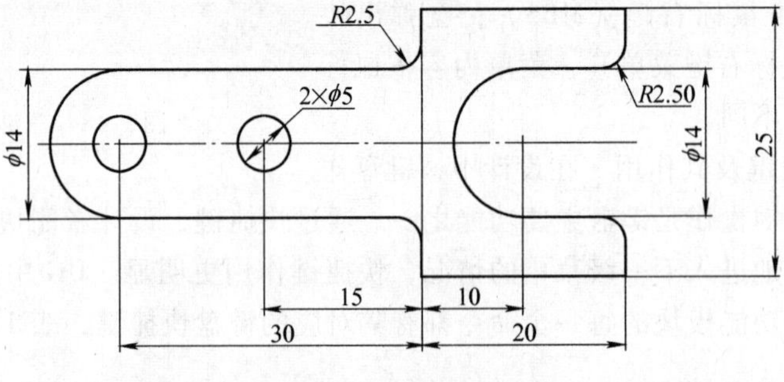

图 1-49　草图练习 1

10. 根据图 1-50 创建草图，并以 1.50. prt 文件名保存。
11. 根据图 1-51 创建草图，并以 1.51. prt 文件名保存。

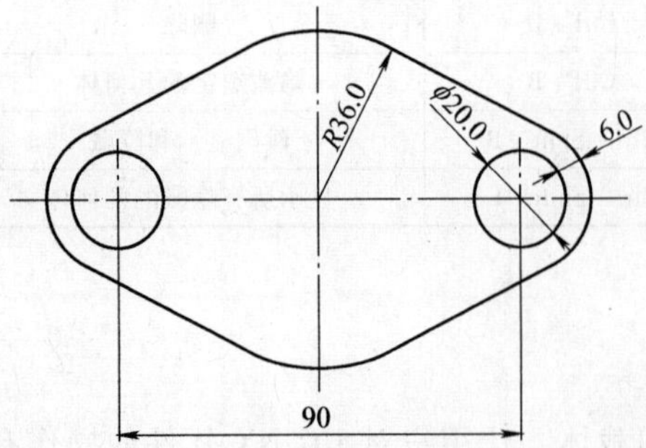

图 1-50　草图练习 2

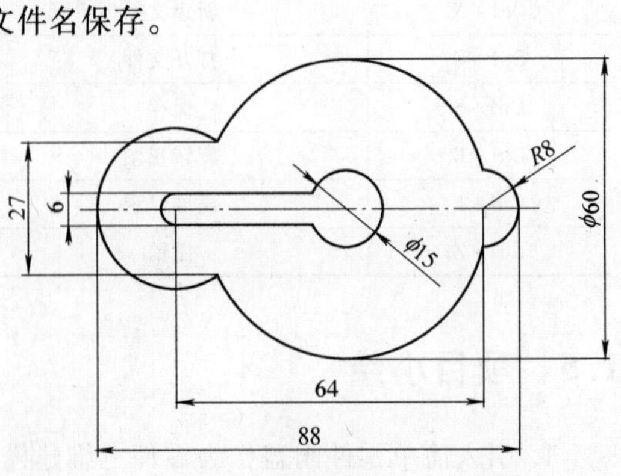

图 1-51　草图练习 3

12. 根据图 1-52 创建三维模型，并以 1. 52. prt 为文件名保存。

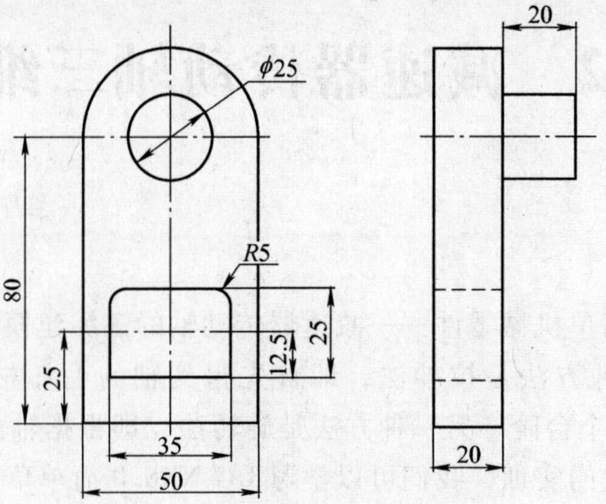

图 1-52　建模练习 1

项目 2　减速器传动轴三维建模

项目摘要

本项目是完成一个简单机械零件——减速器传动轴的三维建模。通常完成轴的建模过程可以有两种方法。第一种方法是拉伸法，即首先得到轴的毛坯材料，然后通过拉伸减切（车削）方式生成轴的每个台阶。另一种方法是旋转法，即根据轴的半截面沿着中间轴旋转而成。通过两种构建方法的实训，我们可以学习 UG NX6.0 简单草图构建、拉伸、旋转、倒圆角、倒斜角、键槽等命令的基本应用，并学会轴类机械零件三维建模。

能力目标

◆ 能看懂轴类机械零件图。

◆ 掌握简单草图的构建及草图曲线工具的运用技巧。

◆ 掌握拉伸、旋转特征的创建。

◆ 能灵活运用倒圆角、倒斜角、键槽等命令。

◆ 能熟练掌握轴类零件的不同建模方法与技巧。

2.1　工作任务分析

减速器传动轴零件图如图 2-1 所示。

分析图 2-1 可知，该减速器传动轴由 8 个台阶和两个键槽构成，并且轴上有倒斜角、倒圆角特征。因此，零件构建思路为：

（1）拉伸法　该种方法的创建过程是一个满足轴车削加工的过程。首先，采用 UG 的拉伸特征构建 ϕ90mm 轴的棒料毛坯，然后通过拉伸求差等布尔运算操作，分别生成 ϕ50mm、ϕ60mm、ϕ65mm、ϕ78mm、ϕ90mm、ϕ80mm、ϕ70mm、ϕ65mm 等轴的 8 个台阶特征。通过 UG 的键槽、倒斜角及倒圆角等命令操作，分别完成两个键槽（70mm × 14mm × 5.5mm 和 90mm × 22mm × 9mm），两个斜角（C2）及若干 R2mm 的圆角，这样就完成轴的全部内容的创建。通过拉伸法建模，可以清楚了解减速器传动轴的车削加工过程，操作过程如图 2-2 所示。同时，掌握 UG 软件建模的简单草图构建、草图尺寸的修改、拉伸特征的应用；会创建斜角特征及倒圆角特征；能初步了解简单基准平面的创建、键槽特征的使用及成形特征的定位操作。

（2）旋转法　该种方法对草图的创建要求比较高，通过草图构建轴的一个半截面，并沿着中间轴的旋转操作完成轴的各个台阶的创建。键槽、倒斜角及倒圆角特征操作同拉伸法，操作过程如图 2-3 所示。

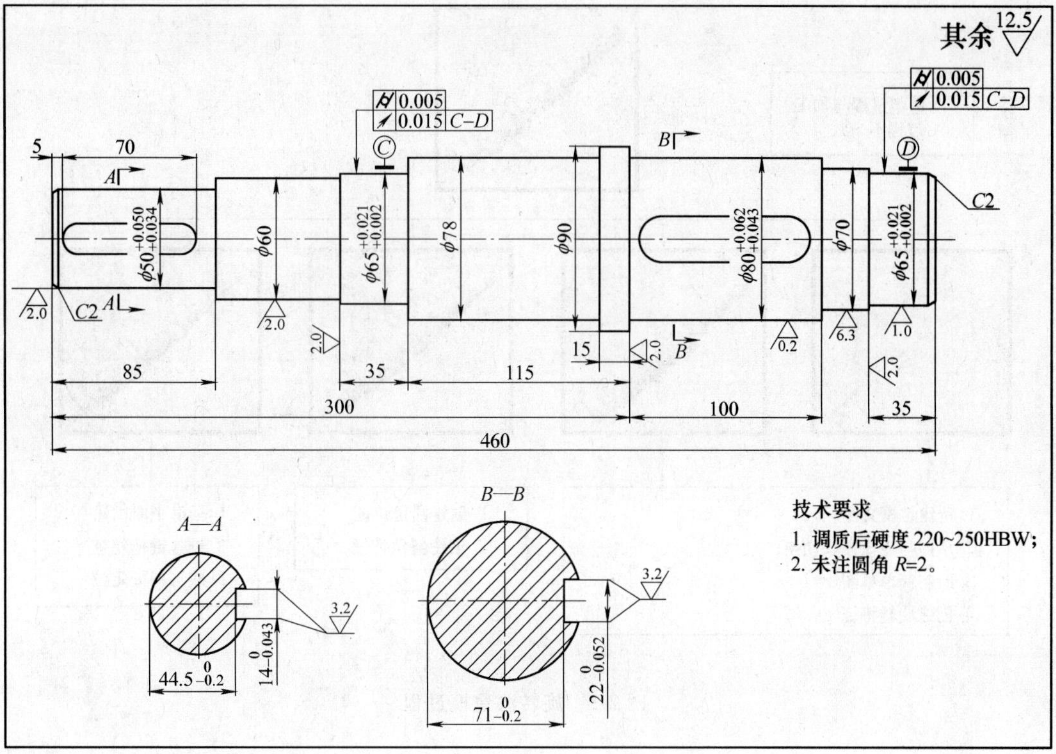

图 2-1　减速器传动轴

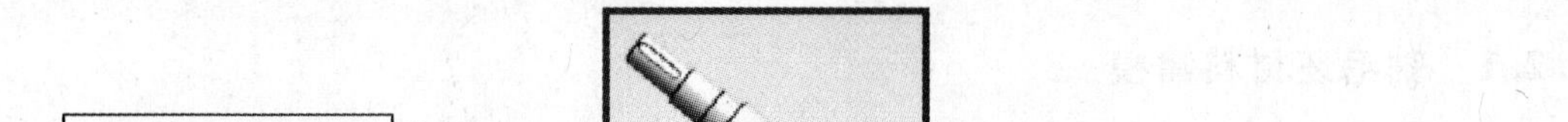

图 2-2　拉伸法建模过程

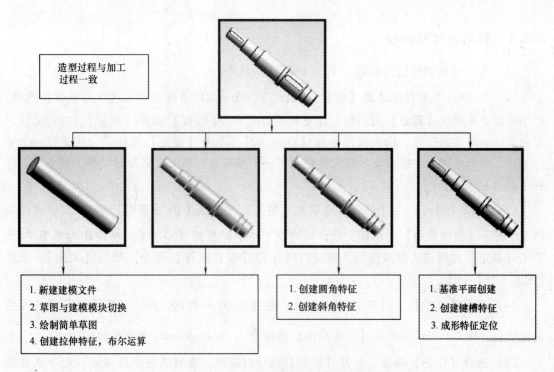

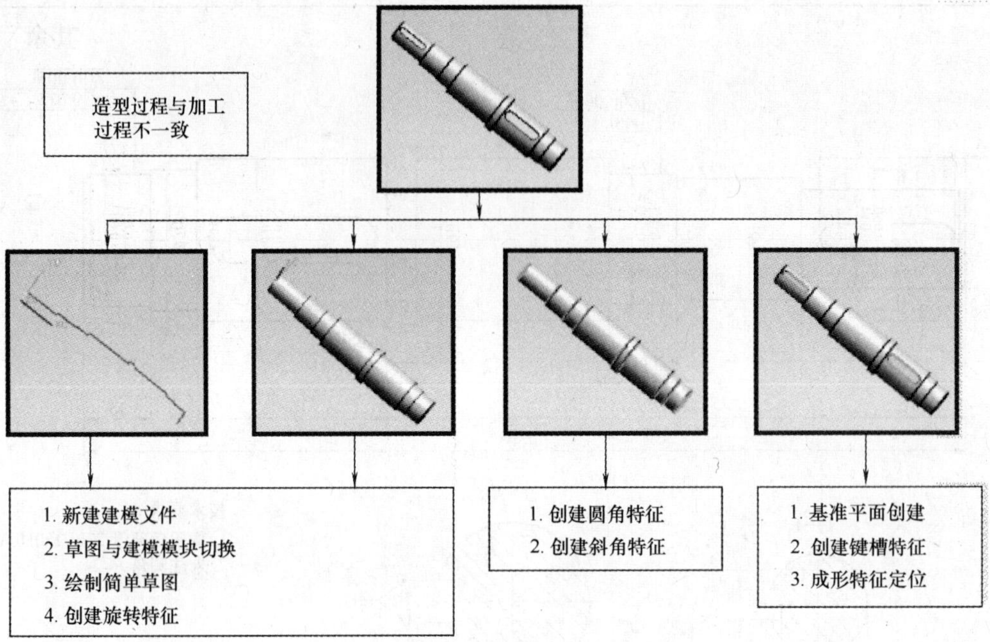

图 2-3　旋转法建模过程

2.2　拉伸法建模

2.2.1　轴毛坯材料建模

（1）双击桌面的快捷图标，打开 UG NX 6 软件。

（2）在 UG NX 软件中选择【新建】图标，或从文件下拉菜单中选择【新建】选项，弹出如图 2-4 所示【新建】对话框。注意单位为毫米，【模板】选择【模型】，指定文件放置的文件夹所在的位置，输入文件名称【Zhou_02】，单击【确定】按钮，完成新建一个零件文件，并自动进入建模模块。该文件包含了一个基准坐标系。在资源导航器工具条中，选择【部件导航器】。

（3）选择【插入】→【草图】或单击【特征】工具条上的【草图】图标，弹出如图 2-5 所示【创建草图】对话框，默认以当前工作坐标系的【XC-YC】平面作为草图平面，单击【确定】按钮进入草图模块，系统自动开启【配置文件】命令，单击【关闭】，取消【配置文件】命令。

（4）选择【草绘】工具栏中的图标，创建 ϕ90mm 的圆，圆心位置为坐标系的原点的位置，如图 2-6 所示。单击【完成草图】图标，完成 ϕ90mm 圆草图的创建。

（5）选择【拉伸】命令，打开【拉伸】命令对话框。在对话框中【截面】栏中选择先前绘制的 ϕ90mm 的圆，拉伸的【矢量方向】为【+Z 轴】方向，拉伸的起始距离为【0】，结束距离为【460】，其他参数保持默认不变。如图 2-7 所示。单击【确定】按钮，完成如图 2-8 所示的圆柱体。这时，就完成了轴的最初毛坯材料的创建。

图 2-4　【新建】对话框

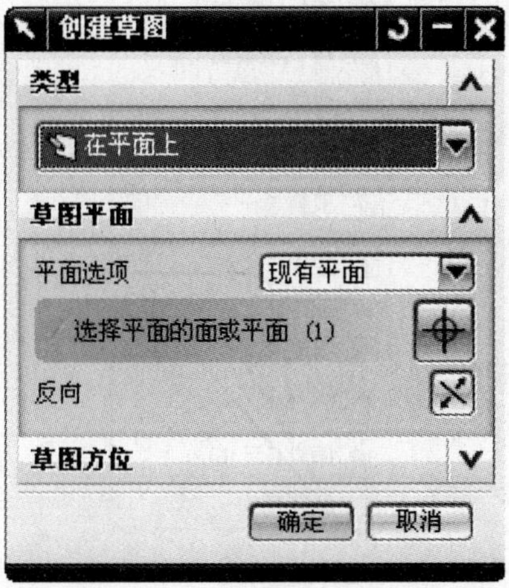

图 2-5　【创建草图】对话框

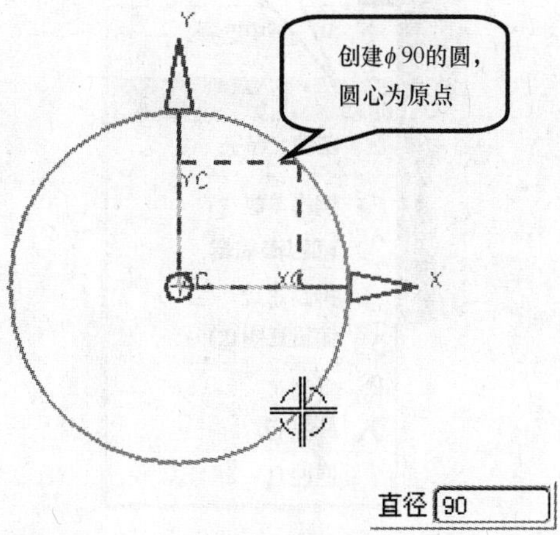

图 2-6　创建 ϕ90mm 的圆

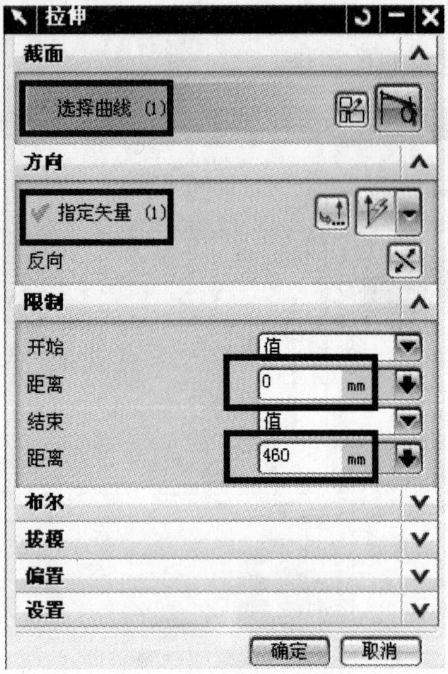

图 2-7　【拉伸】命令对话框

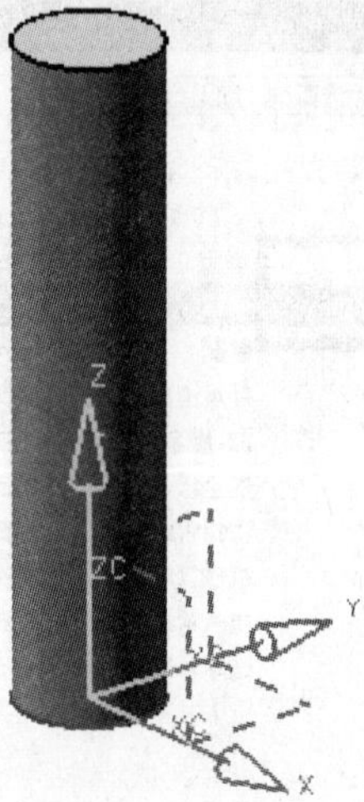

图 2-8　轴毛坯材料

2.2.2　轴阶梯的创建

（1）选择上步创建的轴毛坯，然后单击鼠标右键（或者单击 <Ctrl + B> 快捷键），选择【隐藏】选项，如图 2-9 所示。再选择 ϕ90mm 的圆，单击鼠标右键（或者单击 <Ctrl + B> 快捷键），选择【隐藏】，操作如图 2-10 所示。

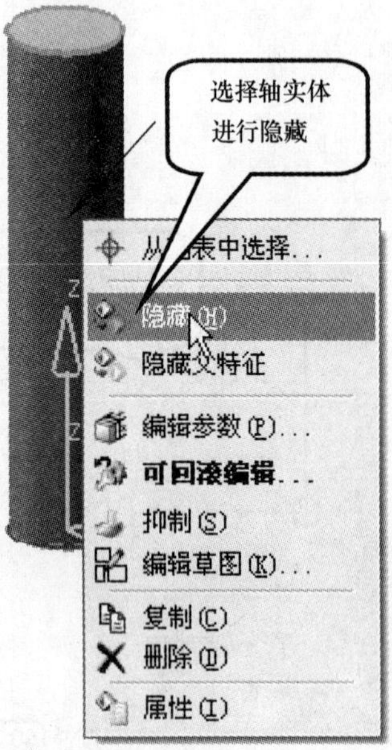

图 2-9　隐藏轴毛坯

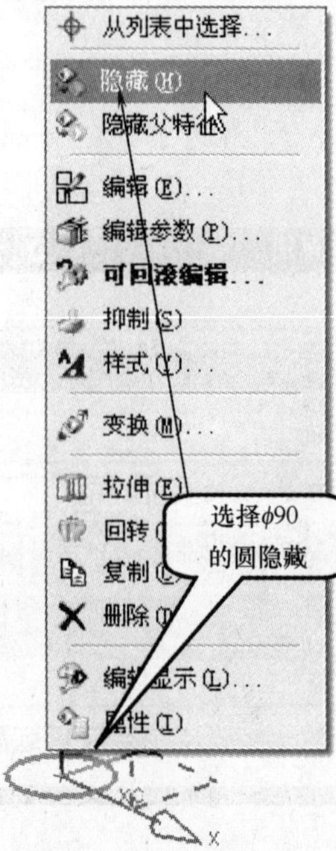

图 2-10　隐藏 ϕ90mm 的圆

（2）单击【特征】工具条上的【草图】图标，弹出如图2-11所示【创建草图】对话框，默认以当前工作坐标系的【XC-YC】平面作为草图平面，单击【确定】按钮进入草图模块。

（3）通过观察轴的零件图可以发现轴由若干台阶组成，在这里要进行6个同心圆截面的绘制。单击图标，捕捉坐标系原点的位置，随意绘制6个圆，如图2-12所示。

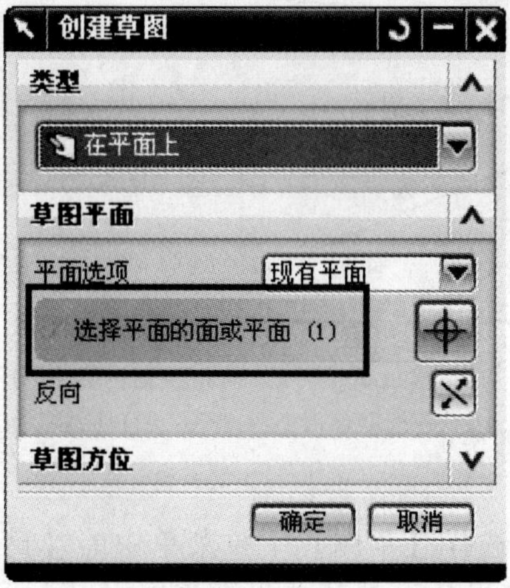

图2-11　【创建草图】对话框

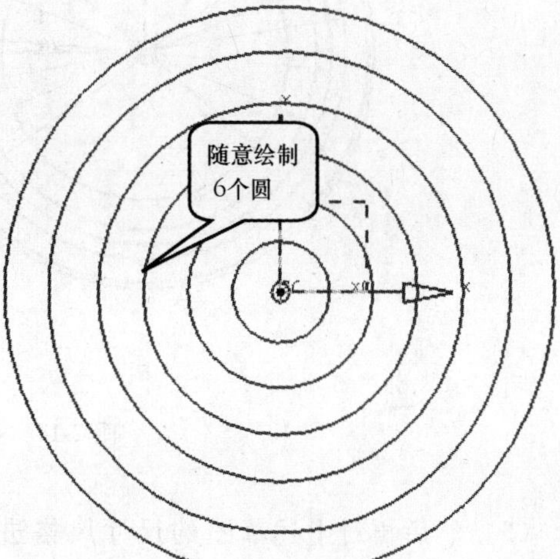

图2-12　绘制6个同心圆

（4）单击【自动判断尺寸】图标或按快捷键D，弹出自动标注尺寸工具条。选择最小的圆，修改为【ϕ50mm】，如图2-13所示。同理，分别从小到大修改圆，直径值分别为【ϕ60mm】、【ϕ65mm】、【ϕ70mm】、【ϕ78mm】及【ϕ80mm】。最终完成6个圆的尺寸修改，如图2-14所示。

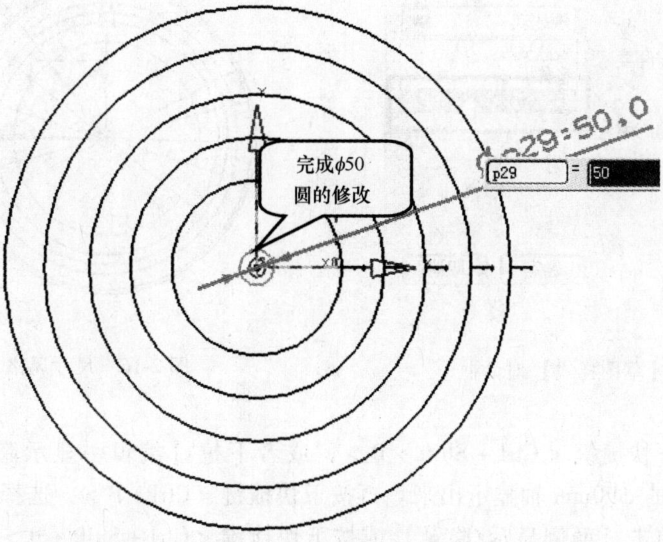

图2-13　ϕ50mm圆的尺寸

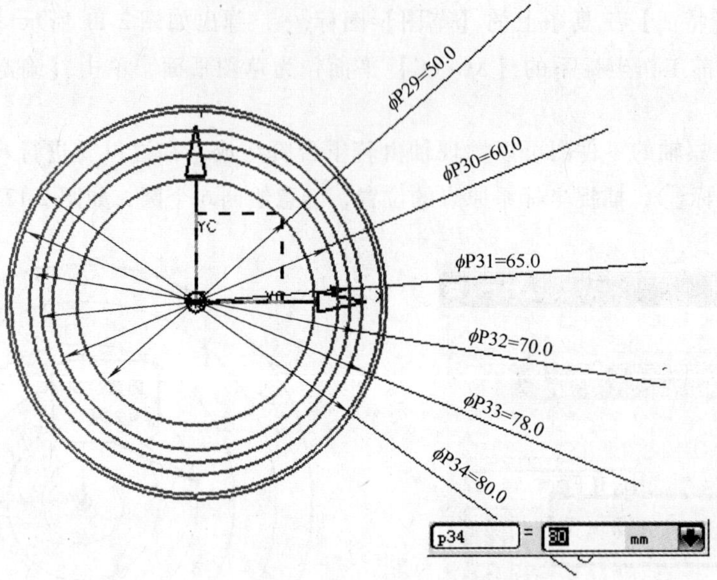

图 2-14　显示 6 个圆的尺寸

(5) 然后再对上述草图的尺寸风格进行编辑。选择【草图】下拉菜单中的【草图样式】按钮，打开【草图样式】对话框。在尺寸标签里的下拉菜单里面选择【值】，并在【保留尺寸】复选框上打钩，如图 2-15 所示，单击【确定】按钮。完成尺寸风格编辑，如图 2-16 所示。这样在建模时，就可以更加方便地观察图中的尺寸。最后单击【完成草图】按钮，退出草图编辑。

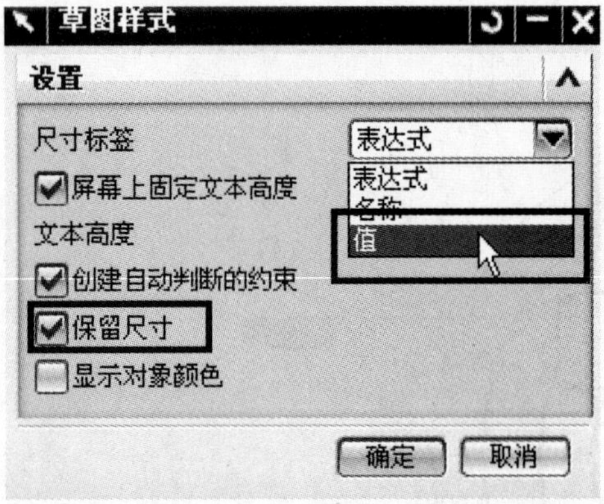

图 2-15　【草图样式】对话框

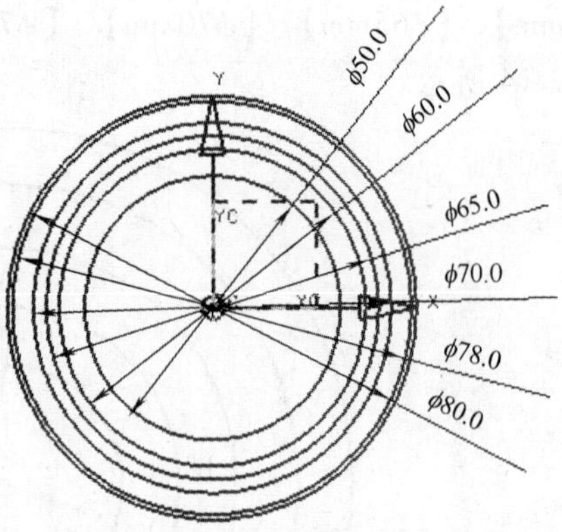

图 2-16　尺寸风格为“值”

(6) 通过按下快捷键 < Ctrl + Shift + B >，或者下拉【编辑→显示隐藏→颠倒显示隐藏】，把前面所做的 ϕ90mm 轴显示出来。再按下快捷键 < Ctrl + B >，选择 ϕ90mm 的轴进行【隐藏】。最后，单击【颠倒显示/隐藏】或按下快捷键 < Ctrl + Shift + B >，将 ϕ90mm 的轴和 6 个台阶面的草图就显示出来了，如图 2-17 所示。

(7) 接下来要进行轴所有台阶的减切操作。选择【拉伸】命令，打开【拉伸】命令对话框。在【选择条】工具栏中，可以通过选择【单条曲线】如图 2-18 所示。在【拉伸】对话框【截面栏】中，选择 ϕ78mm 的圆，设置拉伸的方向【+Z】方向，输入开始的值为【0】，结束的值为【285】。在【偏置】类型栏中，选择【两侧】，开始的值为【0】，结束的值为【20】（设置的距离值只要超出材料直径就可以了）。在【布尔】运算栏，选择【求差】。同时，选择前面创建的 ϕ90mm 轴毛坯实体作为目标体，如图 2-19 所示，单击【应用】按钮，完成 ϕ90mm 轴肩左边第 1 个台阶的绘制，如图 2-20 所示。注意：在这里单击【应用】按钮，目的是下一步仍继续进行拉伸命令操作。

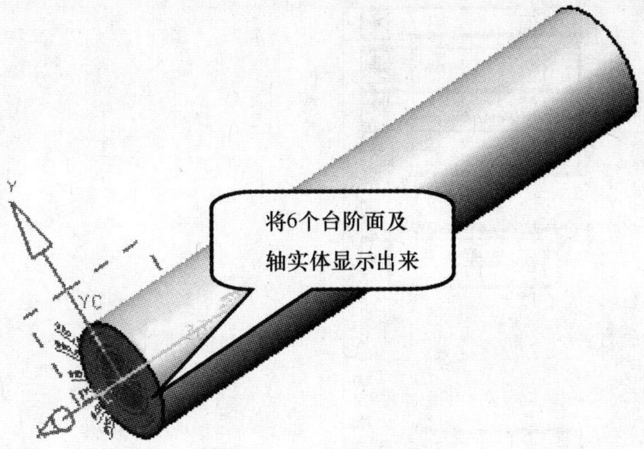

图 2-17　显示所有图形

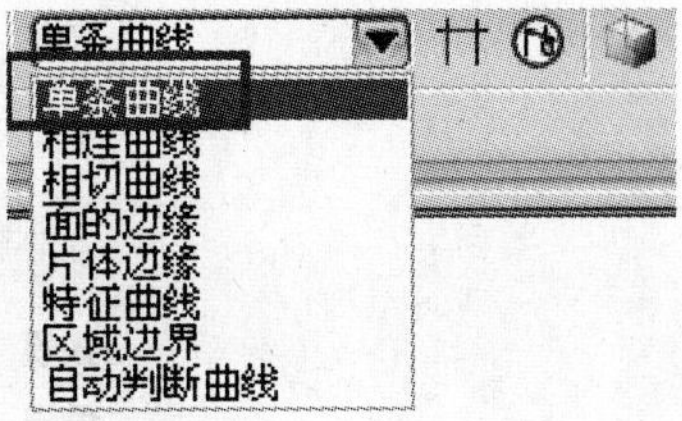

图 2-18　【选择条】工具栏

(8) 进行轴 ϕ90mm 轴肩左边的第 2 个台阶的创建。继续拉伸命令，选择直径为 ϕ65mm 的圆，矢量方向为【+Z】方向，输入开始距离为【0】，结束的值为【170】。【偏置】的类型选择【两侧】，开始的值为【0】，结束的值为【20】（距离只要超出材料直径就可以了）。【布尔运算】栏中，选择【求差】，同时选择轴实体作为目标体，单击【应用】按钮，完成第 2 个台阶的绘制，如图 2-21 所示。

(9) 进行轴 ϕ90mm 轴肩左边的第 3 个台阶的创建。选择直径为 ϕ60mm 的圆，方向为【+Z】方向，输入开始距离为【0】，结束的值为【135】。在【偏置】类型栏中，选择【两侧】，开始的值为【0】，结束的值为【20】（只要超出材料直径就可以了）。【布尔运算】栏中，选择【求差】，同时选择【轴实体】作为目标体。单击【应用】按钮，完成第 3 个台阶的绘制，如图 2-22 所示。

(10) 进行轴 ϕ90mm 轴肩左边的第 4 个台阶的创建。选择直径为 ϕ50mm 的圆，方向为【+Z】方向，输入开始距离为【0】，结束的值为【85】。在【偏置】类型栏中，选择【两侧】，开始的值为【0】，结束的值为【20】（只要超出材料直径就可以了）。【布尔运算】栏中，选择【求差】，同时选择【轴实体】作为目标体，单击【确定】按钮，完成 ϕ90mm 轴肩左边第 4 个台阶的绘制，如图 2-23 所示。

(11) 完成轴零件的左边台阶创建后，接下来准备进行轴右边第 1 个台阶的创建。选择【拉伸】命令，选择直径为 ϕ80mm 的圆，矢量方向为【+Z】方向，输入开始距离为【300】，结束的值为【500】（只要超过总长 460mm 就可以了）。在【偏置】类型栏中，选择【两侧】，开始的值为【0】，结束的值为【20】（只要超出材料直径就可以了）。【布尔运

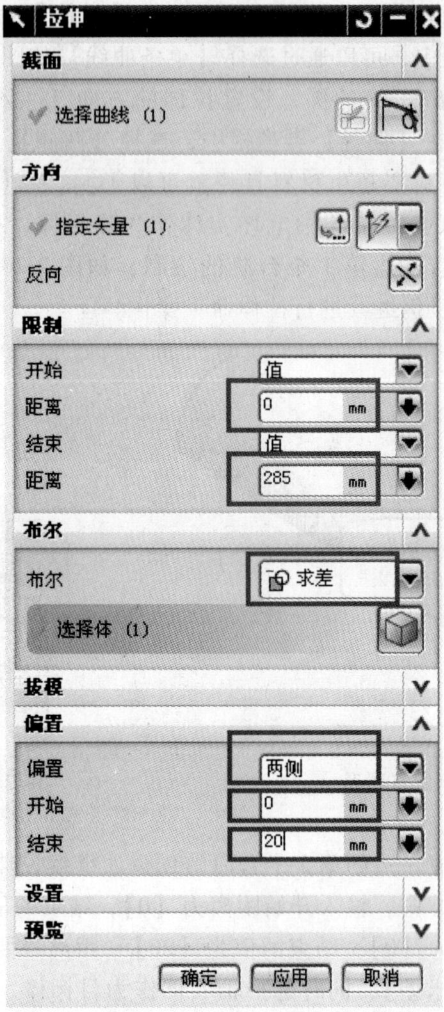

图 2-19 【拉伸】对话框

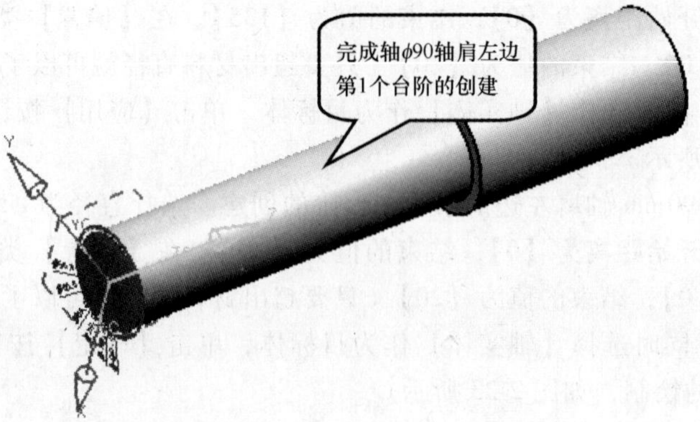

图 2-20 轴第 1 个台阶的创建

算】栏中，选择【求差】，同时选择【轴实体】作为目标体。单击【应用】按钮，完成 ϕ90mm 轴肩右边第 1 个台阶的绘制。如图 2-24 所示。

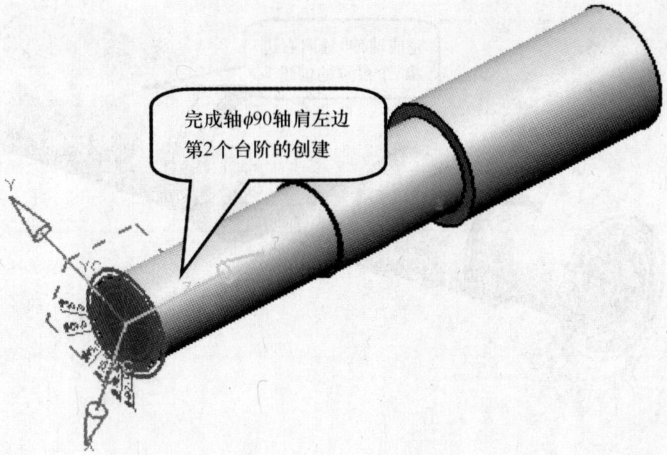

图 2-21　轴第 2 个台阶的创建

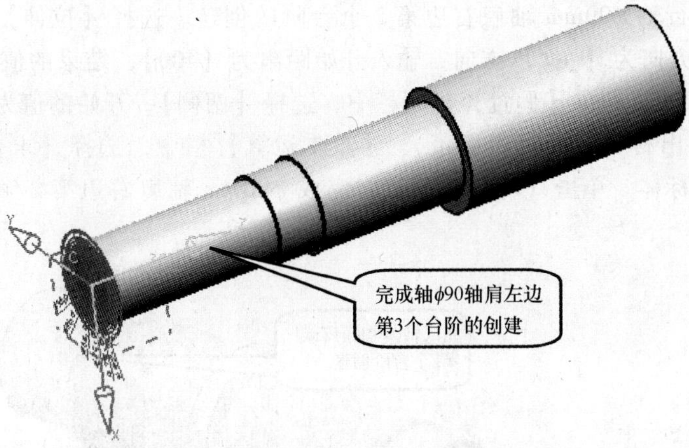

图 2-22　轴第 3 个台阶的创建

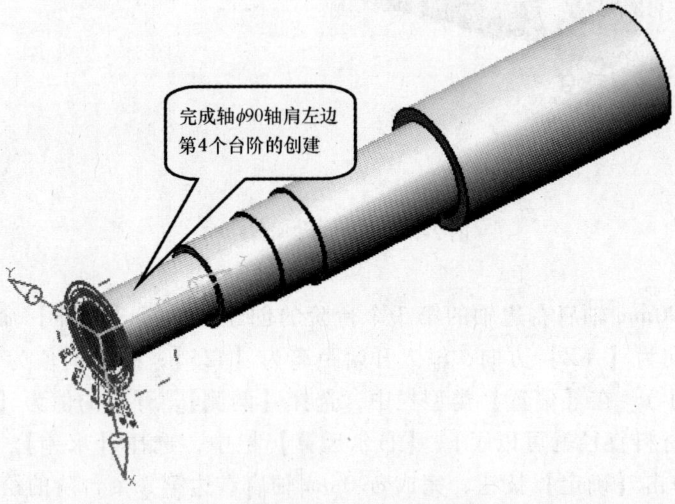

图 2-23　轴第 4 个台阶的创建

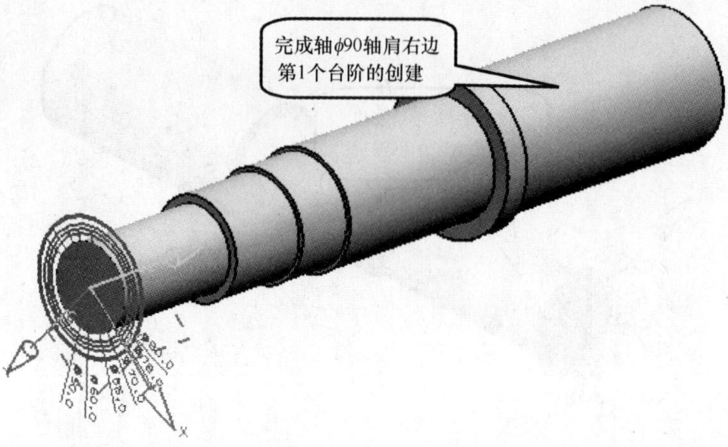

图 2-24　右边第 1 个台阶

（12）继续进行轴 ϕ90mm 轴肩右边第 2 个台阶的创建。选择【拉伸】命令，选择直径为 ϕ70mm 的圆，方向为【+Z】方向，输入开始距离为【400】，结束的值为【500】（只要超过 460mm 就可以了）。在【偏置】类型栏中，选择【两侧】，开始的值为【0】，结束的值为【20】（只要超出材料直径就可以了）。【布尔运算】栏中，选择【求差】。同时，选择【轴实体】作为目标体。单击【应用】按钮，完成 ϕ90mm 轴肩右边第 2 个台阶的绘制，如图2-25所示。

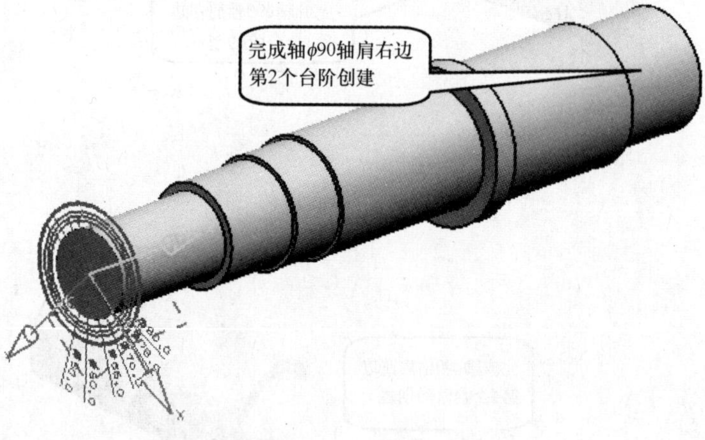

图 2-25　右边第 2 个台阶

（13）进行 ϕ90mm 轴肩右边轴的第 3 个台阶的创建。选择【拉伸】命令，选择直径为 ϕ65mm 的圆，方向为【+Z】方向，输入开始距离为【425】，结束的值为【500】（只要超过 460mm 就可以了）。在【偏置】类型栏中，选择【两侧】，开始的值为【0】，结束的值为【20】（只要超出材料直径就可以了）。【布尔运算】栏中，选择【求差】。同时，选择轴实体作为目标体。单击【确定】按钮，完成 ϕ90mm 轴肩右边第 3 个台阶的绘制。如图 2-26 所示。

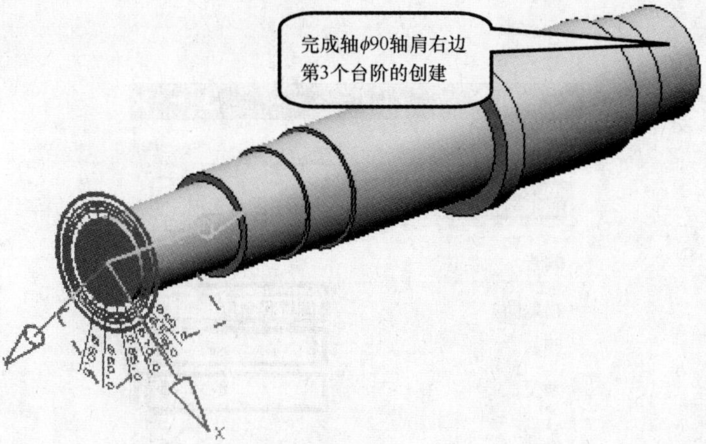

图 2-26　右边第 3 个台阶

2.2.3　轴上倒圆角

由于在轴零件图的技术要求里面有未注圆角为 *R*2mm。接下来，将对所有边进行倒圆角。选择【边倒圆】图标，打开【边倒圆】对话框，如图 2-27 所示。在要倒圆的边栏里选择在轴上要倒圆的边，在这里共有 7 条边要进行倒圆角，输入圆角半径为【2】，其余参数不变，单击【确定】按钮，完成轴的倒圆角特征，如图 2-28 所示。

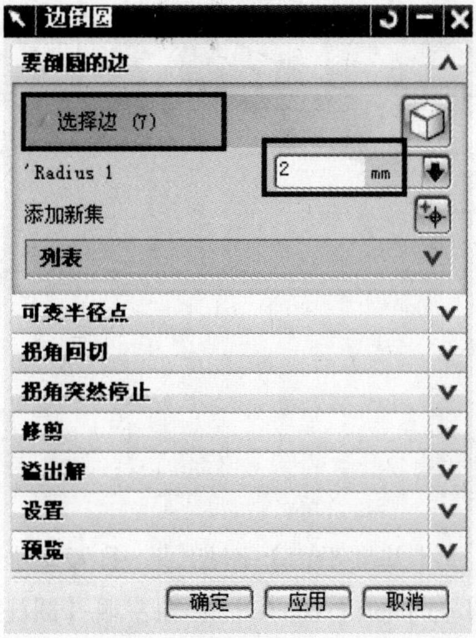

图 2-27　【边倒圆】对话框

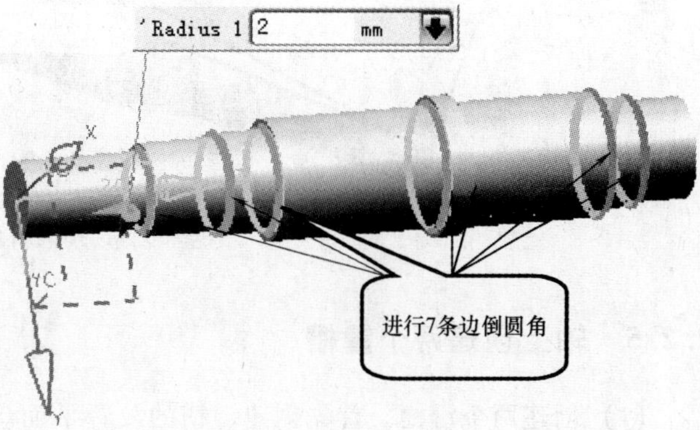

图 2-28　选择倒圆边

2.2.4　轴上倒斜角

创建 C2 倒斜角。选择【倒斜角】图标，打开【倒斜角】对话框，如图 2-29 所示。横截面栏选择【偏置和角度】，输入距离【2】，角度为【45】，单击【确定】按钮，完成如

图 2-30 所示。

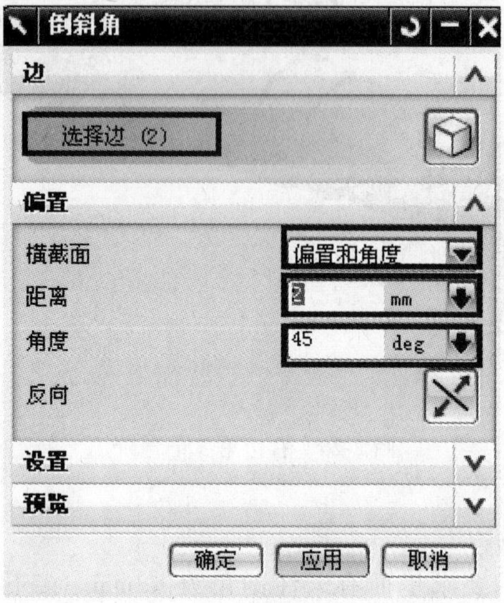

图 2-29 【倒斜角】对话框

图 2-30 选择倒斜角边

2.2.5 轴上创建两个键槽

（1）创建两个键槽。首先创建键槽的放置平面。选择【基准平面】图标，打开基准平面对话框，如图 2-31 所示。选择【自动判断】，选择坐标平面【YC-ZC】和轴左端【圆柱表面】，单击【备选解】完成创建，如图 2-32 所示，单击【确定】按钮。这样就完成了第一个键槽放置平面的创建。注意，备选解是指循环选择可能的目标动作。

（2）选择键槽图标，键槽的选项为【矩形】，如图 2-33 所示，单击【确定】按钮。选择上步创建的基准平面作为放置面。如图 2-34 所示，箭头向下作为默认方向，然后单击【确定】按钮。选择水平的 Z 轴作为水平参考轴，并输入相应的尺寸值，长度为【70】，宽度为【14】，深度为【5.5】，单击【确定】按钮，如图 2-35 所示。

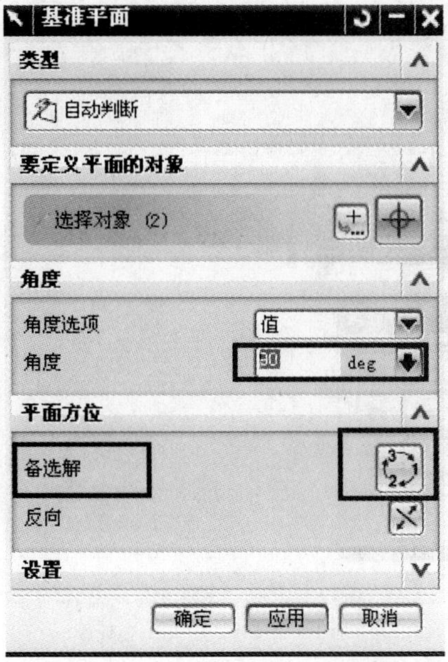

图 2-31　【基准平面】对话框

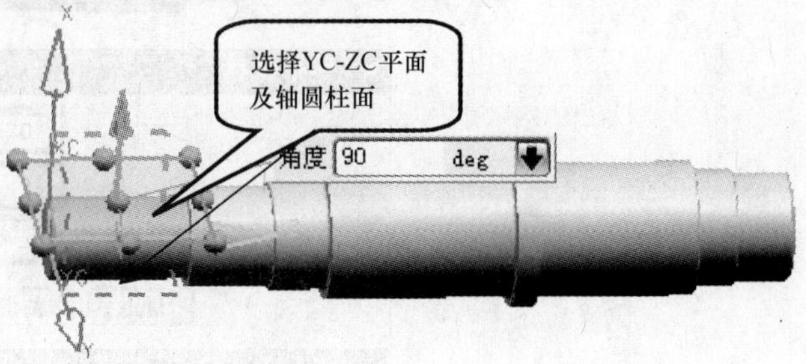

图 2-32　选择 YC-ZC 平面及轴圆柱面

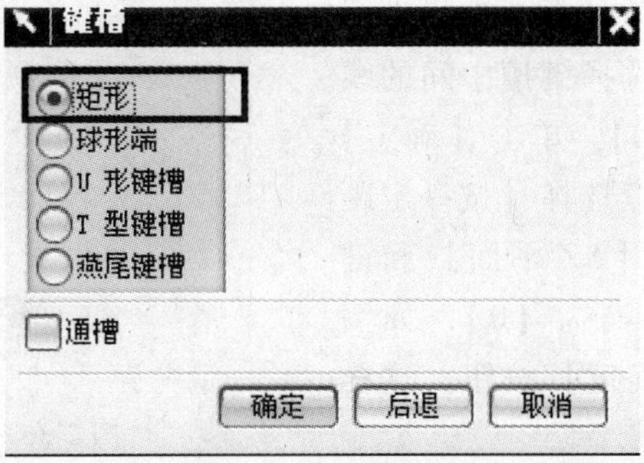

图 2-33　【键槽】对话框

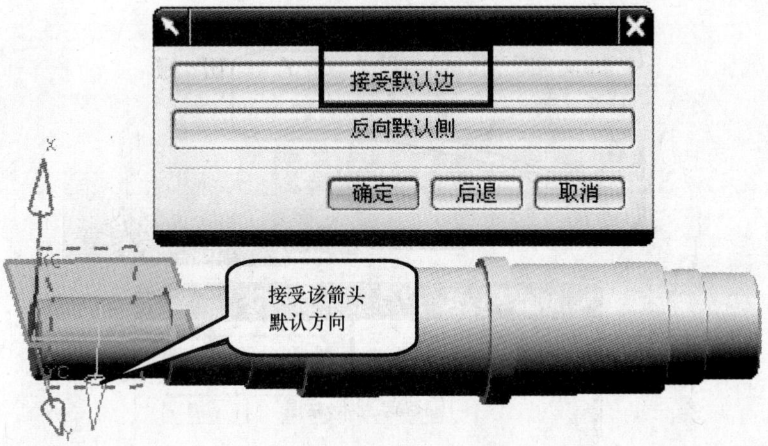

图 2-34　接受箭头方向

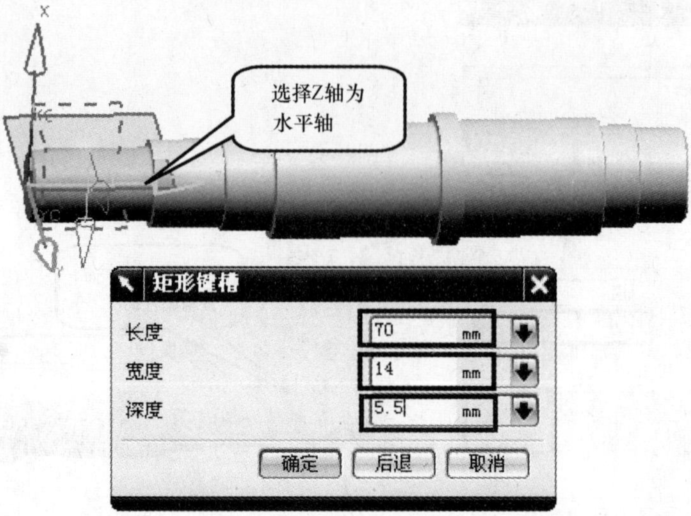

图 2-35　矩形键槽参数设置

（3）然后对键槽进行定位，选择【按一定距离平行】按钮如图 2-36 所示。选择坐标系中的【XY 平面】，同时选择键槽中间的线【YC 轴】，输入距离为【40】，单击【确定】按钮，如图 2-37 所示。继续选择【按一定距离平行】按钮定位，选择【XZ 平面】和键槽中间【XC 轴】，输入距离为【0】，如图 2-38所示。最后，单击【确定】按钮。这样就完成第一个键槽的创建。

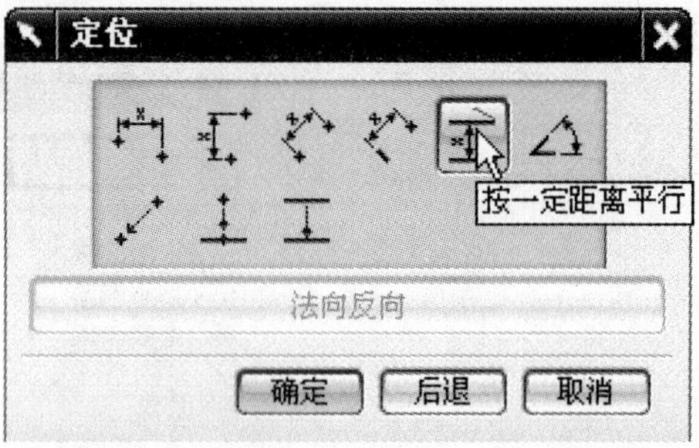

图 2-36　【定位】对话框

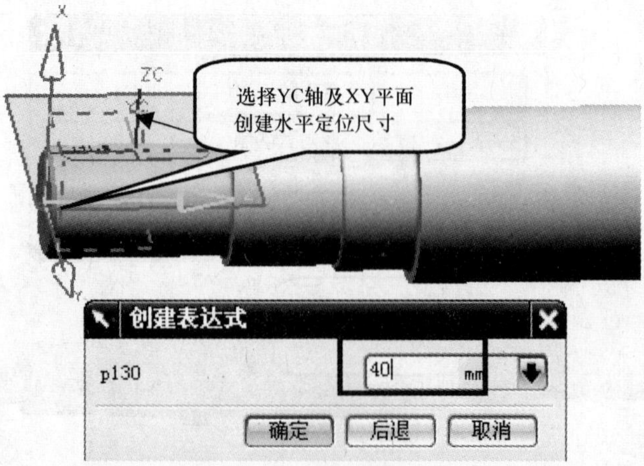

图 2-37　输入水平定位尺寸

(4) 继续进行第二个键槽的创建。首先参照上面键槽创建步骤，创建键槽放置的基准平面，如图2-39所示。

(5) 同样，选择键槽图标，键槽的选项为【矩形】如前图2-33所示，单击【确定】按钮。选择上步创建的基准平面作为放置面，箭头向下作为默认方向，然后单击【确定】按钮。选择水平的【Z轴】作为水平参考轴，并输入相应的尺寸值，长度为【90】，宽度为【22】，深度为【9】，单击【确定】按钮，如图2-40所示。

(6) 同样，对第二个键槽进行定位，选择【按一定距离平行】按钮，选择坐标系的一个【XY】平面，同时选择键槽中间的【YC】轴，输入距离为【350】。继续选择【按一定距离平行】按钮，选择【XZ平面】和键槽【XC轴】，输入距离为【0】。最后，单击【确定】按钮。这样就完成第二个键槽的创建，如图2-41所示。

(7) 选择坐标系并单击鼠标右键，选择【隐藏】。这样，就把减速器传动轴的建模全部完成了，如图2-42所示。

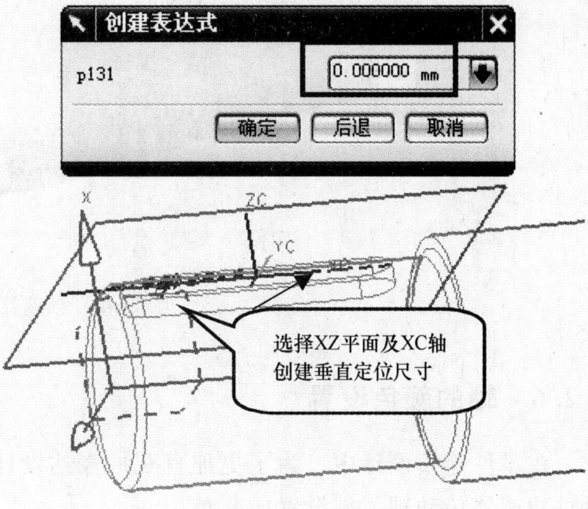

图2-38　输入垂直定位尺寸

图2-39　创建键槽放置的基准平面

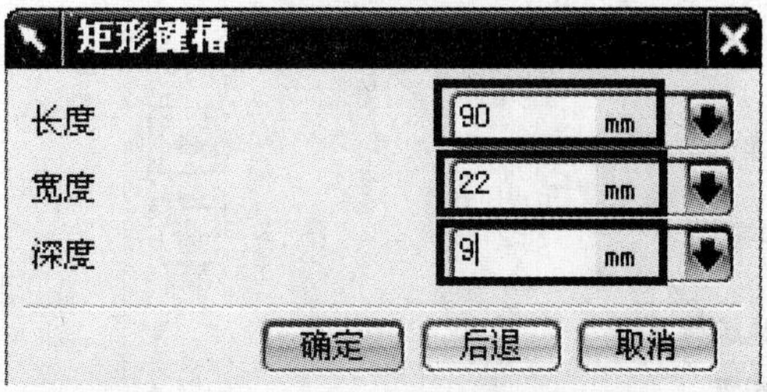

图2-40　【矩形键槽】对话框

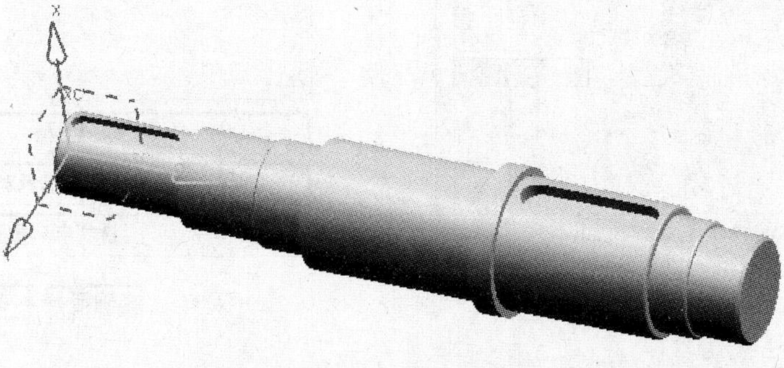

图2-41　第二个键槽的创建

图 2-42 减速器传动轴

2.2.6 轴的颜色设置

在零件建模设计中，为了更加直观地表达设计意图，往往将建模零件进行颜色设置，下面对减速器传动轴零件设置成灰色。

选择【编辑】菜单下的【对象显示】，或按快捷键 <Ctrl + J>，打开【类选择】对话框，如图 2-43 所示。

在【选择对象】栏中，用鼠标选择轴类零件。单击【确定】按钮后，进入【编辑对象显示】对话框，单击颜色图标，如图 2-44 所示。选择灰色，单击【确定】按钮，完成轴的颜色设置，如图 2-45 所示。

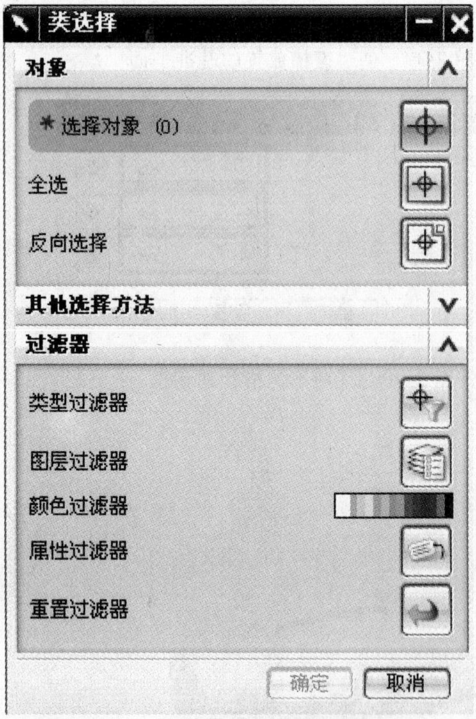

图 2-43 【类选择】对话框

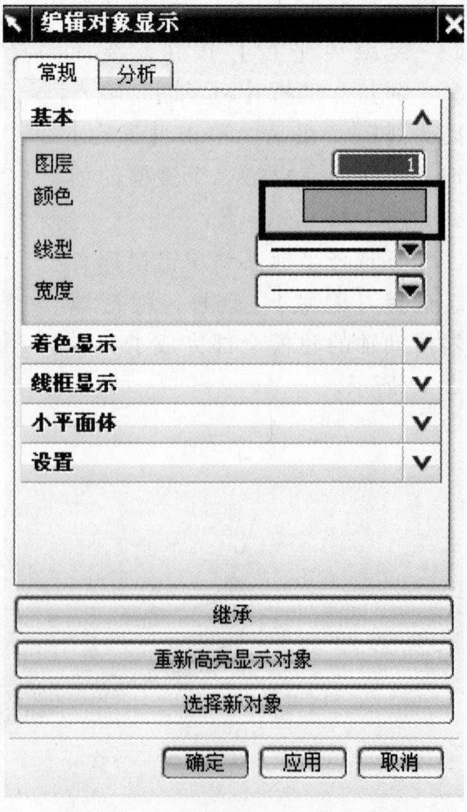

图 2-44 【编辑对象显示】对话框

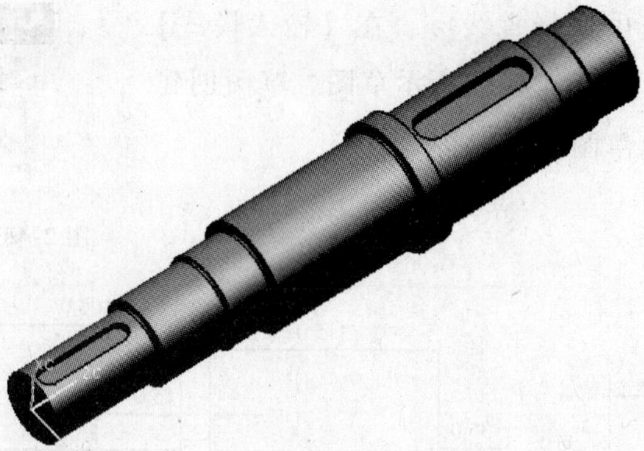

图 2-45　完成轴的颜色设置

2.3　旋转建模法

2.3.1　进入草绘环境

（1）双击桌面的快捷图标，打开 UG NX 6 软件。

（2）在 UG NX6.0 软件中选择【新建】图标或从文件下拉菜单中选择【新建】选项，弹出新建对话框。注意单位为【毫米】，模板选择【模型】，指定文件放置的文件夹所在的位置，输入文件名称【Zhou_02】，单击【确定】按钮新建一个零件文件，并自动进入建模模块。该文件包含了一个基准坐标系。

（3）选择【插入】→【草图】或单击【特征】工具条上的【草图】图标，弹出如图 2-46 所示的创建草图对话框。默认以当前工作坐标系的【XC-YC】平面作为草图平面，如图 2-47 所示，单击【确定】按钮，进入草图环境。

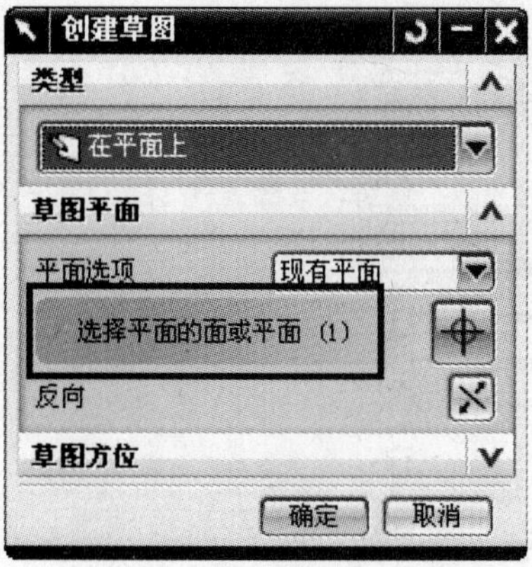

图 2-46　【创建草图】对话框

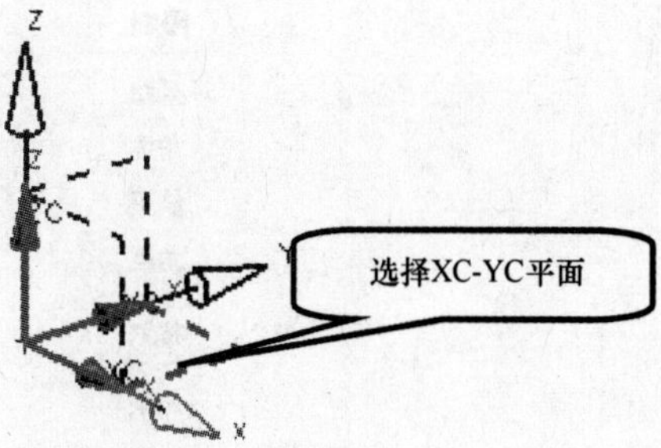

图 2-47　选择 XC-YC 平面

2.3.2　创建轴零件

（1）选择草绘工具栏中【配置文件】图标，打开【配置文件】对话框，如图 2-48

所示。在【对象类型】中选择直线，在【输入模式】中选择参数模式。绘制如图 2-49 所示草图。草图创建完成后，按图标退出草图模式。

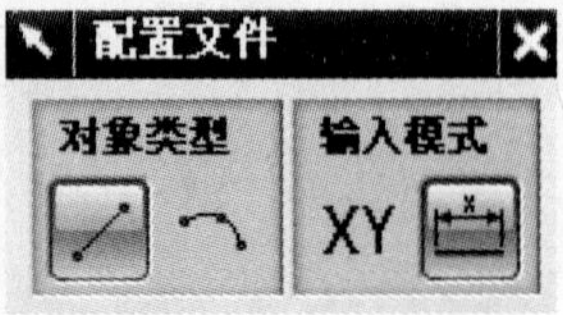

图 2-48　【配置文件】对话框

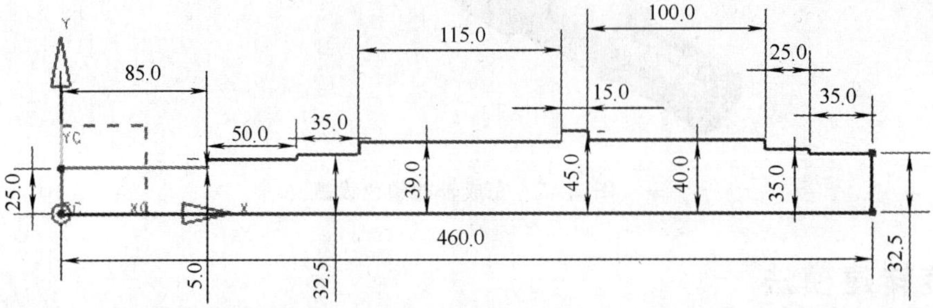

图 2-49　轴零件草图

(2) 选择【回转】图标，打开【回转】对话框，如图 2-50 所示。【截面】栏选择上步绘制的轴的截面草图，在轴的【指定矢量】栏，选择【+X】矢量方向，【指定点】栏选择【原点】，如图 2-51 所示。输入开始角度为【0】，结束角度为【360】，在【布尔运算】栏，选择【无】。单击【确定】按钮，完成阶梯轴的创建，如图 2-52 所示。

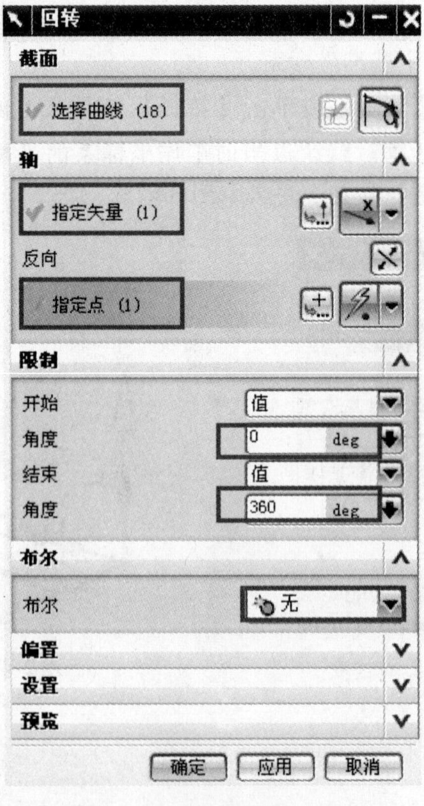

图 2-50　【回转】对话框

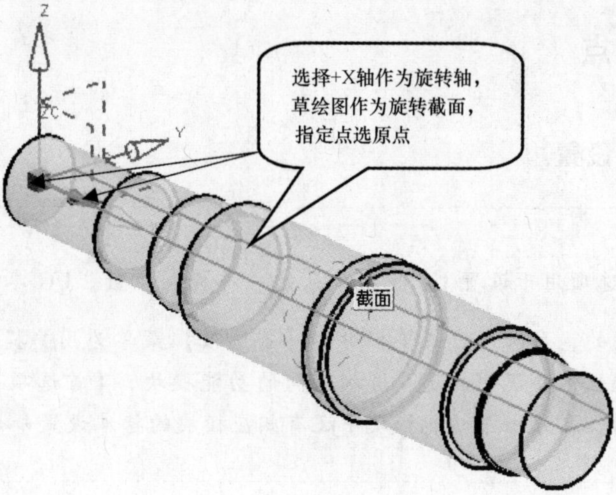

图 2-51　回转旋转轴设置

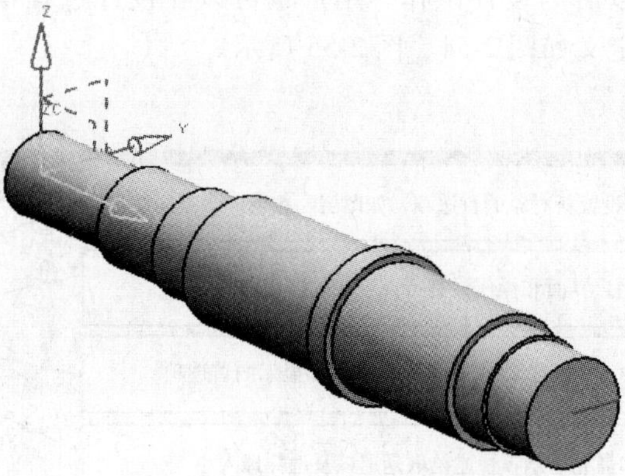

图 2-52　完成阶梯轴的创建

（3）其余步骤，即创建倒斜角，倒圆角及键槽特征和颜色设置，参照 2.2.3、2.2.4、2.2.5 及 2.2.6 步骤。最后，完成减速器传动轴的创建如图 2-53 所示。

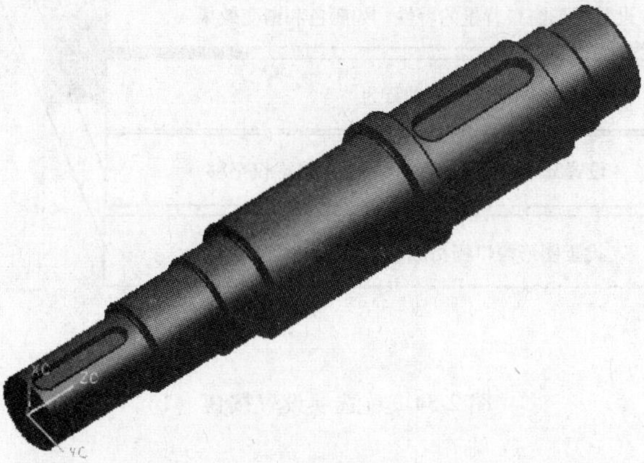

图 2-53　减速器传动轴

2.4 知识技能点

2.4.1 首选项的设置

知识点：首选项用于设置 UG 系统默认的一些控制参数。UG 参数中的默认设置是可以根据需要修改的，系统通过菜单栏中的【首选项】菜单为用户提供了相应的功能参数设置选项。在这里需要说明的是，进入不同的功能模块，【首选项】菜单中显示的命令选项会略有不同，在每一个功能模块中还有相应模块的特殊设置命令。

首选项的设置能等够优化设计效果，用户在开始设计工作之前应根据自己的需要对这些项目进行设置，以便于以后的设计工作。用户也可以在设计过程中改变参数，重新进行设置，首选项设置按钮的定义如图 2-54、图 2-55 所示。

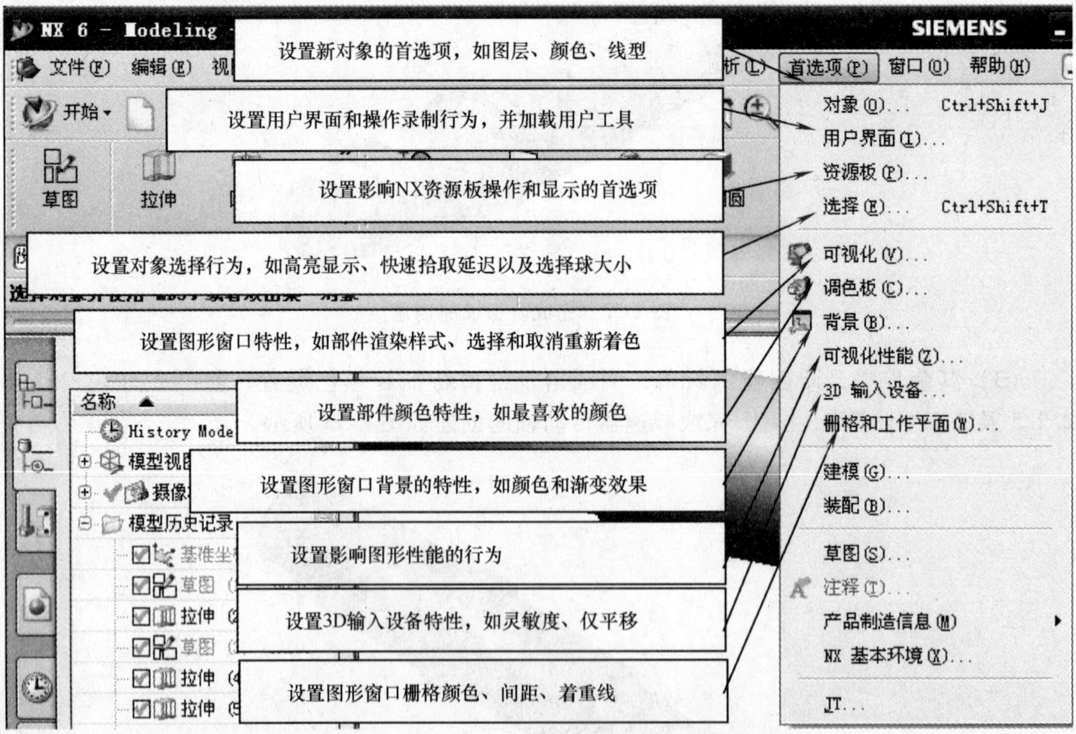

图 2-54 首选项设置按钮（1）

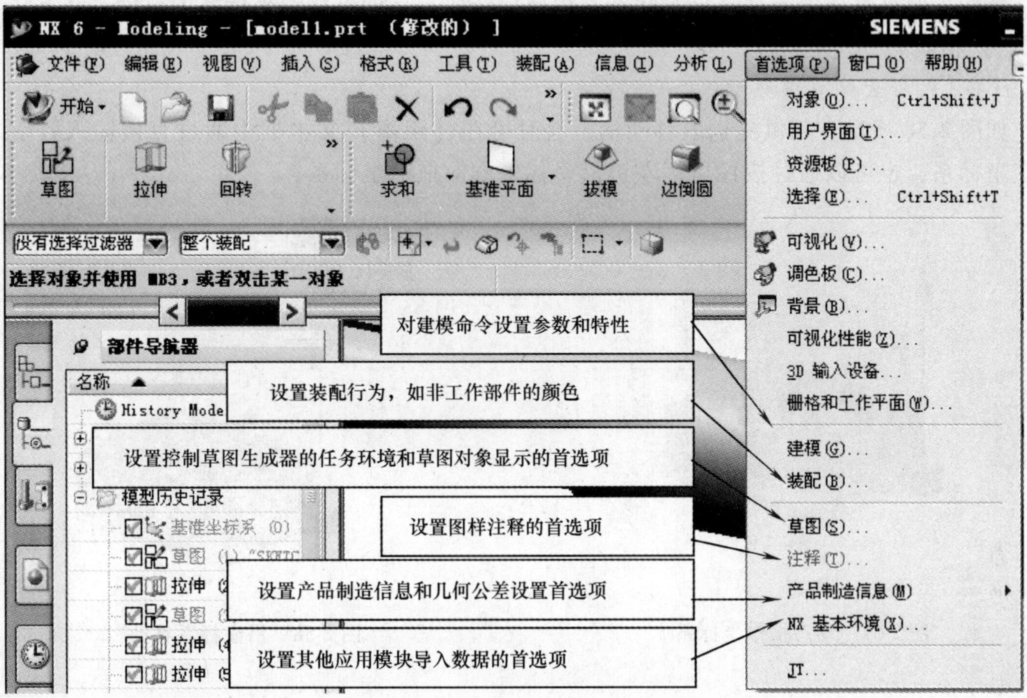

图 2-55　首选项设置按钮（2）

2.4.2　坐标系的操作

知识点： 工作坐标系符号表示工作坐标系的原点位置和坐标轴的方向。它的坐标轴通常是正交的（即相互间为直角）并且总是形成一个右手系统。用户可以随时选择一个坐标系作为工作坐标系。工作坐标系的坐标用 XC、YC 和 ZC 表示。工作坐标系的 XC-YC平面称为工作平面。

1. 工作坐标系工具栏

用户可以根据需要对工作坐标系 WCS 进行操作，对 WCS 的操作可以通过【格式】下拉菜单中的【WCS】级联菜单和【实用程序】工具栏来实现。【实用程序】工具栏与工作坐标系操作相关的选项，如图 2-56 所示。

图 2-56　工作坐标系工具栏

2. 常用的动态操作坐标

选择菜单【格式】→【WCS】→【动态】命令，或单击【实用程序】工具栏中的【动态 WCS】图标，可对 WCS 进行以下操作。

使用 WCS 动态命令可以使用手柄操控 WCS 的位置和方向。选择该命令后，工作坐标系被激活，出现一些控制钮，即原点、移动柄和旋转球，如图 2-57 所示。

操作技巧： 动态操作坐标命令应用技巧

技巧1：改变坐标系原点位置

坐标系原点默认处于高亮显示状态，用鼠标选取一点即可移动坐标系的位置，其方法与【原点】相同。

技巧2：沿坐标系移动

如图 2-58 所示，用鼠标选取移动柄，这时可在【距离】文本框中通过直接输入数字来改变坐标系，也可以通过按住鼠标左键沿坐标轴方向拖动坐标系。

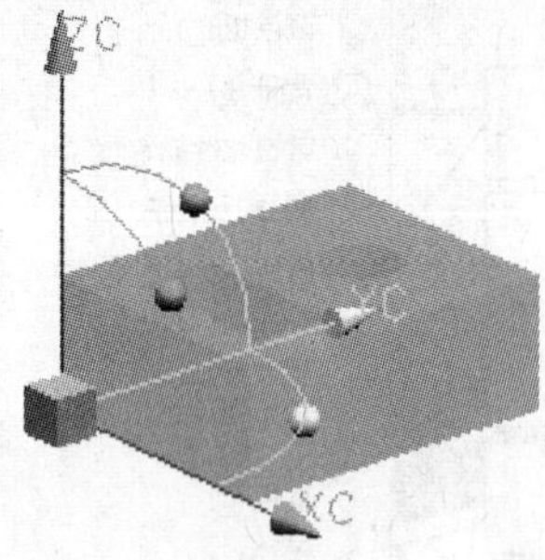

图 2-57　动态操作坐标系

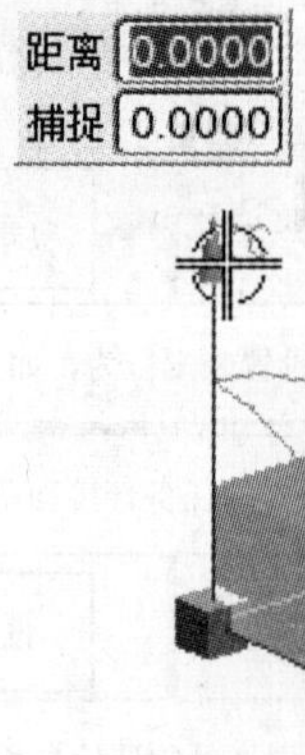

图 2-58　沿坐标系移动

技巧3：绕某坐标轴旋转

如图 2-59 所示，用鼠标选取旋转球，这时可在【角度】文本框中通过直接输入数字来改变坐标系，也可以通过按住鼠标左键在屏幕上旋转坐标系。在旋转过程中，为便于精确定位，可以设置补偿单位如 45，这样每隔 45 个单位角度，系统自动捕捉一次。

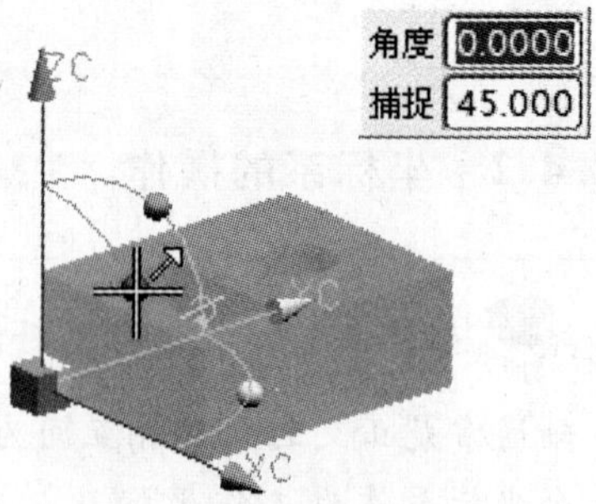

图 2-59　绕某坐标轴旋转

技巧4：指定某轴的矢量方向

用鼠标选取轴线（注意是线而不是箭头），弹出如图 2-60 所示【WCS 动态】对话框，这时可以通过矢量构造器重新指定该轴的矢量方向。

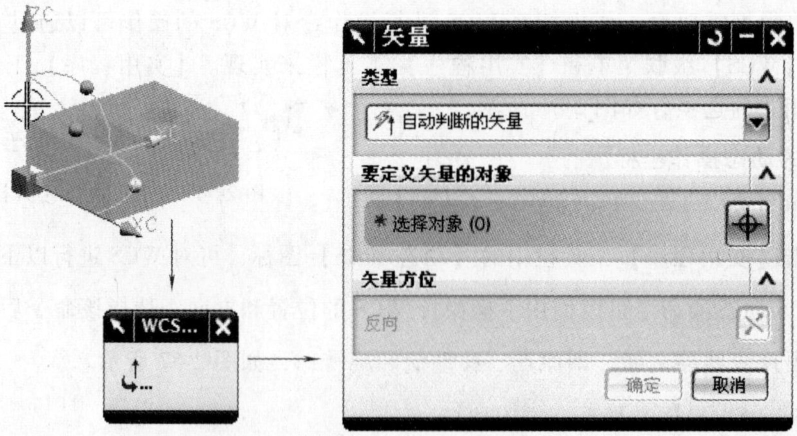

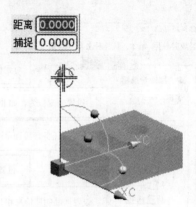

图 2-60　指定某轴的矢量方向

2.4.3　图层操作

知识点： 图层，类似于透明纸。在透明纸（层）上建立好各自的模型后，叠加起来，就可以成为完整的几何模型。为了便于建模，经常需要隐藏一些对象，如草图、基准面等。只要将该对象所在的图层设置为不可见，则可隐藏该图层的所有对象，从而提高工作效率。

1. 图层的设置

使用图层设置命令可以设置全局图层状态。这适用于所有无单独图层遮盖的视图（图纸视图除外）。【图层设置】对话框如图 2-61 所示。

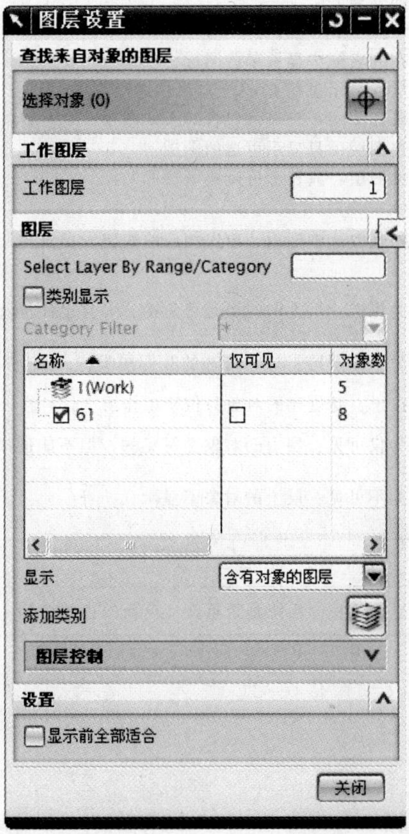

图 2-61　【图层设置】对话框

2. 图层设置功能描述

图层设置对话框选项的描述见表 2-1。

表 2-1　图层设置对话框选项描述

功能选项	描　　述
	工作图层
工作图层	显示当前的工作图层。还可以通过键入 1 ~ 256 之间的数字来设置新的工作图层 工作图层是在其上创建对象的图层。一次只能在一个图层上进行工作，且只能在工作图层上进行 默认情况下，图层 1 是工作图层。工作图层始终是可见且可选择的
	图　　层
按范围/类别选择图层	通过输入数字范围，或输入类别名称来选择某一范围的图层
类别显示	若选择该复选框，将显示按类别名称分组的图层；反之，则显示一系列的单个图层
类别过滤器	在选中【类别显示】时可用，用于控制出现在列表框中的类别
图层/类别树列表	显示所有图层和其当前状态的列表。当选中【类别显示】复选框时，显示类别和所有关联图层的列表
显示	可控制在列表框中显示哪些图层 所有图层：显示包括 1 ~ 256 层在内的所有图层 含有对象的图层：只显示包含对象的图层 所有可选图层：只显示可选的图层 所有可见图层：只显示可见或可选的图层
图层控制	在图层列表中选中层后，单击相应的按钮，即可将所选层设置成指定的层状态，有四种可选状态 设为可选：层上的对象是可见的，而且也能被选择和编辑 设为工作图层：与“可选的”图层类似，其上对象也是可见、可选、可被编辑的。不同之处在于，新创建的对象只位于工作层上，且在一个部件文件中只有一个工作层 设为仅可见：层上的对象是可见的，但不能选择，也不能进行其他操作 设为不可见：层上的对象不显示
	设　　置
显示前全部适合	在更新显示前控制系统是否重新计算新的视图比例

2.4.4　点构造器

知识点：点构造器是指选择或者绘制一个点的工具，用于创建一个参考点。点构造器中点的创建方法有两种：一是在“类型”项中设置捕捉点的类型，之后在绘图区选择相应的特征点；二是在“坐标”选项中输入坐标值来创建点。

1. 点构造器对话框

使用点构造器可通过点对话框在三维空间指定点和创建点对象和位置的标准方法。点构造器通常配合其他命令使用。图 2-62 所示为【点】对话框。

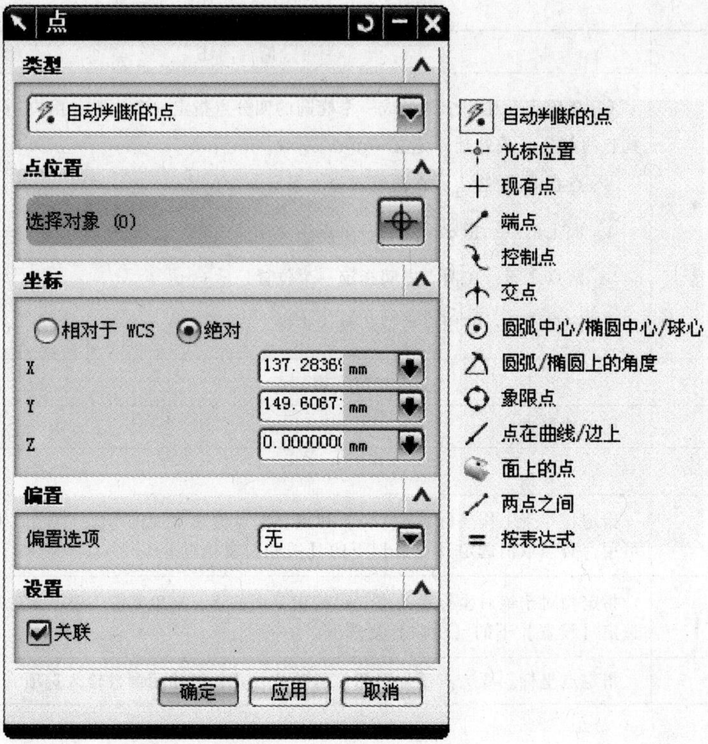

图 2-62　【点】对话框

2. 点构造器对话框的功能描述

点对话框选项描述如表 2-2 所示。

表 2-2　点对话框选项描述

选　　项	描　　述
类型	指定点创建方法 自动判断的点：根据选择指定要使用的点选项。系统使用单个选择来指定点，所以自动推断的选项被局限于光标位置、已存点、端点、控制点以及圆弧/椭圆中心 光标位置：在光标的位置指定一个位置。位置位于 WCS 的平面中 现有点：通过选择一个现有点对象来指定一个位置。通过选择一个现有点，使用该选项在现有点的顶部创建一个点或指定一个位置。在现有点的顶部创建一个点可能引起迷惑，因为用户将看不到新点，但这是从一个工作图层得到另一个工作图层的点的复制的最快的方法 端点：在现有的直线、圆弧、二次曲线以及其他曲线的端点指定一个位置 控制点：在几何对象的控制点指定一个位置 交点：在两条曲线的交点或一条曲线和一个曲面或平面的交点处指定一个位置 圆弧中心/椭圆中心/球心：在圆弧、椭圆、圆或椭圆边界或球的中心指定一个位置 圆弧/椭圆上的角度：在沿着圆弧或椭圆的成角度的位置指定一个位置。软件从正向 XC 轴参考角度，并在 WCS 中按逆时针方向测量它。用户还可以在一个圆弧未构建的部分（或外延）定义一个点

（续）

选　项	描　述
类型	象限点：在一个圆弧或一个椭圆的四分点指定一个位置。用户还可以在一个圆弧未构建的部分（或外延）定义一个点 点在曲线/边上：在曲线或边上指定一个位置 面上的点：指定面上的一个点 两点之间：在两点之间指定一个位置 按表达式：使用点类型的表达式指定点
点　位　置	
选择对象	用于选择点
坐　标	
相对于 WCS	指定相对于工作坐标系（WCS）的点。您可编辑下面的 XC、YC 和 ZC 值。要使该选项可用，必须取消选定【设置】下的【关联】复选框
绝对坐标系的点	指定相对于绝对坐标系的点。可编辑下面的 X、Y 和 Z 值。要使该选项可用，必须取消选定【设置】下的【关联】复选框
X、Y 和 Z	指定点坐标。要为点添加引用、函数或公式，可使用参数输入选项
设　置	
关联	使该点成为关联而不是固定的，使其以参数关联到其父特征。如果编辑非关联点，它将在【类型】列表中显示为【固定】。部件导航器将关联点显示为【点】，将非关联点显示为【固定点】

2.4.5　草图基础

知识点： 草图是组成轮廓曲线的二维图形的集合，通常与实体模型相关联。草图最大的特征是绘制二维图时只需要先绘制出一个大致的轮廓，然后通过约束条件来精确定义图形，因而使用草图功能可以快速完整地表达设计者的意图。此外，草图是参数化的二维成形特征，具有特征的操作性和可修改性，可以方便地对曲线进行参数化控制。

1. 草图的作用

草图是部件内部的二维几何形状。每个草图都是驻留于指定平面的二维曲线和点的命名集合。在三维造型中，草图的主要作用有：

（1）通过扫掠、拉伸或旋转草图到实体或片体以创建部件特征。

（2）创建有成百上千个草图曲线的大型二维概念布局。

（3）创建构造几何体，如运动路径或间隙圆弧，而不仅是定义某个部件特征。

在一般造型中，草图的第一项作用最常用，即在草图的基础上，创建所需的各种特征。

2. 草图绘制过程

这通常是草图生成器会话中所涉及的步骤。

（1）选择一个草图平面或路径，并指定水平或竖直参考方向。

（2）可以选择重命名草图。

（3）选取约束识别和创建选项。

（4）创建草图。根据设置，草图生成器自动创建若干约束。

（5）添加、修改或删除约束。

（6）拖动外形或修改尺寸参数。

（7）退出草图生成器。

3. 草图生成器界面

像其他 NX 应用模块一样，草图生成器有它自己的界面，它具有可定制的工具条、鼠标右键菜单以及其他组件。图 2-63 所示是默认的草图生成器界面。

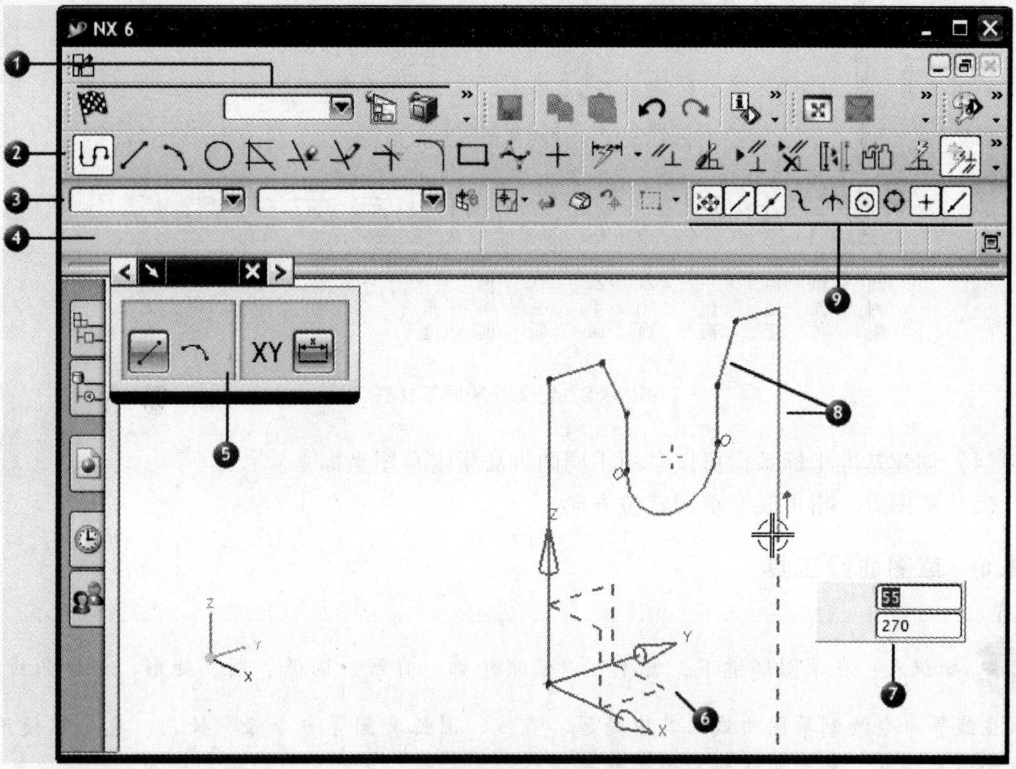

图 2-63　草图生成器界面

1—草图生成器工具条　2—“草图工具”工具条　3—选择条　4—状态行
5—命令对话框　6—基准 CSYS　7—屏幕输入框　8—草图中的曲线（绿色和橙色）　9—捕捉点选项

4. 创建草图对话框

（1）选择菜单【插入】→【草图】命令或单击【成形特征】工具栏中的【草图】图标 进入草图环境，打开如图 2-64 所示的【创建草图】对话框。该对话框由草图类型、草图平面及草图方位构成。

（2）在草图平面选项中现有平面指的是可以选择实体的平面表面、工作坐标系平面、基准面或基准坐标系上的一个平面等作为草图平面。

（3）创建平面指可以采用不同方式定义基准面作为草图平面。如图 2-65 所示。

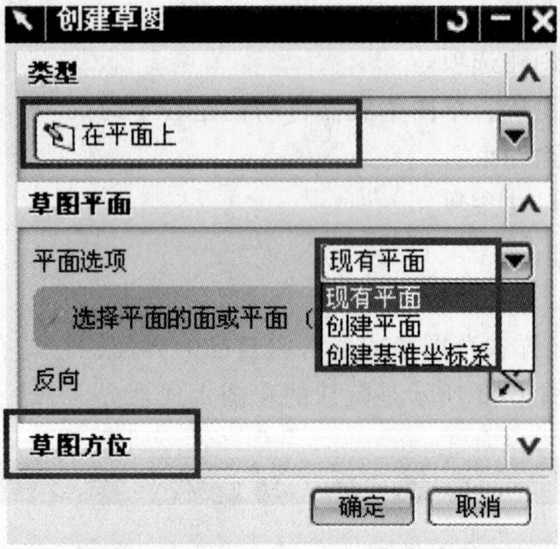

图 2-64 【创建草图】对话框

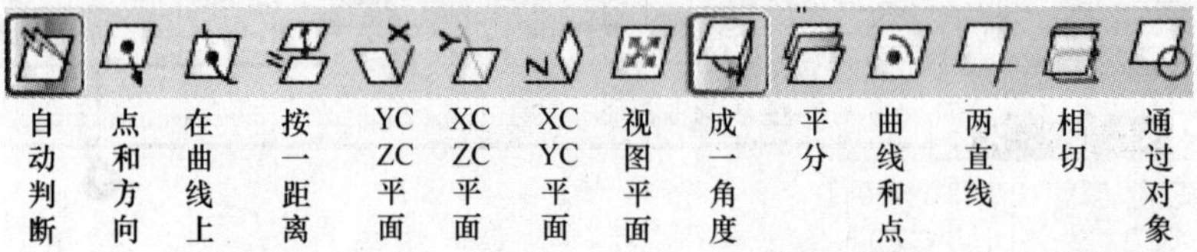

图 2-65 定义基准面工具栏

（4）创建基准坐标系指可以采用不同的方法指定草图坐标系。

（5）草图方位指可改变草图定位方向。

2.4.6 草图曲线工具

知识点：在草图环境下，首先可以使用轮廓、直线、圆弧、圆、矩形、样条曲线、派生线等命令绘制草图曲线，其中轮廓、直线、圆弧和圆等命令经常使用。也可以使用添加现有曲线、相交曲线和投影曲线等命令绘制曲线，之后，可以使用圆角、快速修剪、快速延伸和制拐角等命令对草图线进一步编辑和修改。

1. 草图曲线工具栏

在草图环境中可以绘制各种曲线。绘制草图曲线可以通过【插入】菜单或如图 2-66 所示的【草图曲线】工具栏来实现。

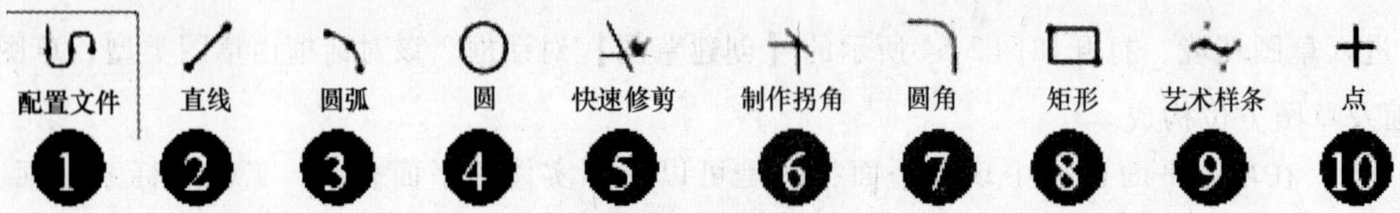

图 2-66 草图曲线工具栏

（1）配置文件（轮廓）　绘制直线和圆弧组成的连续轮廓曲线。

（2）直线　绘制直线。

（3）圆弧　绘制圆弧。

（4）圆　绘制圆。

（5）快速修剪或延伸　快速修剪草图曲线或快速延伸曲线。

（6）制作拐角　快速修剪拐角曲线。

（7）圆角　在两条曲线之间创建圆角。

（8）矩形　绘制矩形。

（9）艺术样条　绘制样条曲线。

（10）点　绘制点。

2. 快速修剪命令

（1）使用快速修剪命令可以将曲线修剪到任一方向上最近的实际交点或虚拟交点。修剪没有交点的曲线则会被删除，如图 2-67 所示。

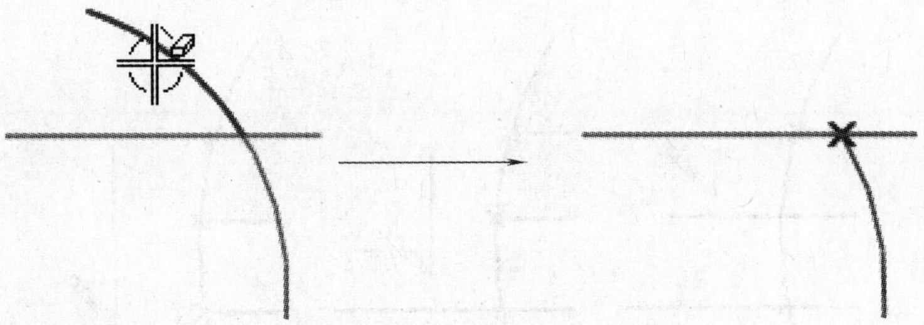

图 2-67　快速修剪操作

（2）【快速修剪】对话框如图 2-68 所示。

图 2-68　【快速修剪】对话框

（3）快速修剪对话框选项描述如表 2-3 所示。

表 2-3　快速修剪对话框选项描述

选　项	描　述
	边界曲线
选择曲线	为修剪操作选择边界曲线。可以选择位于当前草图中或者出现在该草图前面的任何曲线、边、点、基准平面或轴
	要修剪的曲线
选择直线	选择一条或多条要修剪的曲线
	设　置
修剪至延伸	指定是否修剪至一条或多条边界曲线的虚拟延伸线

操作技巧：快速修剪命令应用技巧

技巧1：修剪多个对象

要修剪多条曲线，将光标拖到目标曲线上。当光标移过每条曲线时，NX 会对该曲线进行修剪，如图 2-69 所示。

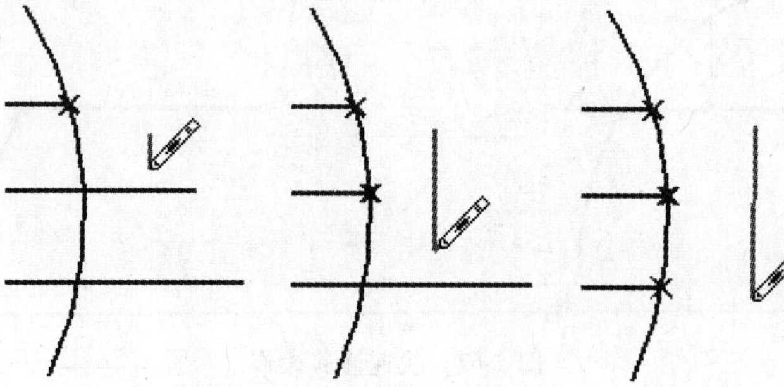

图 2-69　修剪多个对象操作

技巧2：修剪到虚拟交点

如图 2-70 所示，当边界曲线与被修剪曲线不相交时，NX 会将其修剪到虚拟交点。

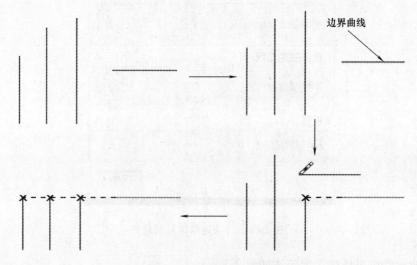

图 2-70　修剪到虚拟交点操作

技巧3：快速修剪约束

当【创建自动判断的约束】选项打开时，在修剪操作之后会自动判断适当的约束。

3. 轮廓曲线命令

（1）使用轮廓曲线命令可以线串模式创建一系列的直线或圆弧，即上一条曲线的终点变成下一条曲线的起点，例如可以在一系列鼠标单击中创建如图 2-71 所示的图形。

（2）【配置文件】对话框如图 2-72 所示。

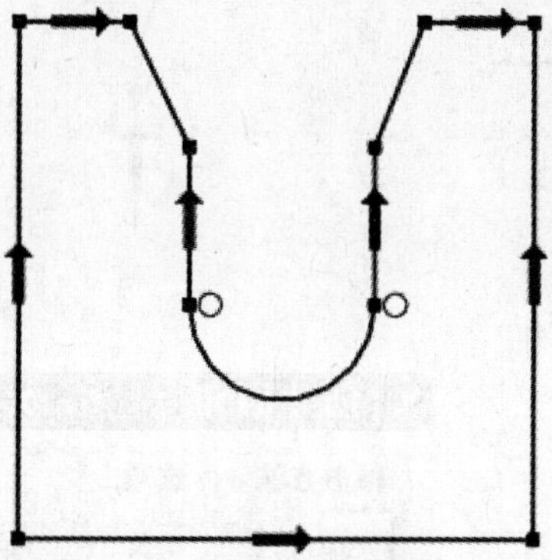

图 2-71　轮廓曲线命令创建草图

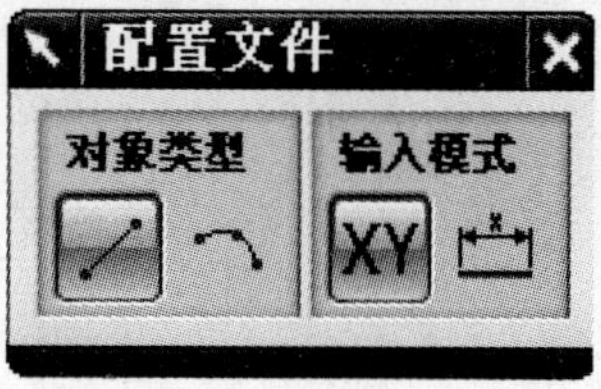

图 2-72　【配置文件】对话框

（3）【配置文件】对话框选项描述如表 2-4 所示。

表 2-4　配置文件对话框选项描述

选　项	描　述
对象类型	
直线	单击该图标，则绘制连续的直线
圆弧	单击该图标，则绘制连续的圆弧
输入模式	
XY 坐标模式	单击该图标，则输入坐标值 XC、YC 来确定轮廓线的位置和距离，如图 2-73 所示
参数模式	单击该图标，则以参数模式来确定轮廓线的位置和距离，如图 2-74 所示。对于直线使用长度和角度参数，对于圆弧使用半径和扫掠角度参数，对于圆使用半径参数。根据用户的选择，两种输入模式可以相互切换

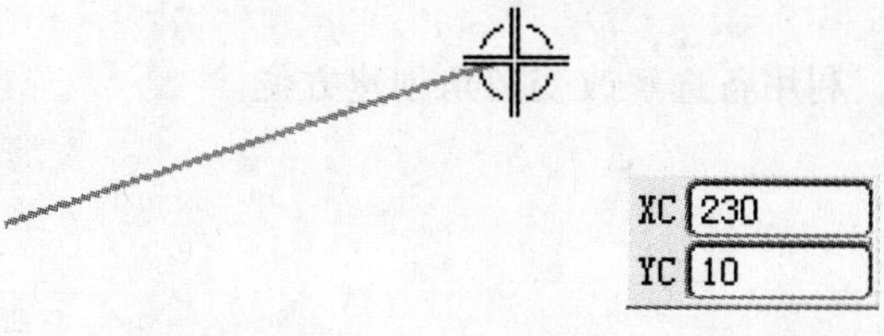

图 2-73　坐标模式

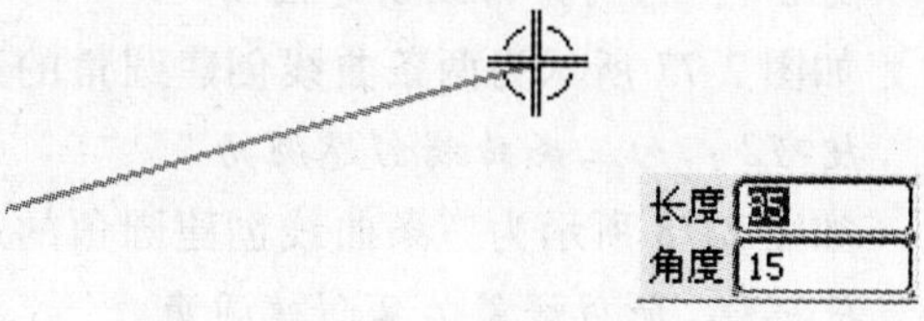

图 2-74　参数模式

（4）注意事项：在绘制过程中，通过单击鼠标中键或者按 Esc 键可以退出连续绘制模式；按住鼠标左键并拖动，可以在直线和圆弧选项之间切换。

4. 圆角命令

（1）使用圆角命令 可以在两条或三条曲线之间创建一个圆角，如图 2-75 所示。

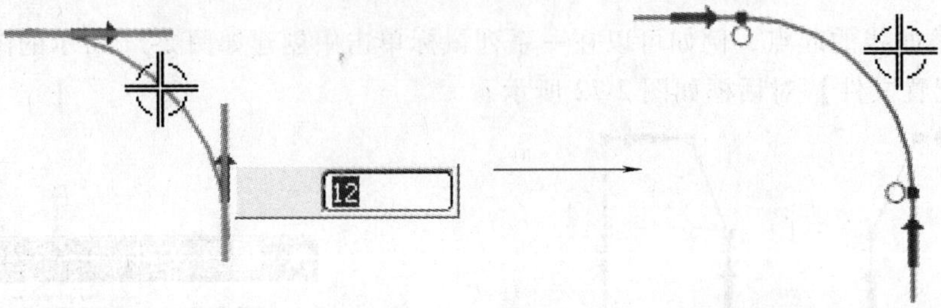

图 2-75　圆角命令操作

（2）【创建圆角】对话框如图 2-76 所示。

（3）创建圆角对话框选项描述如表 2-5 所示。

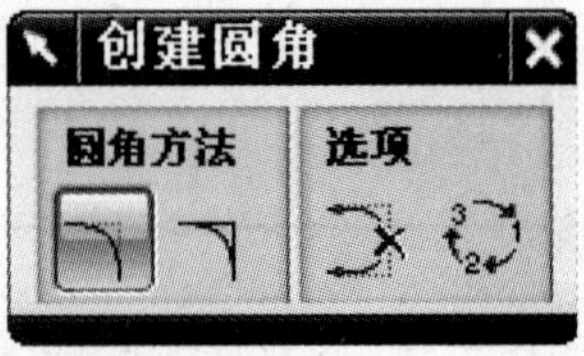

图 2-76　【创建圆角】对话框

表 2-5　创建圆角对话框选项描述

选　　项	描　　述
圆角方法	
修剪	修剪输入曲线
取消修剪	使输入曲线保持取消修剪状态
选　　项	
删除第三条曲线	删除选定的第三条曲线
创建备选圆角	预览互补的圆角

操作技巧： 圆角命令应用技巧

技巧1：为两条曲线创建圆角

如图 2-77 所示为两条曲线创建圆角的过程，利用备选解改变圆角创建方位。

技巧2：为三条曲线创建圆角

如图 2-78 所示为三条曲线创建圆角的过程。

技巧3：使用蜡笔工具创建圆角

可以使用蜡笔工具来创建圆角，方法是按鼠标左键并在两条曲线上拖动光标。释放鼠标键时，NX 会为这些曲线创建圆角，如图 2-79 所示。

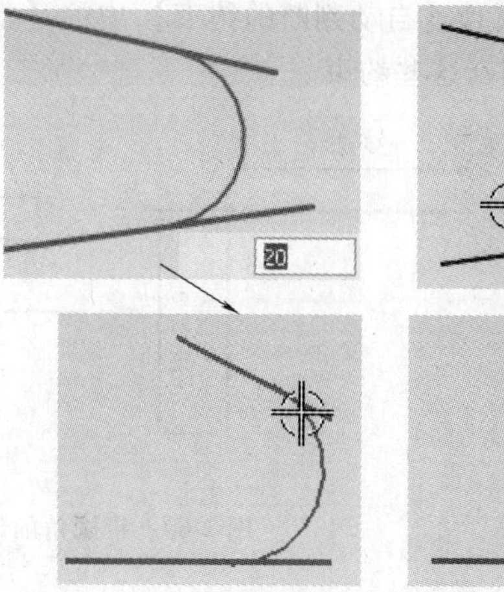

原始解（左）和备选解（右）

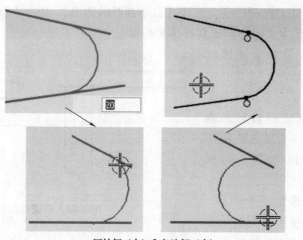

图 2-77　两条曲线创建圆角的过程

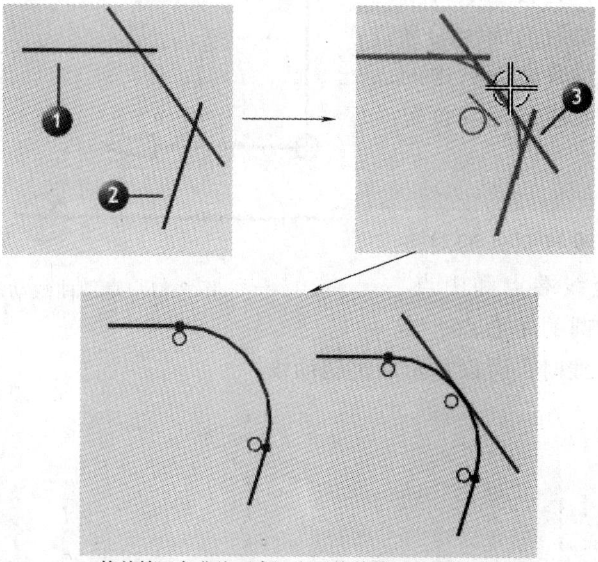

修剪第三条曲线（左）和不修剪第三条曲线（右）

图 2-78　三条曲线创建圆角的过程

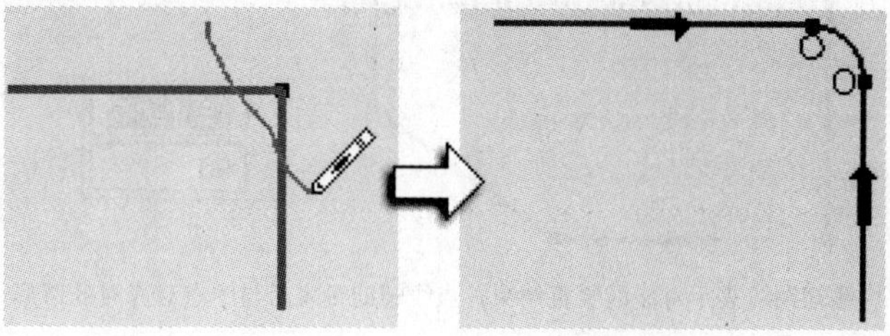

图 2-79　用蜡笔工具创建圆角

技巧4：带圆角的约束

在创建圆角时，请注意以下约束行为：

当【修剪输入】处于打开状态，而且【自动判断的约束】中的【重合】和【相切】约处于打开状态时，草图生成器会自动判断这些约束。

如果【修剪输入】处于关闭状态，草图生成器会创建一个【点在曲线上】约束。如果创建一个用来对带尺寸标注的输入曲线进行修剪的圆角，NX 会自动添加一个顶点并使用该点来保留曲线的尺寸，如图 2-80 所示。

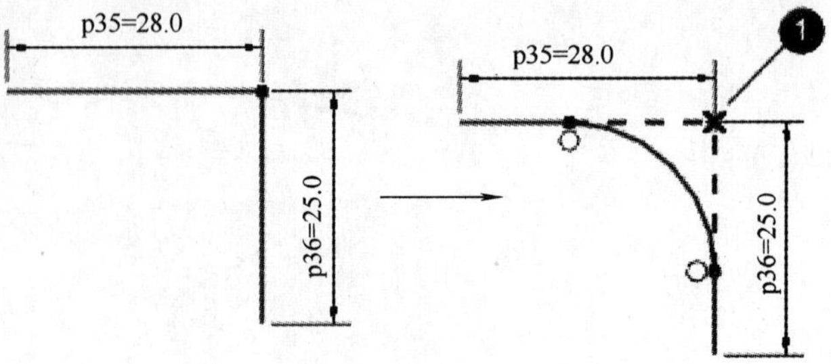

图 2-80　带圆角的约束

5. 草图曲线动态预览

创建曲线时，会显示有关联元素（如可能的约束和对齐指示符）的曲线的动态预览，如图 2-81 所示。如果在当前光标位置单击，它会显示这个对象的外观。单击完整定义曲线的点之前，移动光标时，屏幕输入框中的值会更新。它提供了曲线尺寸和位置的动态反馈。

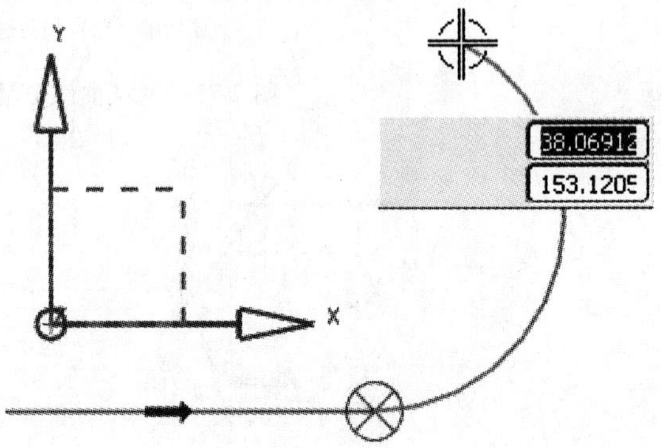

图 2-81　草图曲线动态预览

6. 辅助线

辅助线指示与曲线控制点的对齐情况，这些点包括直线端点和中点、圆弧端点以及圆弧和圆的中心点。如图 2-82 所示，创建曲线时，可以显示两类辅助线：

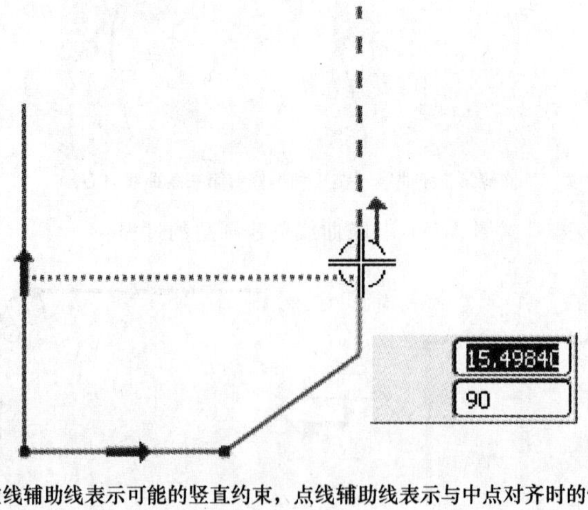

虚线辅助线表示可能的竖直约束，点线辅助线表示与中点对齐时的情形

图 2-82　辅助线

（1）点线辅助线显示与其他对象的对齐情况。

（2）虚线辅助线是自动判断的约束的预览部分。创建约束之后，显示为草图颜色的辅助线用于某些类型的约束（如垂直和相切）。

2.4.7　内部草图与外部草图

知识点： 根据【变化的扫掠】、【拉伸】或【旋转】等命令创建的草图都是内部草图。如果希望使草图仅与一个特征相关联时，请使用内部草图。单独使用草图命令创建的草图是外部草图，可以从部件中的任意位置查看和访问。使用外部草图可以保持草图可见，并且可使其用于多个特征中。

内部草图和外部草图之间的区别如下：

（1）内部草图只能从所属主特征访问；外部草图可以从部件导航器和图形窗口中访问。

（2）除了草图的所有者，不能打开有任何特征的内部草图，除非使草图外部化。一旦使草图成为外部草图，则原来的所有者将无法控制该草图。

操作技巧： 使草图成为内部的或外部的应用技巧

技巧1：要外部化一个内部草图

以一个基于内部草图的变化的扫掠为例。要外部化一个内部草图，可右键单击部件导航器中的【变化的扫掠】，并选取【使草图为外部的】。NX 将草图放在其原来的所有者前面（按时间顺序），如图 2-83 所示。

图 2-83　外部化一个内部草图

技巧2：要内部化一个外部草图

仍以一个基于内部草图的变化的扫掠为例。可右键单击原来的所有者，然后选择【使草图为内部的】，如图 2-84 所示。

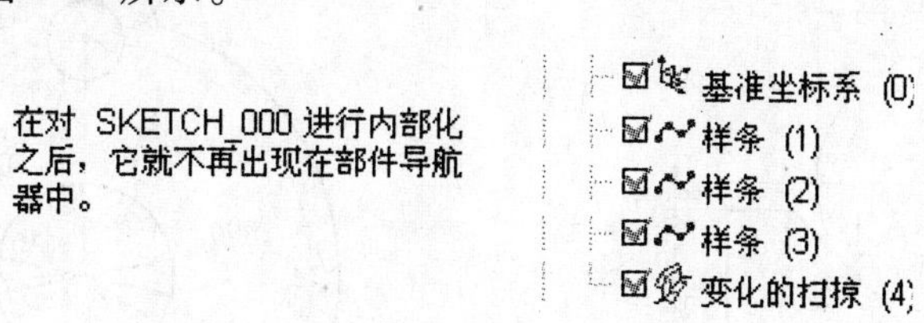

图 2-84　内部化一个外部草图

要编辑内部草图，执行以下操作之一：

1）在部件导航器中右键单击变化的扫掠，选择【编辑草图】。

2）双击变化的扫掠，在【变化的扫掠】对话框中，单击【绘制截面】按钮。

2.5 项目小结

1. 项目中引入减速器传动轴的零件图作为工作任务，让学生分析轴类零件的图样，通过不同的建模思路对轴类零件建模，能让刚刚接触 UG NX6.0 的初学者进入三维建模入门。

2. 构建草图。草图是与实体模型相关联的二维图形，一般可作为三维实体模型的基础。使用该功能可以在三维空间中的任何一个平面上建立草图平面，并在该平面内绘制草图。本项目多次使用通过建立平面来创建轴类零件草图，以及草图曲线的绘制和简单草图的编辑。

3. UG NX6.0 的实体造型功能，能迅速地创建二维和三维实体模型，而且还可以通过其他特征操作（拉伸、旋转实体等）来进行更广泛的实体造型。在实体造型过程中本项目还讲解了特征的边缘操作（倒斜角、倒圆角）及成形特征键槽的基本应用，能让初学者进一步熟悉草图与实体之间的关系和实体中的特征操作知识，并了解到任何模型的创建都是从最基本的特征生成的。初学者可以根据拉伸、旋转实体特征操作，创建出各种外观精美的产品。

4. 知识技能点介绍了 UG NX6.0 的首选项的设置、坐标系操作、图层操作、点构造器、草图创建及草图工具栏等相关知识点，让用户能够在操作实例过程中带着问题学习这些知识点，提高学习 UG 软件的积极性。

2.6 实战训练

1. 如何切换工作层？要将几何对象移动到指定图层，应如何操作？
2. 请将工作坐标系的 XC-YC 平面切换成 XC-ZC 平面。
3. 常用的坐标系移动方法主要有哪些？请举例说明。
4. 草图曲线工具命令主要有哪些？请分别说明曲线命令的功能。
5. 内部草图和外部草图如何进行相互转换？请举例说明。
6. 如何设置 UG 工作图形窗口背景颜色？
7. 根据图 2-85、图 2-86、图 2-87、图 2-88 分别创建草图。

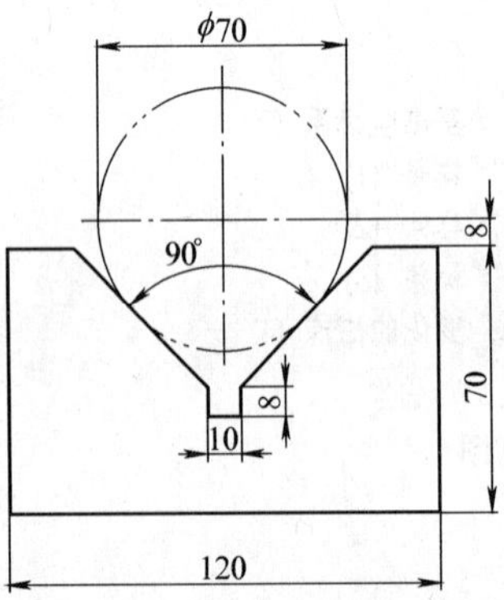

图 2-85 草图练习 1

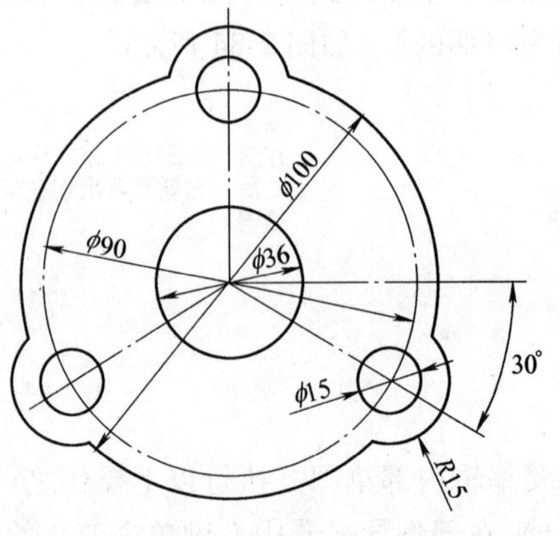

图 2-86 草图练习 2

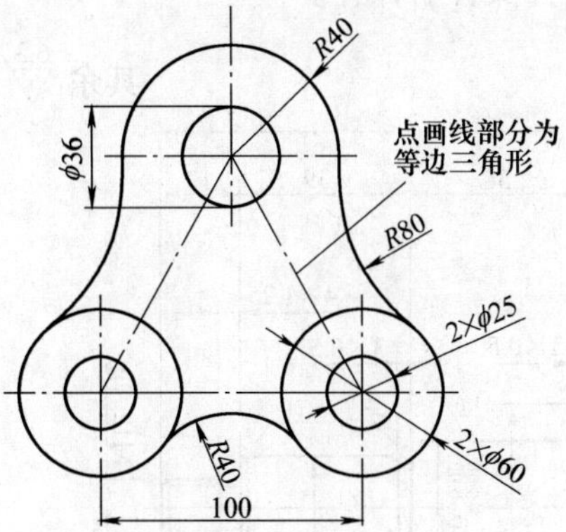

图 2-87　草图练习 3

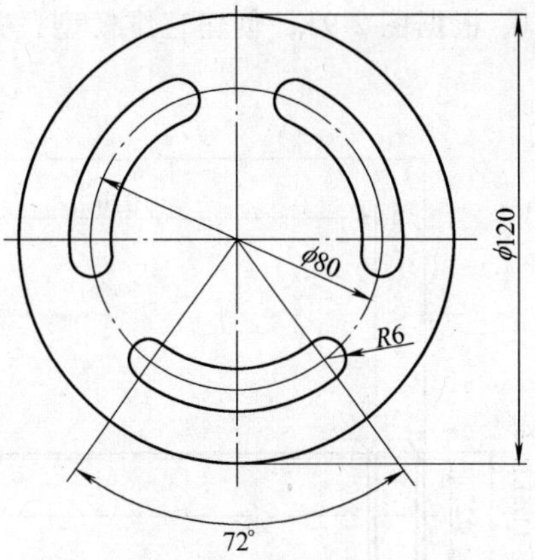

图 2-88　草图练习 4

8. 根据图 2-89，创建三维模型，并以 2. 89. prt 为文件名保存。

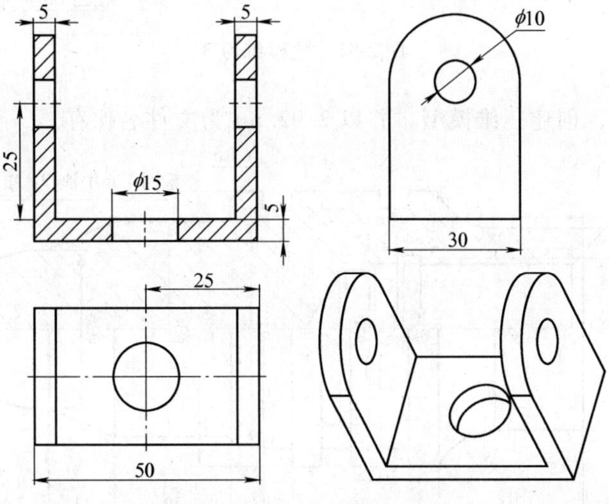

图 2-89　建模练习 1

9. 根据图 2-90，创建三维模型，并以 2. 90. prt 为文件名保存。

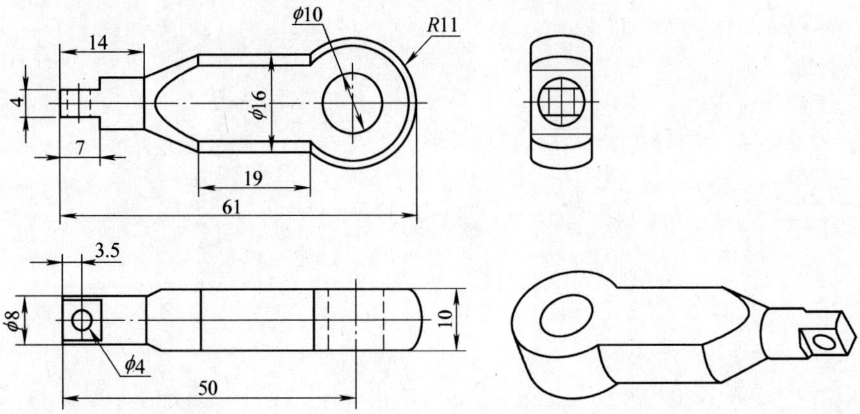

图 2-90　建模练习 2

10. 根据图 2-91，创建三维模型，并以 2. 91. prt 为文件名保存。

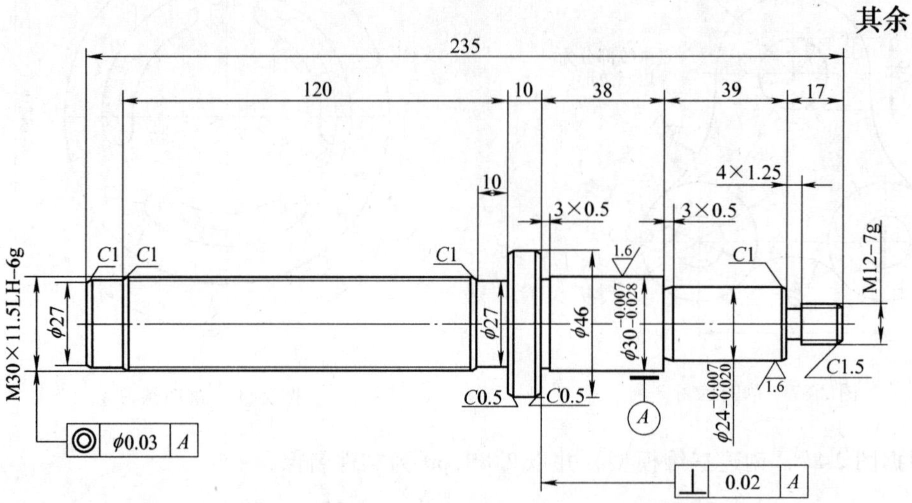

图 2-91　建模练习 3

11. 根据图 2-92，创建三维模型，并以 2. 92. prt 为文件名保存。

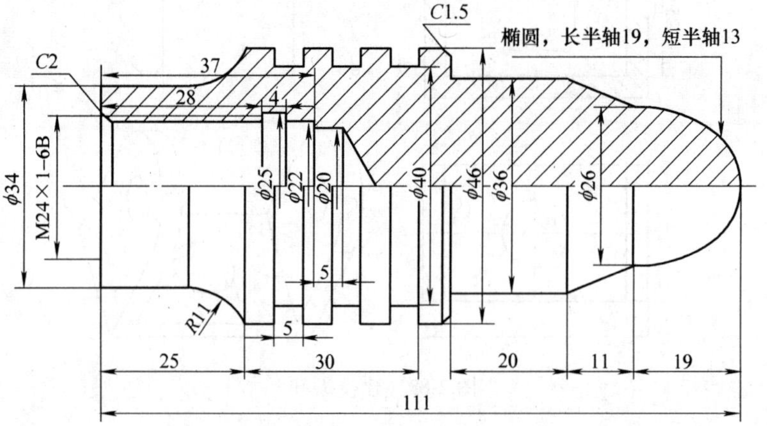

图 2-92　建模练习 4

项目3　圆盘模腔三维建模

项目摘要

本项目是完成一个盘类零件——圆盘模腔的三维建模。首先让用户分析圆盘模腔零件图样。圆盘模腔三维建模过程可以有两种不同的方法，第一种方法是草图法，即所有的特征均通过创建草图完成构建；第二种方法是体素特征法，即使用体素特征创建零件毛坯，并配合空间基本曲线命令，空间构建草图并完成建模操作。通过圆盘模腔的三维建模，掌握使用UG NX6.0软件进行盘类机械零件三维建模的基本方法与构建思路。

能力目标

◆ 能分析盘类零件图样。
◆ 能较为熟练地应用UG NX6.0进行草图操作。
◆ 掌握草图尺寸约束和几何约束应用。
◆ 熟练灵活地应用拉伸、回转命令。
◆ 掌握实例特征、镜像特征、移动对象等实体关联复制工具命令。
◆ 会应用直线、圆弧、基本曲线、矩形等命令进行自由形状建模。
◆ 掌握圆柱体、球体等基本体素构建工具命令。
◆ 会灵活应用布尔运算命令。

3.1　工作任务分析

圆盘模腔零件图如图3-1所示。

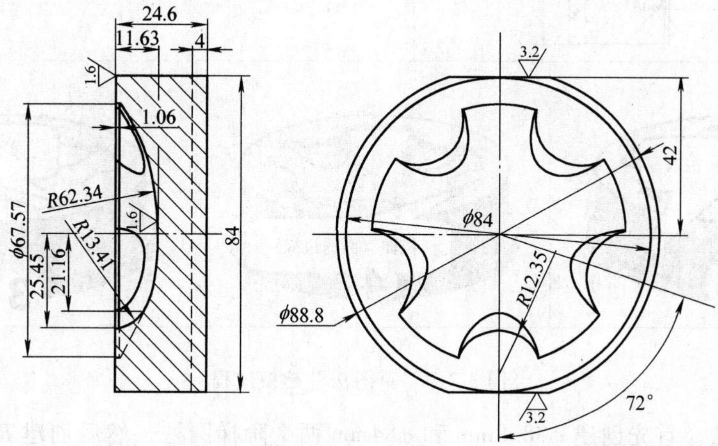

图3-1　圆盘模腔

分析图 3-1 可知：该零件由一个主球底型腔和五个凸台组成，顶部有一个深 1.06mm 的止口，上下两侧面有两个距中心 42mm 的削边平面。其构建思路为：

（1）草图法　分别用草图构建主实体和凸台两个截面，然后用回转体功能旋转成主实体和凸台实体。用实例特征功能阵列成五个凸台，用顶部实体面作为拉伸截面拉伸出 1.06mm 止口，最后用裁剪体功能切割出上下两侧面削边平面，如图 3-2 所示。

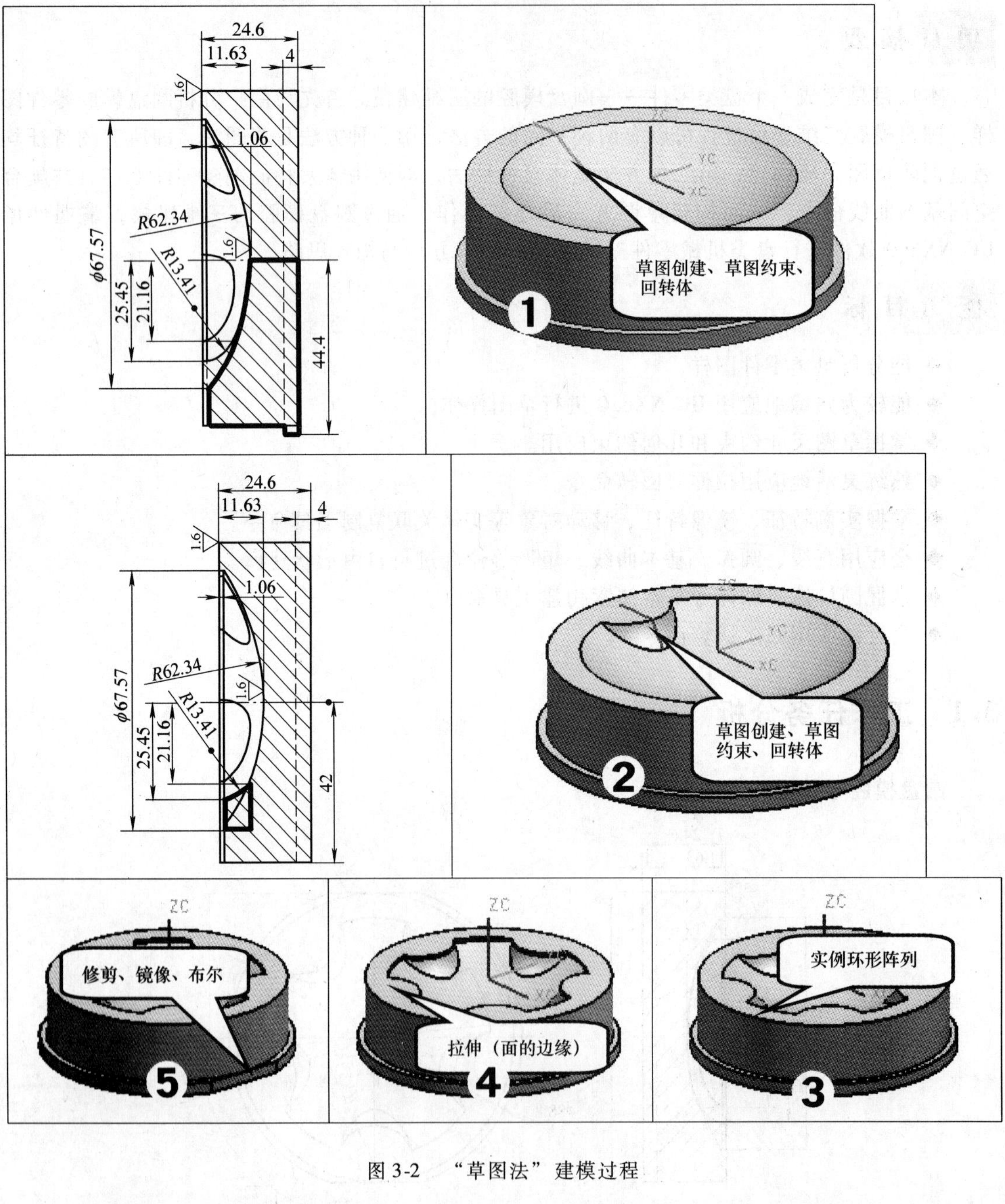

图 3-2　“草图法”建模过程

（2）实体法　首先创建 ϕ88.8mm 和 ϕ84mm 两个阶梯圆柱，然后创建 R62.34mm 球体，用阶梯圆柱减去 R62.34mm 球体，形成主球底型腔。绘制凸台截面，旋转成凸台实体，如图 3-3 所示。

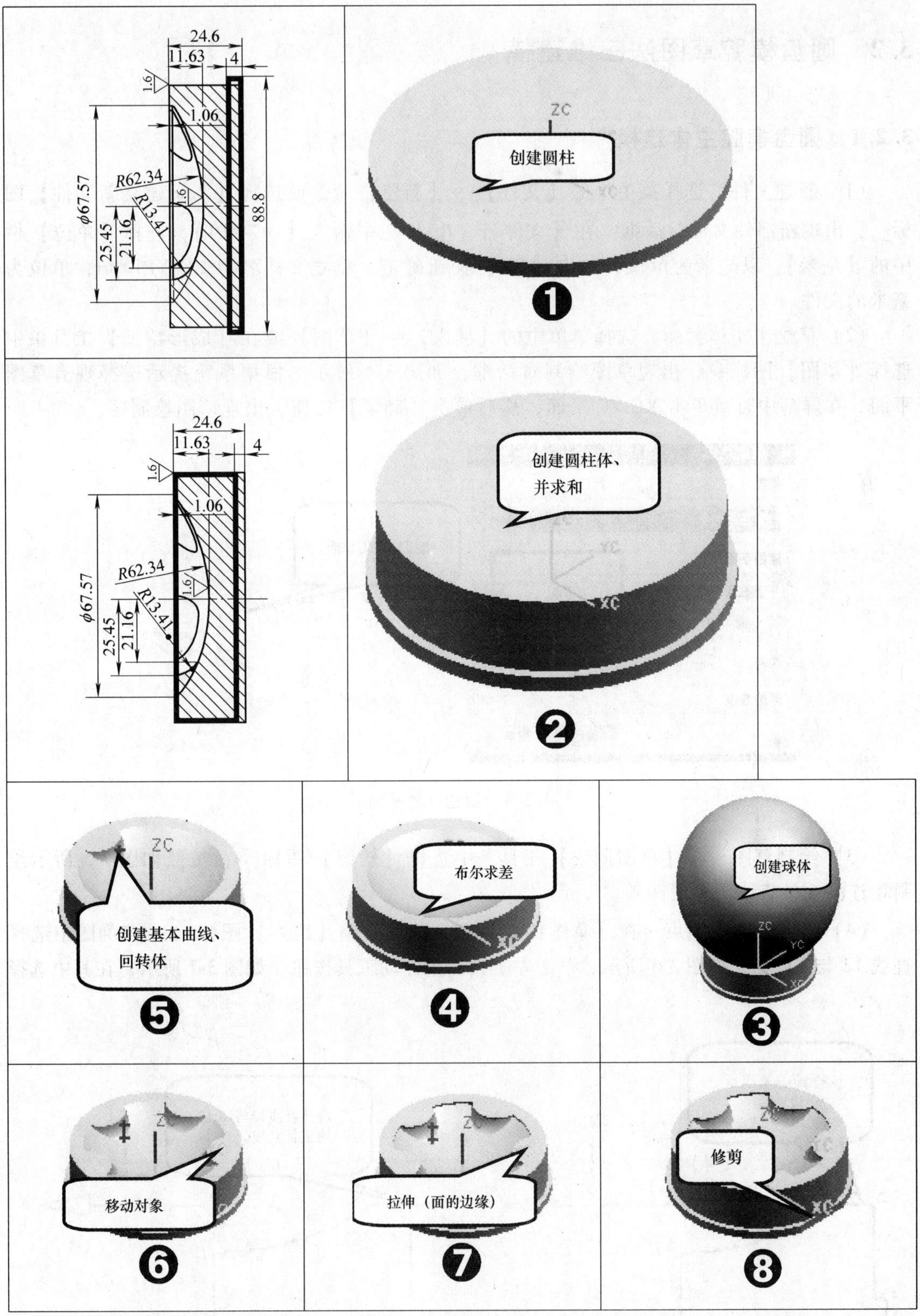
24.6
11.63
4
1.6
1.06
R62.34
1.6
R13.41
φ67.57
25.45
21.16
88.8
ZC
创建圆柱
❶
24.6
11.63
4
1.6
1.06
R62.34
1.6
R13.41
φ67.57
25.45
21.16
创建圆柱体、
并求和
YC
XC
❷
ZC
创建基本曲线、
回转体
❺
布尔求差
XC
❹
创建球体
ZC
YC
XC
❸
移动对象
❻
拉伸（面的边缘）
❼
修剪
XC
❽

图 3-3　“实体法”建模过程

3.2 圆盘模腔草图法三维建模

3.2.1 圆盘模腔主体建模

(1) 新建文件　选择菜单中的【文件】→【新建】命令或选择【New 建立新文件】图标，出现新部件文件对话框。在【文件名（N）】栏中输入【UG-YP1】，选择【单位】栏中的【毫米】，以毫米为单位，单击【OK】按钮确定。建立文件名为 UG-YP1. prt，单位为毫米的文件。

(2) 草绘主实体截面　选择菜单中的【插入】→【草图】或在【成形特征】工具条中选择【草图】图标，出现草图绘制对话框，如图 3-4 所示。根据系统提示选择现有草图平面，在屏幕中直接单击 XC-ZC 平面，然后单击【确定】按钮，出现草图绘制区。

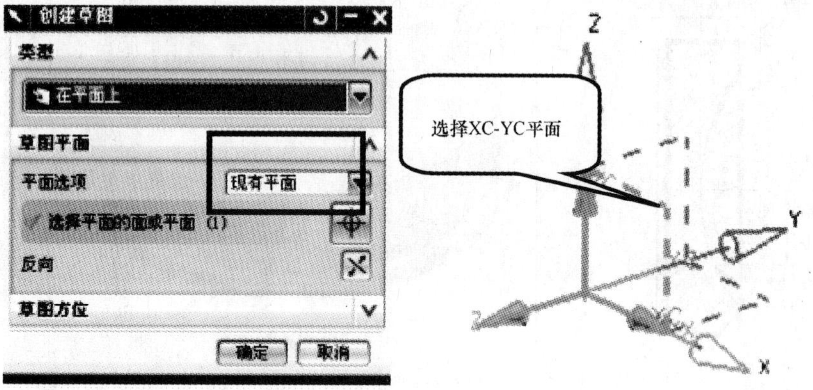

图 3-4　创建草图平面

(3) 绘制草图　在【草图曲线】工具条中选择【轮廓】图标，按照如图 3-5 所示绘制相连的 6 条直线和 1 段圆弧。

(4) 草图中加上约束　在【草图约束】工具条中选择【约束】图标，在草图中选择直线 12 与 XC 轴，如图 3-6 所示，草图左上角出现浮动工具按钮，如图 3-7 所示，在其中选择

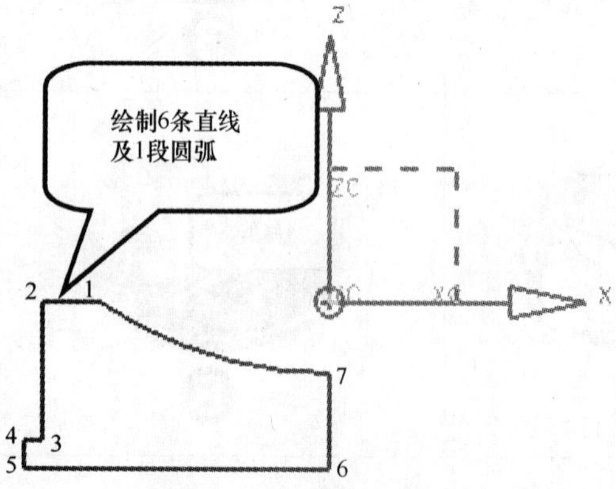

图 3-5　绘制草图

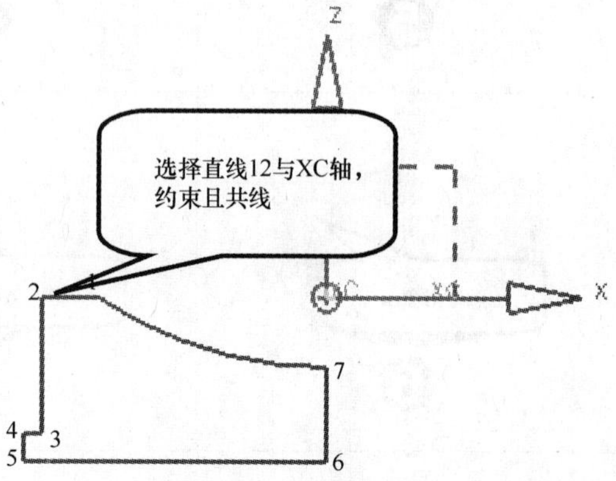

图 3-6　选择直线 12

【共线】图标，然后选择直线 67 与 YC 轴，如图 3-8 所示，草图左上角出现浮动工具按钮，如图 3-7 所示，在其中选择【共线】图标，约束的结果如图3-9所示，在【草图约束】工具条中选择【显示所有约束】图标，使图形中的所有约束显示出来。

图 3-7　共线约束命令

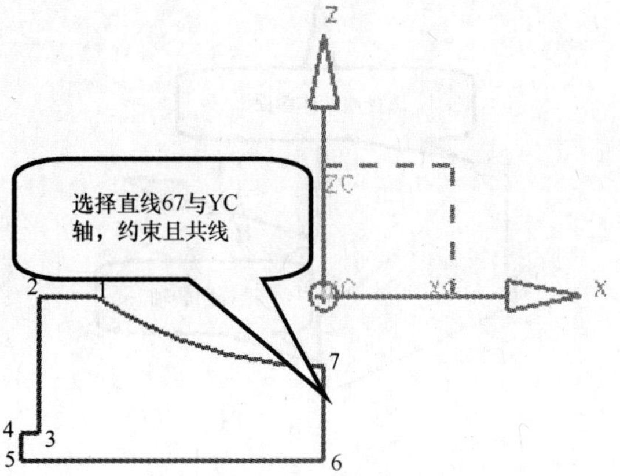

图 3-8　选择直线 67

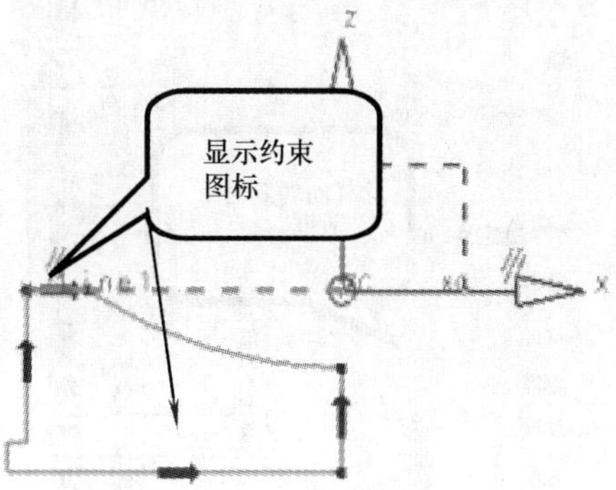

图 3-9　显示约束图标

（5）继续进行约束　在图中选择圆心与 YC 轴，草图左上角出现浮动工具按钮，在其中选择【点在曲线上】图标，约束的结束如图 3-10 所示，在【草图约束】工具条中选择【显示所有约束】图标，使图形中的所有约束显示出来。

（6）标注尺寸　在【草图约束】工具条中选择【自动推断的】图标，按照如图3-11所示的尺寸进行标注。$R_p69 = 62.340$，$P70 = 44.400$，$P71 = 4.000$，$P72 = 42.000$，$P73 = 33.785$，$P74 = 23.540$。

（7）在【草图】工具条中选择【完成草图】图标，窗口回到建模界面。

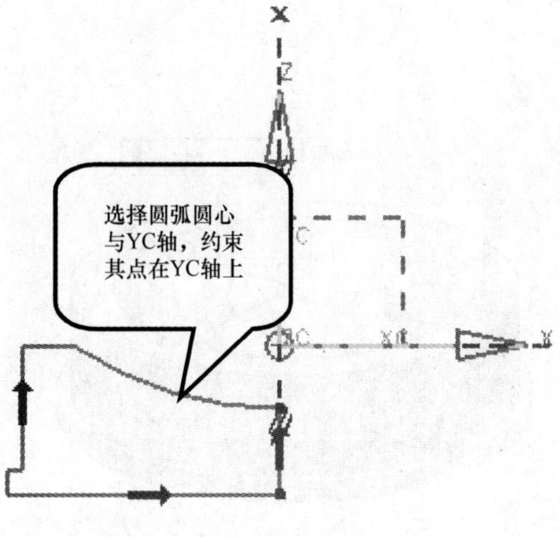

图 3-10　约束圆心在 YC 轴上

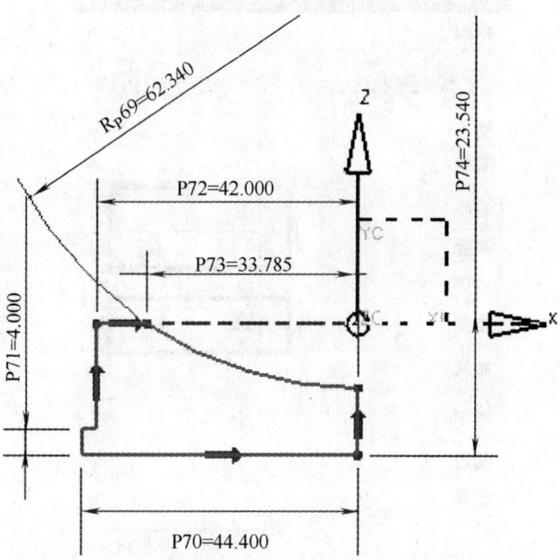

图 3-11　草图尺寸标注

(8) 选择菜单中的【插入】→【设计特征】→【回转】命令，或在【成形特征】工具条中选择【回转体】图标，出现【回转】对话框，如图 3-12 所示，在图形中选择上一步的草图曲线，如图 3-13 所示。

图 3-12 【回转】对话框

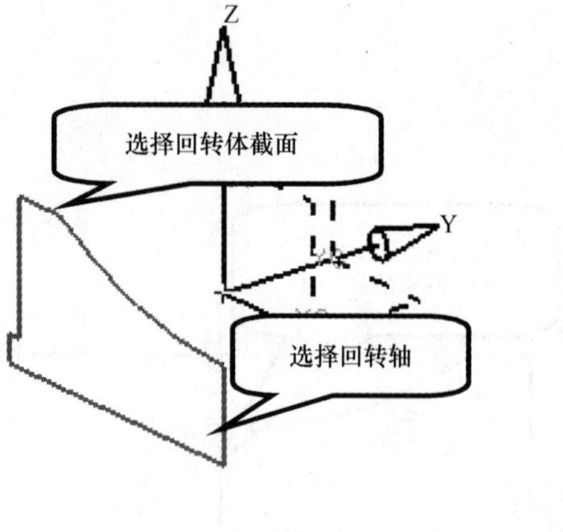

图 3-13 选择回转体截面

然后在【回转】对话框中，单击【指定矢量】按钮，选择图标。在回转体对话框的【限制】栏中的【开始角度】、【结束角度】栏输入【0】、【360】，如图 3-14 所示，单击【确定】按钮，完成主实体创建，如图 3-15 所示。

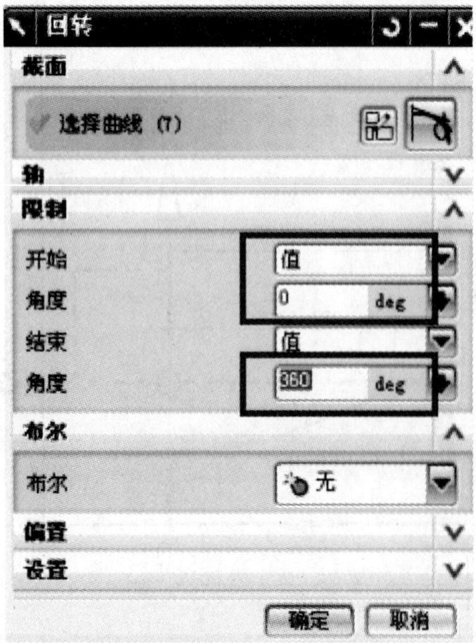

图 3-14 【回转】对话框

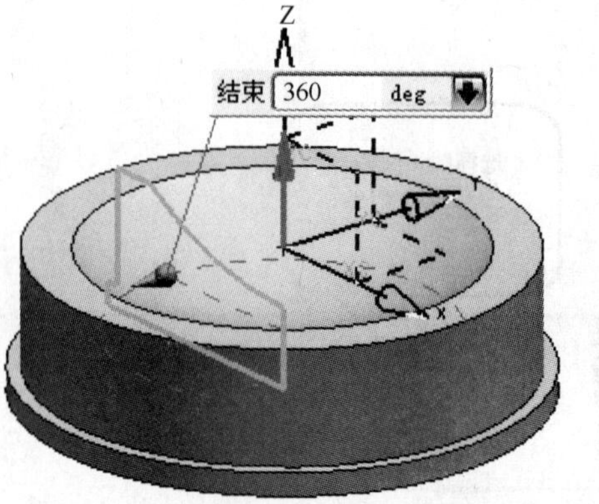

图 3-15 圆盘模腔主实体

3.2.2　圆盘模腔凸台建模

（1）草绘凸台截面　选择菜单中的【插入】→【草图】或在【成形特征】工具条中选择【草图】图标，出现草图绘制界面。根据系统提示选择草图平面，在图形中选择 ZC-XC 的基准平面，然后单击【确定】按钮，出现草图绘制区。

（2）在【草图曲线】工具条中选择【轮廓】图标，出现轮廓浮动工具条，选择【弧】图标，绘制圆弧 12。注意点 1 在圆弧上，然后在轮廓浮动工具条选择【直线】图标，依次绘制直线 23，直线 34、直线 41，如图 3-16所示。

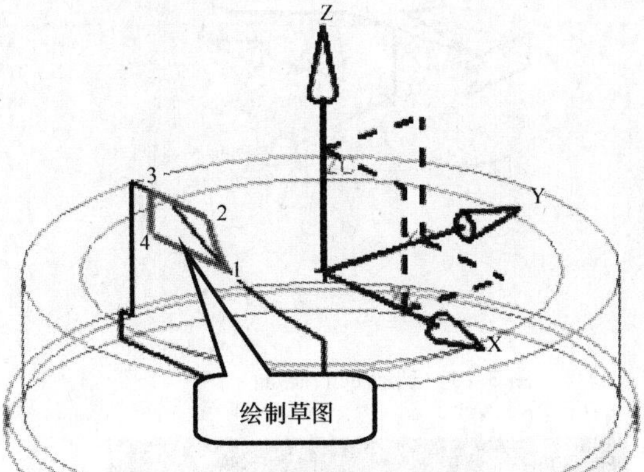

图 3-16　绘制凸台草图

（3）标注尺寸，在【草图约束】工具条中选择【自动推断的】图标，按照如图 3-17 所示的尺寸标注。P29 = 21.160，P30 = 25.450，R_P28 = 13.410，P31 =37.800。

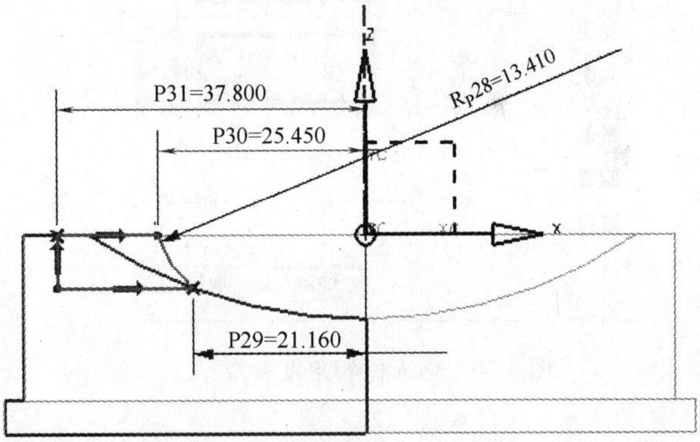

图 3-17　草图标注尺寸

（4）在【草图】工具条中选择【完成草图】图标，窗口回到建模界面。

（5）创建凸台回转体。选择菜单中的【插入】→【设计特征】→【回转】命令，或在【成形特征】工具条中选择【回转体】图标，出现【回转】对话框，在图形中选择上一步的草图曲线，如图 3-18 所示。然后在【回转】对话框上，单击【轴】指定矢量按钮，出现【矢量构成】下拉菜单，选择一直线为旋转轴，如图 3-19 所示。

然后在回转体参数对话框的【限制】栏中，【开始角度】、【结束角度】栏输入【-90】、【90】，如图 3-20 所示。在布尔操作栏（图 3-21）中，选择 求和 选项，完成回转体特征，如图 3-22 所示。

（6）创建圆盘模腔 5 个凸台。选择菜单中的【插入】→【关联复制】→【实例特征】命令，或在【特征操作】工具条中选择【实例特征】图标，出现【实例】对话框，如图 3-23 所示。单击【圆形阵列】按钮，出现引用过滤器对话框，如图 3-24 所示。在引用的特征列表框中选取【回转】特征，然后单击【确定】按钮，出现引用参数对话框，如图 3-25 所示。在【方法】选项中选择【常规】单选按钮，在【数字】、【角度】栏分别输入【5】、【72】。

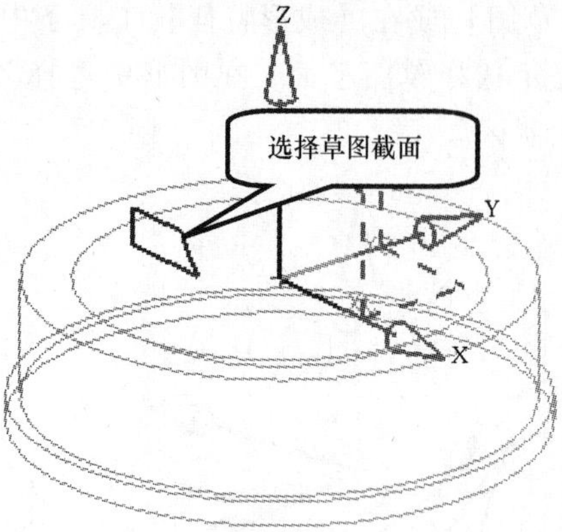

图 3-18　选择回转截面

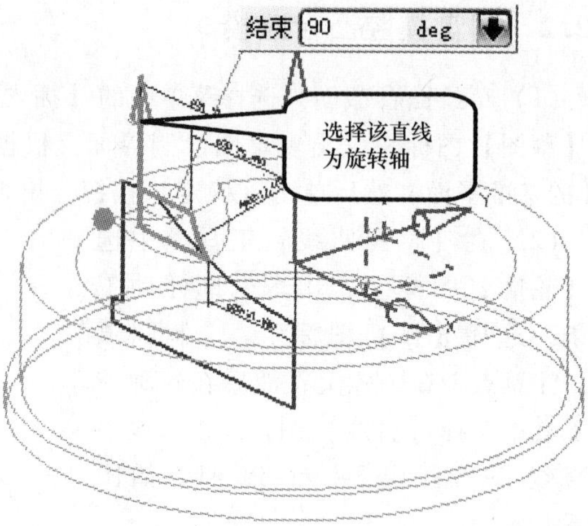

图 3-19　选择旋转轴

图 3-20　输入回转角度参数

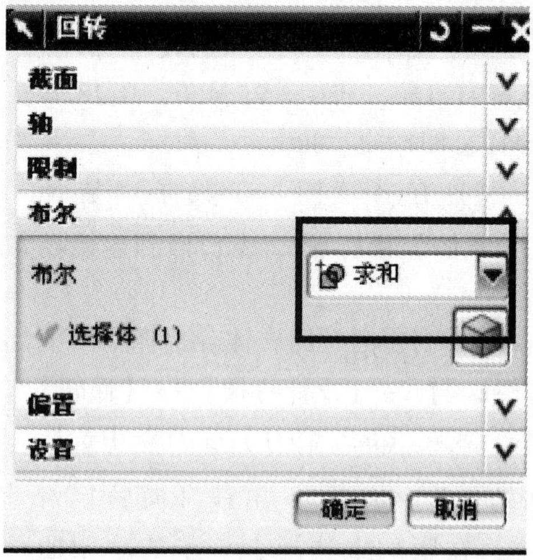

图 3-21　设置布尔命令

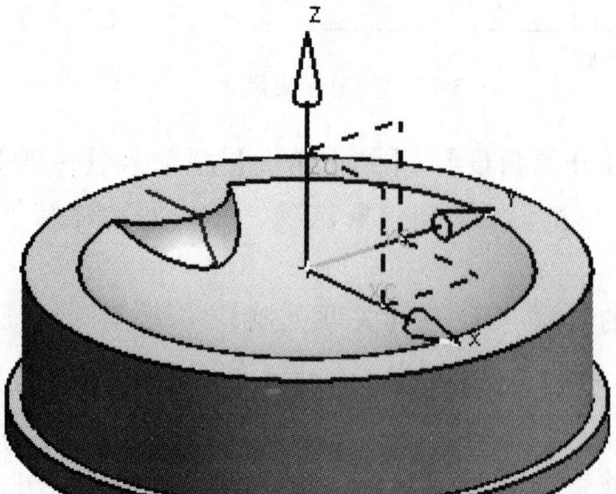

图 3-22　完成凸台创建

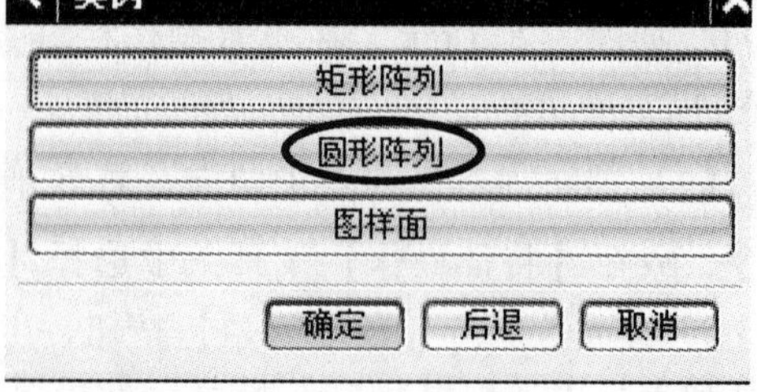

图 3-23　实例特征

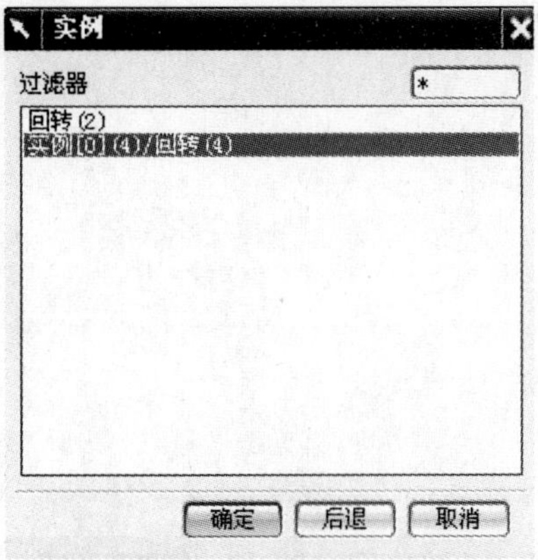

图 3-24　【过滤器】对话框

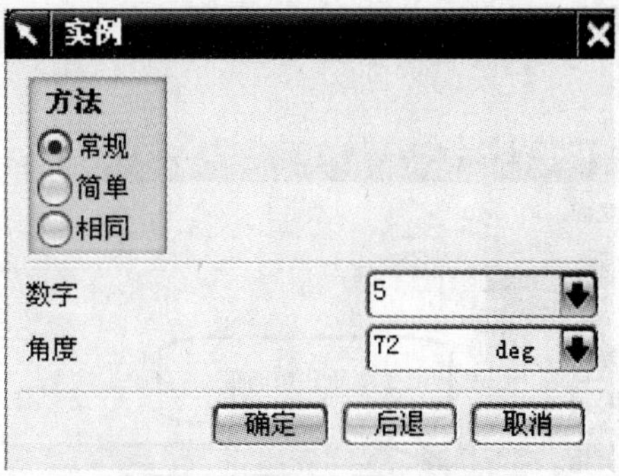

图 3-25　圆形阵列参数设置

当输入参数完成后，在对话框中单击【确定】按钮，出现引用的回转体轴选择对话框，如图 3-26 所示，单击【基准轴】按钮，选择【Z 轴】，系统出现是否创建实例对话框，图形中出现实例预览，如图 3-27 所示。单击【是】按钮，完成凸台的圆形阵列，如图 3-28 所示。

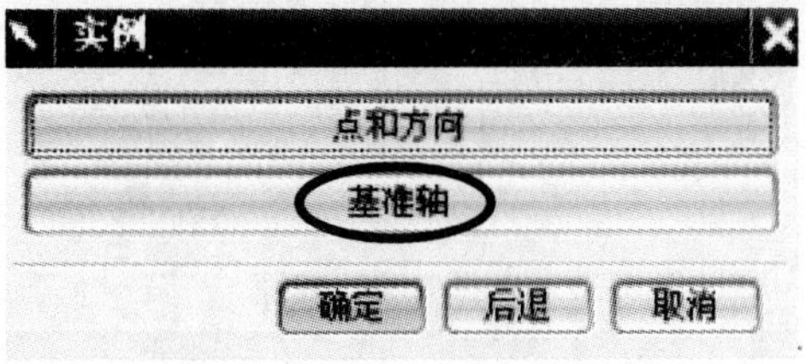

图 3-26　回转体轴选择对话框

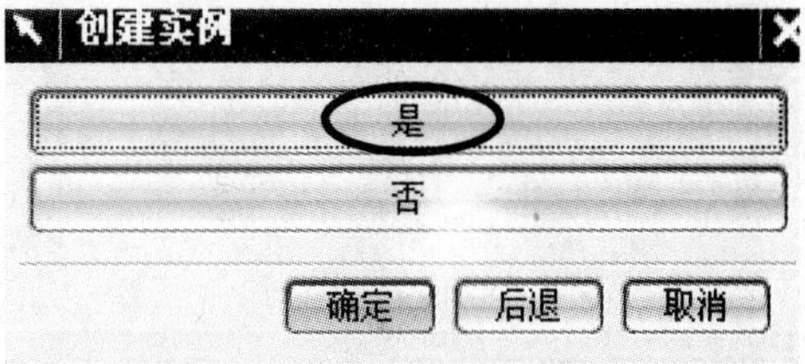

图 3-27　是否创建实例对话框

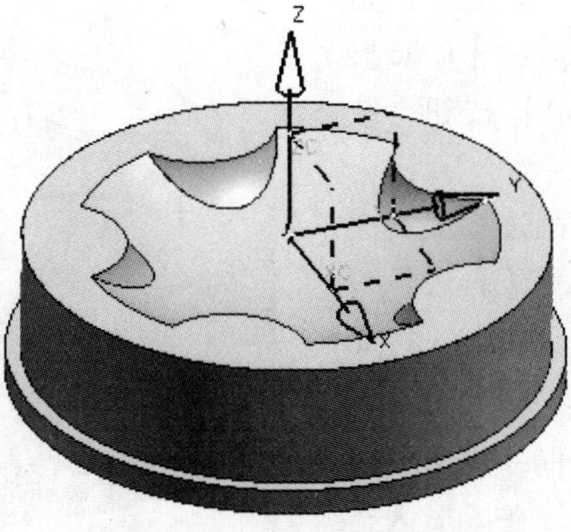

图 3-28　凸台的圆形阵列

3. 2. 3　圆盘模腔止口及削边平面建模

(1) 创建圆盘模腔止口。选择菜单中的【插入】→【设计特征】→【拉伸】命令，或在【成形特征】工具条中选择【拉伸】图标，出现【拉伸】对话框，如图 3-29 所示。

要求选择欲拉伸的截面几何体，在选择意图工具栏的复选框中选择【面的边缘】选项。选择模型上表面，如图 3-30 所示。

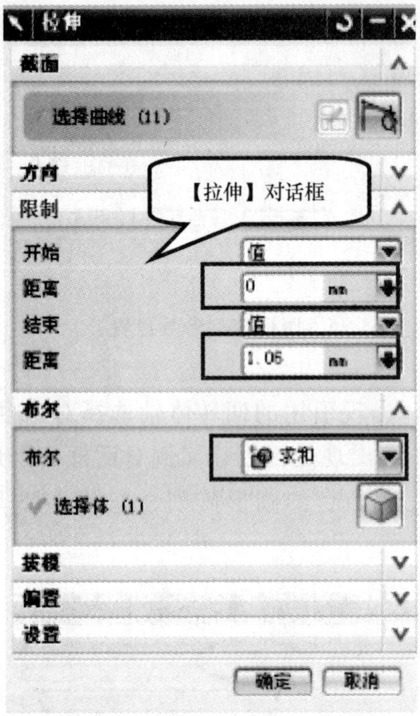

图 3-29 【拉伸】对话框

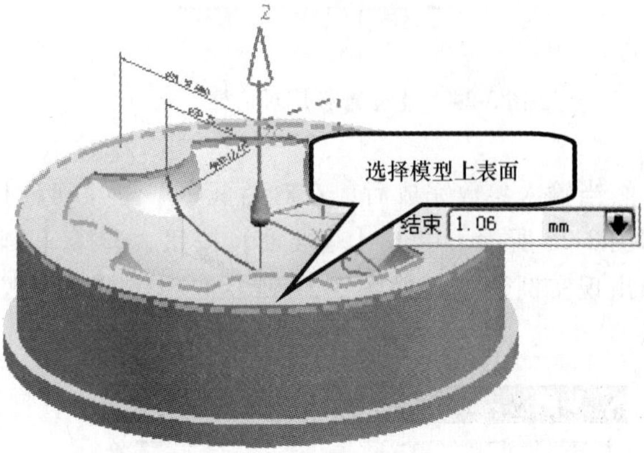

图 3-30 选择模型上表面

在【拉伸】对话框中，【布尔运算】下拉框点选【并】图标，在【开始值】、【结束值】栏输入【0】、【1.06】，如图 3-29 所示，单击【确定】按钮，结果如图 3-31 所示（隐藏曲线后）。

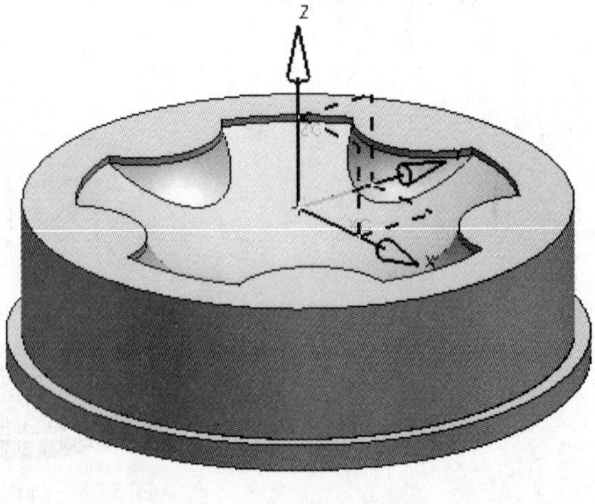

图 3-31 圆盘模腔模型

（2）创建圆盘模腔一侧削边平面，应用裁剪体特征。选择菜单中的【插入】→【修剪】→【修剪体】命令，或在【特征操作】工具条中选择【修剪体】图标，出现【修剪体】对话框，如图 3-32 所示。系统提示选择目标体，在图形区选择圆盘腔体模型，然后在【刀具】选项组的【工具选项】中选择【新平面】选项，然后在【指定平面】选择，并在出现的距离对话框中输入【-42】，如图 3-33 所示。图形中出现预览平面及裁剪方向，选择正确裁剪方向，最后单击【确定】按钮，完成一侧图形修剪。

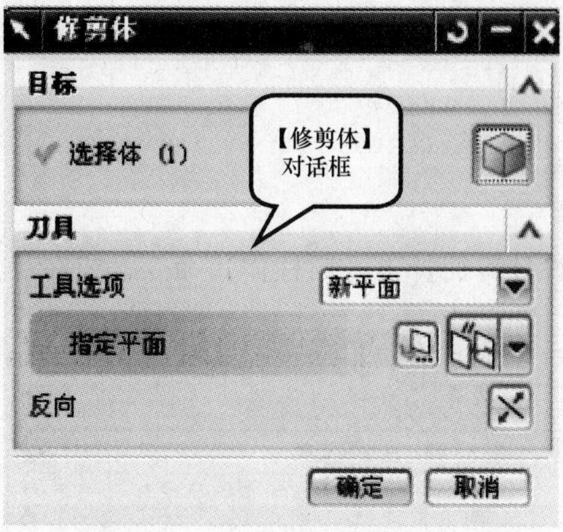

图 3-32　【修剪体】对话框

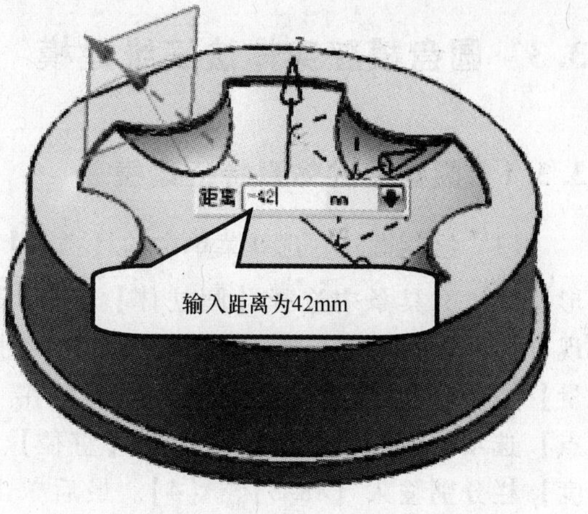

图 3-33　输入修剪平面距离

(3) 创建圆盘模腔削边平面另一侧，应用镜像特征。选择菜单中的【插入】→【关联复制】→【实例特征】命令，或在【特征操作】工具条中选择【镜像特征】图标，出现【镜像特征】对话框，如图 3-34 所示。选择已存在削边平面的修剪体特征。在镜像平面栏中，单击指定现有平面，在图中选择 ZC-YC 平面，如图 3-35 所示。最后单击【确定】按钮，完成圆盘腔体三维建模，如图 3-36 所示。

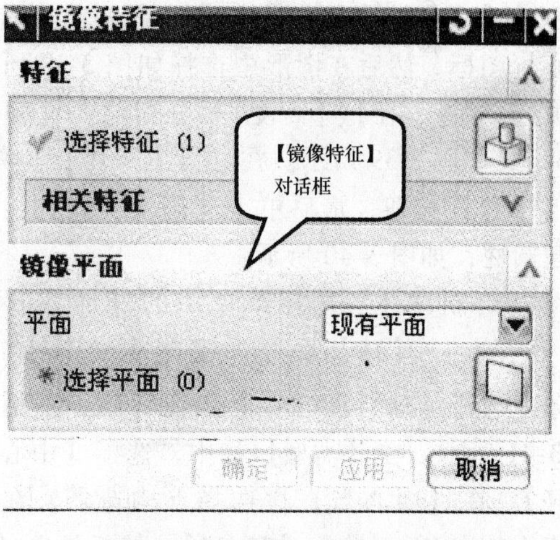

图 3-34　【镜像特征】对话框

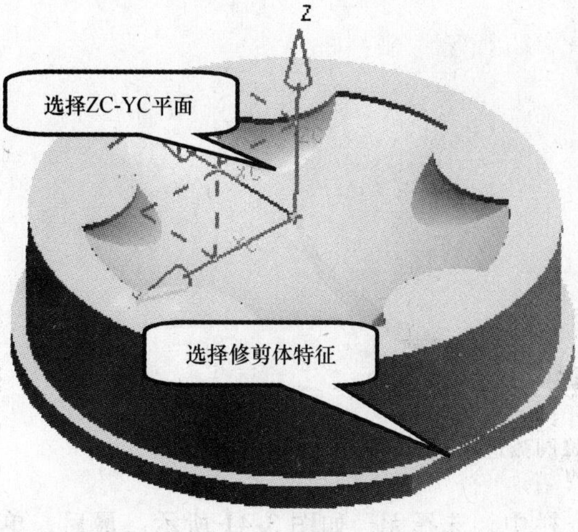

图 3-35　选择镜像平面

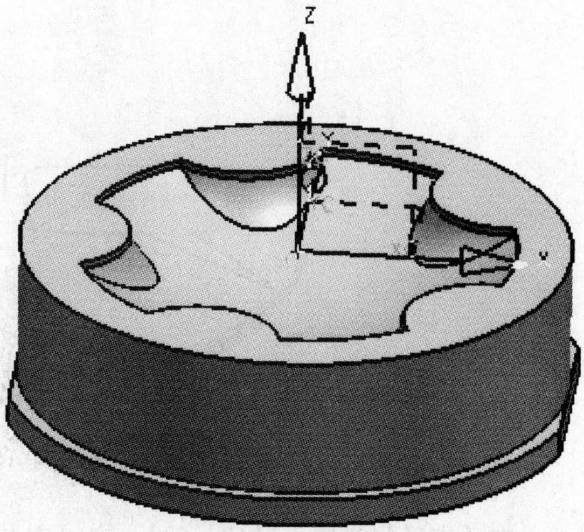

图 3-36　完成圆盘模腔建模

3.3 圆盘模腔实体法三维建模

3.3.1 圆盘模腔体素特征建模

(1) 绘制圆柱。选择菜单中的【插入】→【设计特征】→【圆柱体】命令，或在【成形特征】工具条中选择【圆柱体】图标，出现【圆柱】对话框，如图3-37所示。在【指定矢量】选项中选择图标，选择【ZC轴】。在【指定点】选项中选择坐标系原点。在【直径】、【高度】栏分别输入【88.8】、【4】。最后单击【确定】按钮，这样就完成绘制圆柱。

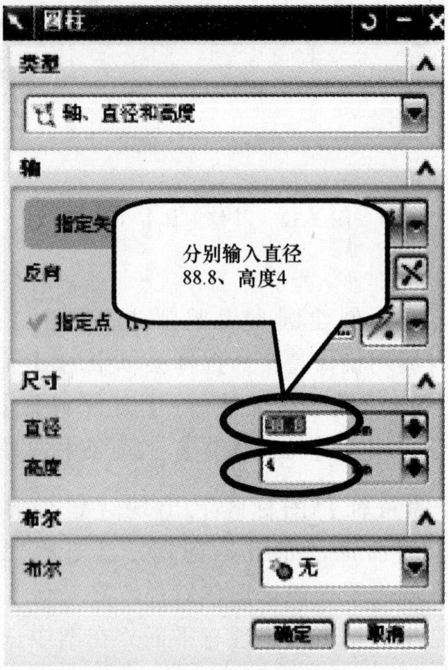

图3-37 【圆柱】对话框

(2) 继续绘制圆柱。在指定矢量选项中，选择【ZC轴】，在指定点选项中选择【弧\椭圆\球中心】图标，然后在图形中选择如图3-38所示的圆弧边。在【直径】、【高度】栏分别输入【84】、【19.54】，如图3-39所示。在【布尔操作】栏中，选择【求和】按钮，最后单击【确定】按钮，完成创建圆柱，如图3-40所示。

(3) 绘制球体。选择菜单中的【插入】→【设计特征】→【球】命令，或在【成形特征】工具条中选择【球】图标，出现【球】对话框如图3-41所示。在【类型】栏中，选择【中心点和直径】。在【中心点】栏选择点构造器，在此对话框中基点ZC栏输入【75.31】，然后单击【确定】按钮，如图3-42所示。

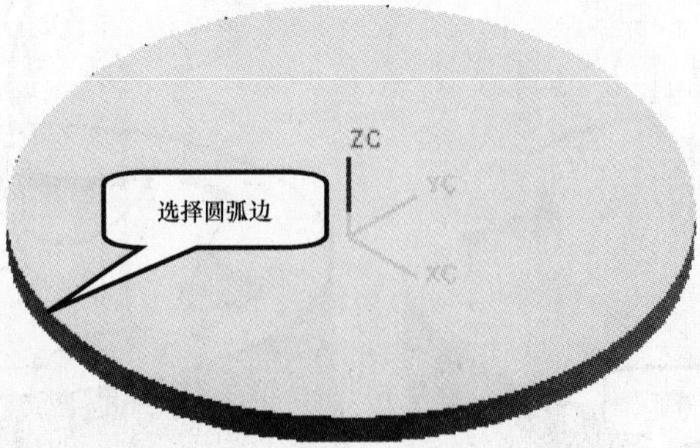

图3-38 选择圆弧边

在【直径】栏输入【124.68】。在【布尔】栏中，选择无，如图3-41所示。最后，单击【确定】按钮完成球的创建，如图3-43所示。

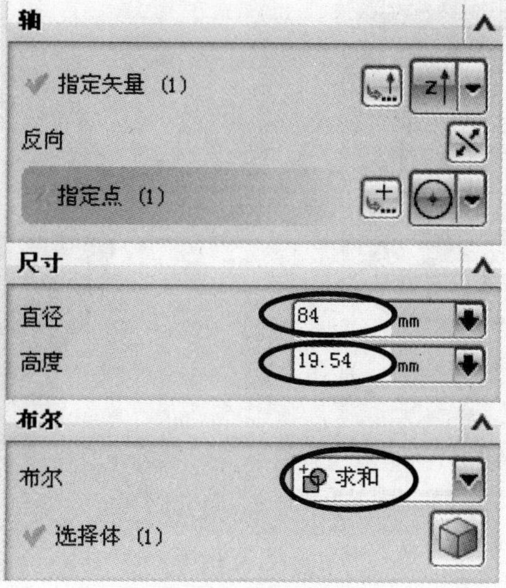

图 3-39　圆柱参数设置

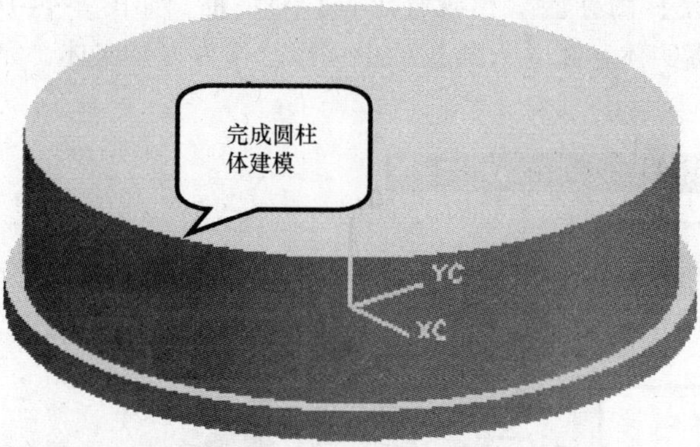

图 3-40　圆柱体创建

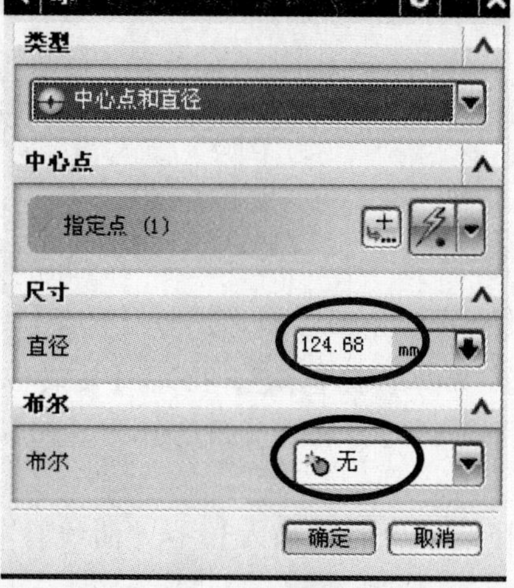

图 3-41　【球】命令对话框

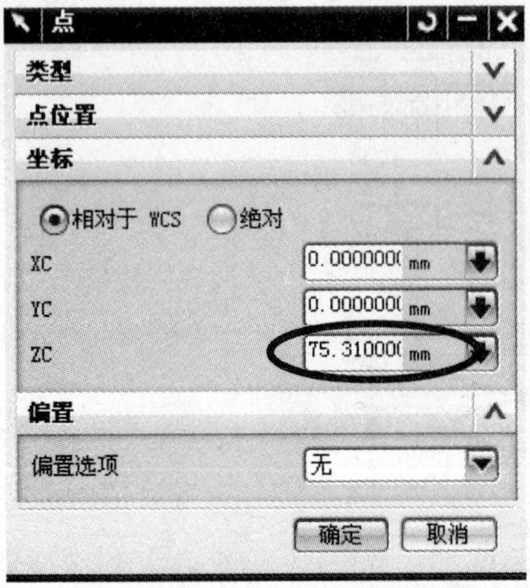

图 3-42　点构造器

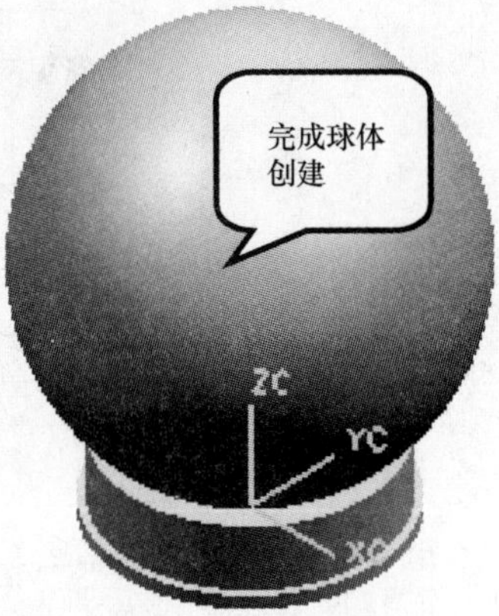

图 3-43　球体创建

（4）实体减操作。选择菜单中的【插入】→【联合体】→【差】命令，或在【特征操作】工具条中选择【差】图标，出现【求差】对话框，如图 3-44 所示。在【目标】栏中选择圆柱体作为目标实体，在【刀具】栏中选择球作为刀具实体，完成结果如图 3-45 所示。

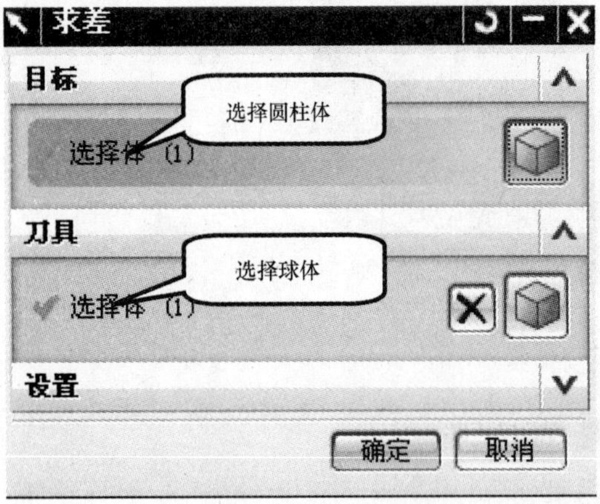

图 3-44　求差布尔运算

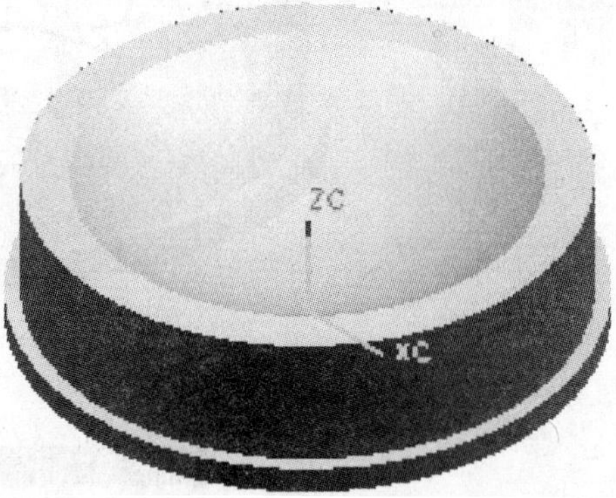

图 3-45　求差操作创建

3.3.2　自由创建圆盘模腔凸台

（1）旋转工作坐标系。选择菜单中的【格式】→【WCS】→【旋转】命令，或在【实用程序】工具条中选择【旋转 WCS】图标，出现【旋转 WCS 坐标系】对话框，如图 3-46所示。选中【+XC 轴：YC→ZC】，旋转【角度】为【90】，单击【确定】按钮，将坐标系转换成如图 3-47 所示。

（2）空间绘制直线。选择菜单中的【插入】→【曲线】→【基本曲线】命令，或在【曲线】工具条中选择【基本曲线】图标，出现【基本曲线】对话框。选择【直线】图

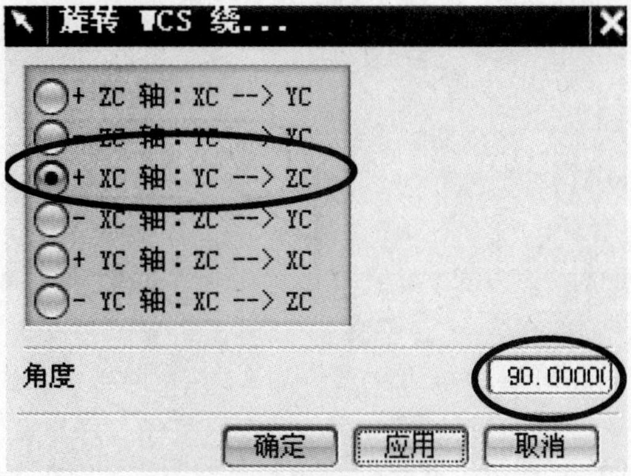

图 3-46　旋转 WCS 坐标系

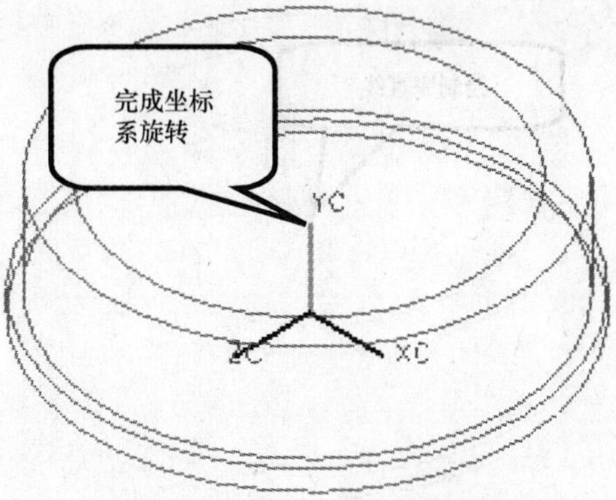

图 3-47　工作坐标系旋转

标，在对话框中不要勾选【线串模式】复选框，如图 3-48 所示，然后在【点方法】下拉框选择【弧 \ 椭圆 \ 球中心】图标，在图形中依次选择两段圆弧的圆心，如图 3-49 所示，在【基本曲线】对话框单击【确定】按钮，绘制出一条直线，如图 3-50 所示。

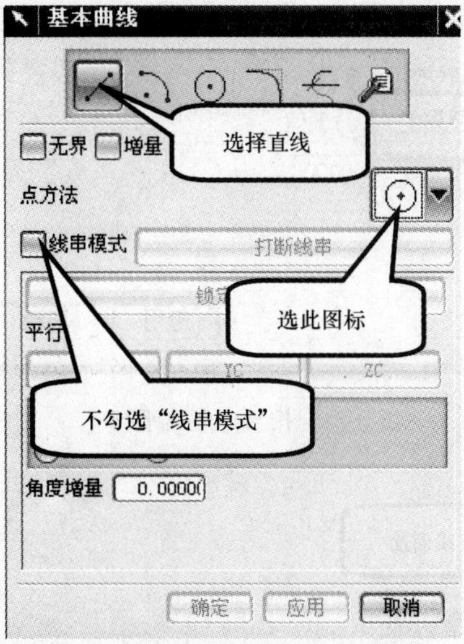

图 3-48　【基本曲线】对话框

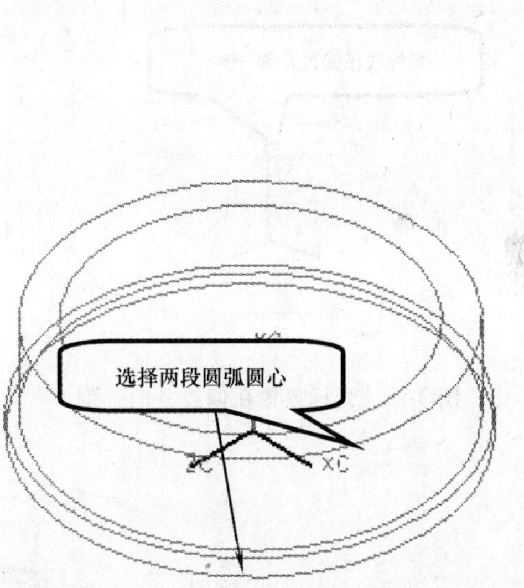

图 3-49　选择两段圆弧圆心

（3）创建偏置直线。继续选择【基本曲线】图标，选择【直线】图标。选择如图 3-51 所示偏置直线，在跟踪工具条中【偏置】栏中输入【21.16】，如图 3-52 所示。在给定距离平行栏中，选择【原先的】单选按钮，根据光标的十字中心所在的那一侧就是偏置方向，如图 3-53 所示。单击【应用】按钮，如图 3-54 所示。完成如图 3-55 所示直线偏置。

（4）继续进行偏置，在跟踪条中【偏置】栏中输入【25.45】，如图 3-56 所示。根据光标的十字中心所在的那一侧就是偏置方向，单击【应用】按钮完成第二条直线偏置，如图 3-57 所示。

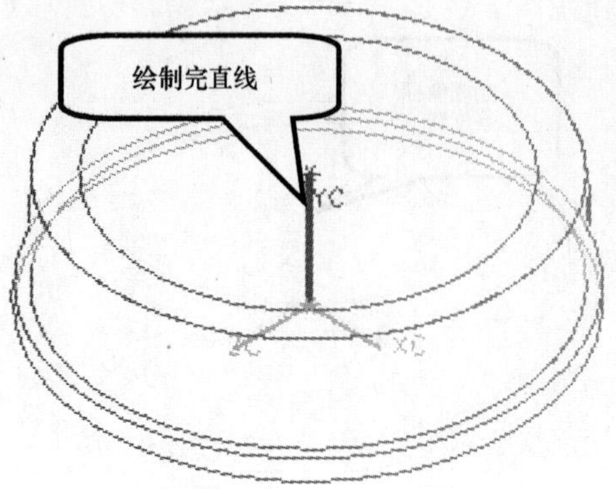

图 3-50　绘制直线

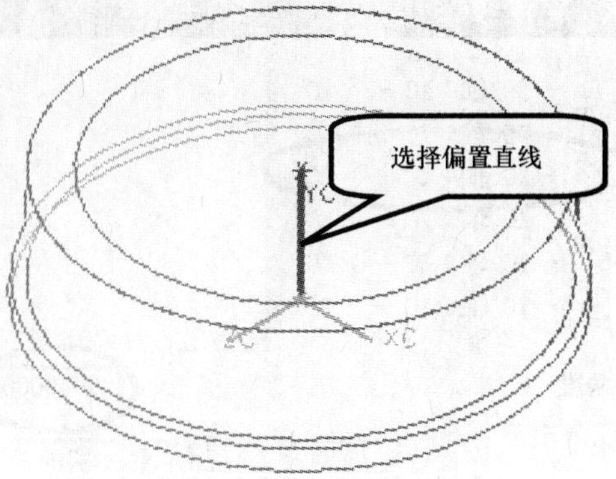

图 3-51　选择偏置直线

图 3-52　输入偏置值

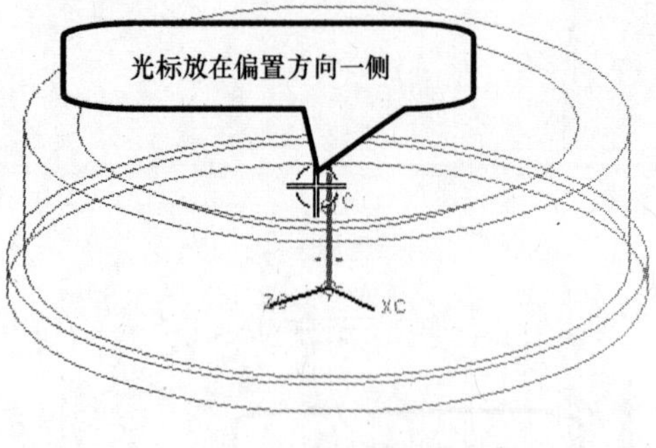

图 3-53　光标放置在偏置方向一侧

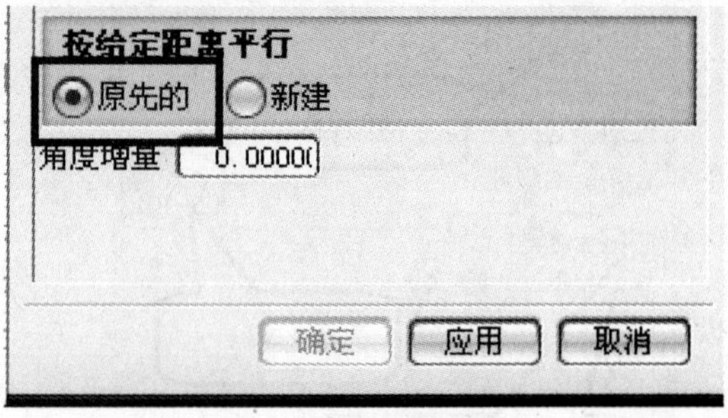

图 3-54　按给定距离平行

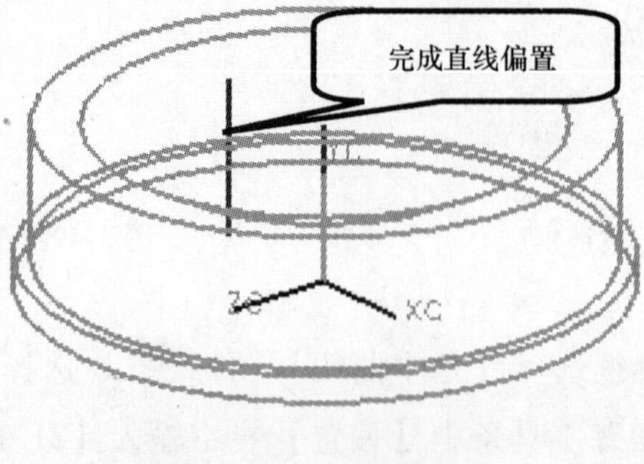

图 3-55　直线偏置创建

图 3-56　跟踪条

（5）绘制点。选择菜单中的【插入】→【基准→点】→【点】命令，或在【曲线】工具条中选择【点】图标，出现【点】浮动工具条。在下方的捕捉点工具条选择【端点】图标，在图形中选择如图 3-58 所示的直线端点，单击【确定】按钮完成绘制一点，如图 3-58 所示。

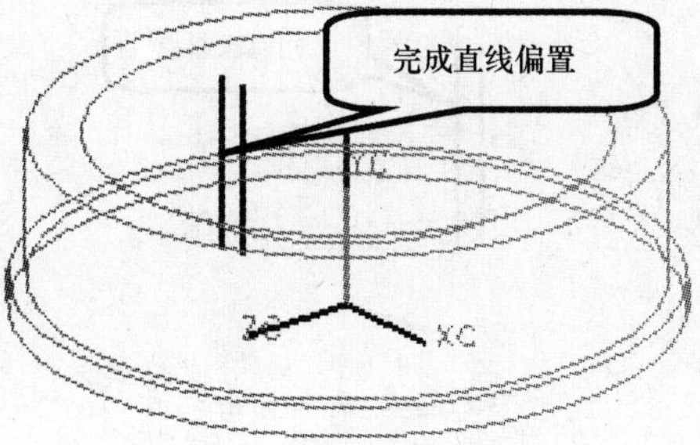

图 3-57 完成第二条直线偏置

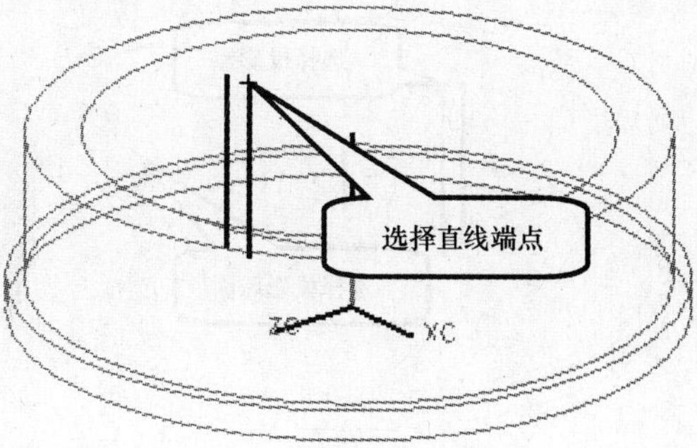

图 3-58 选择直线端点

（6）投影点创建。选择菜单中的【插入】→【曲线集中的曲线】→【投影】命令，或在【曲线】工具条中选择【投影】图标，出现【投影曲线】对话框，如图 3-59 所示。根据 提示在图形中选择如图3-60所示的点进行投影，然后在【投影曲线】对话框选择自动判

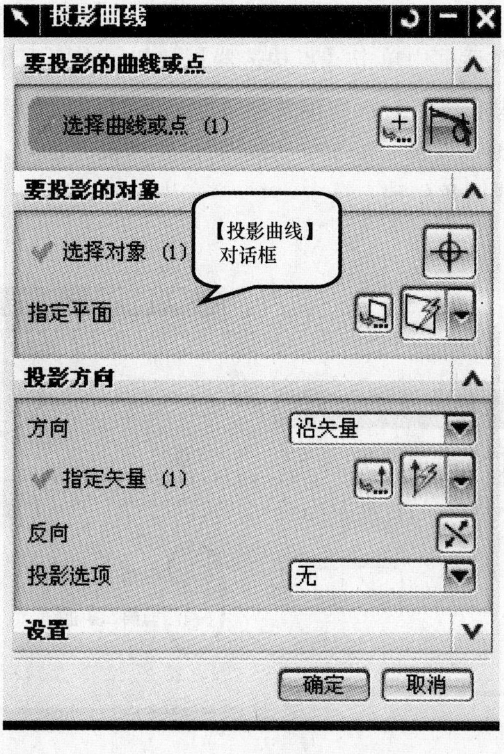

图 3-59 【投影曲线】对话框

断平面图标，在图形中选择如图 3-60 所示的球面。接下来，在【投影方向】栏中的【指定矢量】的下拉框选择【-Y】图标，系统返回【投影曲线】对话框，单击【确定】按钮，完成投影点操作，结果如图 3-61 所示。

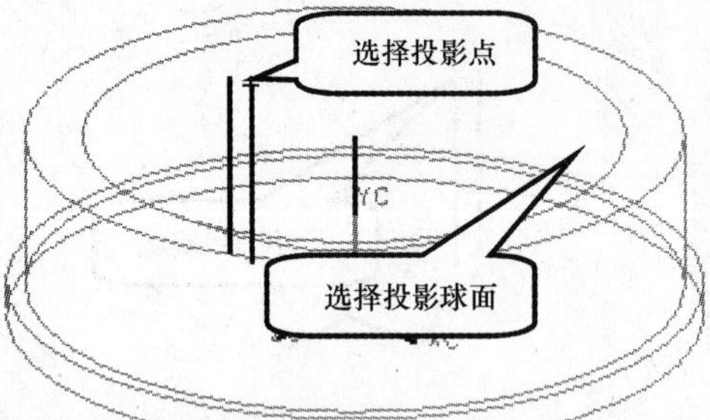

图 3-60　选择投影点、面

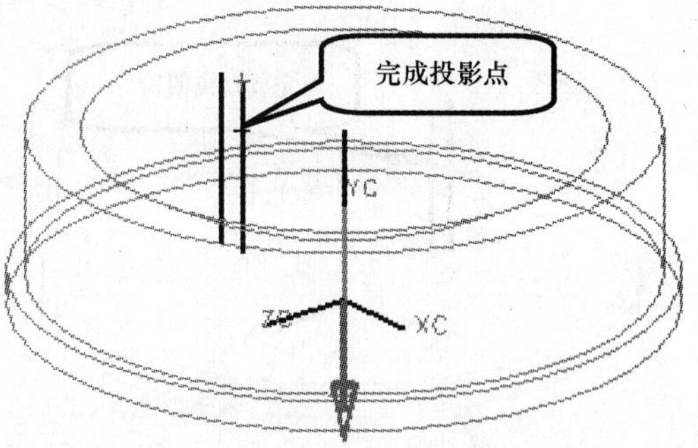

图 3-61　完成投影点

（7）曲线倒圆。选择菜单中的【插入】→【曲线】→【基本曲线】命令，或在【曲线】工具条中选择【基本曲线】图标，出现基本曲线对话框。选择【圆角】图标，如图 3-62 所示，出现【曲线倒圆】对话框，如图 3-63 所示。选择【2 曲线倒圆】图标，勾选【修剪第一条曲线】、【修剪第二条曲线】复选框，并且在半径文本框中输入【13.41】，如图 3-63 所示。然后在对话框中单击【点构造器】按钮，在图形中选择如图 3-64 所示的直线端点。接着，在【点构造器】对话框中选择【现有点】图标＋，然后，在图形中选择如图 3-65 所示的投影出的点。点选如图 3-66 所示的位置为圆角的中心点，在曲线倒圆对话框单击【确定】按钮，完成圆角创建。

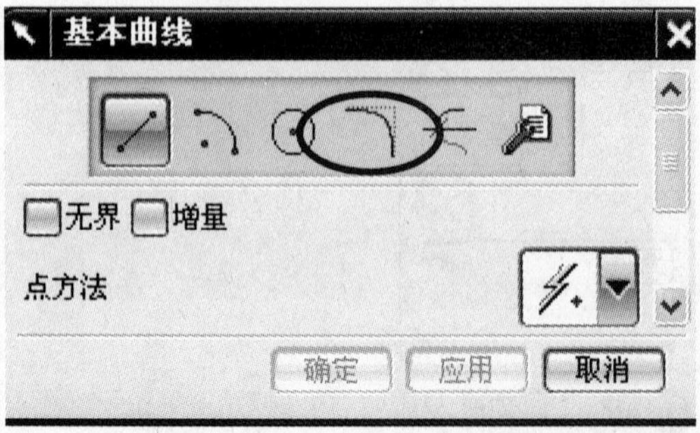

图 3-62　【基本曲线】对话框

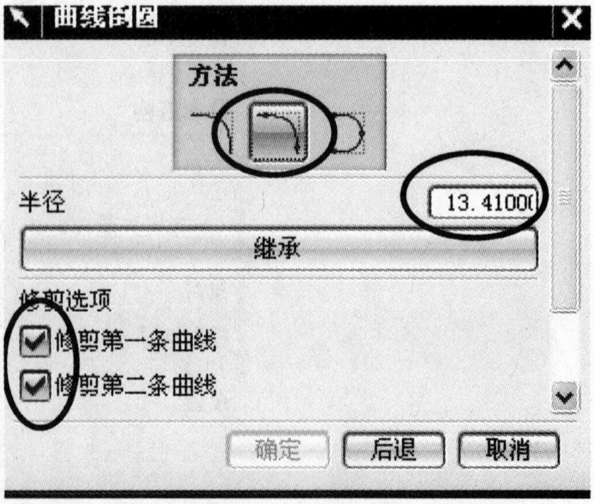

图 3-63　【曲线倒圆】对话框

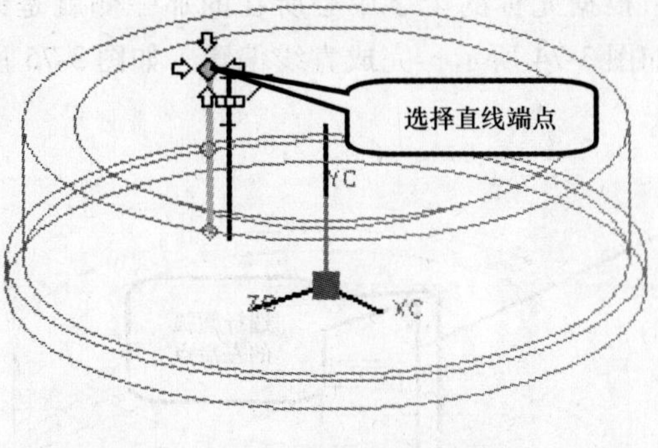

图 3-64 选择直线端点

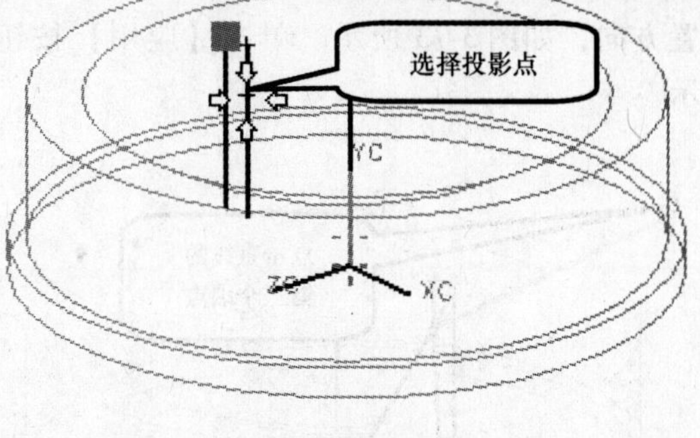

图 3-65 选择投影点

(8) 绘制凸台截面。选择菜单中的【插入】→【曲线】→【基本曲线】命令，或在【曲线】工具条选择【基本曲线】图标，出现【基本曲线】对话框。选择【直线】图标，取消【线串模式】复选框，如图 3-67 所示。在【点方法】下拉框选择【端点】图标，在图形中选择如图 3-68 所示的圆弧的右端点。接着，在【基本曲线】对话框单击【XC】按钮，在【点方法】下拉框选择【自动判断的点】图标，然后在如图 3-68 所示的位置单击一下直线的第二个端点，绘制完成直线。

按照上述方法，选择圆弧左端面为起始点，如图 3-69 所示，向左绘制出一条直线如图 3-70 所示。

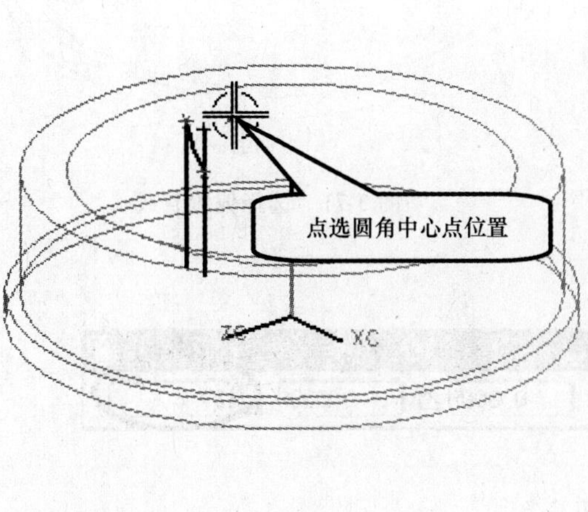

图 3-66 点选圆角中心点位置

图 3-67 【基本曲线】对话框设置

(9) 创建偏置曲线。继续选择【基本曲线】图标，选择【直线】图标。选择如图 3-71 所示偏置直线，在跟踪条中【偏置】栏中输入【37.8】，如图 3-72 所示。在【按给定距离平行】栏中，选择【原先的】单选按钮，根据光标的十字中心所在的那一侧就是偏置方向，如图 3-73 所示。单击【应用】按钮，如图 3-74 所示，完成直线偏置，如图 3-75 所示。

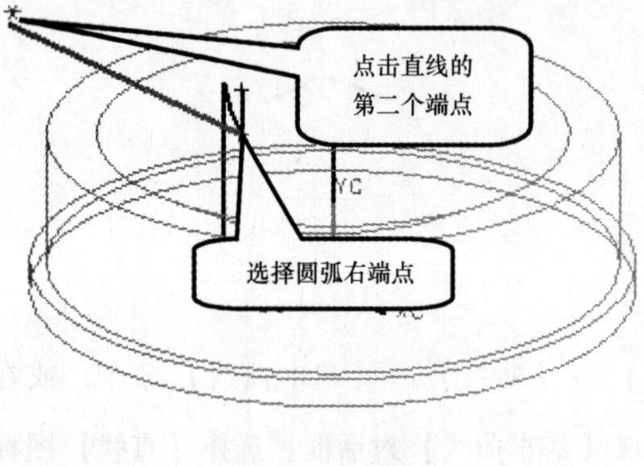

图 3-68　绘制直线

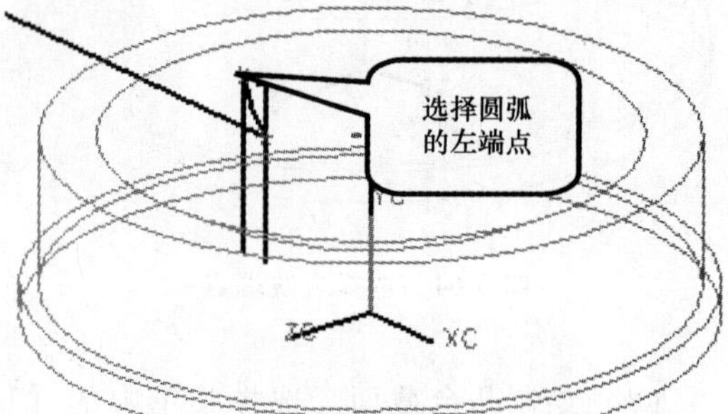

图 3-69　选择圆弧左端点

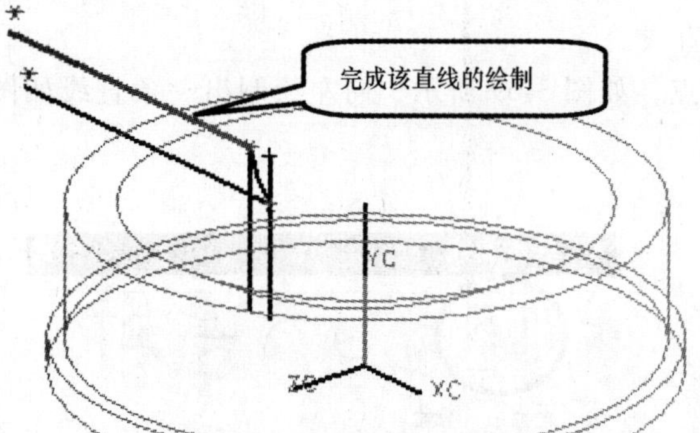

图 3-70　完成直线段绘制

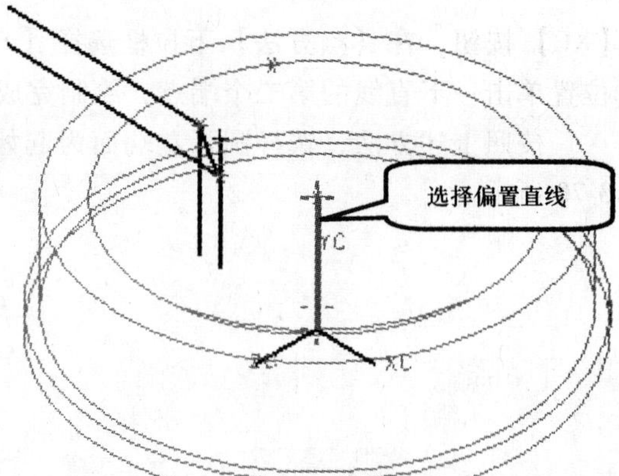

图 3-71　选择偏置直线

图 3-72　跟踪条

（10）修剪拐角。选择菜单中的【编辑】→【曲线】→【修剪拐角】命令，或在【编辑曲线】工具条中选择【修剪拐角】图标，出现【修剪拐角】对话框，如图 3-76 所示。在图形中分别选择如图 3-77 所示的位置，此时图形已经修剪完成，如图 3-78 所示。

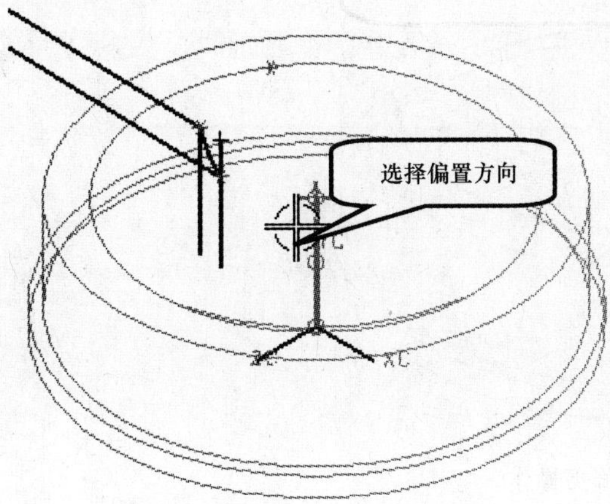

图 3-73 选择偏置方向

图 3-74 【基本曲线】对话框

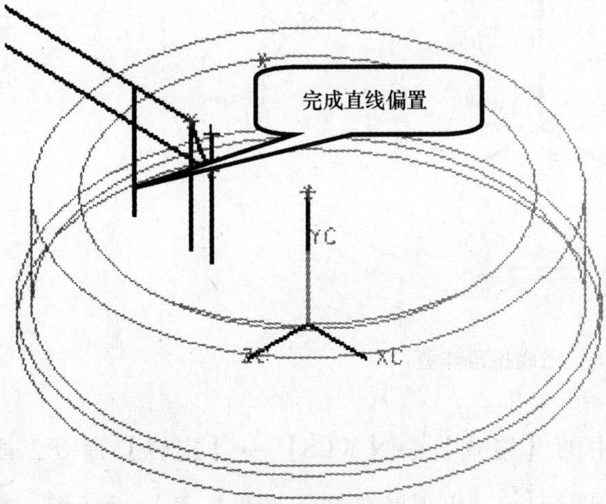

图 3-75 完成直线偏置

图 3-76 【修剪拐角】对话框

(11) 创建回转体。选择菜单中的【插入】→【设计特征】→【回转】命令，或在【成形特征】工具条中选择【回转】图标，出现【回转】对话框，如图 3-79 所示。在图形中选择如图 3-80 所示曲线，【指定矢量】栏中，选择图形中如图 3-80 所示的直线为旋转轴。【限制】栏中，在【开始角度】、【结束角度】栏输入【-90】、【90】，在【布尔】栏中，选择【无】按钮，如图 3-79 所示。完成回转体特征如图 3-80 所示。

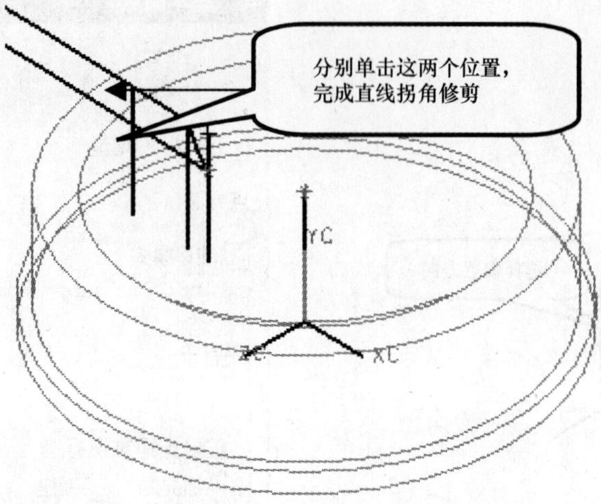

图 3-77　拐角修剪操作

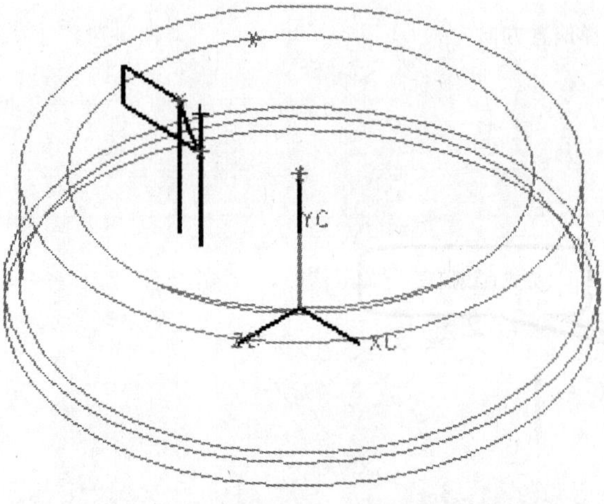

图 3-78　完成拐角修剪

（12）旋转工作坐标系。选择菜单中的【格式】→【WCS】→【旋转】命令，或在【实用程序】工具条中选择【旋转 WCS】图标，出现【旋转工作坐标系】对话框。选中【-XC 轴：ZC→YC】，旋转【角度】为【90】，单击【确定】按钮，将坐标系转成如图3-81所示。

（13）创建移动对象操作。选择菜单中的【编辑】→【移动对象】命令，或在【标准】工具条中选择【移动对象】图标，出现【移动对象】对话框，如图 3-82 所示。【选择对象】栏中选择如图 3-83 所示回转体。在【变换】栏中，选择【ZC】轴为指定矢量，选择如图 3-83 所示的轴点矢量，并输入角度为【72】。在【结果】栏中选择【复制原先的】复选框，输入非关联副本数为【4】，如图 3-82 所示。最后单击【确定】按钮，完成移动对象操作，如图 3-84 所示。

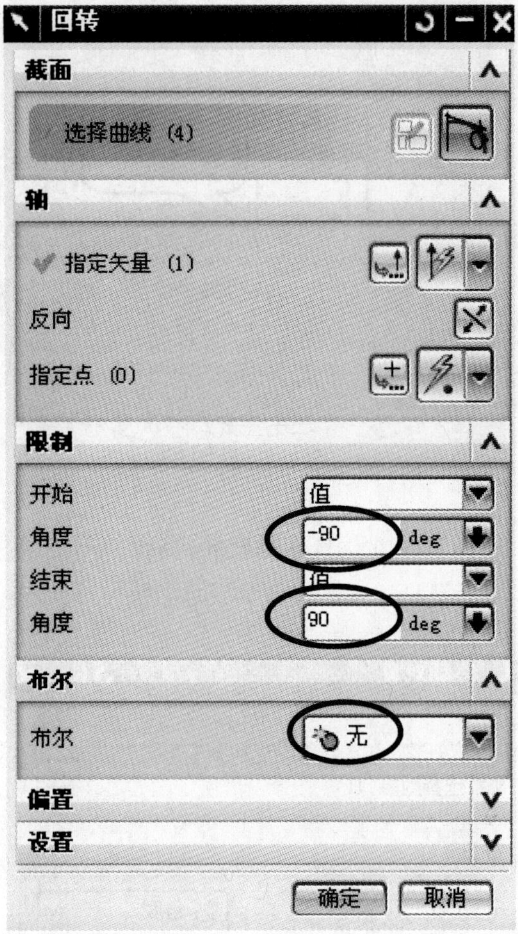

图3-79 【回转】对话框

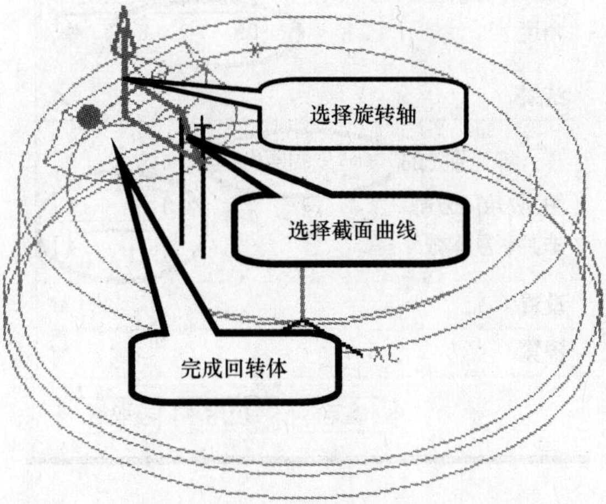

图3-80 回转体创建

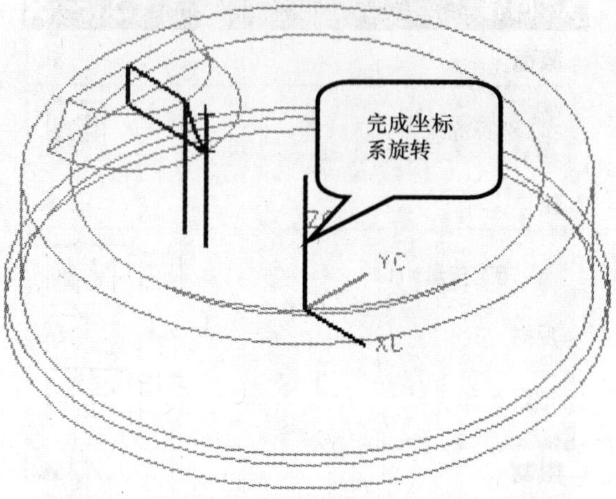

图 3-81　旋转工作坐标系

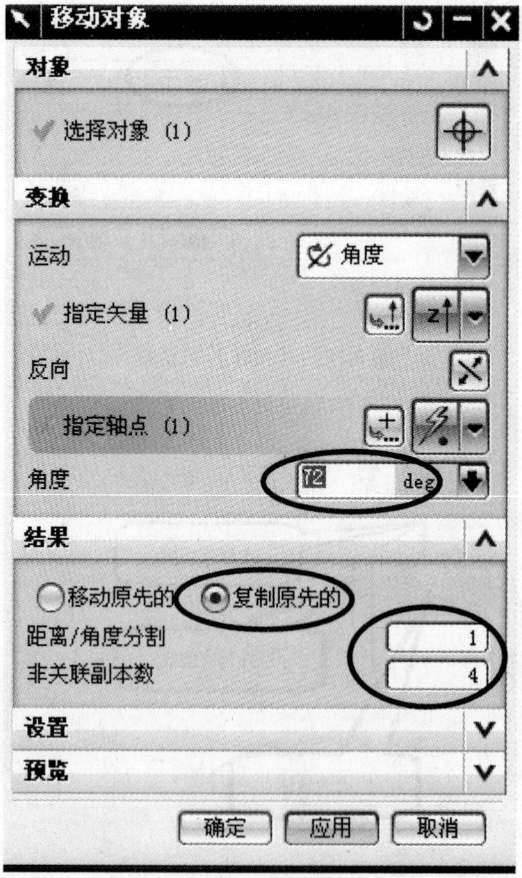

图 3-82　【移动对象】对话框

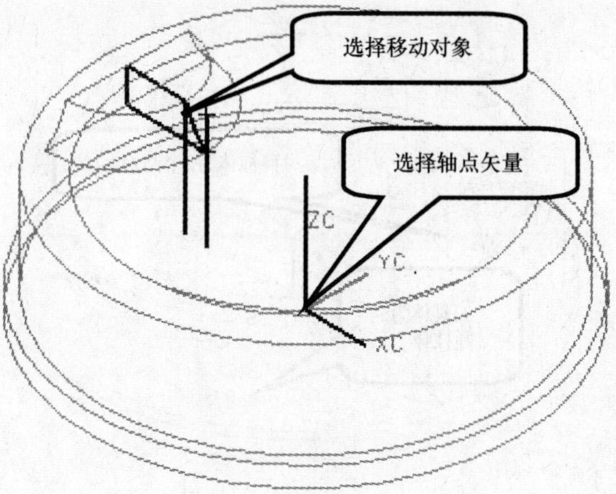

图 3-83　选择移动对象

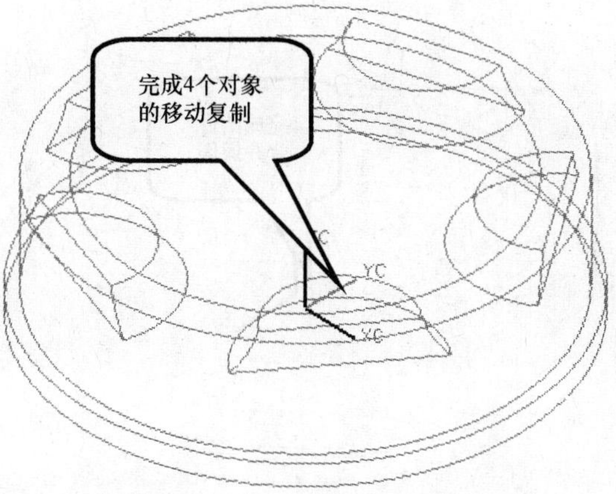

图 3-84　对象移动复制

（14）合并实体。选择菜单中的【插入】→【联合体】→【求和】命令，或在【特征操作】工具条中选择【求和】图标 ，出现【求和】对话框，如图 3-85 所示。系统提示选择目标实体，按照图 3-86 所示依次选择目标实体和工具实体（也可以框选），完成结果如图 3-87 所示。

（15）接下来，创建拉伸、裁剪体特征及镜像特征，参见本章 3.2.3 的步骤，最后完成效果如图 3-88 所示。

图 3-85　【求和】对话框

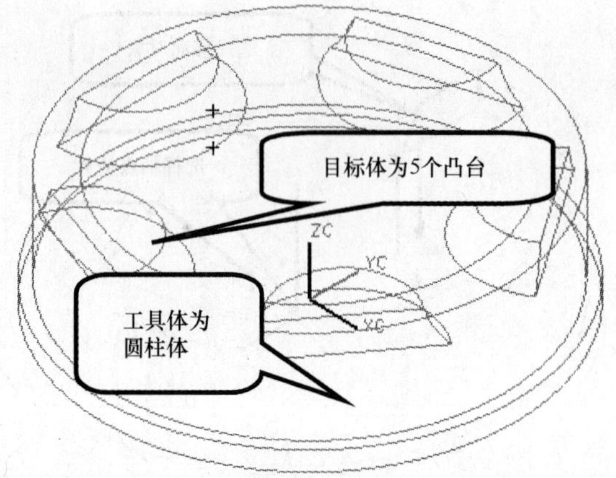

图 3-86　选择目标体、工具体

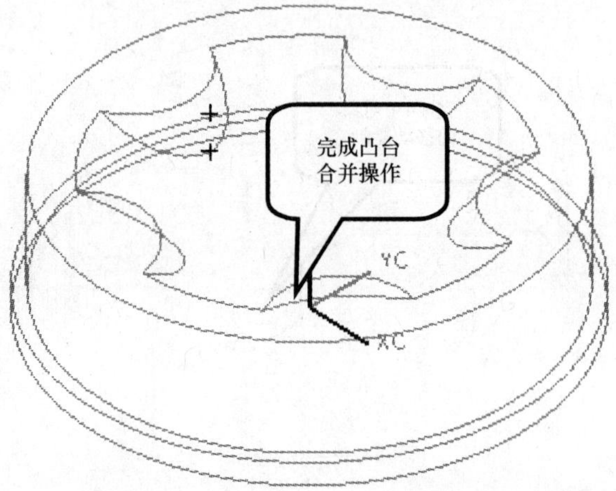

图 3-87　凸台合并操作

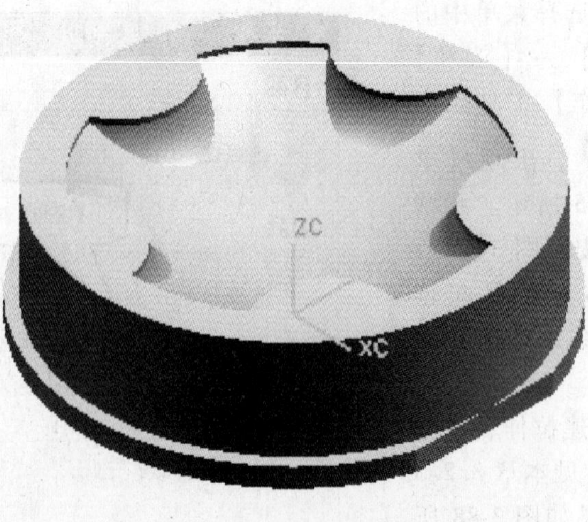

图 3-88　圆盘模腔

3.4　知识技能点

3.4.1　体素特征

知识点： 体素特征包括长方体、圆柱、圆锥、球等基本几何体，可以作为开始建模的基本形体，通常用作开始建模时的基本形状。

利用【插入】下拉菜单中的【设计特征】级联菜单或【成形特征】工具条中的有关选项建立各体素特征，如图 3-89 所示。

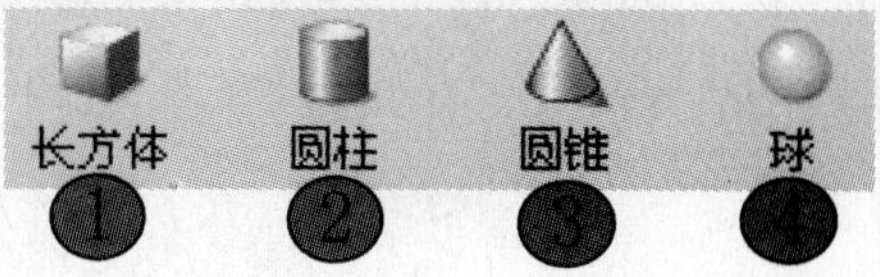

图 3-89　体素特征工具栏

（1）长方体　根据指定方向、边长和位置创建长方体。创建的长方体的面平行于当前工作坐标系的坐标轴。

（2）圆柱　通过指定圆柱的轴线方向、直线和位置创建圆柱。【圆柱】对话框如图 3-90 所示。

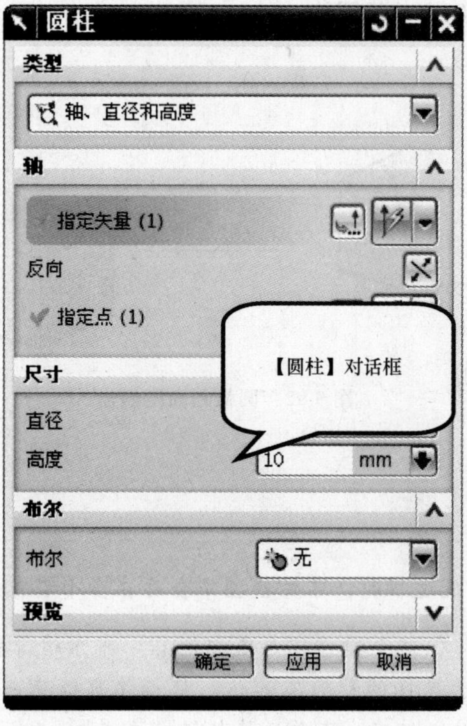

图 3-90　【圆柱】对话框

（3）圆锥　通过指定圆锥的轴线方向、底面和顶面直径、位置生成圆锥/圆台。

（4）球　根据指定的直径和球心位置创建球体。

操作技巧：圆柱创建应用技巧

技巧1：轴、直径和高度创建

使用方向矢量、直径和高度创建圆柱，如图 3-91 所示。

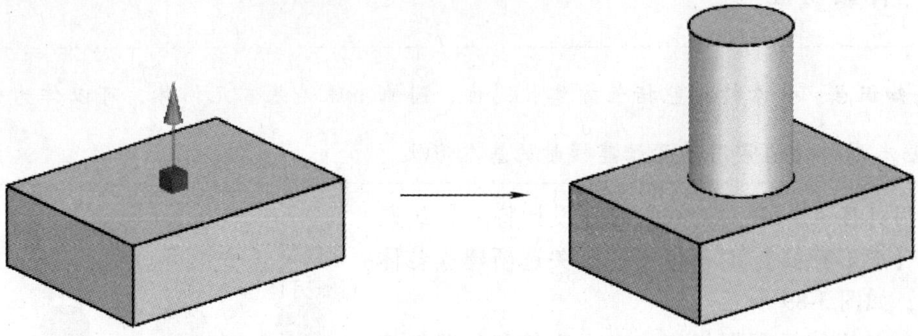

图 3-91　直径和高度创建

技巧2：圆弧和高度创建

使用圆弧和高度创建圆柱，如图 3-92 所示。软件从选定的圆弧获得圆柱的方位。圆柱的轴垂直于圆弧的平面，且穿过圆弧中心，矢量会指示该方位。选定的圆弧不必为整圆，软件会根据任一圆弧对象创建完整的圆柱。

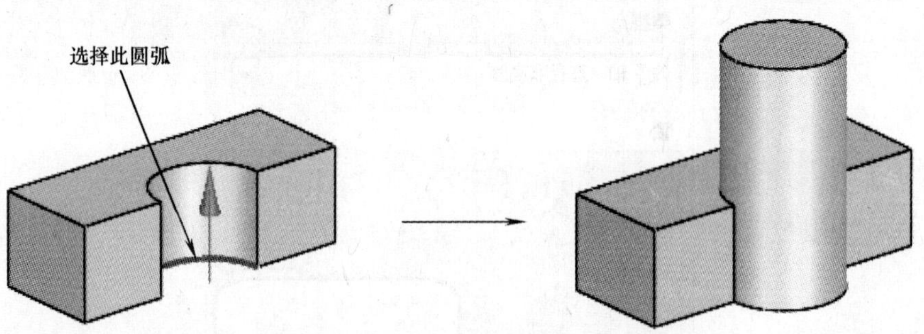

图 3-92　圆弧和高度创建

3.4.2　布尔操作

知识点：在 UG 建模过程时，零件模型中会存在多个实体或片体，往往需要把这些实体或片体组合成一个体，这个操作就是布尔运算。布尔运算操作中第一个选择的实体称为目标体，第二个以后选择的称为工具体。目标体只能有一个，工具体可以有多个。工具体和目标体必须接触或相交。布尔运算包括“求差”，“求和”，“求交”。

布尔操作在实体建模过程中应用很多，通常在建模过程中要用户选择布尔操作方式如图 3-93 所示。用户也可以通过【插入】下拉菜单中的【组合体】级联菜单选择布尔操作方式，如图 3-94 所示。

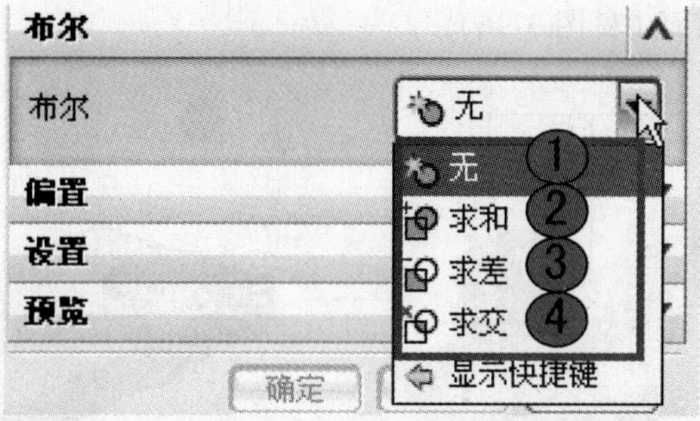

图 3-93　布尔操作方式

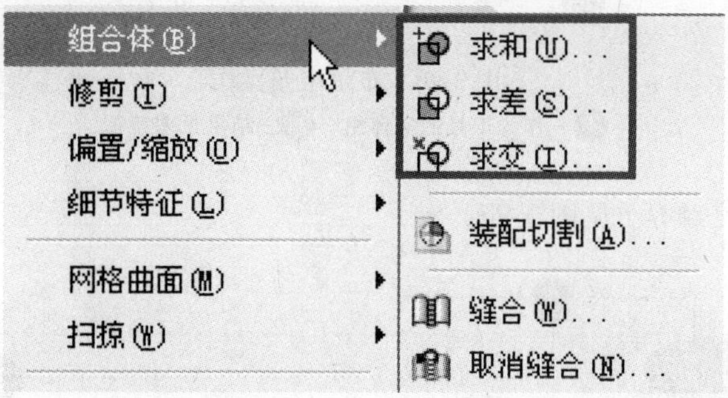

图 3-94　【组合体】级联菜单

（1）创建 无　创建独立实体。在某些对话框中显示该图标或命令按钮。执行该命令后创建独立的实体，新创建的实体变为新目标体。

（2）求和 求和　合并两个或多个实体。

（3）求差 求差　从一个目标体中减去一个或多个工具体。

（4）求交 求交　生成包含两个不同实体的共有部分的体。

操作技巧：布尔运算应用技巧

技巧1：布尔求和操作（见图 3-95）

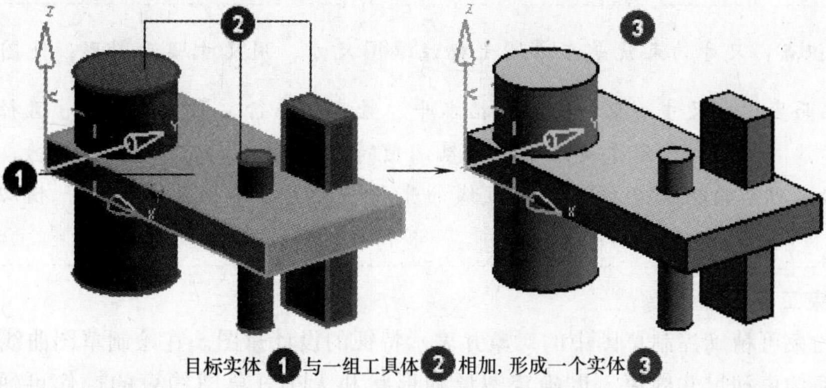

图 3-95　布尔求和操作

技巧2：布尔求差操作（见图 3-96）

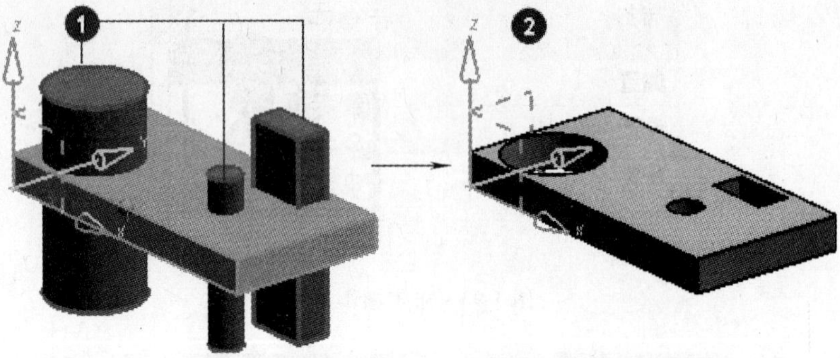

图 3-96　布尔求差操作

❶—作为工具的实体组　❷—结果求差特征

技巧3：布尔求交操作（见图 3-97）

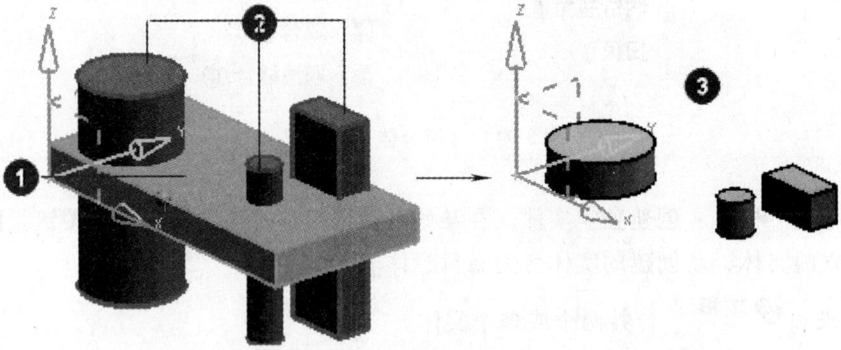

目标实体❶和一组工具体❷相交，形成三个参数化的体❸

图 3-97　布尔求交操作

3.4.3　草图约束

知识点：尺寸约束就是在草图上标注草图尺寸，用尺寸驱动图形，使图形随着尺寸的变化而变化。尺寸约束的类型包括水平、竖直、平行、垂直、角度、直径和半径等尺寸的标注。几何约束用于建立草图对象几何特性（如直线的水平和竖直），以及两个或两个以上对象的相互关系（如两直线的平行、垂直、两圆弧的同心、相切、等半径等）。

1. 约束工具栏

使用约束可精确控制草图中的对象并表示特征的设计意图。在绘制草图曲线后，需要对其创建几何约束和尺寸约束，以确定图形的形状和大小。草图约束的操作可通过【插入】菜单工具下拉菜单中的【约束】级联菜单，约束工具栏如图 3-98 所示。

图 3-98　约束工具栏

2. 几何约束

几何约束可建立：

（1）草图对象的几何特性，如要求一条直线的长度固定。

（2）两个或多个草图对象之间的关系，如要求两条直线垂直或平行，或者多个圆弧具有相同的半径。如图 3-99 所示。

3. 尺寸约束

尺寸约束（也称为草图尺寸）可建立：

（1）草图对象的大小，如圆弧的半径。

（2）两个对象间的关系，如两点间的距离。

尺寸约束的显示类似于具有尺寸文本、延伸线和箭头的制图尺寸。但是，尺寸约束又不同于制图尺寸：如果更改尺寸约束值，也会更改草图对象的形状或大小。如图 3-100 所示。

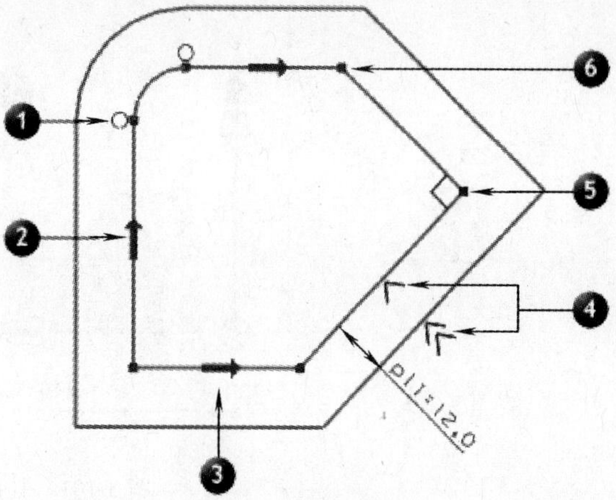

图 3-99　几何约束草图

1—相切　2—竖直　3—水平　4—偏置　5—垂直　6—重合

4. 约束条件

如果启用【创建自动判断的约束】选项，则当应用约束时，UG NX 就会评估草图以确定：

（1）欠约束的几何对象　在约束创建过程中，UG NX 对欠约束的曲线或点显示自由度箭头。当完全约束一个草图时，自由度箭头不会出现，一条状态消息指出，草图已完全约束，且默认情况下几何图形更改为浅绿色。

（2）过约束的几何对象　当对曲线或顶点应用的约束超过了对其控制所需的约束时，曲线或顶点就过约束了。如果发生这种情况，则与之相关的几何对象以及任何尺寸约束的颜色默认情况下都会变为红色。

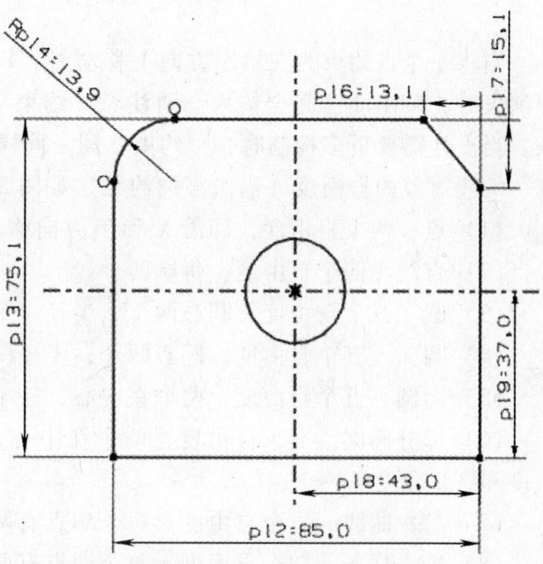

图 3-100　尺寸约束草图

（3）约束冲突　约束也会相互冲突。

如果发生这种情况，则发生冲突的尺寸和几何图形的颜色默认情况下会变为洋红色。因为根据当前给定的约束不能对草图求解，UG NX 将其显示为上次求解的情况。

5. 自由度箭头

自由度（DOF）箭头 标记草图上可自由移动的点。自由度有三种类型：定位自由度、转动自由度以及径向自由度，如图 3-101 所示。

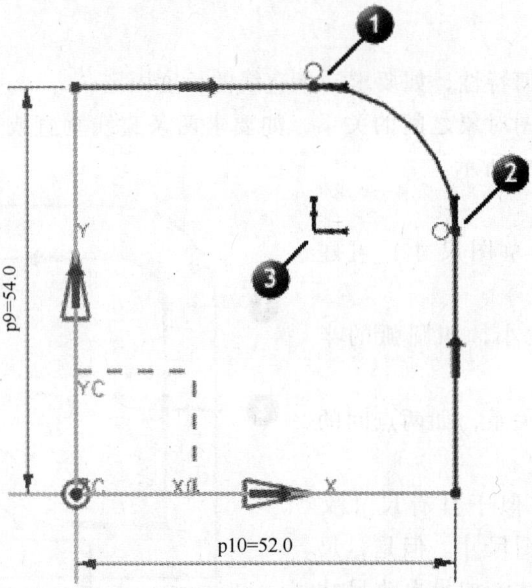

图 3-101　自由度类型

1—此点仅在 X 方向上可以自由移动。

2—此点仅在 Y 方向上可以自由移动。

3—这一点在 X 和 Y 方向上都可以自由移动。

当将一个点约束为在给定方向上移动时，UG NX 会移除自由度箭头。当所有这些箭头都消失时，草图即已完全约束。请注意，约束草图是可选的，可以用欠约束的草图定义特征。当设计需要更多控制时，可约束草图。同样，应用一个约束可以移除多个自由度箭头。

一般对象的自由度（尚未添加约束）如图 3-102 所示。

（1）点　两个自由度，即沿 X 和 Y 方向移动。

（2）直线　四个自由度，每端两个。

（3）圆　三个自由度，圆心两个，半径一个。

（4）圆弧　五个自由度，圆心两个，半径一个，起始角度和终止角度各一个。

（5）椭圆　五个自由度，两个在中心，一个用于方向，长轴和短轴各一个。

（6）部分椭圆　七个自由度，两个在中心，一个用于方向，长轴和短轴各一个，起始角度和终止角度各一个。

（7）二次曲线　六个自由度，每个端点有两个，锚点有两个。

（8）极点样条　四个自由度，每个端点有两个。

（9）过点样条　在它的每个定义点处有两个自由度。

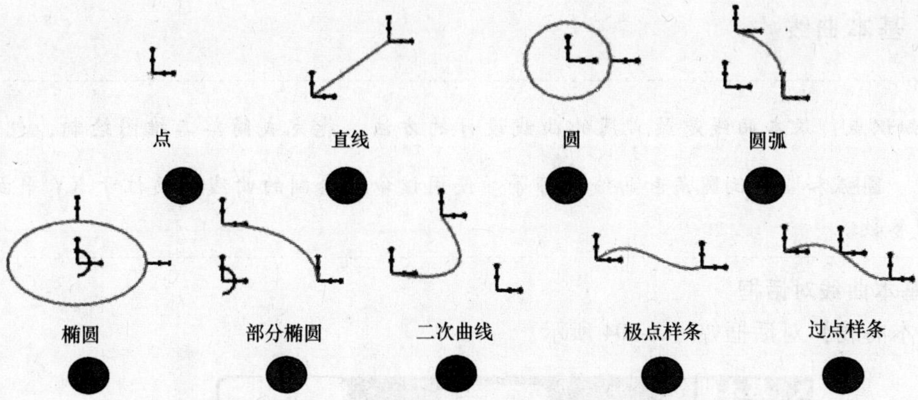

图 3-102　一般对象的自由度

操作技巧：约束应用技巧

尽管不需要完全约束草图以用于后续的特征创建，但最好还是完全约束特征草图。完全约束的草图可以确保设计更改期间，解决方案能始终一致。

技巧1：如何约束草图以及草图过约束时的处理技巧

一旦遇到过约束或发生冲突的约束状态（例如，看见曲线、尺寸或约束符号变为洋红色），应该通过删除某些尺寸或约束的方法以解决问题。连续创建更多曲线/尺寸/约束会增加草图的复杂性，也因此增加了后期尝试完全约束草图的难度。

技巧2：零值尺寸要避免

尽量避免零值尺寸。用零值尺寸会导致相对其他曲线位置不明确的问题。零值尺寸在更改为非零尺寸时，会引起意外的结果。

技巧3：避免链式尺寸

尽可能尝试基于同一对象创建基准线尺寸，如图 3-103 所示。

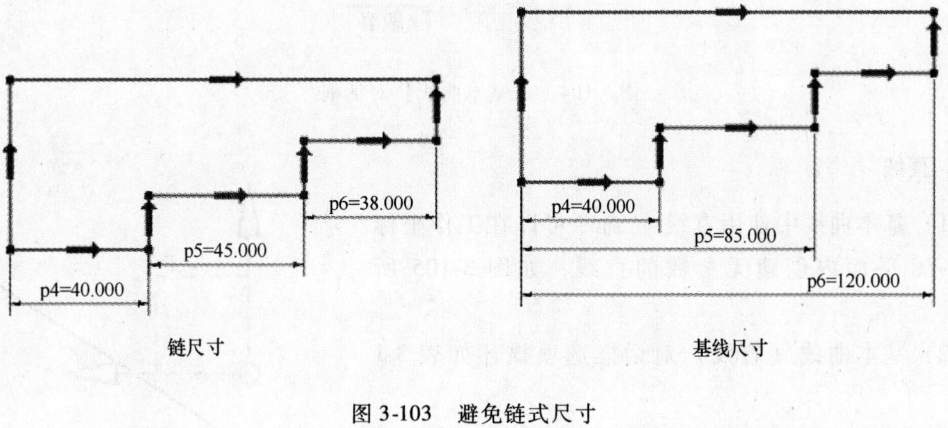

图 3-103　避免链式尺寸

技巧4：参考曲线应用

在设计意图中用尺寸约束和几何约束完全约束草图。但也可用参考曲线帮助约束对象。用【转换至/自参考】命令根据草图曲线创建参考曲线。

3.4.4 基本曲线

知识点： 基本曲线是最常用的曲线设计的方法，能完成简单二维图绘制，包括绘制直线、圆弧和圆，倒圆角和曲线修剪等。使用该命令绘制的曲线必须位于XY平面内，且没有参数。

1. 基本曲线对话框

【基本曲线】对话框如图3-104所示。

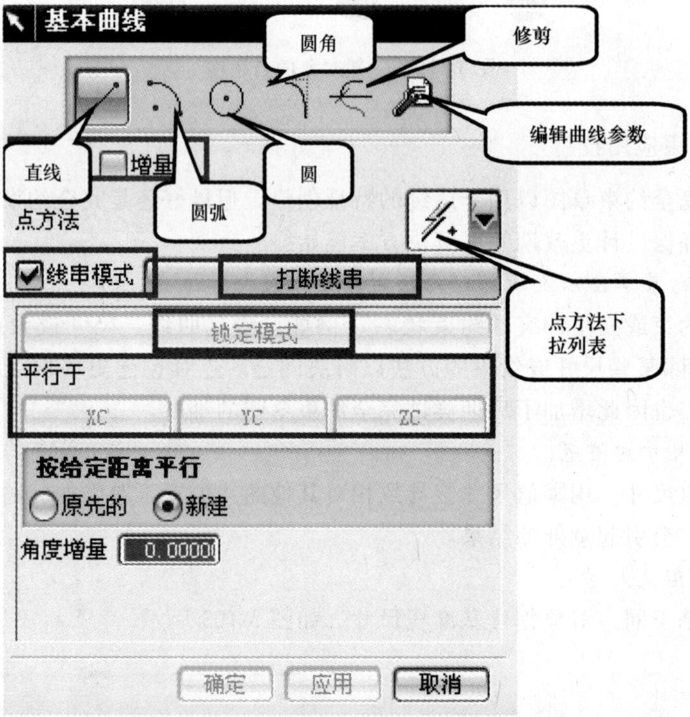

图3-104 【基本曲线】对话框

2. 直线

（1）基本曲线中使用直线 命令可以在工作坐标系XC-YC平面内创建无参数的直线，如图3-105所示。

（2）基本曲线（直线）对话框选项描述如表3-1所示。

（3）基本曲线中直线创建方法，如图3-106，图3-107所示。

创建直线的方法有13种，分别是：

1）两点之间。

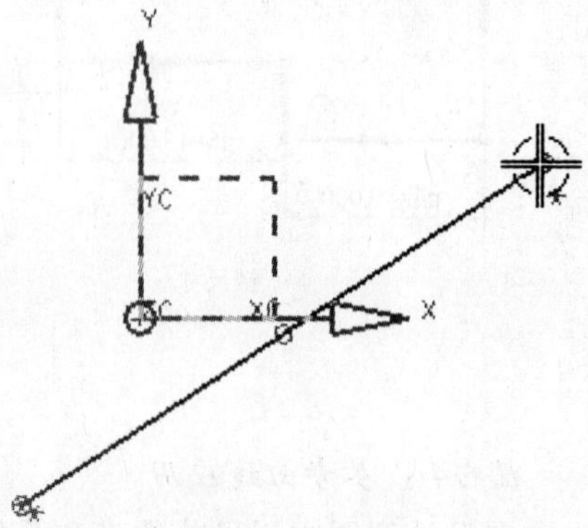

图3-105 直线

表 3-1　基本曲线（直线）对话框选项描述

选　项	描　述
无界	选择该复选框时，无论创建方法如何，所创建的任何直线都受视图边界限制。且线串模式不可用
锁定模式/解锁模式	当下一步操作通常会导致直线创建模式发生更改，而又想避免这种更改时，可使用【锁定模式】
平行选项	创建平行直线的选项。直线可平行于某个 WCS 轴，或者与选中的直线保持指定的距离
角度增量	如果指定了第一点，然后在图形窗口中拖动光标，则该直线就会捕捉至该字段中指定的每个增量度数处。只有当点方法设置为【自动判断的点】时，【角度增量】才有效。如果使用了任何其他的【点方法】，则会忽略【角度增量】

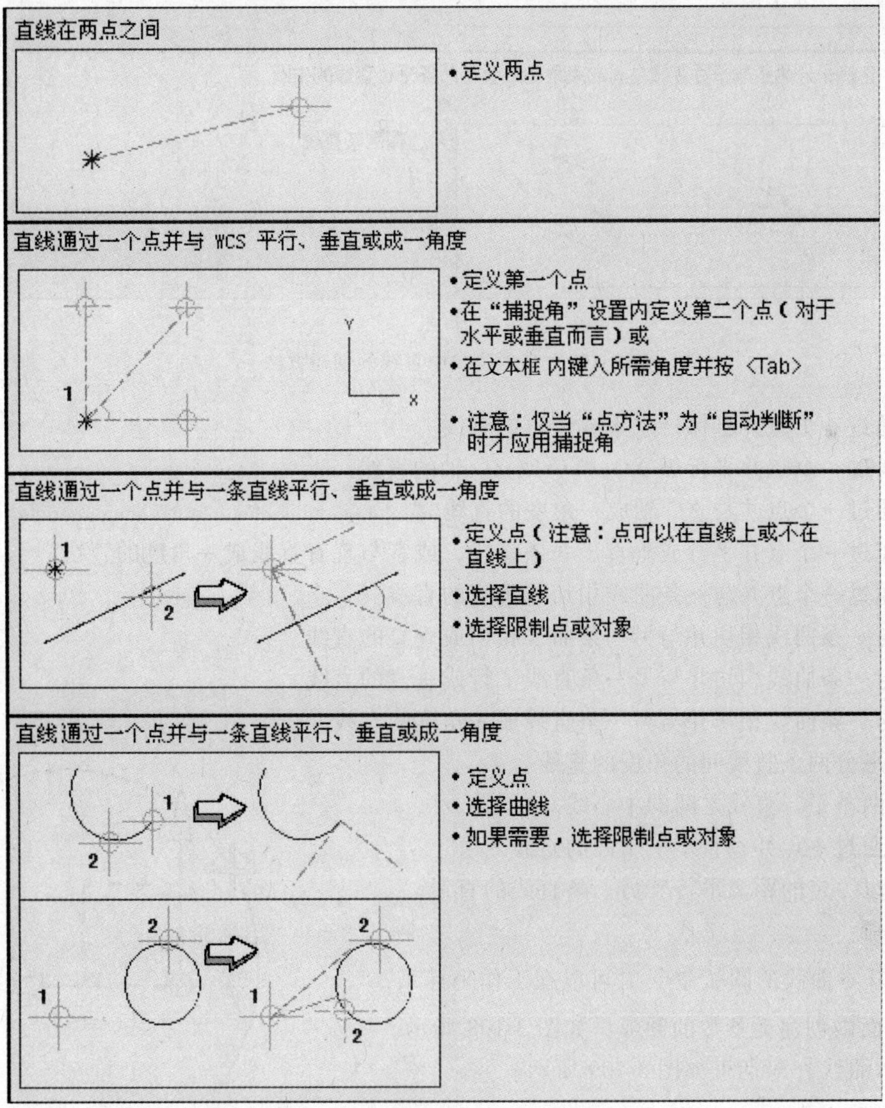

图 3-106　基本曲线中直线的创建方法

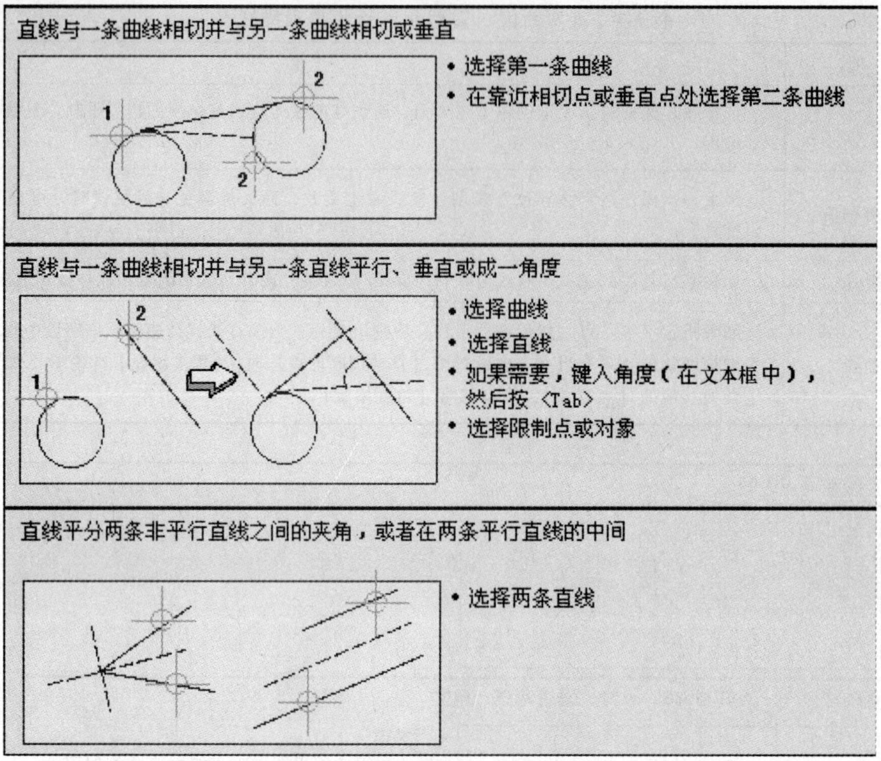

图 3-107　基本曲线中直线的创建方法

2）通过一个点并且保持水平或竖直的直线。

3）通过一个点并平行于 XC、YC 或 ZC 轴的直线。

4）通过一个点并与 XC 轴成一角度的直线。

5）通过一个点并平行或垂直于一条直线，或者与现有直线成一角度的直线。

6）通过一个点并与一条曲线相切或垂直的直线。

7）与一条曲线相切并与另一条曲线相切或垂直的直线。

8）与一条曲线相切并与另一条直线平行或垂直的直线。

9）与一条曲线相切并与另一条直线成一角度的直线。

10）平分两条直线间的角度的直线。

11）两条平行直线之间的中心线。

12）通过一点并垂直于一个面的直线。

13）以一定的距离平行于另一条直线的直线。

3. 圆弧

使用基本曲线的圆弧命令 可以在工作坐标系 XC-YC 平面内创建无参数的圆弧，如图 3-108 所示。

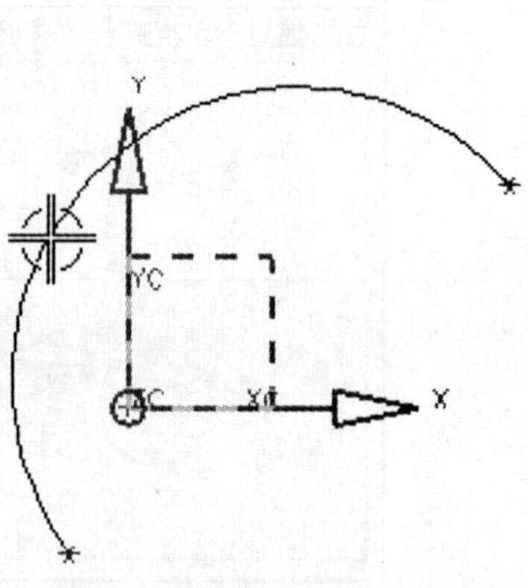

图 3-108　圆弧

【基本曲线】对话框如图 3-109 所示。

操作技巧：基本曲线——圆弧创建技巧

技巧1：起点，终点，圆弧上的点或对象的切点定义两个点创建圆弧

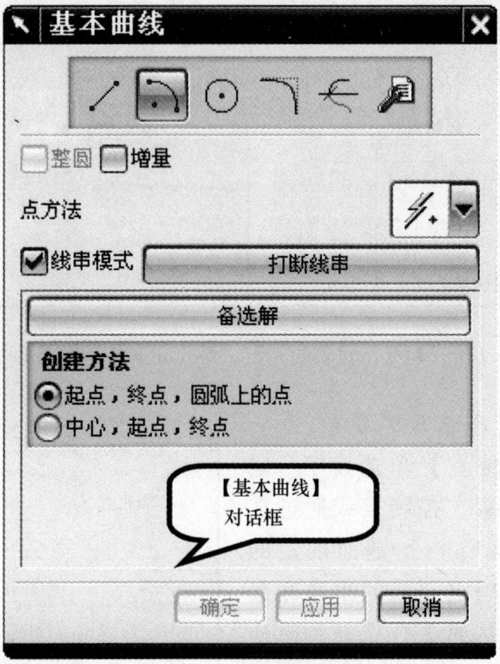

图 3-109　【基本曲线】对话框

这些点可以是光标位置、控制点或通过在对话框中键入数字并按 <Enter> 键而建立的值。通过拖动即可显示圆弧。其端点是两个已定义的点。

定义第三点或选择一个相切对象（不能是抛物线、双曲线或样条曲线），如图 3-110 所示。

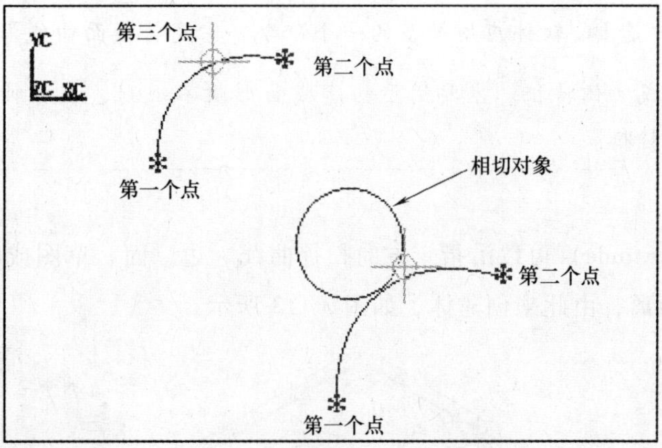

图 3-110　起点，终点，圆弧上的点或对象的切点定义两个点创建圆弧

技巧2：起点，对象的切点，终点定义起点创建圆弧

它可以是光标位置、控制点或通过在对话框中键入数字并按 <Enter> 键而确定的值。选择一个相切对象（不能是抛物线、双曲线或样条曲线）。圆弧形橡皮筋就从起点开始拉伸并与选定对象相切。定义终点。这种方法类似于前一种方法，但旨在对象的终点处定义相

切。如果起点是相切对象的端点，则圆弧将从选定对象的该端出发并与选定对象相切，如图 3-111 所示。

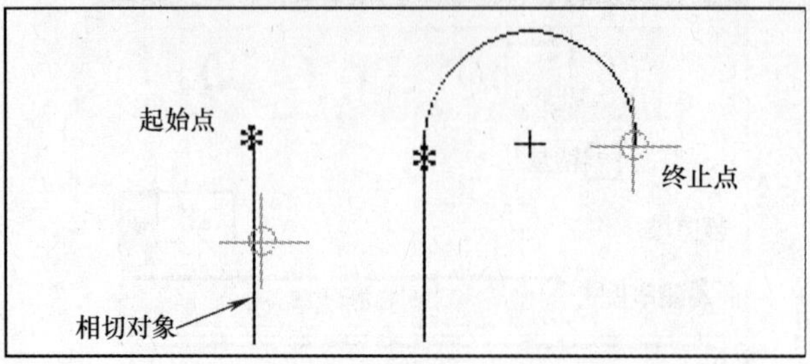

图 3-111　起点，对象的切点，终点定义起点创建圆弧

技巧3：中心，起点，终点创建圆弧

选择【中心，起点，终点】单选按钮。定义中心点。可以是光标位置、控制点或通过在对话框中键入数字并按 <Enter> 键而确定的值。定义第 2 个点，这将确定圆弧的半径和起始角。圆弧以橡皮筋形式从第 2 个点开始沿逆时针方向拉伸。当显示出预期的圆弧后，指定光标位置、选择限制几何体或在对话框中输入一个终止角，如图 3-112 所示。

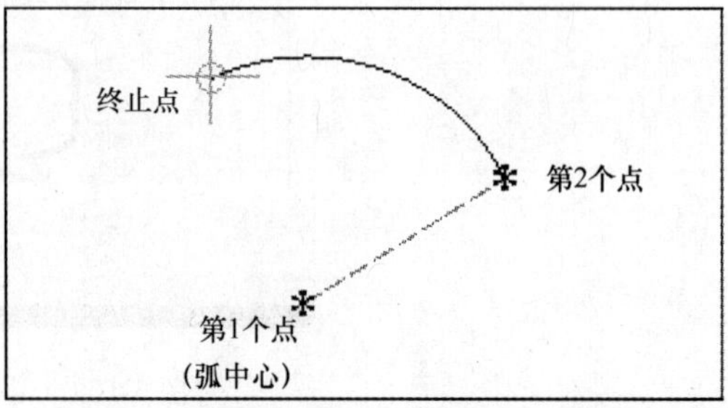

图 3-112　中心，起点，终点创建圆弧

3.4.5　拉伸特征

知识点： 拉伸是 UG 软件应用最多的一个命令。它是将截面曲线沿指定方向拉伸指定距离以建立片体或实体特征。主要用于创建截面形状不规则、在拉伸方向上各截面形状保持一致的实体特征。

1. 功能描述

使用拉伸（Extrude）可以沿指定方向扫掠曲线、边、面、草图或曲线特征的二维或三维部分一段直线距离，由此来创建体，如图 3-113 所示。

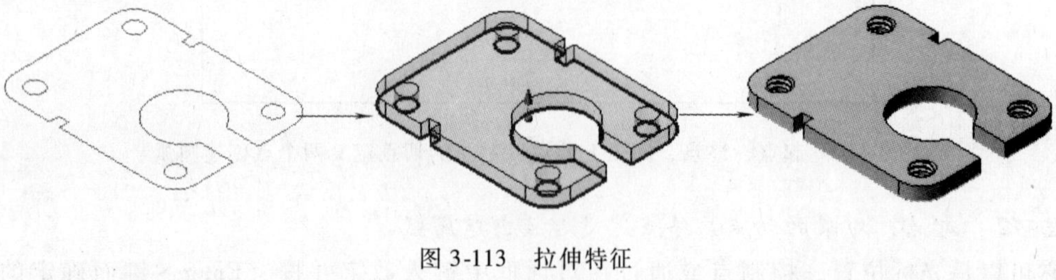

图 3-113　拉伸特征

2. 拉伸特征对话框

【拉伸】对话框如图 3-114 所示。

图 3-114 【拉伸】对话框

3. 拉伸对话框选项描述

拉伸对话框选项描述见表 3-2。

表 3-2 拉伸对话框选项描述

选 项	描 述
截面	指定要拉伸的曲线或边 绘制截面：单击此图标，系统打开草图生成器，在其中可以创建一个处于特征内部的截面草图。在退出草图生成器时，草图被自动选作要拉伸的截面 选择曲线：选择曲线、草图或面的边缘进行拉伸。系统默认选中该图标。在选择截面时，注意配合【选择意图工具条】使用。可以在选择曲线前，设置合理的【曲线规则】选项，如图 3-115a 所示。也可以在选择曲线以后，单击鼠标右键，在弹出的快捷菜单中选择曲线类型，如图 3-115b 所示
方向	指定要拉伸截面曲线的方向。默认方向为选定截面曲线的法向，可以通过【矢量构造器】和【自动判断】类型列表中的方法构造矢量 单击反向按钮，或直接在矢量方向箭头上双击，可改变拉伸方向

（续）

选　项	描　述
限制	定义拉伸特征的整体构造方法和拉伸范围 开始/结束：起始和终止边界，表示拉伸的相反两侧。利用其下拉列表框选择一种方式来控制拉伸的界限，该列表框提供了 6 个可选项 值：指定拉伸起始或结束的值 对称值：开始的限制距离与结束的限制距离相同 直至下一个：将拉伸特征沿路径延伸到下一个实体表面，如图 3-116a 所示 直至选定对象：将拉伸特征延伸到选择的面、基准平面或体，如图 3-116b 所示 直到被延伸：截面在拉伸方向超出被选择对象时，将其拉伸到被选择对象延伸位置为止，如图 3-116c 所示 贯通：沿指定方向的路径延伸拉伸特征，使其完全贯通所有的可选体，如图 3-116d 所示
布尔	在创建拉伸特征时，还可以与存在的实体进行布尔运算 如果当前界面只存在一个实体，选择布尔运算时，自动选中实体；如果存在多个实体，则需要选择进行布尔运算的实体 无：创建一独立的拉伸特征 求和：组合拉伸体与两个或多个体到一单个实体 求差：从目标体移除拉伸体 求交：创建包含拉伸体和与之相交的现有体共享的体积
拔模	在拉伸时，为了方便出模，通常会对拉伸体设置拔模角度。共有 6 种拔模方式 无：不创建任何拔模 从起始限制：从拉伸开始位置进行拔模，开始位置与截面形状一样，如图 3-117a 所示 从截面：从截面开始位置进行拔模，截面形状保持不变，开始和结束位置进行变化，如图 3-117b 所示 从截面-非对称角度：截面形状不变，起始和结束位置分别进行不同的拔模，两边拔模角可以设置不同角度，如图 3-117c 所示 从截面-对称角度：截面形状不变，起始和结束位置进行相同的拔模，两边拔模角度相同，如图 3-117d 所示 从截面匹配的终止处：截面两端分别进行拔模，拔模角度不一样，起始端和结束端的形状相同，如图 3-117e 所示
偏置	用于设置拉伸对象在垂直于拉伸方向上的延伸，共有 4 种方式 无：不创建任何偏置 单侧：向拉伸添加单侧偏置，如图 3-118a 所示 两侧：向拉伸添加具有起始和终止值的偏置，如图 3-118b 所示 对称：向拉伸添加具有完全相等的起始和终止值（从截面相对的两侧测量）的偏置，如图 3-118c 所示
体类型设置	用于设置拉伸特征为【片体】或【实体】。要获得【实体】，截面曲线必须为封闭曲线或带有偏置的非闭合曲线
公差	改变在建立与编辑时的距离公差。默认值取自建模参数预设置中的【距离公差】

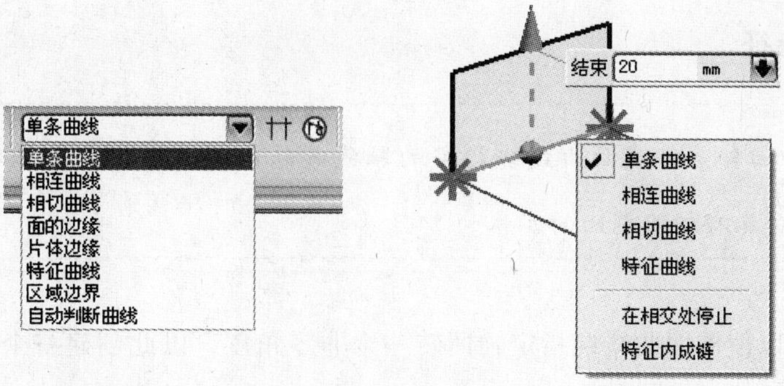

a)　　　　b)

图 3-115　选择曲线类型

a）曲线规则　b）右键快捷菜单

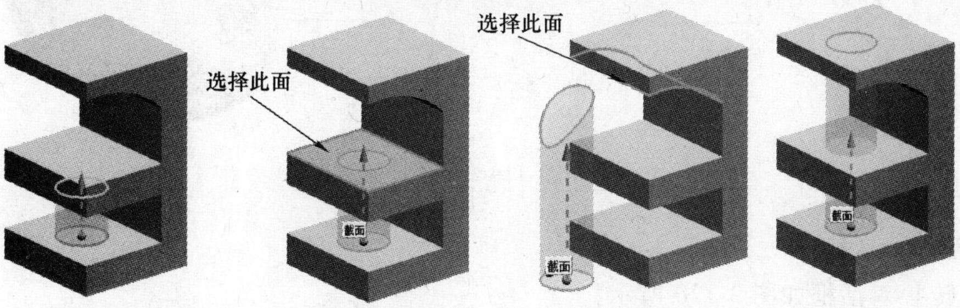

a)　　b)　　c)　　d)

图 3-116　拉伸范围定义

a）直至下一个　b）直至选定对象　c）直到被延伸　d）贯通

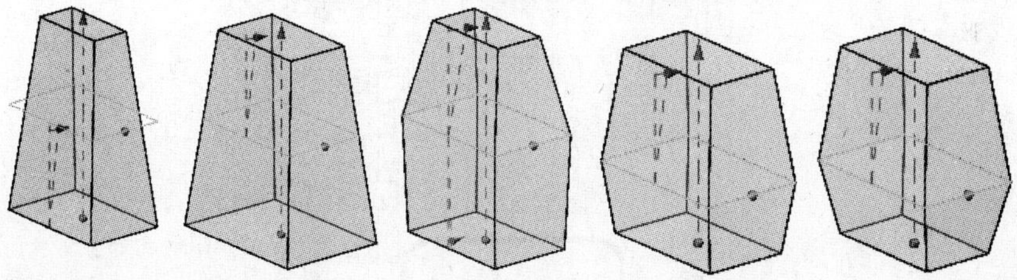

a)　　b)　　c)　　d)　　e)

图 3-117　拔模方式

a）从起始限制　b）从截面　c）从截面-非对称角度　d）从截面-对称角度　e）从截面匹配的终止处

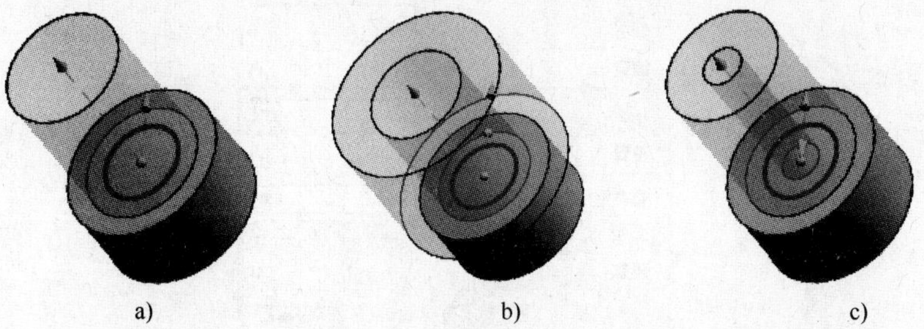

a)　　b)　　c)

图 3-118　偏置方式

a）单侧　b）两侧　c）对称

3.4.6 回转特征

知识点： 回转是将截面曲线绕指定的轴线旋转以建立片体或实体特征。主要用于创建沿圆周方向具有相同剖面的实体。

1. 功能描述

使用回转可以使截面曲线绕指定轴回转一个非零角度，以此创建一个特征，如图 3-119 所示。

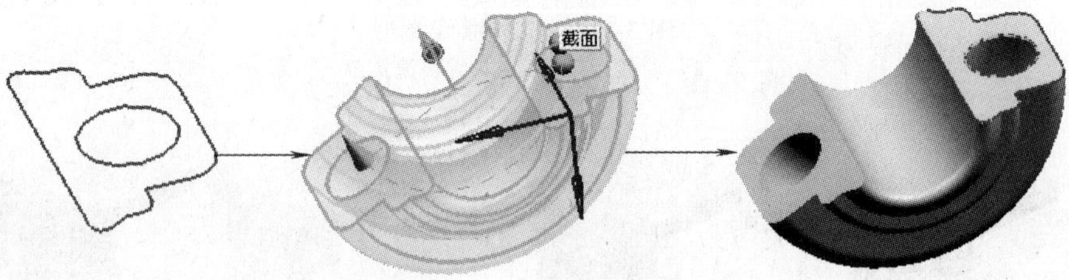

图 3-119 回转特征

2. 回转对话框

【回转】对话框如图 3-120 所示。

图 3-120 【回转】对话框

3. 回转对话框选项描述

回转对话框选项描述如表3-3所示。

表3-3　回转对话框选项描述

选　项	描　述
截面	截面曲线可以是基本曲线、草图、实体或片体的边，并且可以封闭也可以不封闭 截面曲线必须在旋转轴的一边，不能相交
轴	指定旋转轴和旋转中心点 指定矢量：指定旋转轴。系统提供了两类指定旋转轴的方式，即【矢量构造器】和【自动判断】 指定点：指定旋转中心点。系统提供了两类指定旋转中心点的方式，即【点构造器】和【自动判断】
限制	用于设定旋转的起始角度和结束角度。有两种方法 值：通过指定旋转对象相对于旋转轴的起始角度和终止角度来生成实体，在其后面的文本框中输入数值即可 直至选定对象：通过指定对象来确定旋转的起始角度或结束角度，所创建的实体绕旋转轴接于选定对象表面
布尔	在创建回转特征时，还可以与存在的实体进行布尔运算 如果当前界面只存在一个实体，选择布尔运算时，自动选中实体；如果存在多个实体，则需要选择进行布尔运算的实体 无：创建一独立的回转特征 求和：组合回转体与两个或多个体到一单个实体 求差：从目标体移除回转体 求交：创建包含回转体和与之相交的现有体共享的体积
偏置	用于设置旋转体在垂直于旋转轴方向上的延伸 无：不向回转截面添加任何偏置 两侧：向回转截面的两侧添加偏置
体类型设置	用于设置拉伸特征为【片体】或【实体】。要获得【实体】，截面曲线必须为封闭曲线或带有偏置的非闭合曲线
公差	改变在建立与编辑时的距离公差。默认值取自建模参数预设置中的【距离公差】

3.4.7　沿引导线扫掠

知识点： 沿引导线扫掠是将截面曲线沿引导线扫掠创建实体或片体。

1. 功能描述

通过沿一引导线串（路径）扫掠一开口或封闭边界草图、曲线、边缘或表面建立一单个实体或片体，如图3-121所示。

2. 沿引导线扫掠对话框

【沿引导线扫掠】对话框如图3-122所示。

3. 注意事项

（1）如果引导路径上两条相邻的线以锐角相交，或引导路径上的圆弧半径对于截面曲线而言太小，将无法创建扫掠特征。换言之，路径必须是光顺的、切向连续的。

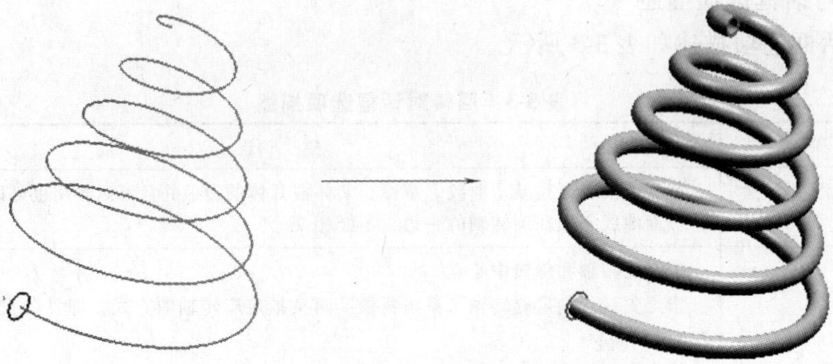

图 3-121　沿引导线扫掠

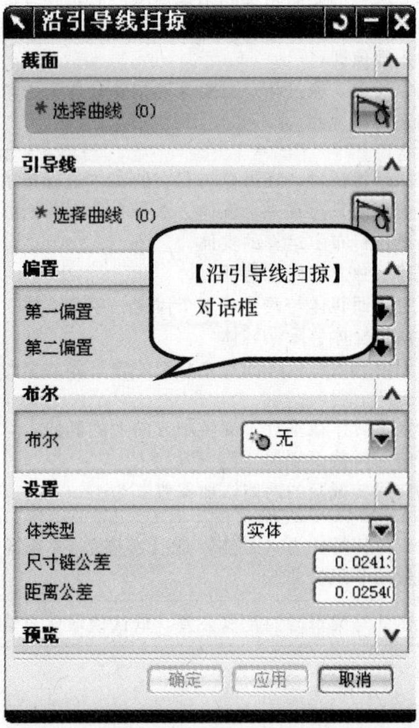

图 3-122　【沿引导线扫掠】对话框

（2）满足以下情况之一将生成实体：导引线封闭，截面线不封闭；截面线封闭，导引线不封闭；截面进行偏置。

3.4.8　管道

知识点：使用管道可以通过沿着一个或多个相切连续的曲线或边扫掠一个圆形横截面来创建单个实体。

1. 管道特征

管道特征，如图 3-123 所示。

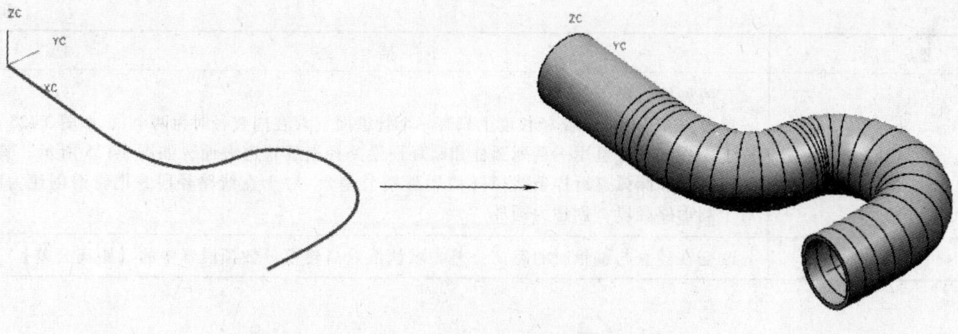

图 3-123　管道特征

2. 管道特征对话框

管道特征对话框如图 3-124 所示。

图 3-124　【管道】对话框

3. 管道对话框选项描述

管道对话框选项描述，如表 3-4 所示。

表 3-4　管道对话框选项描述

选　项	描　述
路径	指定管道延伸的路径
横截面	用于指定圆形横截面的外径值和内径值，内径值可以为 0，外径值不能为 0
布尔	设置管道与原有实体之间的存在关系，包括【无】、【求和】、【求差】和【求交】

（续）

选　项	描　述
输出	有两种输出类型 单段：在整个样条路径长度上只有一个管道面（存在内直径时为两个），如图 3-125 所示 多段：多段管道用一系列圆柱和圆环面沿路径逼近管道表面，如图 3-125 所示。其依据是用直线和圆弧逼近样条路径（使用建模公差）。对于直线路径段，把管道创建为圆柱。对于圆形路径段，创建为圆环
公差	改变在建立与编辑时的距离公差。默认值取自建模参数预设置中的【距离公差】

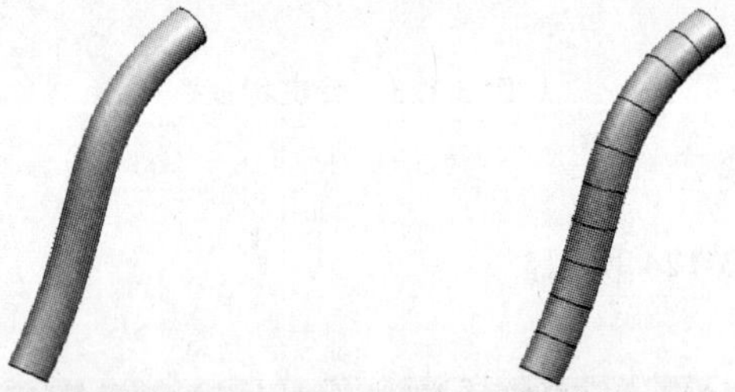

图 3-125　管道输出类型

3.4.9　移动对象

1. 功能描述

使用移动对象命令可以对选择的对象进行多种变换，变换的结果具有参数关联性，可动态改变变换效果。

2. 移动对象对话框

【移动对象】对话框如图 3-126 所示。

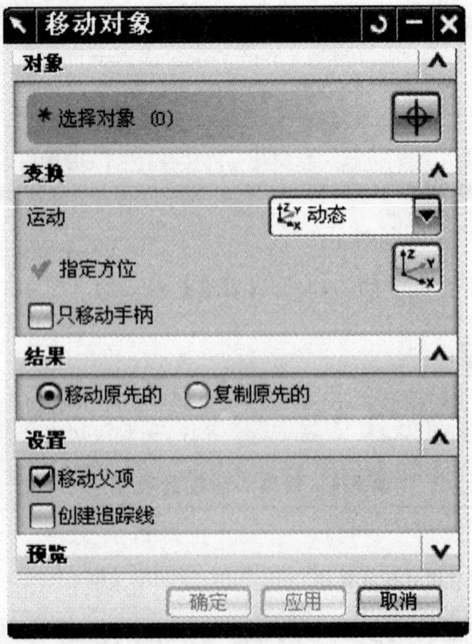

图 3-126　【移动对象】对话框

3. 移动对象对话框选项描述

移动对象对话框选项描述如表 3-5 所示。

表 3-5　移动对象对话框选项描述

选　项	描　述
	对　象
选择对象	使用当前过滤器、鼠标指针以及选择规则来选择对象
	变　换
运动	为选定对象提供线性和角度重定位方法。具体参见“功能要点”
	结　果
移动原先的	将对象重定位到新位置
复制原先的	在新位置复制对象，同时将原对象保持在初始位置
	设　置
移动父项	重定位体对象的父项
创建追踪线	在原对象与重定位的副本之间绘制连接曲线（追踪线） 追踪线仅对曲线对象可用。追踪线对所有其他对象类型均不可用
	预　览
预览	显示移动对象结果

4. 功能要点

运动方式共有 9 种。

（1）距离　沿指定矢量的线性距离，如图 3-127 所示。

（2）角度　绕指定矢量的角度旋转，如图 3-128 所示。

图 3-127　沿指定矢量的线性距离

图 3-128　绕指定矢量的角度旋转

（3）点之间的距离　由指定矢量定义的线性距离，该矢量始于原点而止于测量点，如图 3-129 所示。如果测量点不在矢量上，则会被垂直投影到矢量上。初始距离是起点与测量点之间的总长度。要移动对象，则必须手动输入不同的值。

（4）径向距离　由某矢量定义的线性距离和方向，该矢量是在测量点法向投影到指定矢量时创建的，如图 3-130 所示。初始距离是指定矢量与测量点之间的总长度。要移动对象，则必须手工输入不同的值。

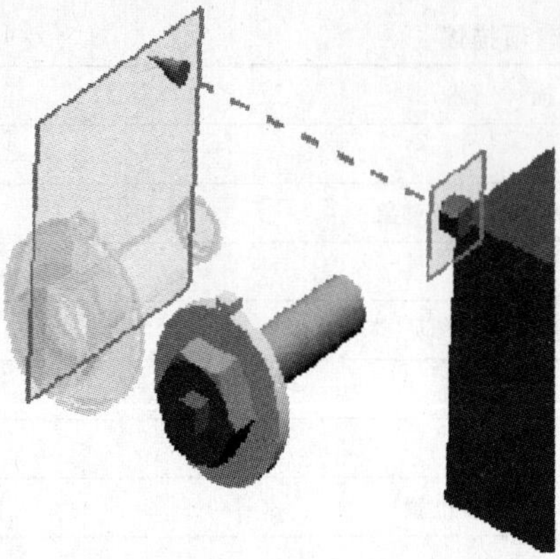

图 3-129　点之间的距离

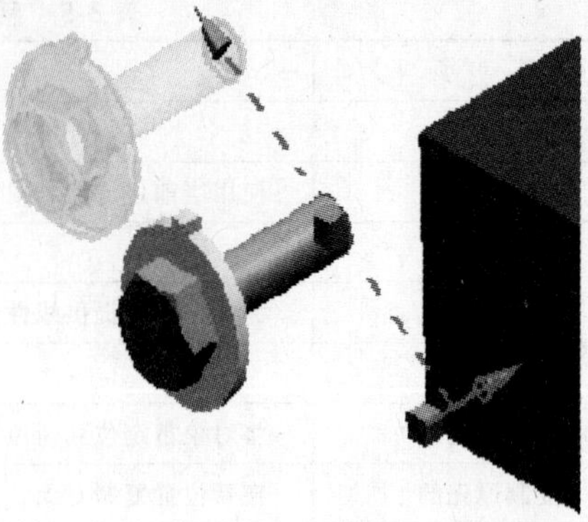

图 3-130　径向距离

（5）点到点　两点之间的平移，如图 3-131 所示。

（6）根据三点旋转　绕枢轴点和从起点到终点的一个指定矢量旋转，如图 3-132 所示。

（7）将轴与矢量对齐　在角度重定位中，对象绕枢轴点旋转，直到第一个矢量与第二个矢量对齐，如图 3-133 所示。

（8）CSYS 到 CSYS　两个坐标系之间的重定位，以使对象移动，直到第一个 CSYS 与第二个 CSYS 对齐，如图 3-134 所示。

（9）动态　显示用来手工或精确重定位对象的 CSYS 操控器，如图 3-135 所示。

图 3-131　两点之间的平移

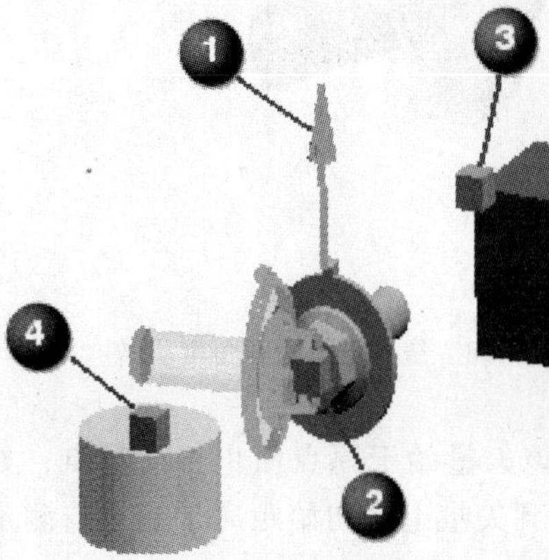

图 3-132　根据三点旋转

❶—指定矢量　❷—枢轴点　❸—起点　❹—终点

图 3-133　将轴与矢量对齐

图 3-134　两个坐标系之间的重定位

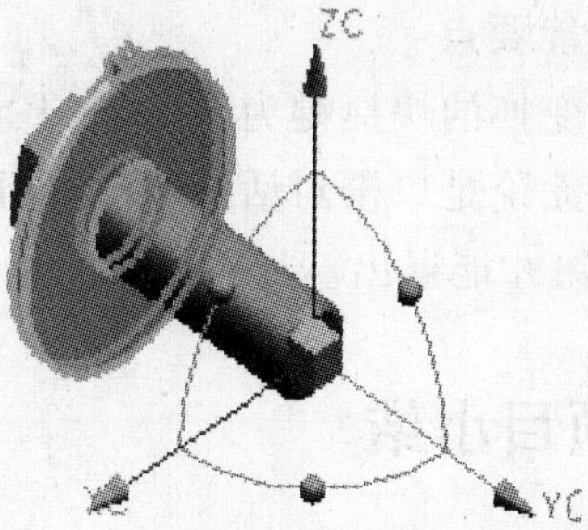

图 3-135　动态

3.4.10　变换

1. 功能描述

使用变换命令可以对已经存在的对象进行缩放、镜像、阵列和拟合等操作。

2. 变换对话框

【变换】对话框如图 3-136 所示。

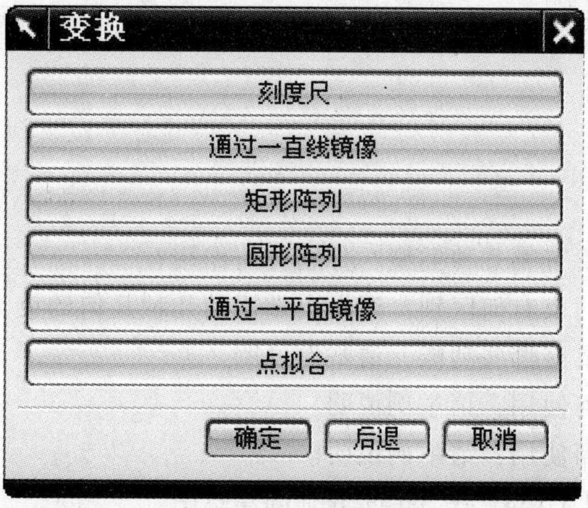

图 3-136　【变换】对话框

3. 变换对话框选项描述

变换对话框选项描述如表 3-6 所示。

表 3-6　变换对话框选项描述

选　项	描　述
刻度尺	按比例重设选中对象的大小
通过一直线镜像	在参考直线的另一侧创建对象的镜像图像
矩形阵列	以平行于 XC 轴和 YC 轴的行和列安排对象副本阵列。可以创建任意数量的副本
圆形阵列	以环形阵列排列对象副本。可以创建任何数目的副本
通过一平面镜像	使用指定的参考平面来创建一个对象的镜像图像
点拟合	可以缩放、重新定位以及修剪对象。将这些对象从一个引用集变换到目标点引用集

4. 功能要点

（1）变换的快捷键为 <Ctrl + T>。

（2）无论是单击对话框 OK 按钮还是单击鼠标中键 MB2 均不会退出对话框，需用单击 Cancel 按钮才能退出。

3.5 项目小结

1. 项目中引入圆盘模腔的零件图作为工作任务，让学生能看懂盘类零件的图样，并通过不同的建模思路对盘类零件建模，能让用户对 UG 的建模思路有更深的了解。

2. 项目中主要有两个重点，分别对应文中两种建模思路。重点一，是草图几何约束及尺寸约束的创建和运用。重点二，是空间基本曲线的创建。通常对于比较复杂的截面图形，我们往往先采用草图构建，较简单的图形有时常常采用空间基本曲线工具栏，具体采用的建模思路当然要视情况而定。通过圆盘模腔项目建模，能让用户接触到实体关联复制特征工具的使用，并能进一步巩固拉伸、回转等特征。

3. 知识技能点部分介绍了体素特征、布尔操作、草图几何约束、草图尺寸约束、空间基本曲线等相关知识或技能点，让用户能够在操作实例过程中带着问题学习这些知识点，提高学习 UG 软件的能力。

3.6 实战训练

1. 布尔操作运算主要有哪几种类型？分别有何作用？
2. 几何约束和尺寸约束有何区别？请举出常用的几种几何约束类型。
3. 基本曲线命令主要有哪些功能？请举例说明。
4. 移动对象命令如何使用？请举例说明。
5. 变换对象命令如何使用？请举例说明。
6. 根据图 3-137、图 3-138、图 3-139 分别创建草图。

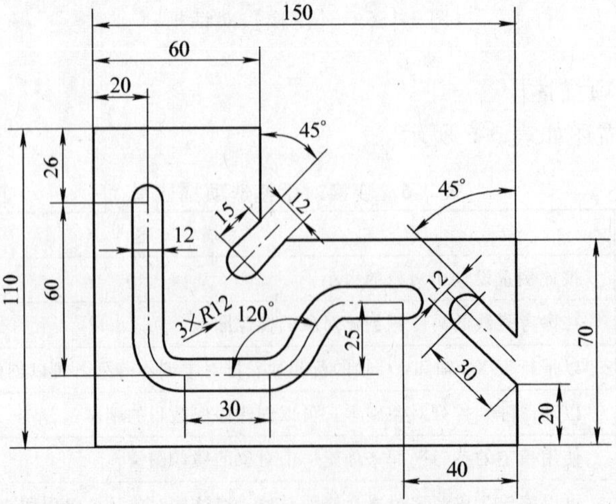

图 3-137　草图练习 1

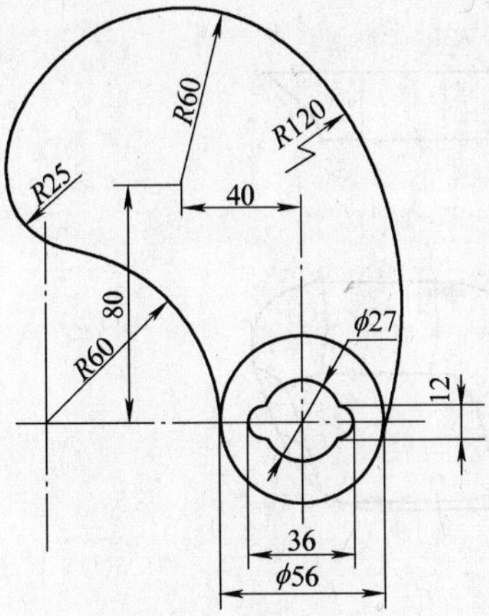

图 3-138　草图练习 2

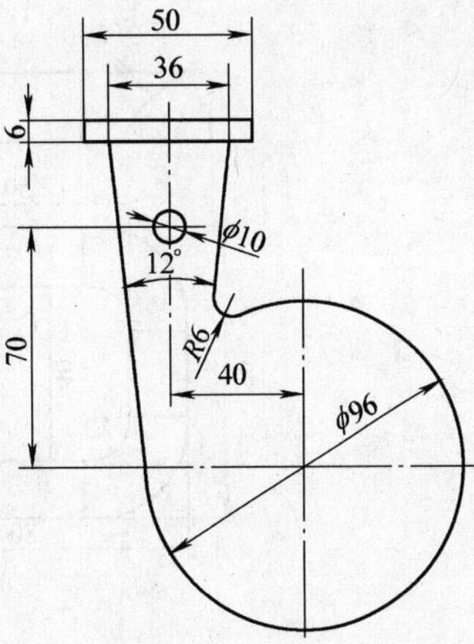

图 3-139　草图练习 3

7. 根据图 3-140，创建三维模型，并以 3_140. prt 为文件名保存。

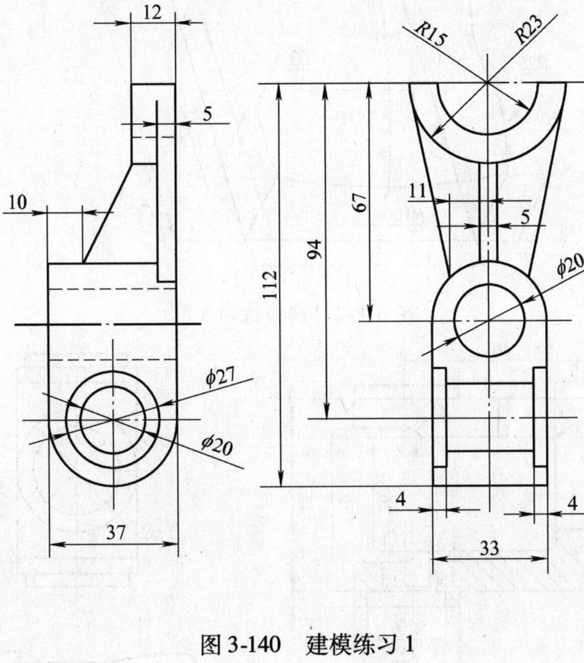

图 3-140　建模练习 1

8. 根据图 3-141、图 3-142，利用基本曲线功能创建三维线框模型，并分别以 3_141. prt 和 3_142. prt 为文件名保存。

9. 根据图 3-143，创建三维模型，并以 3_143. prt 为文件名保存。

10. 根据图 3-144，创建三维模型，并以 3_144. prt 为文件名保存。

11. 根据图 3-145，创建三维模型，并以 3_145. prt 为文件名保存。

12. 根据图 3-146，创建三维模型，并以 3_146. prt 为文件名保存。

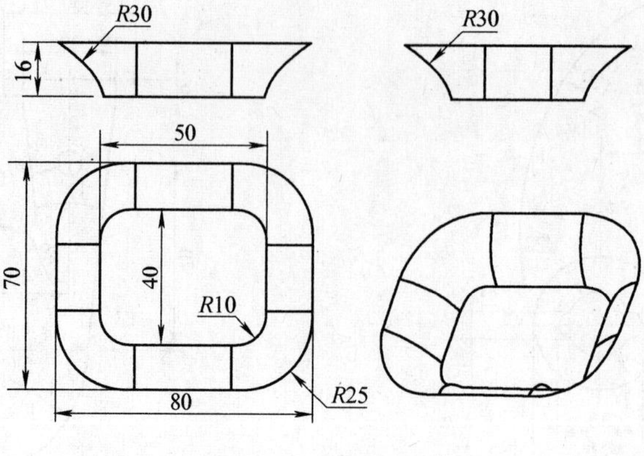

图 3-141　建模练习 2

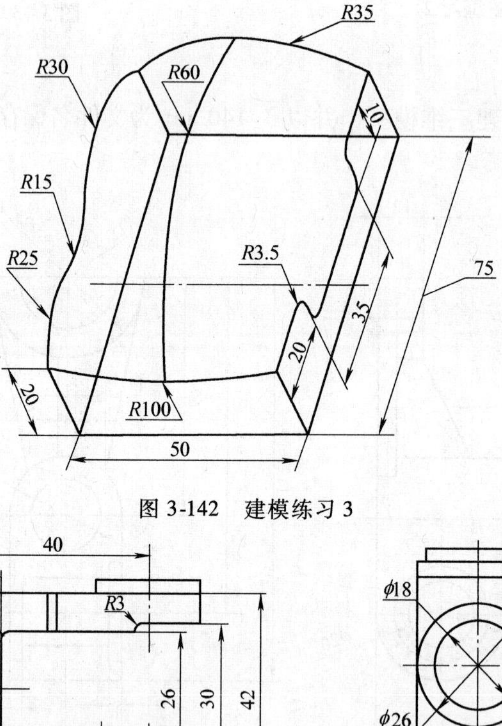

图 3-142　建模练习 3

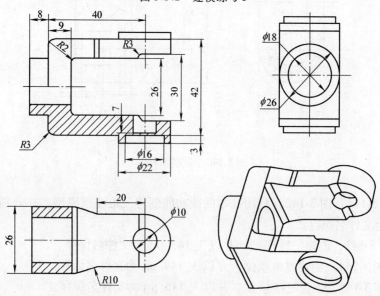

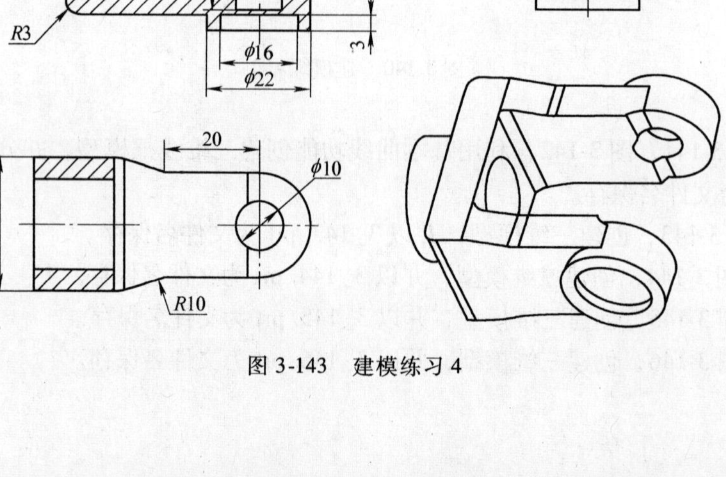

图 3-143　建模练习 4

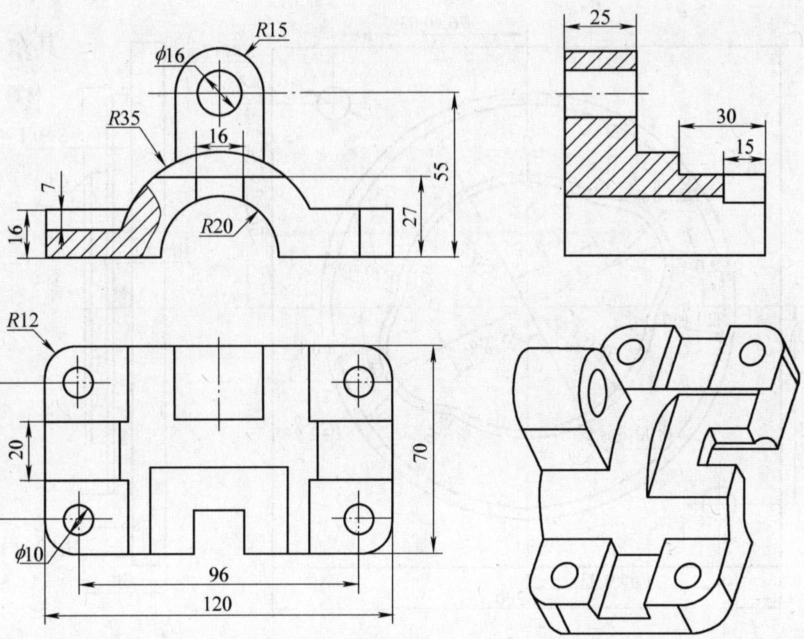

图 3-144　建模练习 5

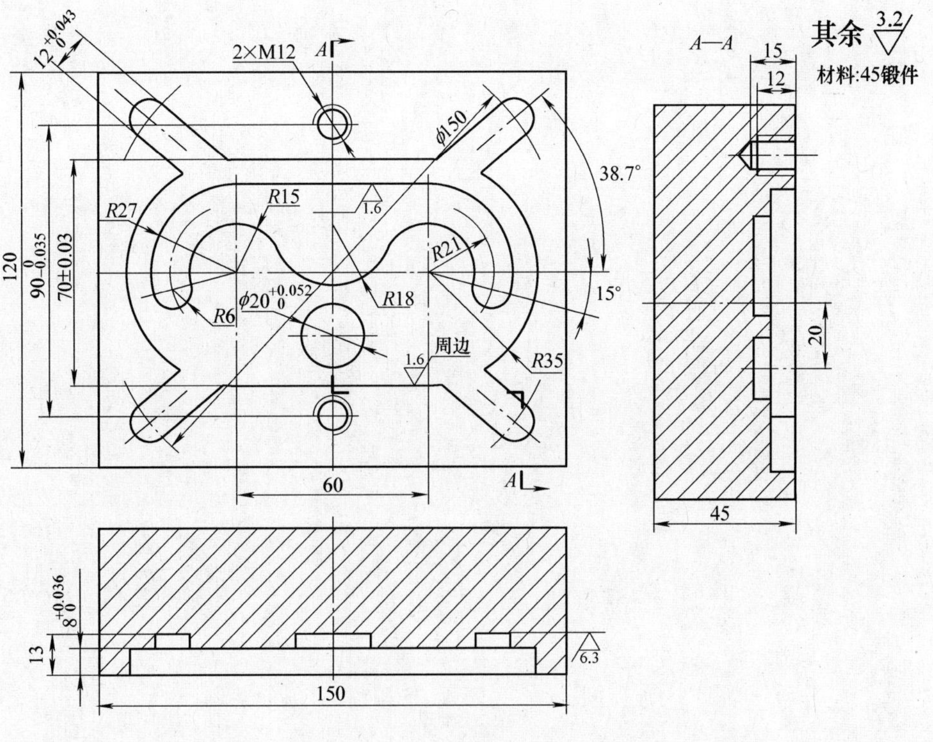

图 3-145　建模练习 6

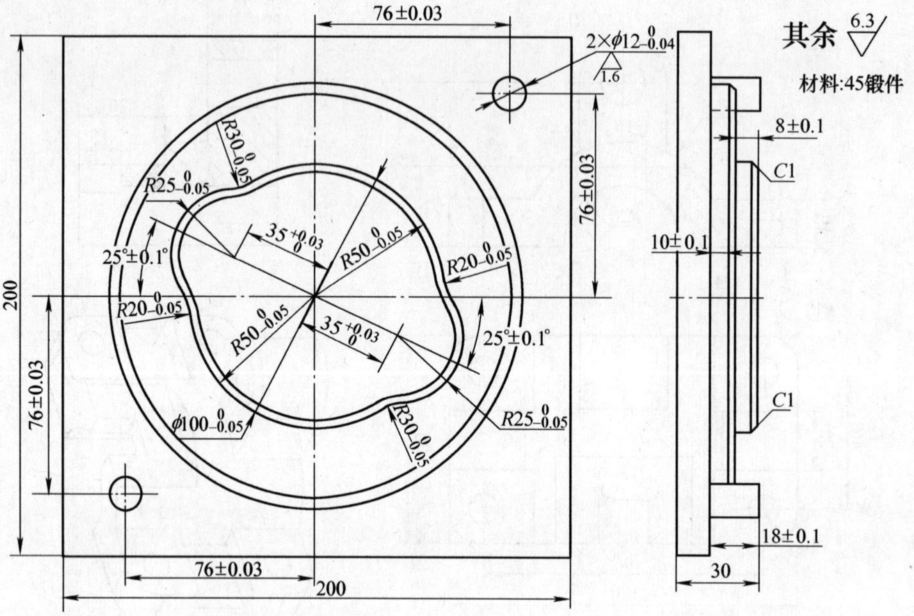
76±0.03
2×ϕ12-0.04 0
1.6
其余 6.3
材料:45锻件
8±0.1
C1
R30-0.05 0
R25-0.05 0
76±0.03
35+0.03 0
R50-0.05 0
10±0.1
25°±0.1°
R20-0.05 0
200
R20-0.05 0
R50-0.05 0
35+0.03 0
25°±0.1°
76±0.03
ϕ100-0.05 0
R30-0.05 0
R25-0.05 0
C1
18±0.1
76±0.03
200
30

图 3-146　建模练习 7

项目4　支架三维建模

项目摘要

本项目是完成一个支架零件的建模。通过读懂支架类零件图，进行支架类机械零件的三维建模。支架零件建模思路：运用拉伸命令创建支架主体圆管；通过草绘、拉伸等命令创建主体圆管一侧的固定板；同时运用特征镜像命令完成另一侧固定板的创建；创建与主体圆管相切且成45°的基准平面（重点）。通过完成该项目，可以巩固前面所学的创建草图、拉伸、旋转、布尔运算等重要命令的运用。

能力目标

- ◆ 能看懂支架类机械零件图。
- ◆ 能熟练运用创建草图、拉伸、旋转特征。
- ◆ 掌握基准平面、基准轴等参考特征的创建。
- ◆ 掌握镜像特征、矩形阵列、环形阵列等特征引用命令。
- ◆ 能灵活运用布尔运算知识。
- ◆ 掌握孔等成形特征命令的运用。

4.1　工作任务分析

支架零件图如图4-1所示。

从零件图分析可知：该零件由一个主体圆管、上下两端固定板及主体圆板上的前后两个固定架构成。综合分析支架零件创建思路与方法，确定最佳的建模思路，创建符合国家标准的机械零件。具体建模思路：

（1）运用拉伸命令创建支架主体圆管。

（2）通过草绘、拉伸命令创建主体圆管一侧的固定板，并运用特征镜像命令完成另一侧固定板的创建。

（3）创建与主体圆管相切且成45°的基准平面，运用拉伸及旋转的方法完成一侧固定架的创建。同样，运用特征镜像命令完成另一侧固定架的创建。

（4）运用孔、边圆角等成形特征，完成支架零件的全部创建。具体创建过程，见图4-2。

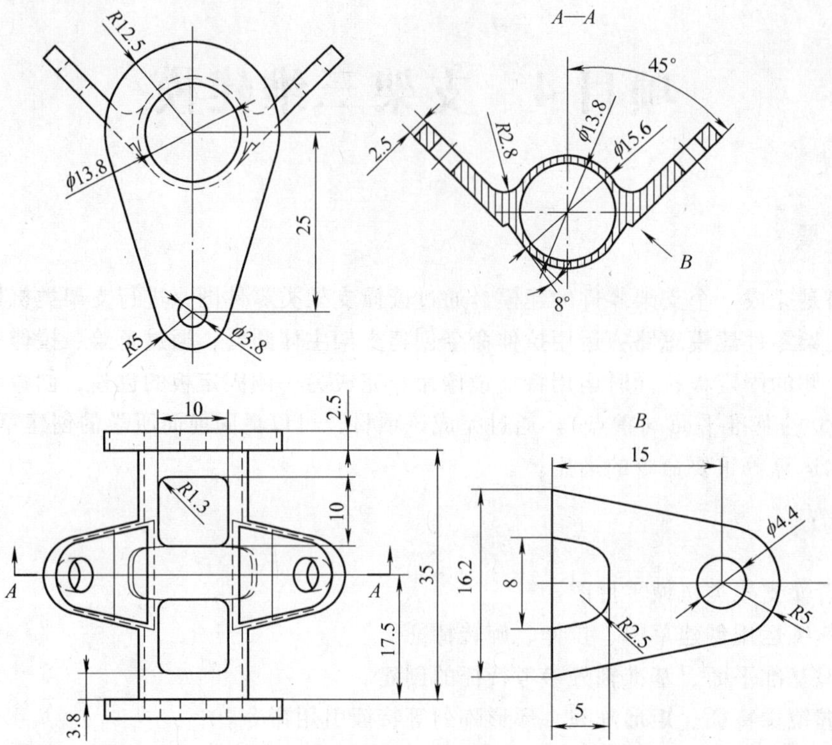

图 4-1　支架

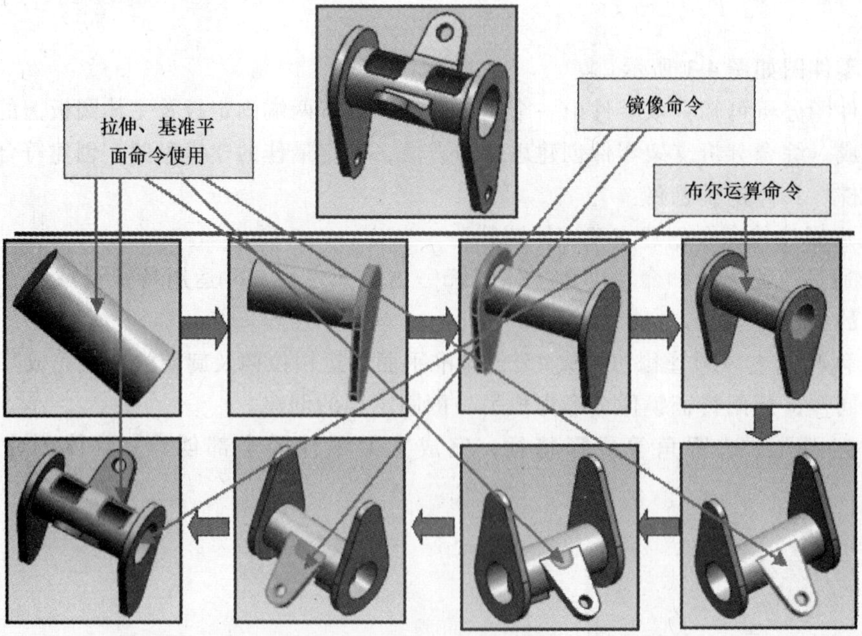

图 4-2　支架建模过程

4.2 支架零件三维建模

4.2.1 创建支架主体圆管

（1）新建图形文件 启动UG NX6，新建【模型】文件“ZhiJia. prt”，设置单位为【毫米】，单击【确定】按钮，进入【建模】模块。

（2）绘制草图 选择下拉菜单中的【插入】→【草图】命令，选择【XC-YC】平面作为草图平面，单击【确定】按钮，进入【草图】模块。绘制如图4-3所示的草图，单击【完成草图】按钮，退出【草图】模块。

（3）创建拉伸特征 选择下拉菜单中的【插入】→【设计特征】→【拉伸】命令，选择如图4-4所示的曲线作为截面曲线，并设置对称拉伸的【距离】为【17.5】，其余保持默认设置，单击【确定】按钮。

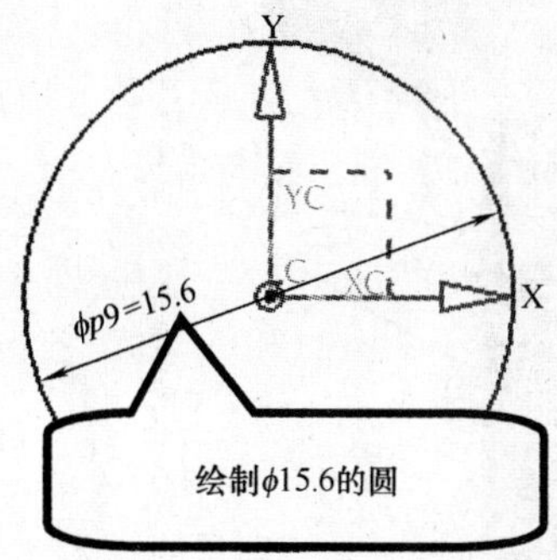

图4-3 绘制草图

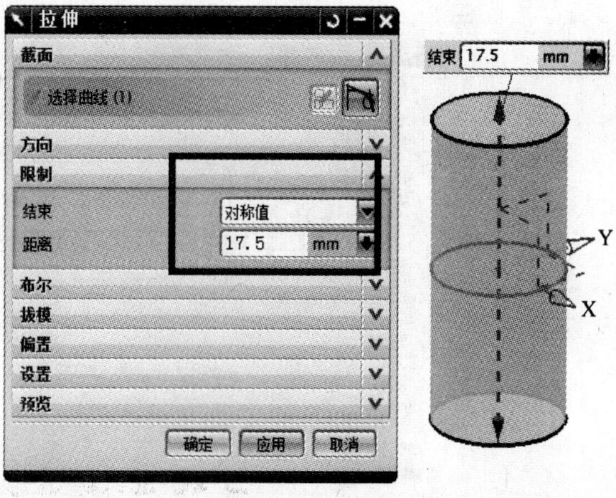

图4-4 创建拉伸特征

4.2.2 创建支架上下两侧固定板

（1）绘制草图 选择下拉菜单中的【插入】→【草图】命令，选择【XC-YC】平面作为草图平面，单击【确定】按钮，进入草图模块。绘制如图4-5所示的草图，单击【完成草图】按钮，退出草图模块。

（2）创建拉伸特征 选择下拉菜单中的【插入】→【设计特征】→【拉伸】命令，选择如图4-6所示的曲线作为【截面曲线】，并设置【开始距离】为【17.5】，【结束距离】为【20】，其余保持默认设置，单击【确定】按钮。

（3）创建镜像体 选择下拉菜单中的【插入】→【关联复制】→【镜像体】命令，选择步骤（2）创建的拉伸体（上侧固定板）为被镜像的体，选择基准坐标系的【XC-YC】平面作为【镜像平面】，如图4-7所示，单击【确定】按钮。

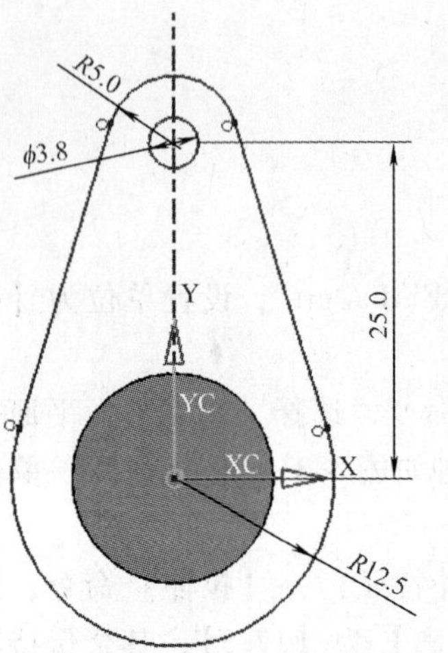

图 4-5　绘制草图

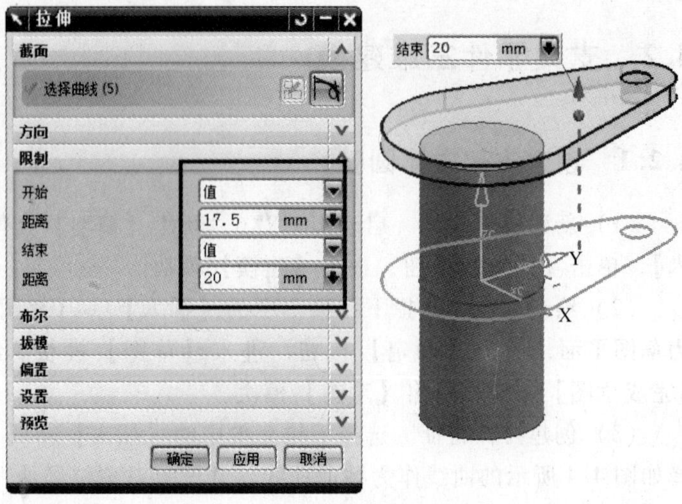

图 4-6　创建拉伸特征

图 4-7　创建镜像体

4.2.3　创建支架体前后两侧固定架

(1) 创建基准平面　隐藏草图曲线。选择下拉菜单中的【插入】→【基准/点】→【基准平面】命令，设置【类型】为【成一角度】，选择基准坐标系的【YC-ZC】平面作为【平面参考】，选择基准坐标系的 ZC 轴作为【通过轴】，输入角度为【45】，如图 4-8 所示，单击【确定】按钮。

(2) 绘制草图　选择下拉菜单中的【插入】→【草图】命令，选择步骤 (1) 所做基准平面作为草图平面，单击【确定】按钮，进入【草图】模块。绘制如图 4-9 所示的草图，单击【完成草图】按钮，退出草图模块。

(3) 创建拉伸特征　选择下拉菜单中的【插入】→【设计特征】→【拉伸】命令，选择如图 4-10 所示的曲线作为【截面曲线】，并设置【开始距离】为【5.3】，【结束距离】为【7.8】，其余保持默认设置，单击【确定】按钮。

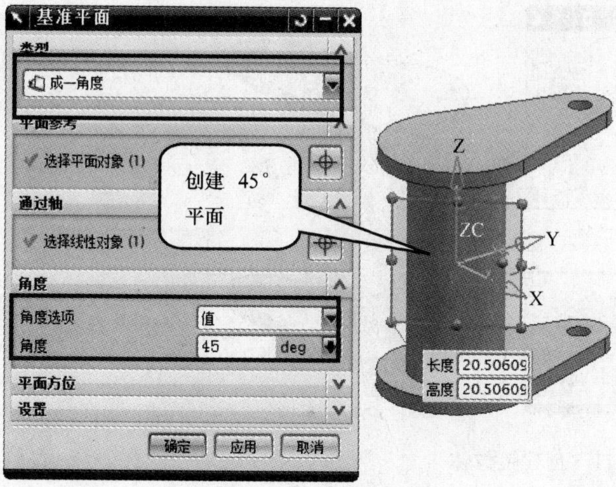

图 4-8　创建基准平面

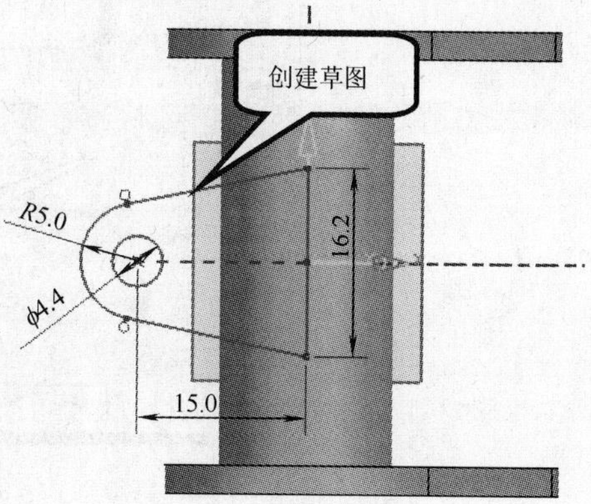

图 4-9　绘制草图

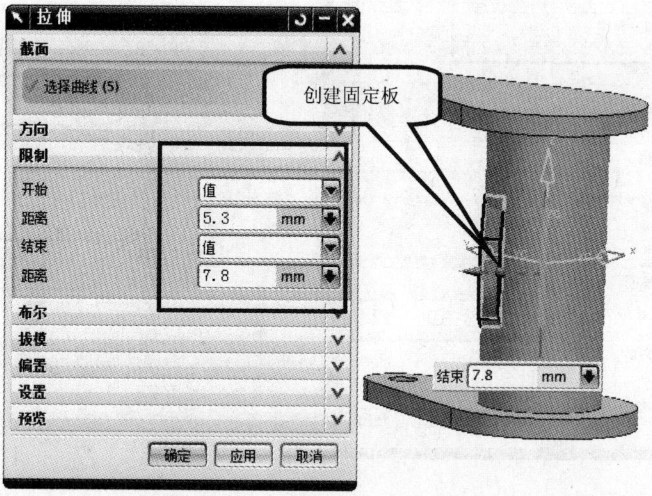

图 4-10　创建拉伸特征

（4）创建镜像体　隐藏草图曲线。选择下拉菜单中的【插入】→【关联复制】→【镜像体】命令，选择步骤（3）创建的拉伸体为被镜像的体，选择基准坐标系的 YC-ZC 平面作为【镜像平面】，如图 4-11 所示，单击【确定】按钮。

（5）布尔求和　选择已创建的 5 个实体，对其进行求和，使其成为一个整体。

（6）创建基准平面　选择下拉菜单中的【插入】→【基准/点】→【基准平面】命令，设置【类型】为【成一角度】，选择图 4-12 所示平面作为【平面参考】，选择图 4-12 所示边缘作为【通过轴】，输入【角度】为【-8】，单击【确定】按钮。

（7）绘制草图　选择下拉菜单中的【插入】→【草图】命令，选择步骤（6）所做基准平面作为草图平面，单击【确定】按钮，进入【草图】模块。绘制如图 4-13 所示的草图，单击【完成草图】按钮，退出草图模块。

（8）创建拉伸特征　选择下拉菜单中的【插入】→【设计特征】→【拉伸】命令，选

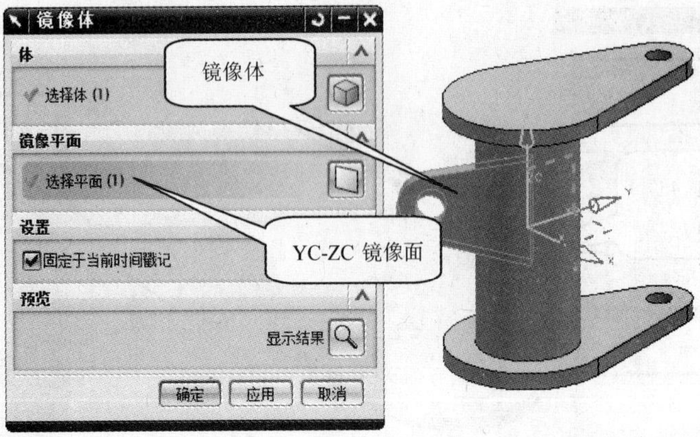

图 4-11 创建镜像体

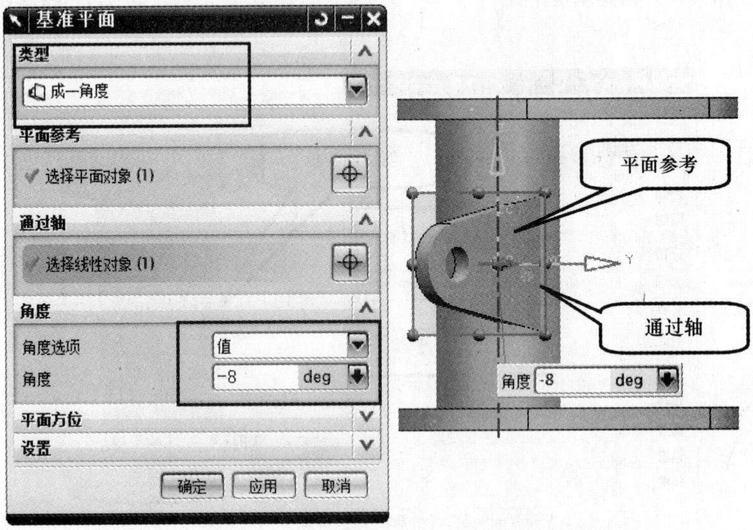

图 4-12 创建基准平面

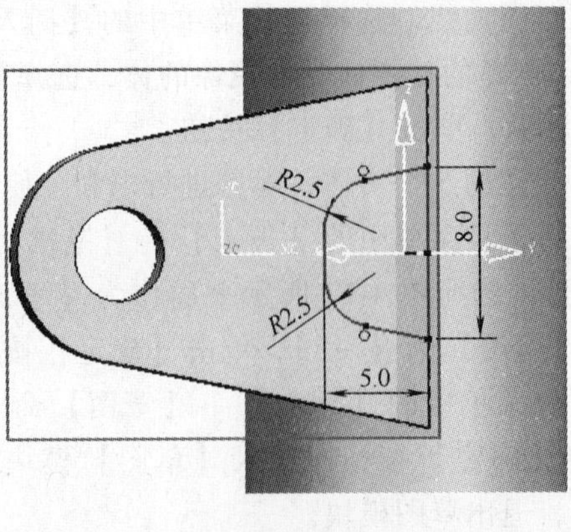

图 4-13 绘制草图

择如图4-14所示的曲线作为【截面曲线】，并设置【开始距离】为【0】，【结束距离】为【7.8】，布尔运算为【求差】，其余保持默认设置，单击【确定】按钮。

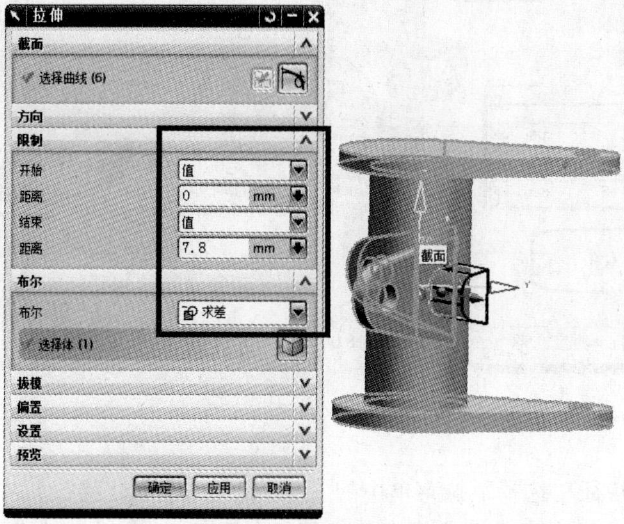

图4-14　创建拉伸特征

（9）创建镜像特征　隐藏草图曲线。选择下拉菜单中的【插入】→【关联复制】→【镜像特征】命令，选择步骤（8）创建的拉伸特征为被镜像的特征，选择基准坐标系的【YC-ZC】平面作为镜像平面，如图4-15所示，单击【确定】按钮。

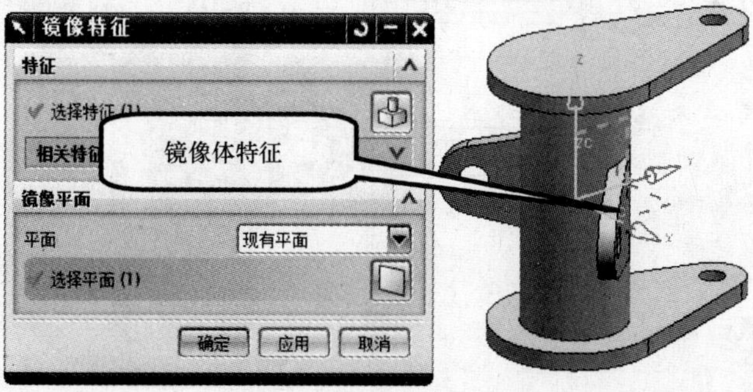

图4-15　创建镜像特征

4.2.4　支架孔及圆角创建

（1）创建简单孔特征　选择下拉菜单中的【插入】→【设计特征】→【NX5版本之前的孔】，设置如图4-16所示的简单孔参数，选择实体的上表面为简单孔的放置面，设置【定位方式】为【点到点】，选择圆弧的中心为参考点，单击【确定】按钮。

（2）绘制草图　选择下拉菜单中的【插入】→【草图】命令，选择XC-ZC平面作为草图平面，单击【确定】按钮，进入草图模块。绘制如图4-17所示的草图，单击【完成草图】按钮，退出草图模块。

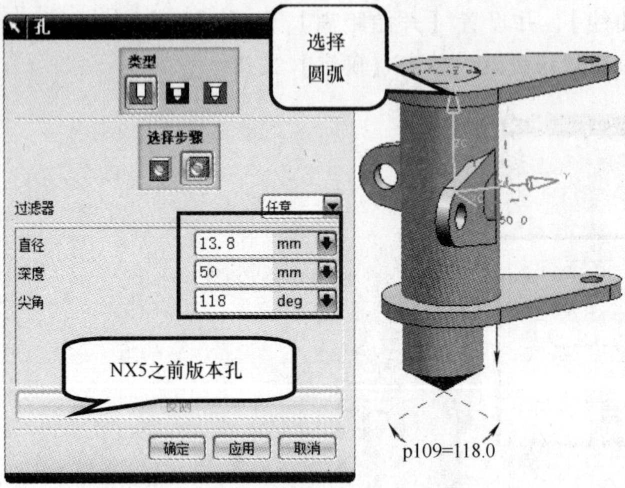

图 4-16　创建简单孔特征

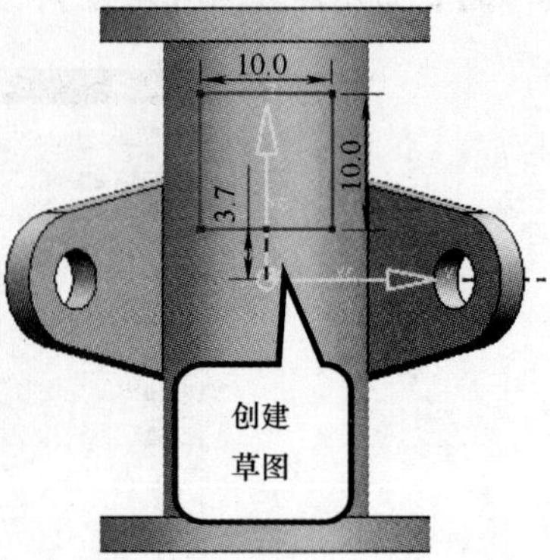

图 4-17　绘制草图

（3）创建拉伸特征　选择下拉菜单中的【插入】→【设计特征】→【拉伸】命令，选择如图 4-18 所示的曲线作为截面曲线，并设置开始距离为【0】，结束距离为【15】，布尔运算为【求差】，其余保持默认设置，单击【确定】按钮。

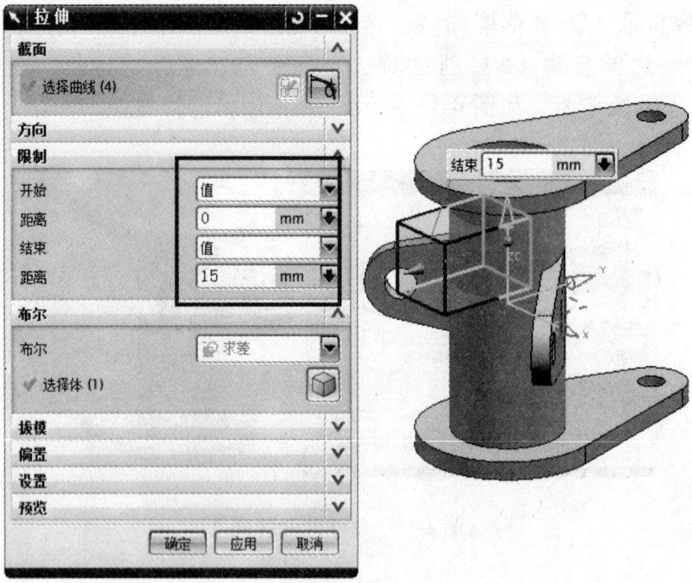

图 4-18　创建拉伸特征

（4）创建圆角特征　选择下拉菜单中的【插入】→【细节特征】→【边倒圆】命令，选择如图 4-19 所示的边，并输入【Radius 1】为【1.3】，单击【确定】按钮。

（5）创建镜像特征　通过按 <Ctrl + B> 快捷键，隐藏草图曲线。选择下拉菜单中的【插入】→【关联复制】→【镜像特征】命令，选择步骤（3）创建的拉伸特征及步骤（4）创建的圆角特征作为被镜像的特征，选择基准坐标系的 XC – YC 平面作为【镜像平面】，如图 4-20 所示，单击【确定】按钮。

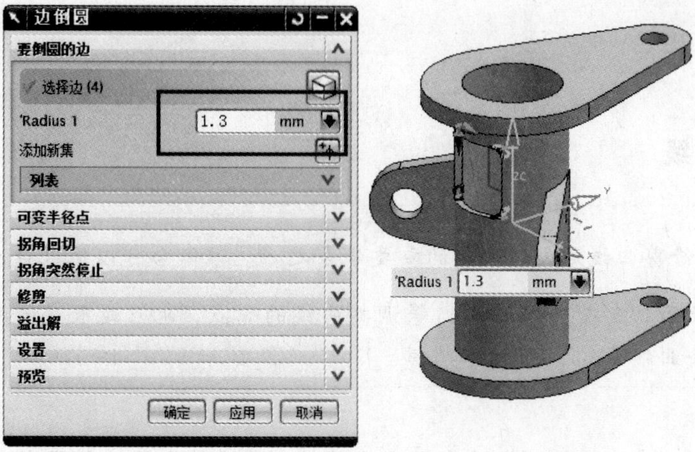

图 4-19　创建圆角特征

（6）创建圆角特征　选择下拉菜单中的【插入】→【细节特征】→【边倒圆】命令，选择如图 4-21 所示的边，并输入 Radius 1 为【2.8】，单击【确定】按钮。

（7）支架创建完成　支架创建的结果如图 4-22 所示。

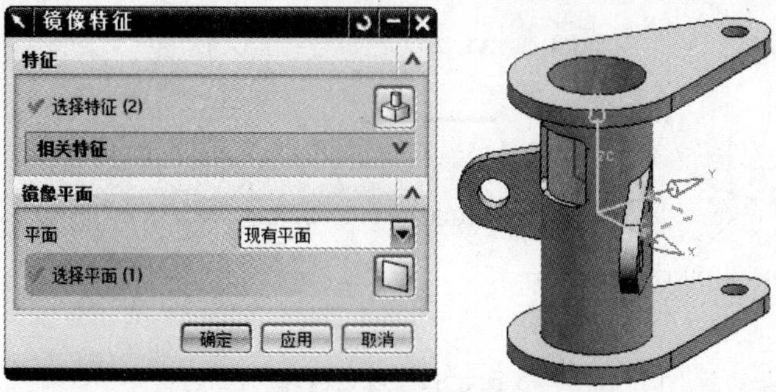

图 4-20　创建镜像特征

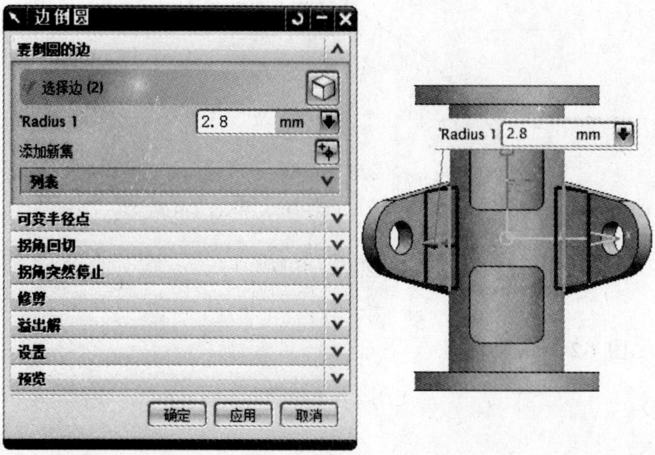

图 4-21　创建圆角特征

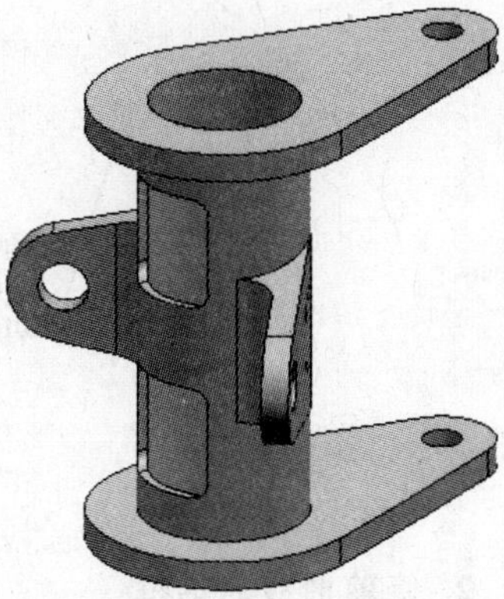

图 4-22　支架

4.3 知识技能点

4.3.1 修剪曲线

知识点： 修剪曲线是曲线编辑的重要命令之一。该命令可以通过边界对象（曲线、边缘、平面、表面、点或屏幕位置）等调整曲线的端点，也可延长或修剪直线、圆弧、二次曲线或样条曲线等。

1. 功能描述

使用修剪曲线命令可以根据选定用于修剪的边界实体和曲线分段来调整曲线的端点。可以修剪或延伸直线、圆弧、二次曲线或样条，图 4-23 所示为修剪曲线；图 4-24 所示为延伸曲线。

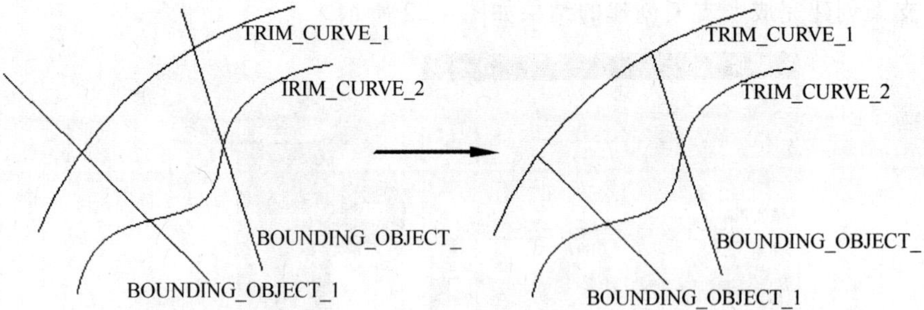

图 4-23　修剪曲线

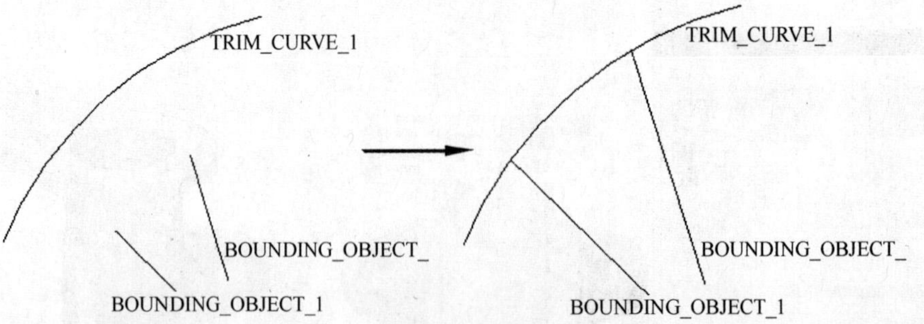

图 4-24　延伸曲线

2. 修剪曲线对话框

图 4-25 所示为【修剪曲线】对话框。

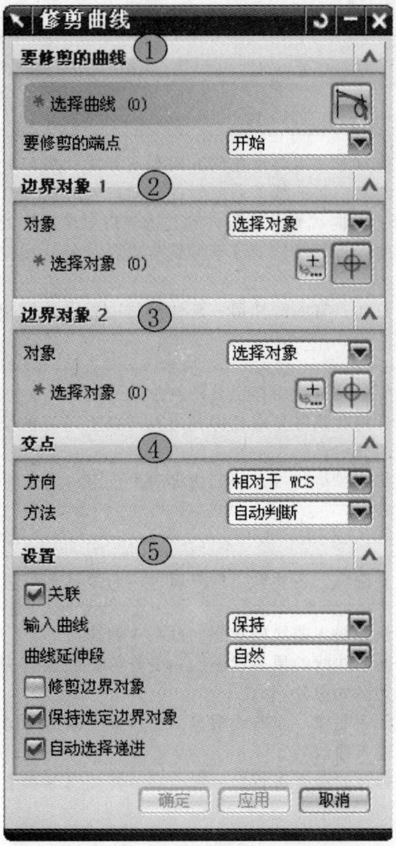

图 4-25　【修剪曲线】命令对话框

3. 修剪曲线对话框选项描述

修剪曲线对话框选项描述如表 4-1 所示。

表 4-1　修剪曲线对话框选项描述

选项	描　述
要修剪的曲线	
选择曲线	选择要修剪或延伸的一条或多条曲线
要修剪的端点	指定要修剪或延伸曲线的哪一端 起点：从曲线的起点向边界对象进行修剪或延伸 终点：从曲线的终点向边界对象进行修剪或延伸
边界对象 1	
对象	从图形窗口中选择对象作为第一个边界，相对于该对象修剪或延伸曲线。有【选择对象】和【指定平面】2 个选项
边界对象 2	
对象	这是可选步骤。选择方法和选项与【边界对象 1】相同 如果为第一个边界对象选中了【修剪边界对象】复选框，则同样会修剪第二个边界对象。可以为第二个边界对象设置独立的【要修剪的端点】选项

（续）

选项	描 述
	交 点
方向	指定软件查找对象交点时使用的方向确定方法。共有 4 个选项 最短的三维距离：将曲线修剪或延伸到与边界对象的相交处，并以三维尺寸标记最短距离 相对于 WCS：将曲线修剪或延伸到与边界对象的相交处，这些边界对象沿 ZC 方向投影 沿一矢量方向：将曲线修剪或延伸到与边界对象的相交处，这些边界对象沿选中矢量的方向投影 沿屏幕垂直方向：将曲线修剪或延伸到与边界对象的相交处，这些边界对象沿屏幕显示的垂直方向投影
方法	用于在选择了相交选项后指定自动判断的或用户定义方法 自动判断的：将曲线修剪或延伸到边界对象上最近的交点。如果选择了一个边界对象，则所修剪曲线上的选定点将决定要使用的交点 用户定义：将曲线修剪或延伸到边界对象上用户定义的交点
	设 置
关联	如果选择此复选框，则使输出的修剪过的曲线具有关联性
输入曲线	指定修剪操作后输入曲线的状态。共有 4 种选项 保持：保持输入曲线的原始状态，不受修剪曲线操作影响。新曲线根据修剪操作的输出而创建并被添加为新的对象 隐藏：隐藏输入曲线。新曲线根据修剪操作的输出而创建并被添加为新的对象 删除：移除输入曲线 替换：用修剪过的曲线进行替换或交换。使用【替换】时，原始曲线的子特征成为已修剪曲线的子特征
曲线延伸段	指定如何延伸所选曲线。共有 4 个选项 自然：将曲线从其端点沿其自然路径延伸 线性：将曲线从任一端点延伸到边界对象，曲线的延伸部分为线性的 圆形：将曲线从其端点延伸到边界对象，曲线的延伸部分为圆形 无：对任意类型的曲线都不执行延伸
修剪边界对象	如果选择此复选框，在修剪的同时，自动对边界对象进行修剪或延长
保持选定边界对象	如果选择此复选框，可以利用一次指定的边界对象完成对多个曲线对象的修剪。但是在需要重新设定边界时，需取消选择此选项
自动选择递进	如果选择该复选框，选择步骤自动进入下一步；取消选择时，需要单击鼠标中键才能进入下一步

4.3.2 修剪拐角

知识点：修剪拐角是曲线编辑的重要命令之一。修剪拐角用于两不平行曲线在其交点形成的拐角。

单击【曲线编辑】工具条上的【修剪拐角】按钮。移动鼠标使选择球同时选中欲修剪的两曲线，且选择球中心位于欲修剪的角部位，单击鼠标左键，则两曲线的选中拐角被剪。如图 4-26 所示。

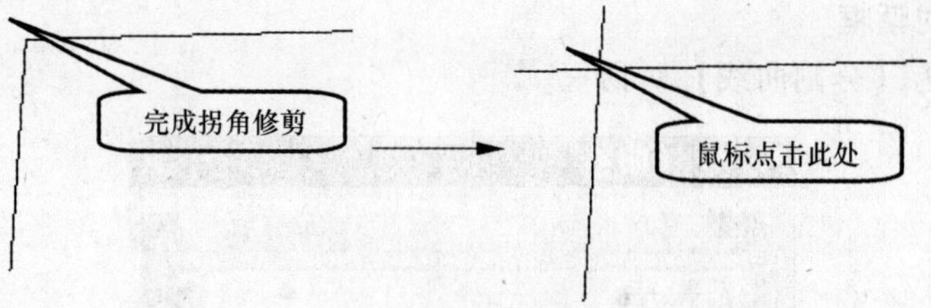

图 4-26 修剪拐角

操作技巧：修剪拐角命令应用技巧

技巧：修剪拐角，根据光标位置不同，修剪结果也不一样

使用【修剪拐角】命令时，要单击曲线交点处（交点要落在选择球之内）。根据光标位置不同，修剪结果也不一样，如图 4-27 所示。

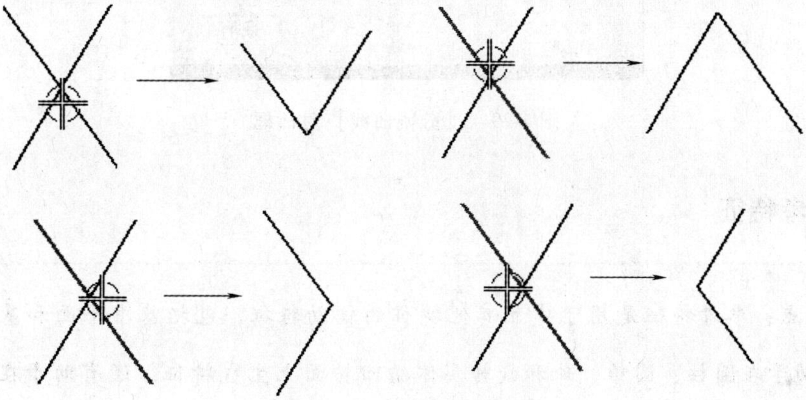

图 4-27 修剪拐角技巧

4.3.3 分割曲线

知识点：分割曲线用于将曲线按照一定的方法分成若干份，分割后，每段曲线都是独立的。

1. 分割曲线

单击【曲线编辑】工具条上的【分割曲线】按钮。使用分割曲线命令可将曲线分割为一连串同样的分段（线到线、圆弧到圆弧）。所创建的每个分段都是单独的实体，并且与原始曲线使用相同的线型，如图 4-28 所示。

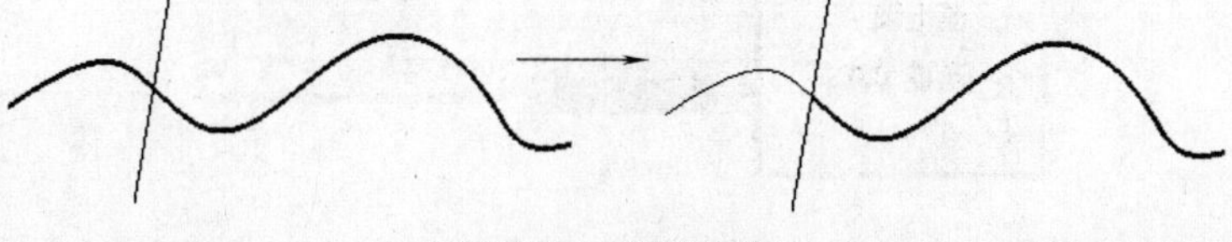

图 4-28 分割曲线

2. 分割曲线对话框

图 4-29 所示为【分割曲线】对话框。

图 4-29 【分割曲线】对话框

4.3.4 参考特征

知识点： 参考特征是用于建立其他特征的辅助特征，包括基准平面和基准轴。基准平面有助于在圆柱、圆锥、球和旋转实体的回转面上生成特征，还有助于在目标实体面的非法线角度上生成特征。基准轴可用于生成基准面、旋转特征、拉伸体等。基准轴可以相对于另一个对象，也可以是固定的（即不参考其他几何对象，也不受其他几何对象的限制）。

1. 基准平面

（1）基准平面是创建其他几何体的辅助平面。

（2）单击【特征操作】工具条中的【基准平面】命令，如图 4-30 所示，即可调用【基准平面】工具。基准平面与平面的创建方法基本相同，其区别主要在于【基准平面】工具创建的平面是作为特征处理的，每创建一个基准平面，在【部件导航器】中都会增加一个相应的节点。基准平面类型及功能如图 4-31 所示。

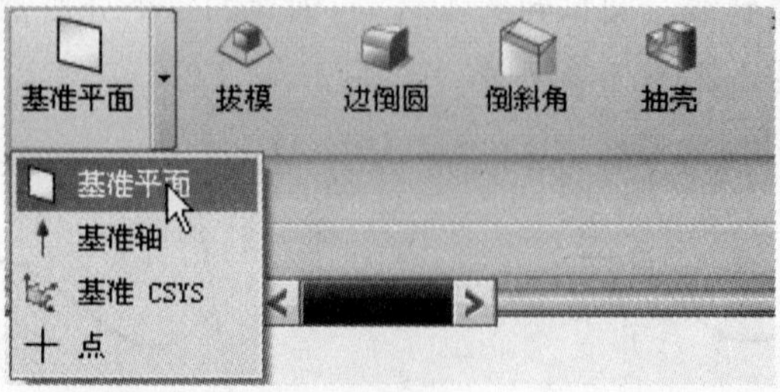

图 4-30 基准平面

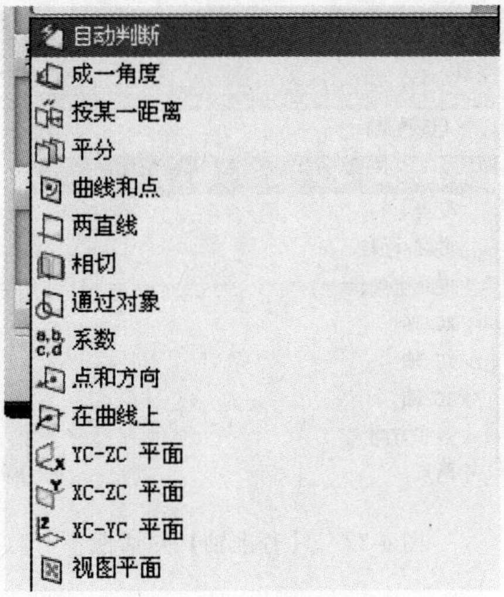

图 4-31　基准平面类型

（3）基准平面创建类型功能如表 4-2 所示。

表 4-2　基准平面创建类型功能

创建类型	功　能
自动判断	根据系统针对所选对象的自动推断创建基准面
成一角度	创建与指定平面/基准平面成一定角度的基准平面
按某一距离	通过指定与选定平面/基准平面的偏置距离创建基准平面
平分	创建位于两个平面/基准平面中间的基准平面
曲线和点	根据指定的曲线、点等对象创建基准平面
两直线	根据选择的两条直线创建基准平面
点和方向	根据指定的点和方向创建基准平面
在曲线上	根据指定的曲线上的点创建基准面
相切	创建与曲面相切的基准平面
通过对象	根据选择的对象平面创建基准平面

2. 基准轴

（1）选择菜单【插入】→【基准/点】→【基准轴】命令，或单击【成形特征】工具栏中的【基准轴】按钮，打开【基准轴】对话框，如图 4-32 所示。利用该对话框可根据需要选择不同的对象创建基准平面。

（2）基准轴创建功能，见表 4-3。

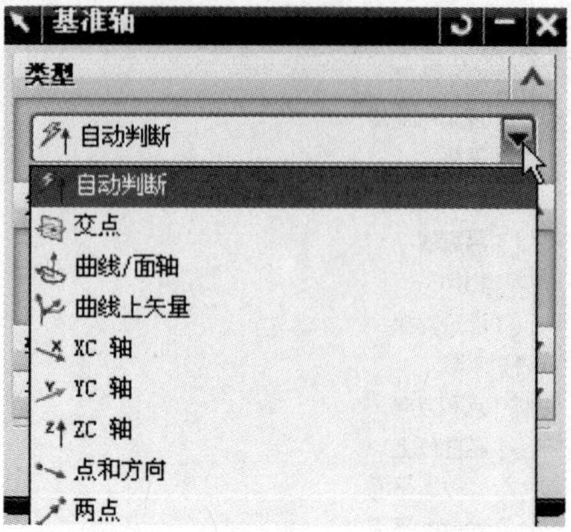

图 4-32　【基准轴】对话框

表 4-3　基准轴创建功能描述

创建类型	功　能
自动判断	根据系统的自动推断创建基准轴
点和方向	根据指定的点和方向创建基准轴
两点	根据指定的两个点创建基准轴
曲线上矢量	根据指定的曲线上的点创建基准轴
交点	根据两个平面相交线创建基准轴
曲线/面轴	根据指定的直线或面创建基准轴

4.3.5　实例特征

知识点： 实例是与形状链接的特征，类似于副本。可以创建特征和特征集（已使用特征分组命令组成组的特征）的实例。因为一个特征的所有实例是相关的，可以编辑特征的参数，则那些更改将反映到特征的每个实例上。使用实例特征可以根据现有特征创建实例特征阵列。

1. 实例特征简介

（1）实例特征有三种实例操作：矩形阵列、圆形阵列和图样面。

（2）【实例】对话框如图 4-33 所示。

图 4-33　【实例】对话框

2. 矩形阵列

将指定的特征平行于 XC 轴和 YC 轴复制成二维或一维的矩形阵列，如图 4-34 所示。

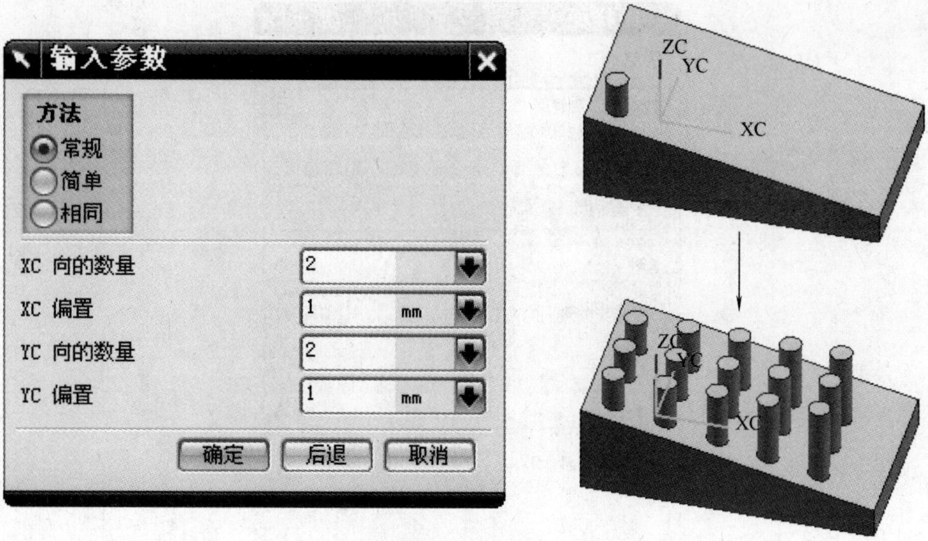

图 4-34　设置矩形阵列参数

3. 圆形阵列

将指定的特征绕指定轴线复制成圆形阵列，如图 4-35 所示。

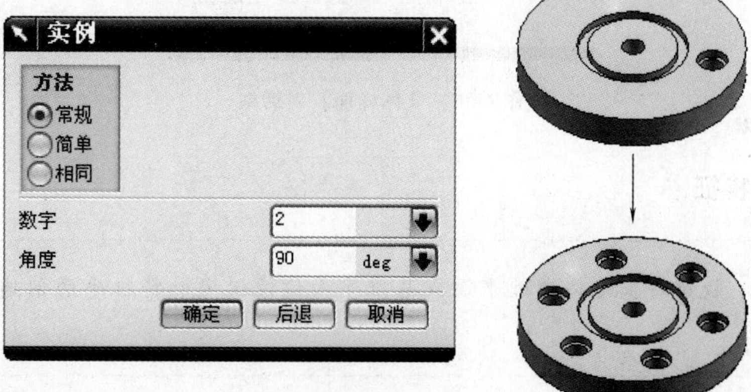

图 4-35　圆形阵列

4. 图样面

对面对象进行阵列和镜像，建立面集的副本，如图 4-36 所示。图样面共有矩形图样、圆形图样、反射三种类型。

操作技巧：实例特征命令应用技巧

技巧：实例特征应用条件

（1）实例化的特征必须位于目标体内。

（2）如果正在实例化目标体本身，则在创建实例时，每个实例必须相交。

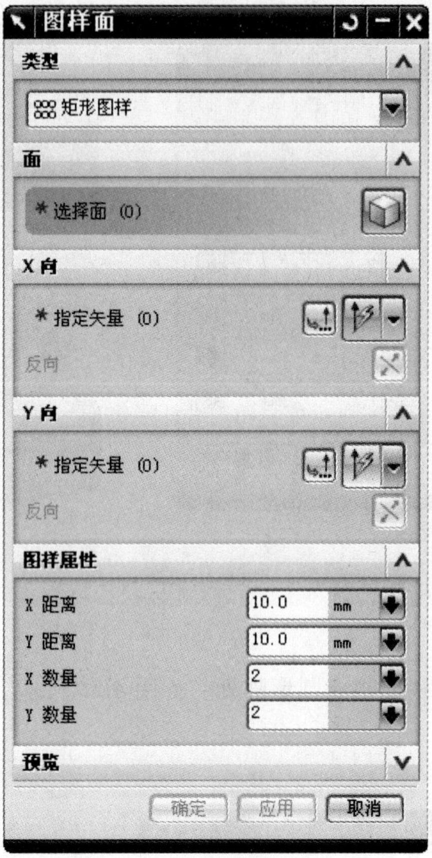

图 4-36 【图样面】对话框

4.3.6 镜像特征

知识点：镜像特征是指通过平面或基准平面镜像选定的特征平面创建对称的实体模型。

1. 功能描述

单击【特征操作】工具条上的【镜像特征】按钮。使用【镜像特征】可以用通过基准平面或平面镜像选定特征的方法来创建对称的模型，如图 4-37 所示。

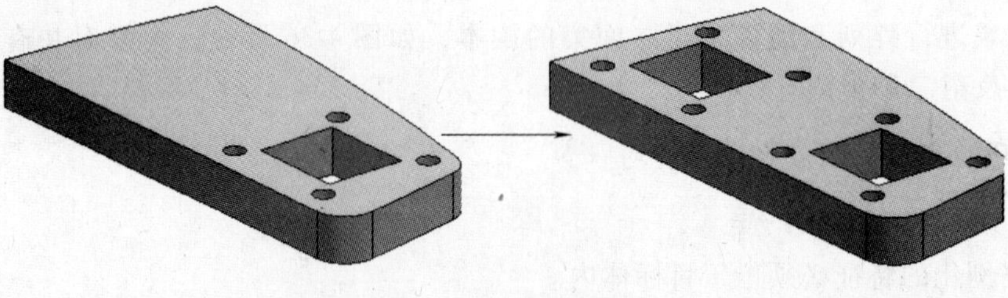

图 4-37 镜像特征

2. 镜像特征对话框

【镜像特征】对话框如图 4-38 所示。

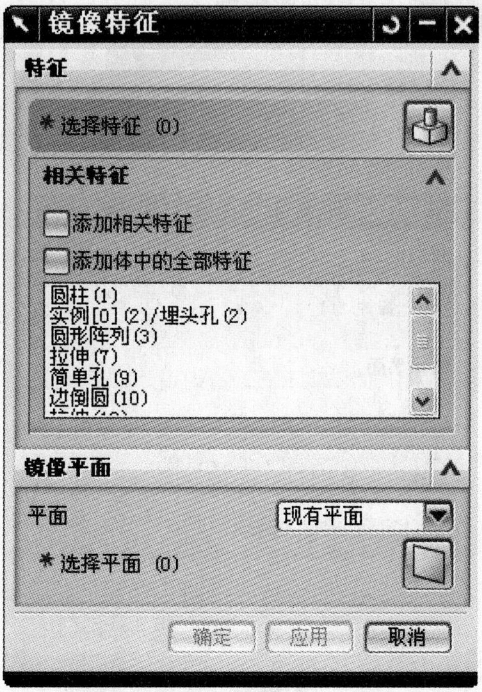

图 4-38　【镜像特征】对话框

3. 镜像特征对话框选项

镜像特征对话框选项描述如表 4-4 所示。

表 4-4　镜像特征对话框选项描述

选项	描　述
选择特征	允许指定部件中要镜像的特征
相关特征	添加相关特征：包括所选特征的相关特征 添加体中的全部特征：包括所选特征的原体上的所有特征 候选特征：显示部件中可以镜像的合格特征列表
镜像平面	现有的平面：允许选择现有的平面 新平面：允许定义新平面

4.3.7　镜像体

1. 功能描述

使用镜像体可以用基准平面镜像部件中的整个体，如图 4-39 所示。

2. 镜像体对话框

【镜像体】对话框如图 4-40 所示。

3. 镜像体对话框选项

镜像体对话框选项描述如表 4-5 所示。

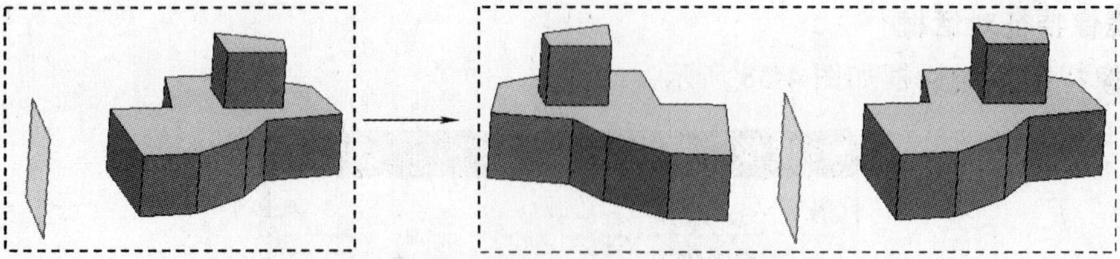

图 4-39　镜像体特征

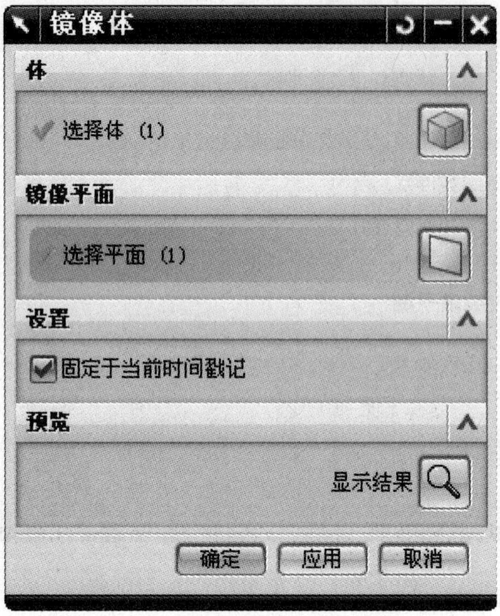

图 4-40　【镜像体】对话框

表 4-5　镜像体对话框选项描述

选项	描　述
体	允许选择部件中要镜像的体
镜像平面	允许选择要镜像体的基准平面。会跨该平面镜像选择的体
固定于当前时间戳记	在镜像体上固定时间戳记 选择此复选框时，镜像体就会在历史记录中具有固定位置，在时间戳记后对原体进行的更改不会反映在镜像体中 未选择此复选框时，镜像体就会在历史记录中更改位置，所以对原体进行的更改会反映在镜像体中

操作技巧：镜像体和镜像特征应用技巧

技巧1：镜像体、原体和基准平面之间的关系

（1）如果在原体中修改特征的任何参数，这种更改将反映在镜像体中。

（2）如果修改相关基准平面的参数，则镜像体将相应地更新。

（3）如果删除原先的体或基准平面，则也会同时删除镜像体。

（4）如果移动原先的体，则镜像体也会移动。

（5）可以使用求和选项将原体和镜像体结合，来创建对称模型。

技巧2：镜像体和镜像特征的区别

创建镜像特征时，允许定义新的平面，但是镜像体不可以，只能在创建镜像体之前先定义好基准平面。

4.3.8　孔特征

知识点：通过孔命令可以在部件或装配中添加常规孔、钻形孔、螺钉间隙孔、螺纹孔及孔系列。

1. 常规孔

常规孔可以是不通孔、通孔、直至选定对象或直至下一个面，如图 4-41 所示。

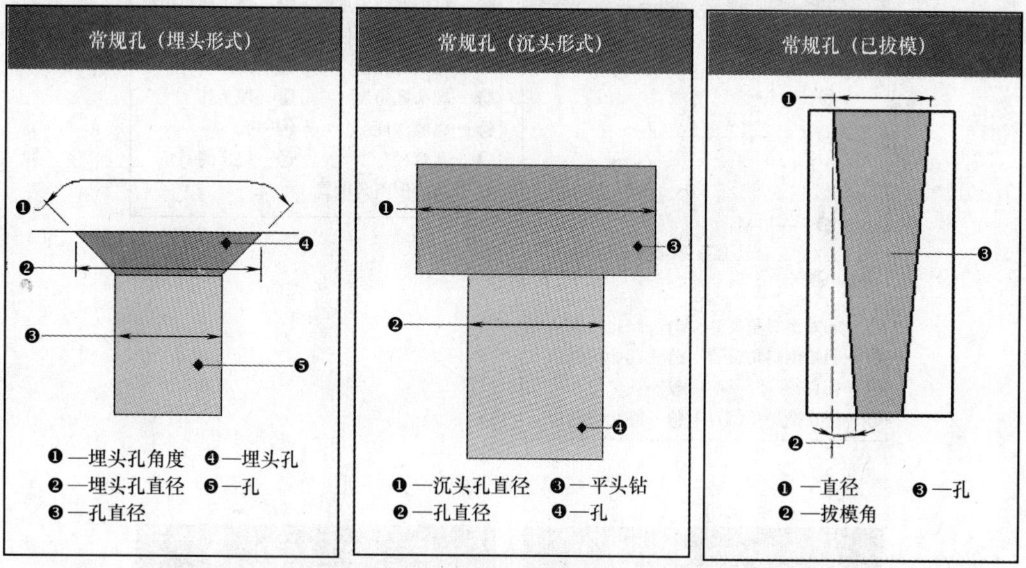

图 4-41　常规孔

2. 钻形孔

使用 ANSI 或 ISO 标准创建简单钻形孔特征。

3. 螺钉间隙孔

螺钉的间隙孔是为具体应用而设计的，如图 4-42 所示。

4. 螺纹孔

创建螺纹孔，其尺寸标注由标准、螺纹尺寸和径向进刀定义。图 4-43 所示为螺纹孔类型。

5. 孔系列

创建起始、中间和结束孔尺寸一致的多形状、多目标的对齐孔，如图 4-44 所示。使用此命令创建孔时，必须指定起始体，中间体和结束体可以不指定。可以指定多个中间体。

操作技巧：孔命令与 NX5 版本之前孔应用技巧

技巧：孔命令与“NX5 版本之前的孔”的区别

（1）在非平面的面上创建孔。

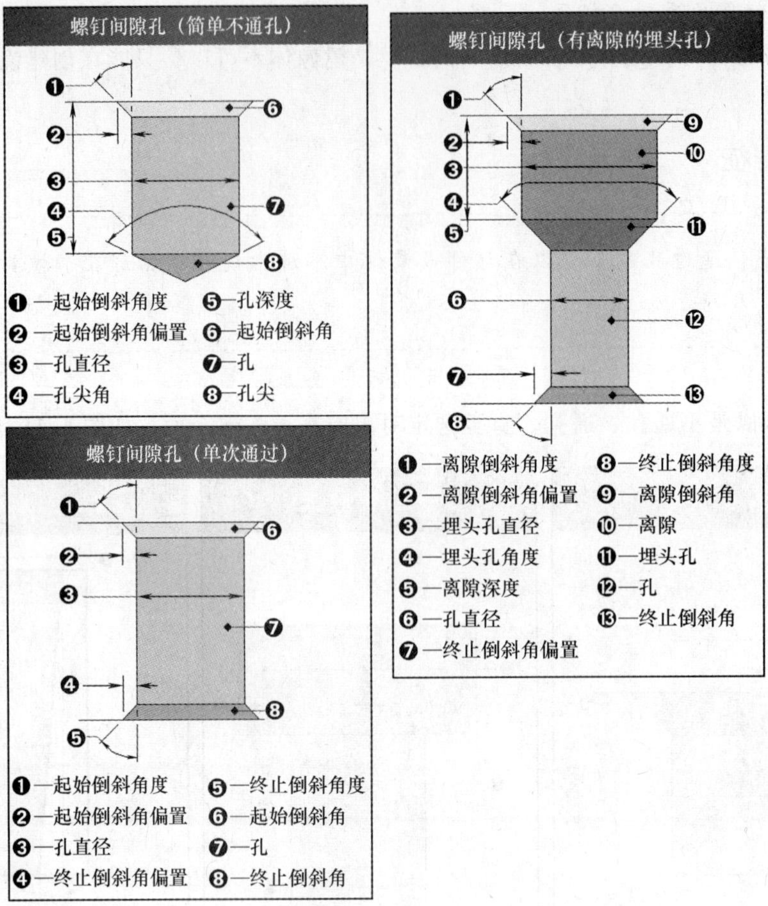

图 4-42　螺钉间隙孔

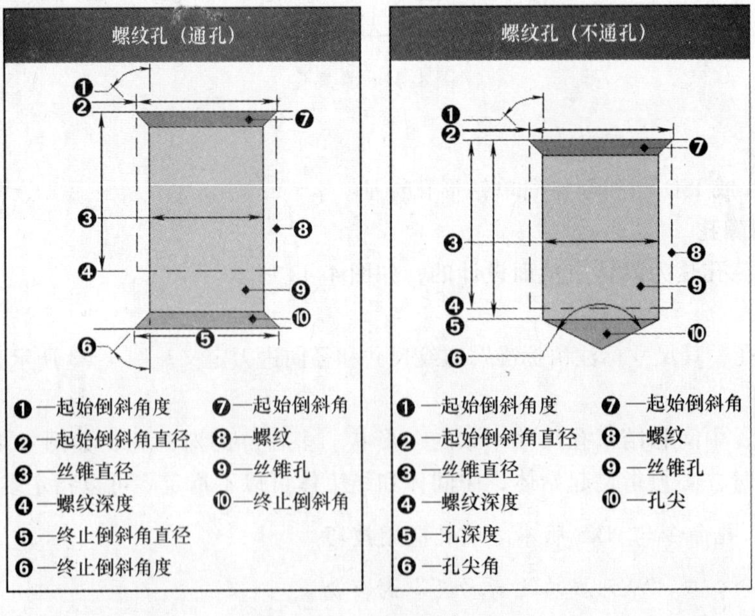

图 4-43　螺纹孔

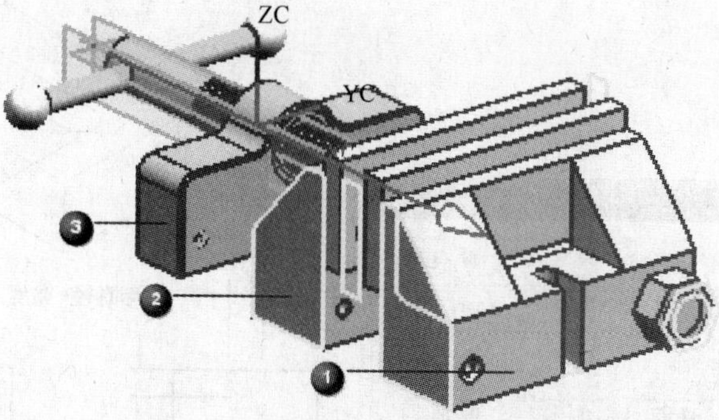

图 4-44　孔系列

1—起始体　2—中间体　3—结束体

（2）通过指定多个放置点，在单个特征中创建多个孔。

（3）使用草图生成器来指定孔特征的位置。也可以使用【捕捉点】和【选择意图】选项帮助选择现有的点或特征点。

（4）通过使用格式化的数据表为螺钉间隙孔、钻形孔和螺纹孔类型创建孔特征。

（5）使用如 ANSI、ISO、DIN、JIS 等标准。

（6）可选择将起始、结束或退刀槽倒斜角添加到孔特征上。

4.3.9　键槽

1. 键槽定义

键槽指创建一个直槽的通道穿透实体或通到实体内。在当前目标实体上自动执行求差操作。所有槽类型的深度值按垂直于平面放置面的方向测量。

2. 键槽命令对话框

【键槽】对话框如图 4-45 所示。

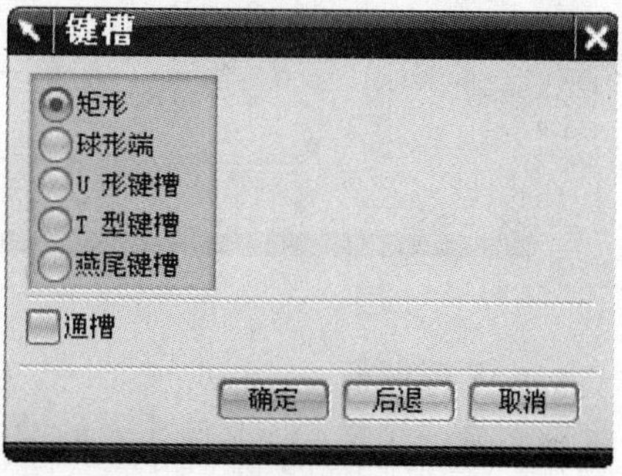

图 4-45　【键槽】对话框

3. 矩形键槽

沿着底边创建有锐边的键槽，如图 4-46 所示。

4. 球形键槽

创建保留有完整半径的底部和拐角的键槽，如图 4-47 所示。球形键槽的槽宽等于球直径。

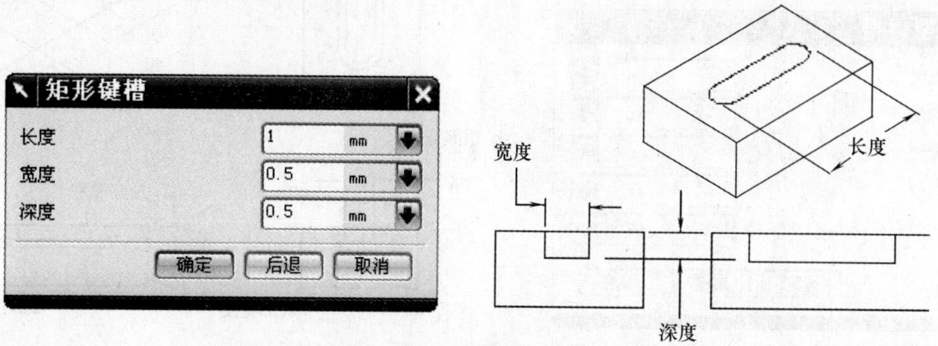

图 4-46　矩形键槽参数设置

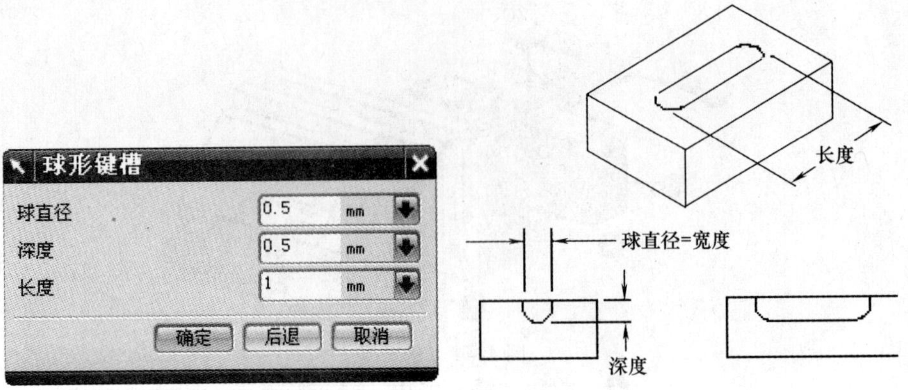

图 4-47 球形键槽

5. U 形键槽

创建有整圆的拐角和底部半径的键槽，U 形键槽参数如图 4-48 所示。槽深值必须大于拐角半径。

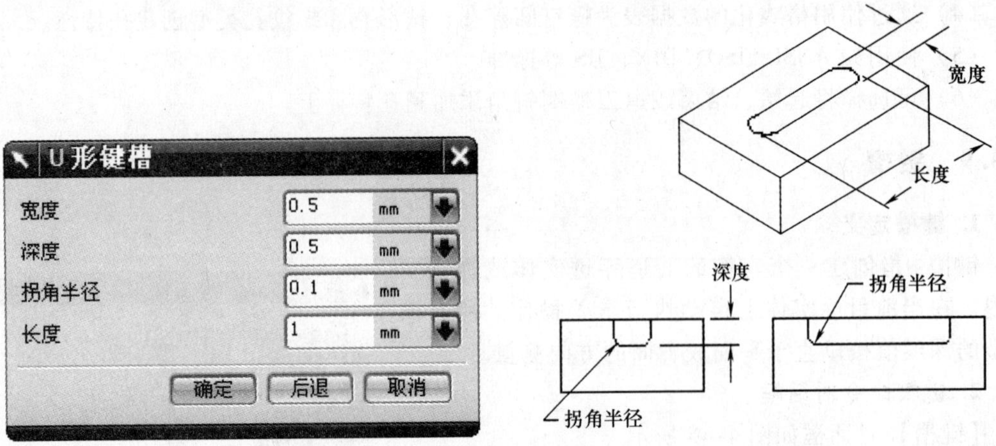

图 4-48 U 形键槽

6. T 形键槽

创建一个横截面是倒 T 形的键槽，T 形键槽参数如图 4-49 所示。

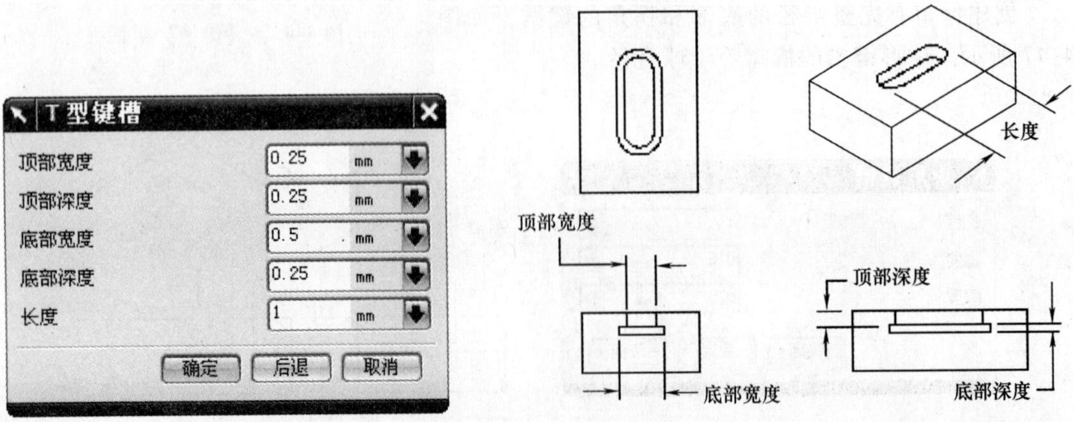

图 4-49 T 形键槽

7. 燕尾键槽

创建燕尾槽型的键槽。这类键槽有尖角和斜壁，如图 4-50 所示。

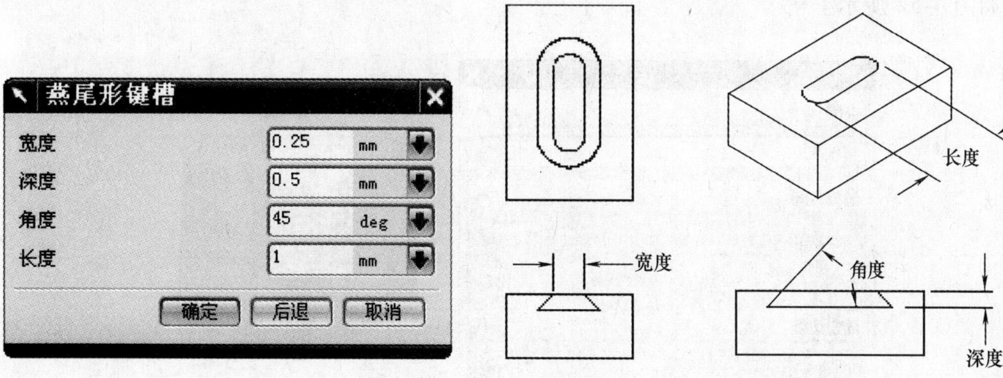

图 4-50　燕尾键槽

4.3.10　拔模

知识点：使用拔模可以从指定的固定对象开始对一个部件上的一组或多组面应用斜率。拔模主要有四种类型：1. 从平面；2. 从边；3. 与多个面相切；4. 至分型边

1. 从平面

从固定平面开始，与拔模方向成一定的拔模角度，对指定的实体进行拔模操作，如图 4-51 所示。

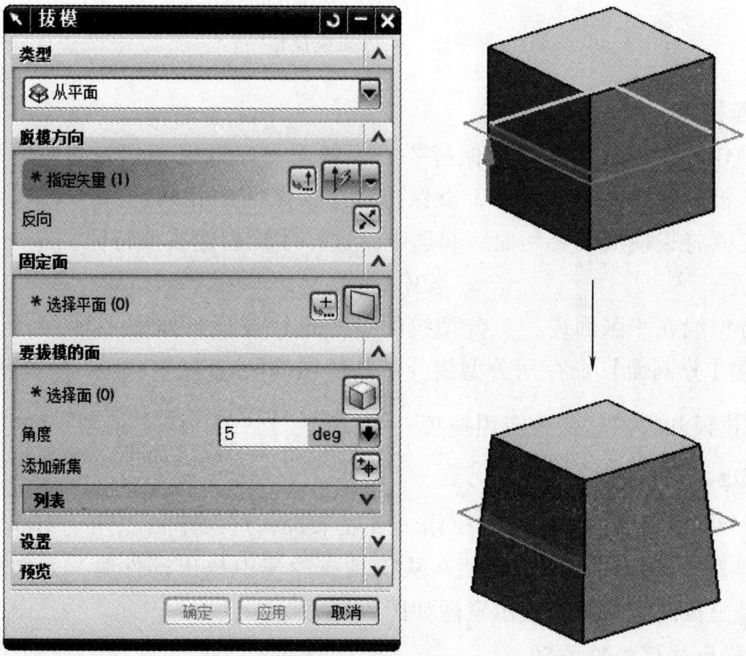

图 4-51　从平面拔模操作

2. 从边

从一系列实体的边缘开始，与拔模方向成一定的拔模角度，对指定的实体进行拔模操作，如图 4-52 所示。

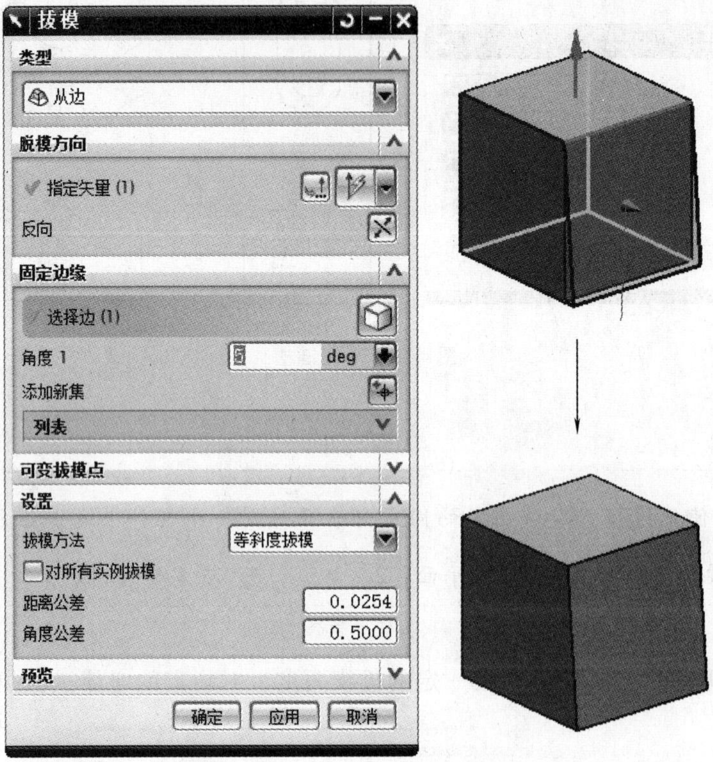

图 4-52　从边拔模操作

3. 与多个面相切

如果拔模操作需要在拔模操作后保持要拔模的面与邻近面相切，则可使用此类型。此处，固定边缘未被固定，而是移动的，以保持选定面之间的相切约束，如图 4-53 所示。选择相切面时一定要将拔模面和相切面一起选中，这样才能创建拔模特征。

4. 至分型边

主要用于分型线在一张面内，对分型线的单边进行拔模，如图 4-54 所示。在创建拔模之前，必须通过【分割面】命令用分型线分割其所在的面。

操作技巧：拔模和拔模体命令应用技巧

技巧1：拔模命令应用

NX 包含两个拔模命令：拔模和拔模体。一般来说，这两个命令用于对模型、部件、模具或冲模的“竖直”面应用斜率，以便在从模具或冲模中拉出部件时，面向相互远离的方向移动，而不是延彼此滑移，拔模示意图如图 4-55 所示。

技巧2：拔模和拔模体的区别

(1) 拔模命令具有限制，原因在于：对于要为部件添加材料的拔模情况，通常无法将

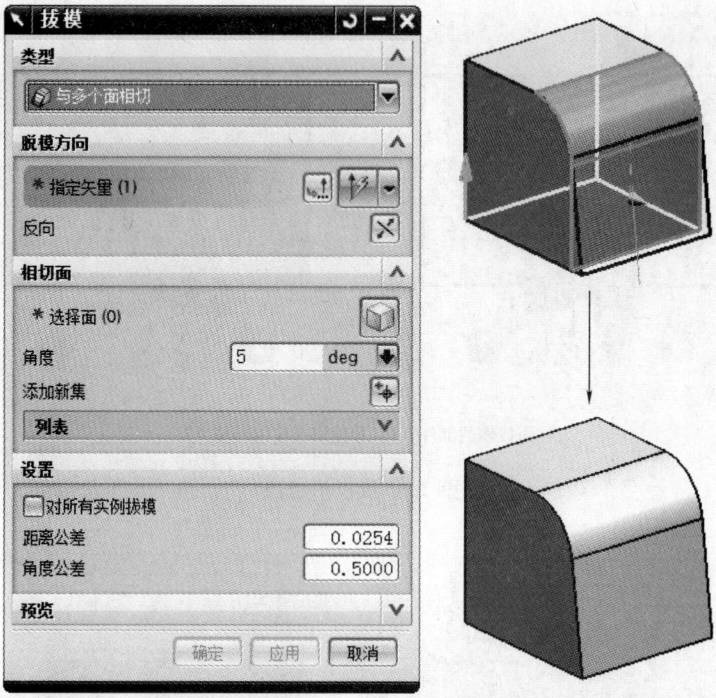

图 4-53　与多个面相切

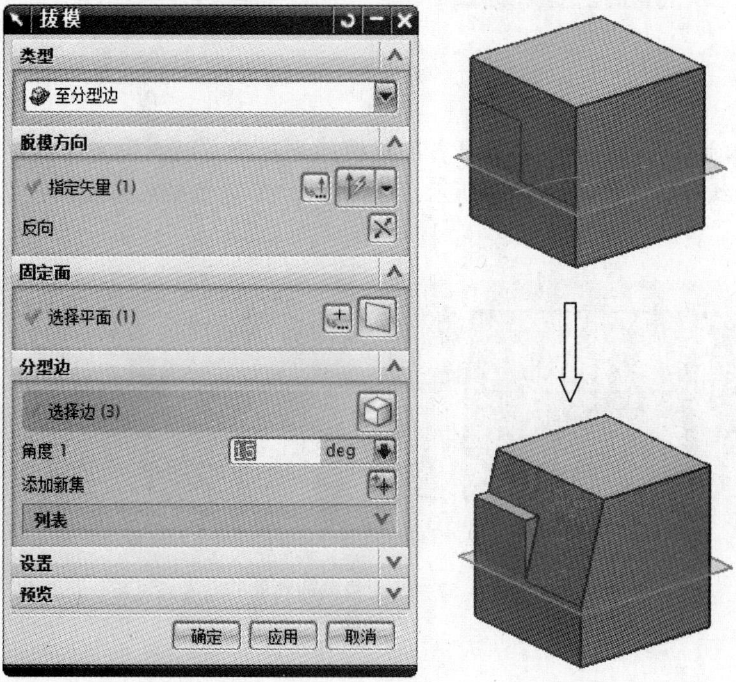

图 4-54　至分型边

分型边缘上面和下面的拔模面相匹配，如图 4-56 所示。（即不能强制拔模面在指定的分型边缘处相遇）。

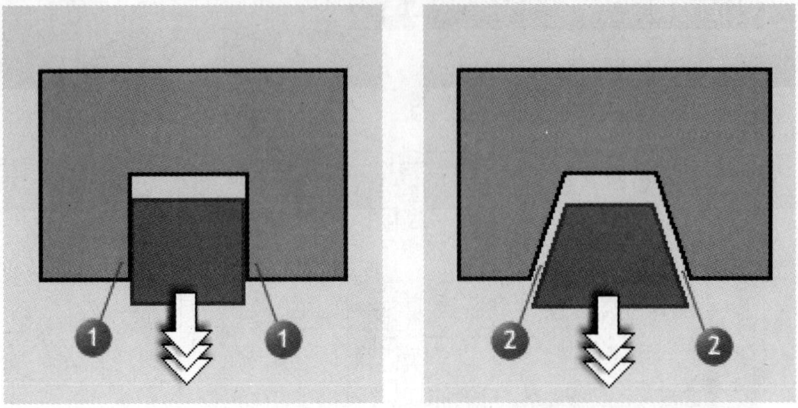

未使用拔模的部件（1）和使用拔模的部件（2）

图 4-55　拔模示意图

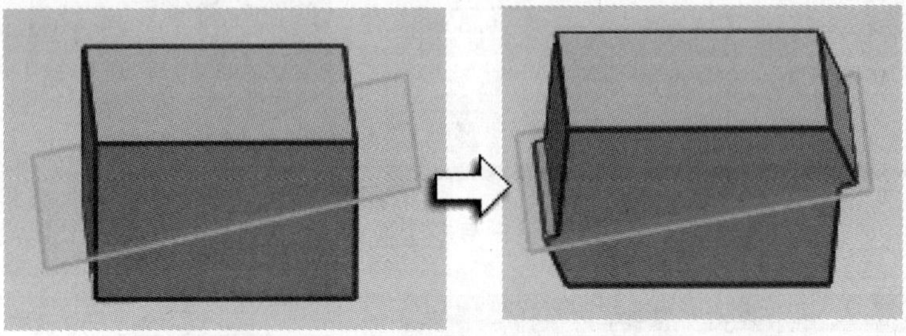

图 4-56　“拔模命令”具有限制

（2）拔模体命令提供拔模命令不具备的拔模匹配功能，以便拔模为部件添加材料时能在所需的分型边缘处相交，如图 4-57 所示。请注意：NX 必须在某些区域不成指定的拔模角才能创建匹配。

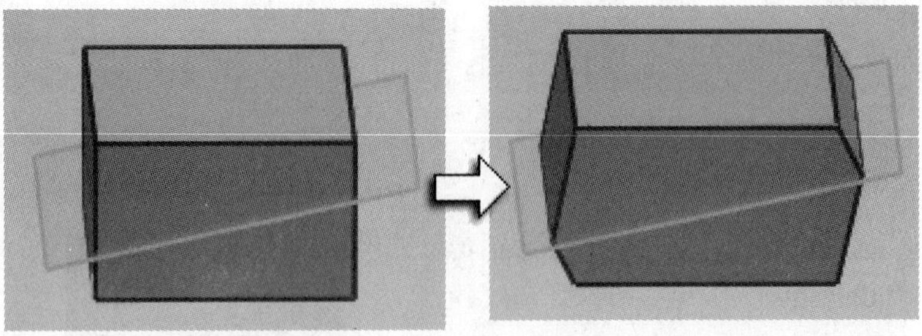

图 4-57　匹配拔模的功能

4.3.11　抽壳

1. 抽壳命令

使用抽壳命令可以根据为壁厚指定的值抽空实体或在其四周创建壳体，也可为面单独指定厚度并移除单个面，如图 4-58 所示。

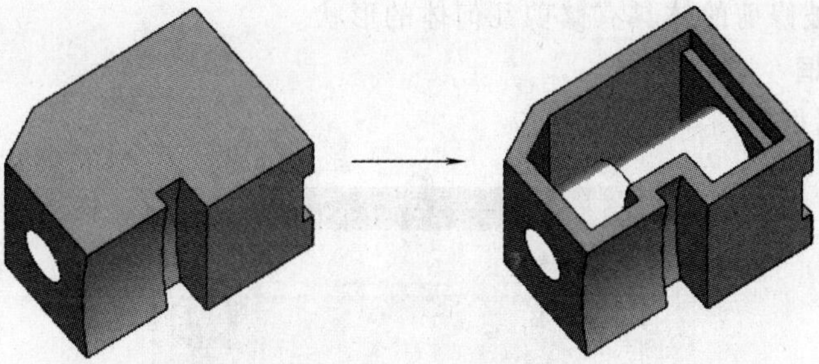

图 4-58　抽壳特征

2. 壳单元对话框

【壳单元】对话框如图 4-59 所示。

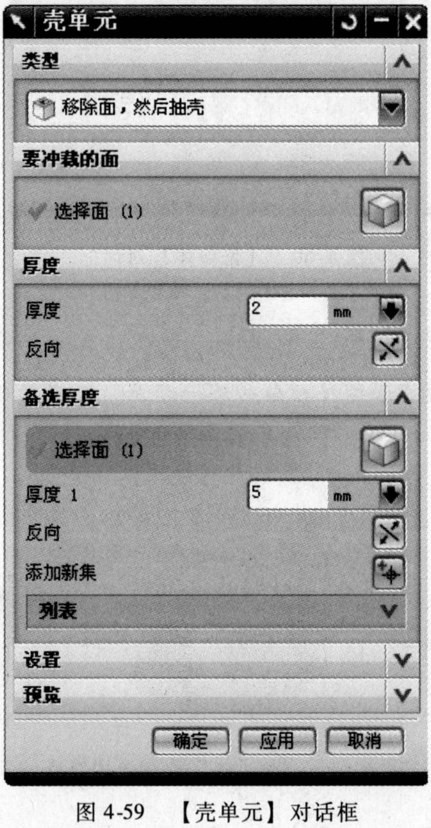

图 4-59　【壳单元】对话框

3. 抽壳的类型

抽壳的类型有两种：

（1）移除面，然后抽壳　指定在执行抽壳之前移除要抽壳的体的某些面。

（2）抽壳所有面　指定抽壳体的所有面而不移除任何面。

4.3.12　修剪体

1. 修剪体定义

使用修剪体命令可以使用一个面或基准平面修剪一个或多个目标体。选择要保留的体的一部分，并且被修剪的体具有修剪几何体的形状。

2. 修剪体对话框

【修剪体】对话框如图 4-60 所示。

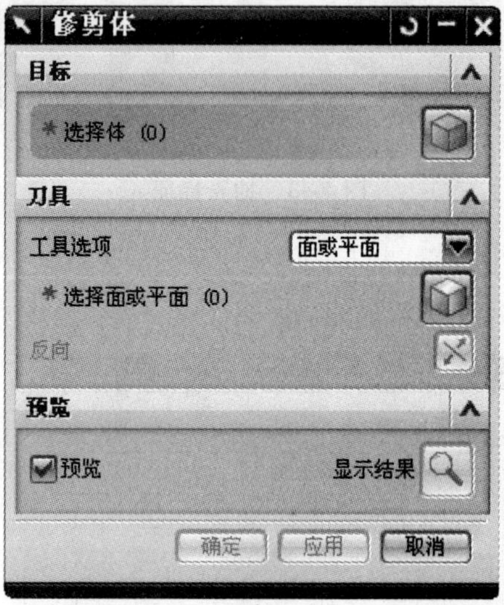

图 4-60 【修剪体】对话框

操作技巧：修剪体命令应用技巧

技巧1：法矢量的方向确定保留目标体的哪一部分。矢量指向远离保留的体的部分，如图4-61 所示。

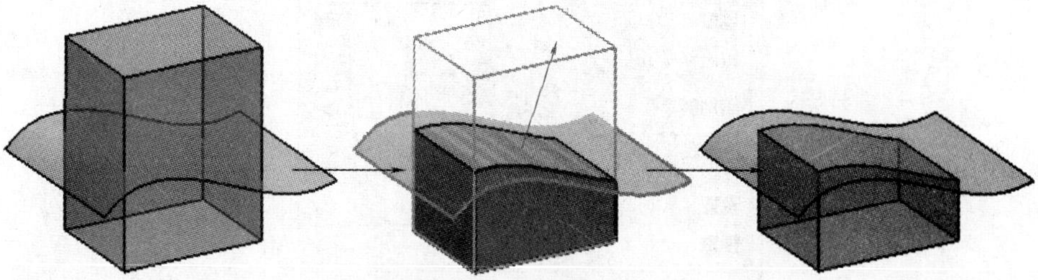

图 4-61 “修剪体”命令应用技巧

技巧2：当使用面修剪实体时，面的大小必须足以完全切过体。

4.3.13 三角形加强筋

1. 三角形加强筋定义

沿着两个面集的相交曲线来添加三角形加强筋特征，如图 4-62 所示。

2. 三角形加强筋对话框

【三角形加强筋】对话框如图 4-63 所示。

3. 三角形加强筋选项描述

三角形加强筋选项描述如表 4-6 所示。

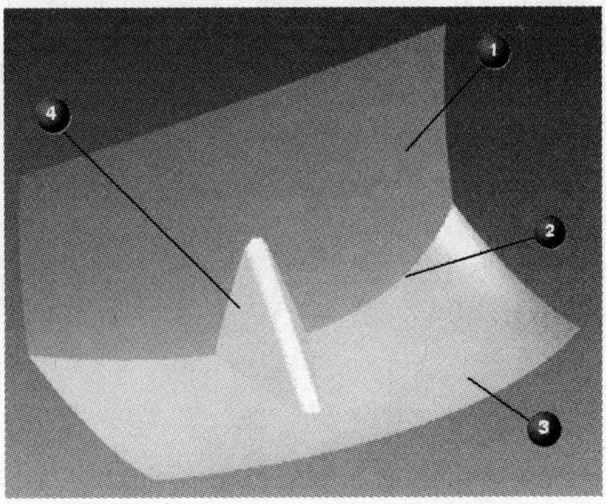

图 4-62　三角形加强筋特征

❶—第一个面集　❷—相交曲线　❸—第二个面集

❹—三角形加强筋特征

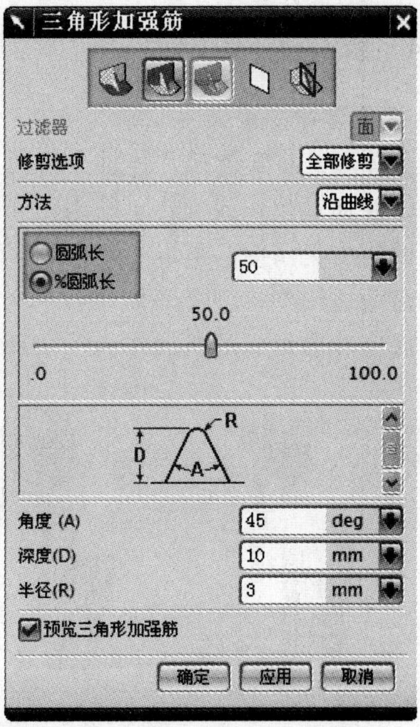

图 4-63　【三角形加强筋】对话框

表 4-6　三角形加强筋选项描述

选项	描　述
选择步骤	引导三角形加强筋的创建 第一组：选择第一组的面。可以为面集选择一个或多个面 第二组：选择第一组的面。可以为面集选择一个或多个面 位置曲线：在能选择多条可能的曲线时选择一条位置曲线。所有候选位置曲线都会被高亮显示 位置平面：选择指定相对于平面或基准平面的三角形加强筋特征的位置 方位平面：对三角形加强筋特征的方位选择平面
过滤器	控制哪些几何体可选。选项包括 第一组\第二组：所有面片体 位置面\方位平面：全部、平面和基准平面
方法	以下几种方法可以定义三角形加强筋的位置 沿曲线：在相交曲线的任意位置交互式地定义三角形加强筋基点。在沿着曲线使用滑块拖动点时，图形显示、面法矢和“圆弧长”字段中的值都将更新 位置：定义一个可选方式以定位三角形加强筋
圆弧长	圆弧长：为相交曲线上的基点输入参数值或表达式 %圆弧长：对相交处的点参数进行向前和向后转换，即从圆弧长转换到圆弧百分比。圆弧长百分比在0%～100%之间
尺寸	指定三角形加强筋特征的尺寸，包括角度A、深度D和半径R
预览三角形加强筋	当指定了足够的用于创建可能的三角形加强筋的参数时，本选项将在图形窗口中生成预览

4.3.14 拆分体

1. 拆分体命令定义

拆分体是将实体或片体拆分为使用一组面或基准平面的多个体。还可以在命令内部创建草图，并通过拉伸或旋转草图来创建拆分工具。此命令创建关联的拆分体特征，特征显示在模型的历史记录中。可以更新、编辑或删除特征。

此命令适用于将多个部件作为单个部件建模，然后视需要进行拆分的建模方法。例如，可将由底座和盖组成的机架作为一个部件来建模，随后将其拆分，如图 4-64 所示。

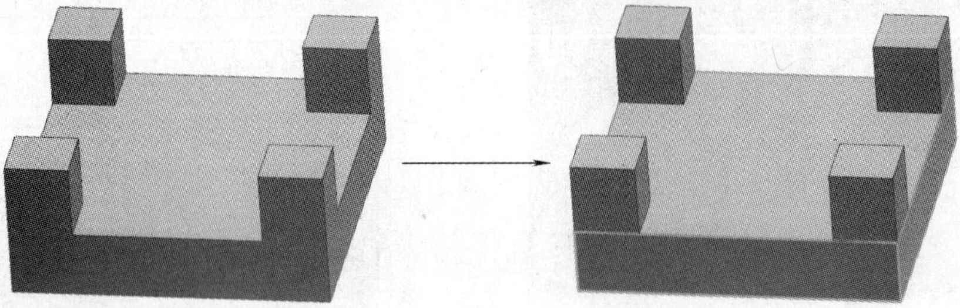

图 4-64 拆分体特征

2. 拆分体对话框

【拆分体】对话框如图 4-65 所示。

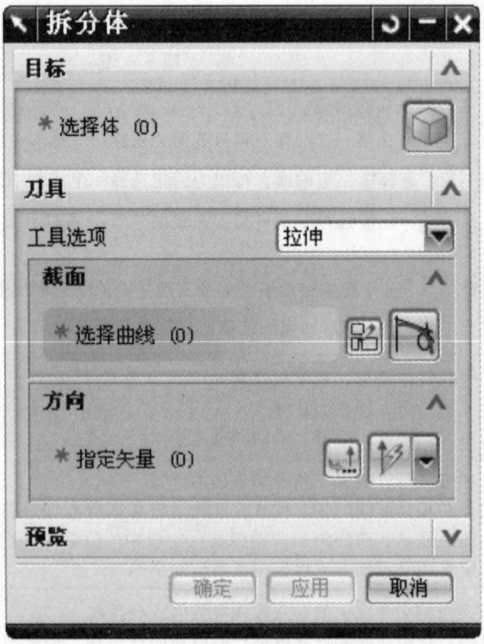

图 4-65 【拆分体】对话框

3. 拆分体的工具选项

（1）面或平面 用于指定一个现有平面或面作为拆分平面，如图 4-66 所示。

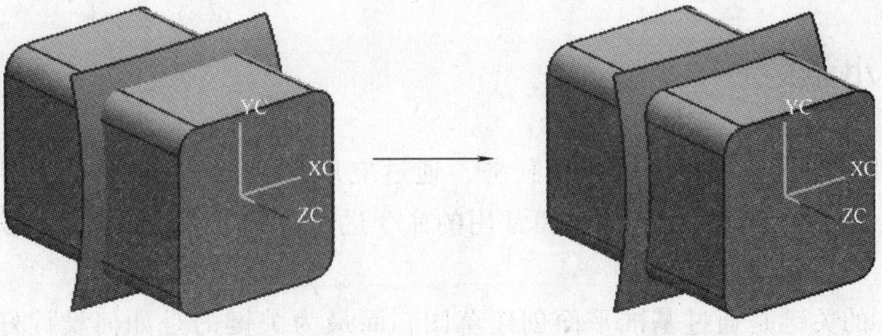

图 4-66　拆分平面

（2）新平面　用于创建一个新的拆分平面。如图 4-67 所示，选择 XC-ZC 平面作为拆分平面。

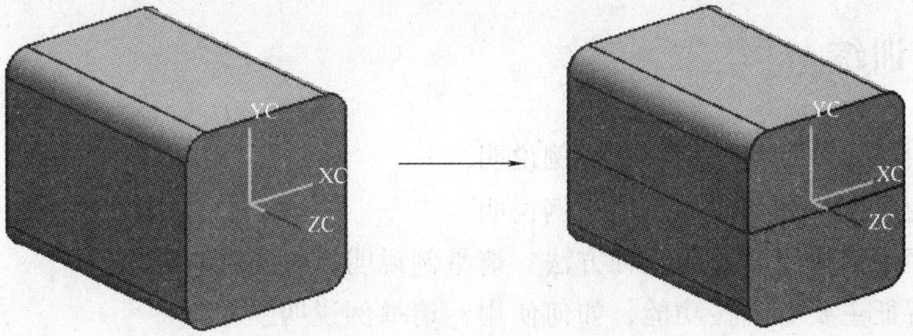

图 4-67　创建拆分平面

（3）拉伸　拉伸指定曲线来创建工具体，如图 4-68 所示。

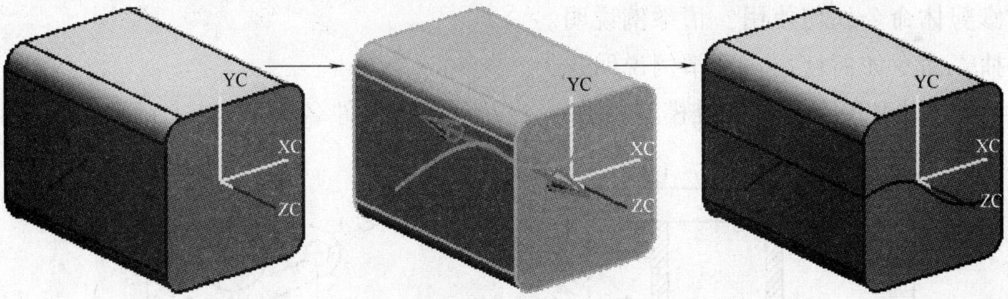

图 4-68　拉伸指定曲线来创建工具体

（4）回转　回转指定曲线来创建工具体，如图 4-69 所示。

图 4-69　回转指定曲线来创建工具体

4.4 项目小结

1. 本项目是以支架零件作为工作任务，通过应用 UG 软件完成整个支架零件的建模任务。知识技能点部分是对多个实体建模常用的命令进行讲解，使用户能掌握实体建模必备的命令。

2. 本项目的关键是通过基准平面创建草图，而最为关键的是如何设计好基准平面，这里采用的方法相对比较灵活。此外，草图定位也很重要，不仅需要尺寸定位，有时还需要进行必要的约束，有些约束可以很大程度上辅助设计，如与轴线重合的参考线等。另外，还用到特征引用中的镜像命令，通过此命令可以对对称分布的特征进行快速设计。

4.5 实战训练

1. 修剪曲线命令如何使用？请举例说明。
2. 分割曲线命令如何使用？请举例说明。
3. 基准平面创建主要有哪几种方法？请举例说明 5 种不同方法。
4. 实例特征主要有哪些功能，如何使用？请举例说明。
5. 镜像特征命令与镜像体命令有何区别？
6. 孔命令和 UG NX 5.0 之前版的孔命令有何区别？
7. 拔模命令主要用在哪些场合？该命令如何使用？请举例说明。
8. 修剪体命令如何使用？请举例说明。
9. 抽壳命令如何使用？请举例说明。
10. 根据图 4-70，创建三维模型，并以 4_70. prt 为文件名保存。

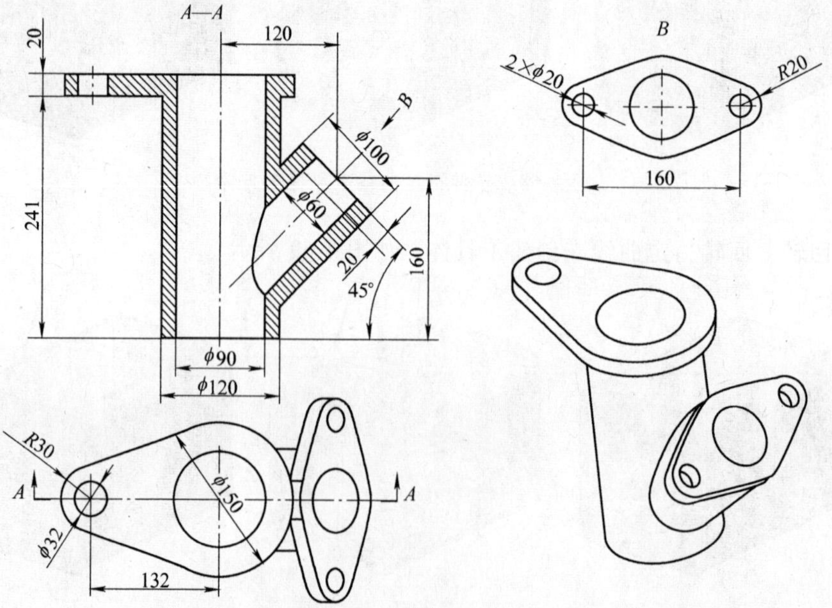

图 4-70　建模练习 1

11. 根据图 4-71，创建三维模型，并以 4_71. prt 为文件名保存。

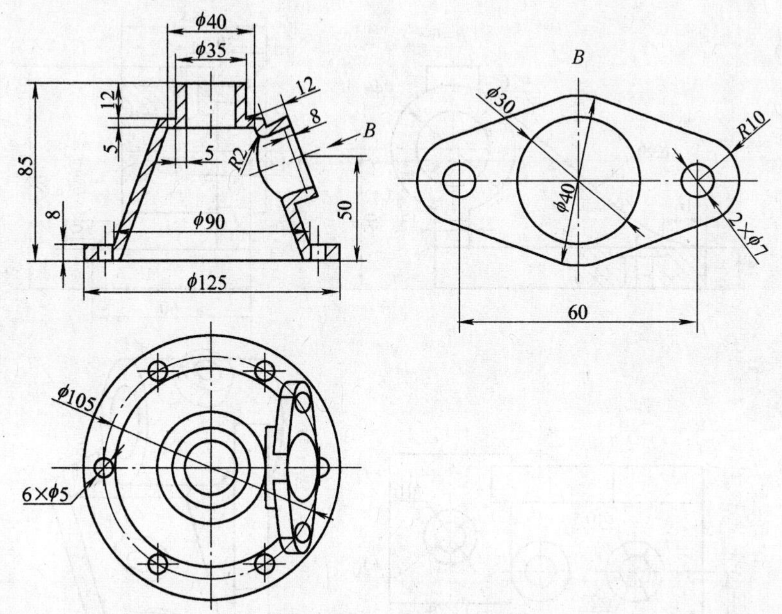

图 4-71　建模练习 2

12. 根据图 4-72，创建三维模型，并以 4_72. prt 为文件名保存。

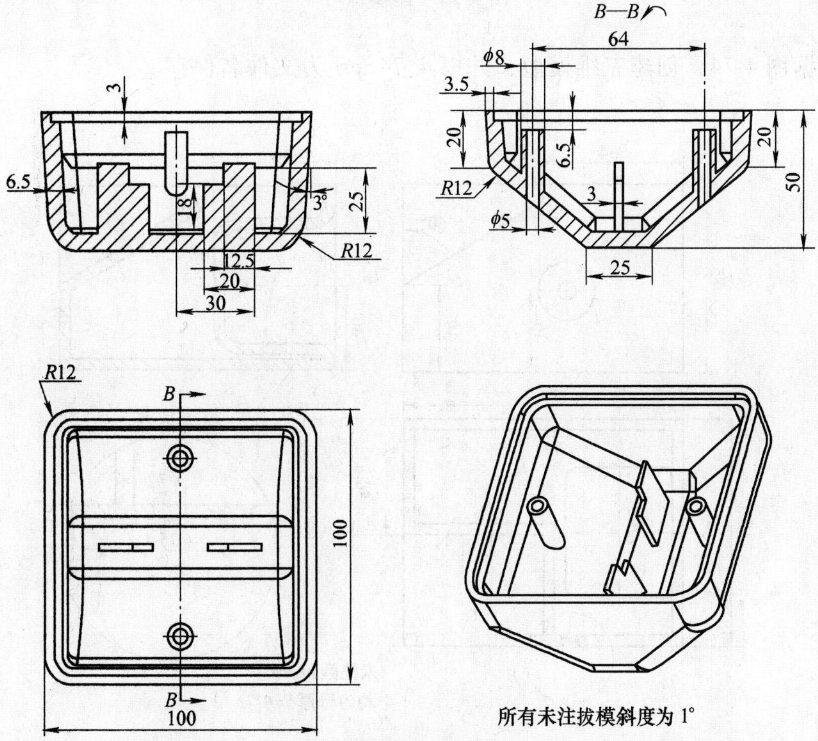

图 4-72　建模练习 3

13. 根据图 4-73，创建三维模型，并以 4_73. prt 为文件名保存。

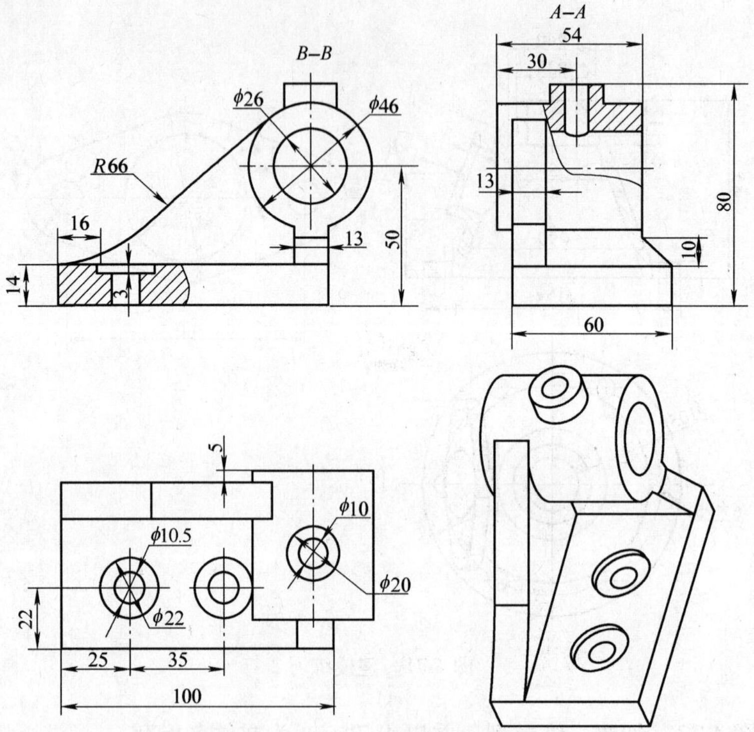

图 4-73　建模练习 4

14. 根据图 4-74，创建三维模型，并以 4_74. prt 为文件名保存。

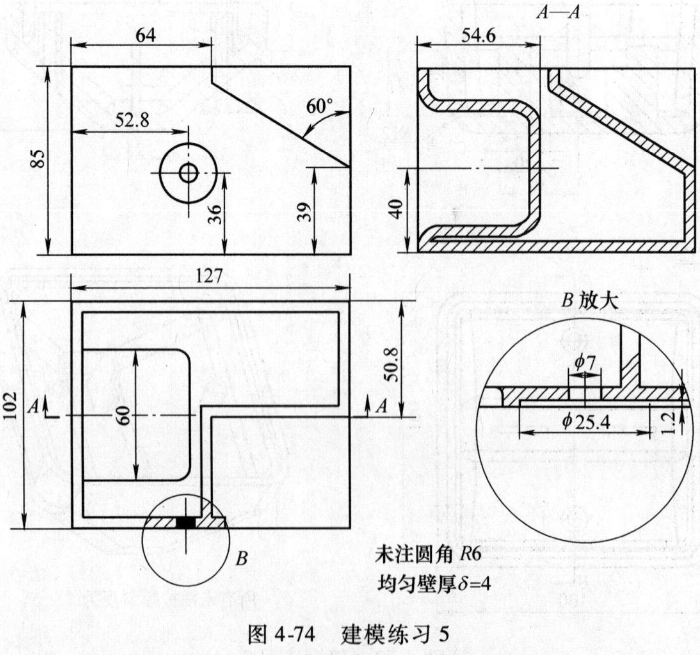

图 4-74　建模练习 5

项目 5　汽车模型曲面建模

项目摘要

本项目是完成一个曲面零件——汽车模型的曲面建模。通过一个汽车模型的曲面建模，学习空间点、空间曲线的创建和编辑；学习如何根据空间曲线创建曲面，并对创建的曲面进行编辑和操作；对生成的曲面进行圆角和缝合操作。

能力目标

◆ 能熟练创建空间点、空间曲线。
◆ 能熟练对曲线进行操作和编辑。
◆ 能熟练创建直纹面、过曲线组面、网格面、扫掠面等基本曲面。
◆ 会使用圆角和修剪等命令对曲面进行操作和编辑。
◆ 使用层命令对数据进行管理。

5.1　工作任务分析

汽车模型曲面建模完成后的数据模型如图 5-1 所示。

图 5-1 是已经完成的汽车模型，从图中可以看出模型是对称的，所以在建模的时候只需创建一半，如图 5-2 所示，另一半通过镜像命令即可创建。在一半建模的时候可以将其分成三个部分，一是顶部凸起来的特征，如图 5-3 所示；二是车身的主体，如图 5-4 所示；三是通过裁减所形成的轮子部分轮廓，如图 5-5 所示。曲面建模相对于实体建模来说更复杂，难度也更高，根据已有的空间曲线，使用软件中的何种命令创建曲面是很关键的，不同的曲面命令创建出的曲面是不一样的。

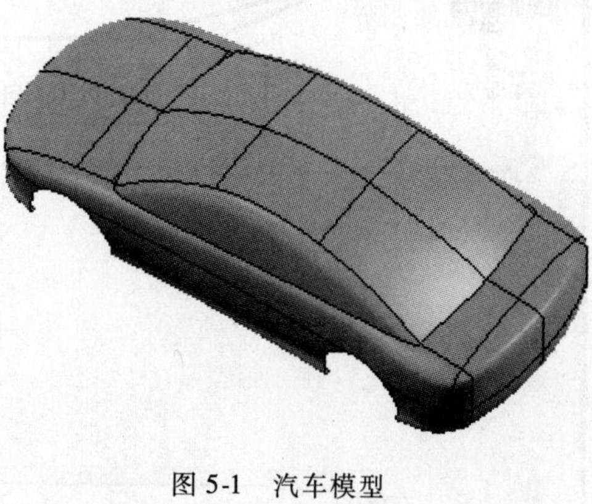

图 5-1　汽车模型

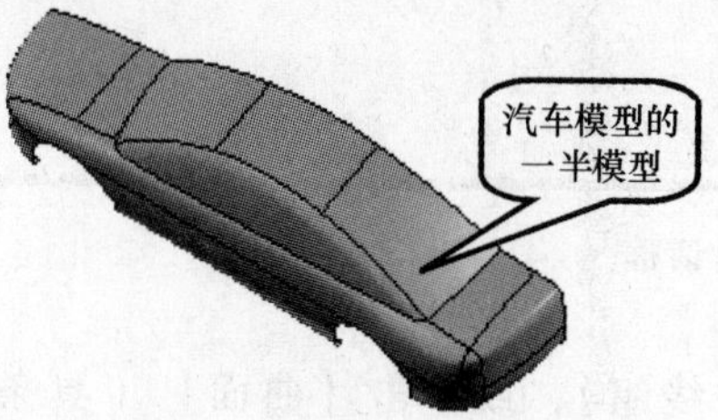

图 5-2　创建一半汽车模型

图 5-3　顶部建模

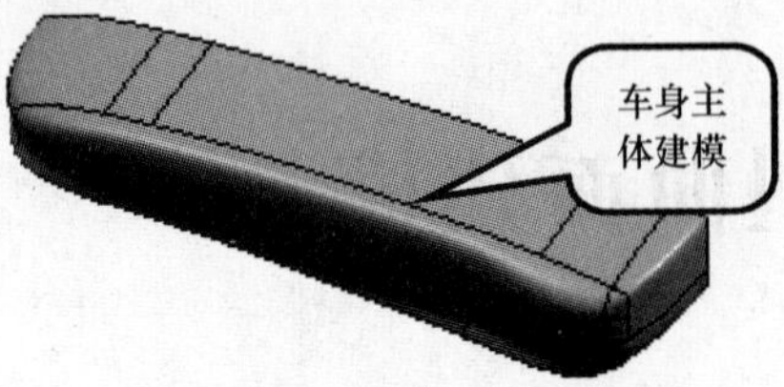

图 5-4　车身主体建模

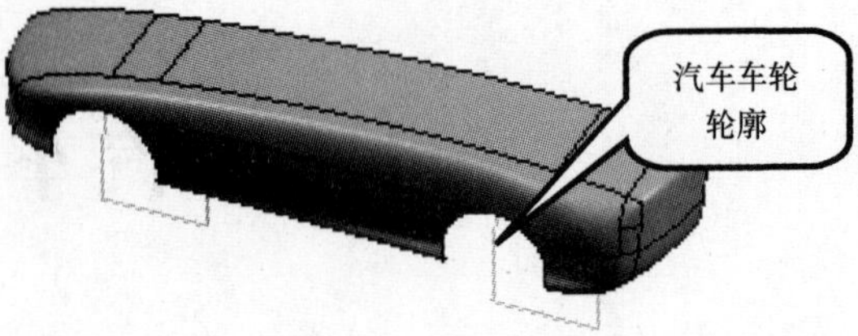

图 5-5　汽车车轮轮廓

5.2　汽车模型基本曲面创建

构造基本曲面的空间曲线已经创建好，这些空间曲线是根据模型的不同要求在不同方向创建的，在此空间曲线的创建过程不做详述。根据这些空间曲线创建基本曲面，在使用曲面创建命令时注意对话框中参数的设置，不同的参数设置最后的结果可能会不一样。

（1）双击桌面的快捷图标，打开 UG NX 6 软件。

（2）在 UGNX 软件中选择【打开】图标或从文件下拉菜单中选择【打开】选项，弹出如图 5-6 所示的【打开】对话框。打开光盘中 part 文件夹，选择“car”文件，单击【OK】按钮或单击鼠标中键，打开该文件，并自动进入建模模块。该文件包含了要进行曲面建模的大部分构造线和三条坐标线，如图 5-7 所示。

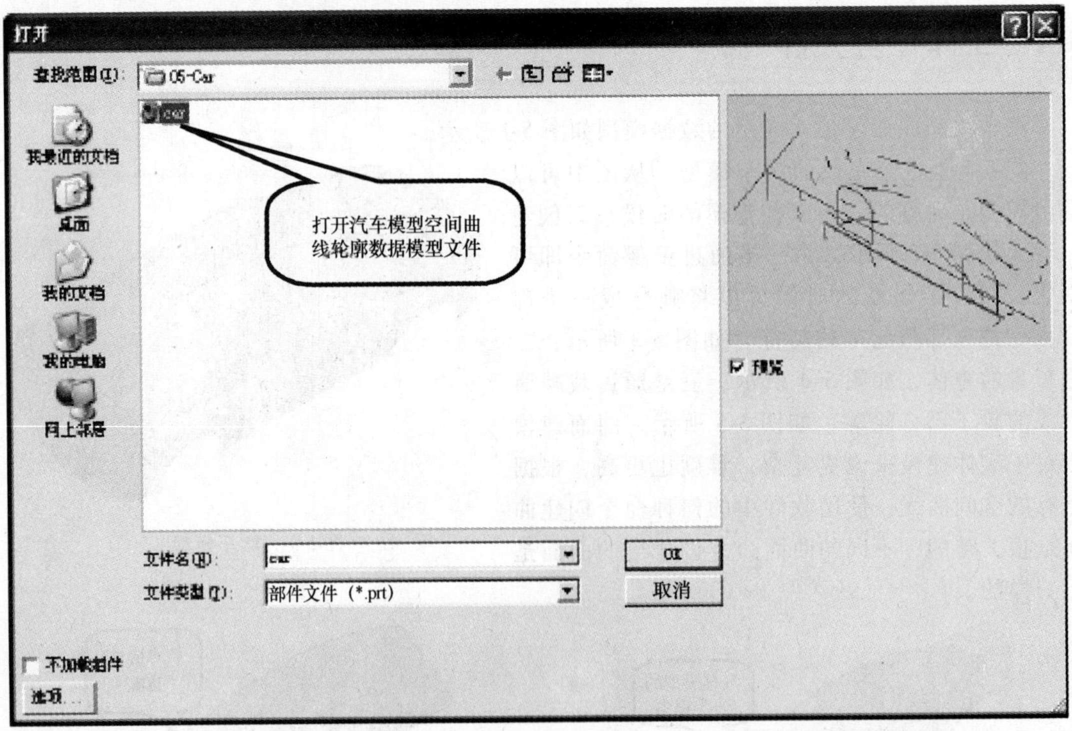

图 5-6　【打开】文件对话框

（3）选择【插入】→【网格曲面】→【通过曲线组】，或单击【曲面】工具条上的【通过曲线组】图标，弹出如图 5-8 所示的【通过曲线组】对话框。默认提示选择要构造曲面的空间曲线，选择汽车模型前围的空间构造线，如图 5-9 所示。对话框中所有选项都使用默认值，选择好所有线后单击鼠标中键或单击【确定】按钮完成曲面构建，构建的曲面如图 5-10 所示。

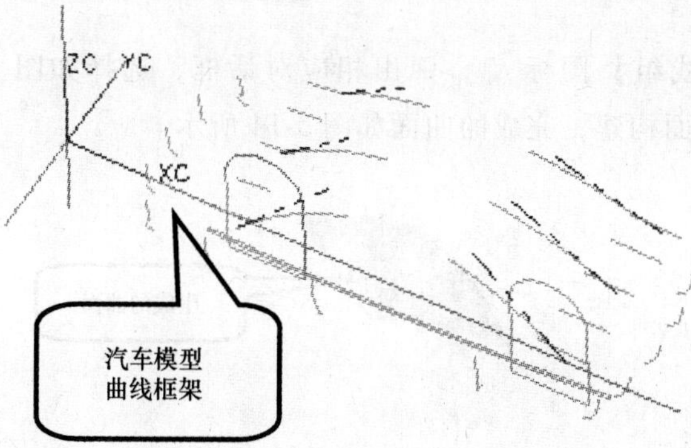

图 5-7　汽车模型曲线框架

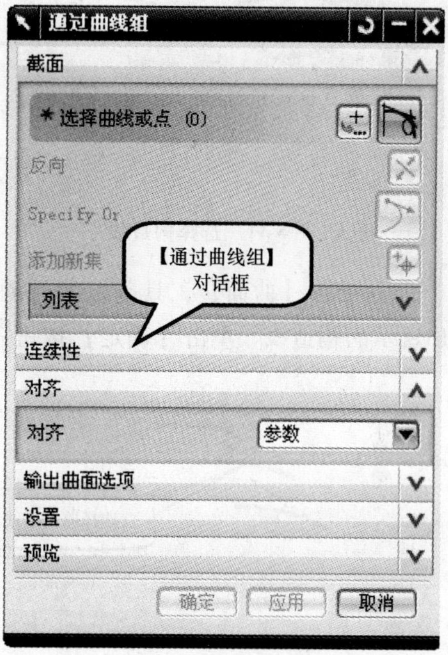

图 5-8　【通过曲线组】对话框

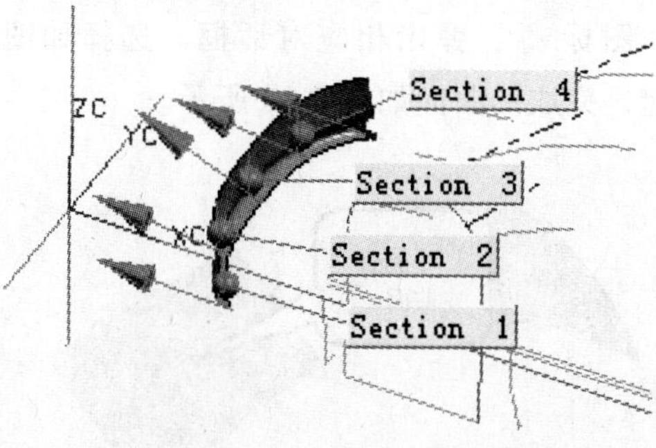

图 5-9　选择曲线

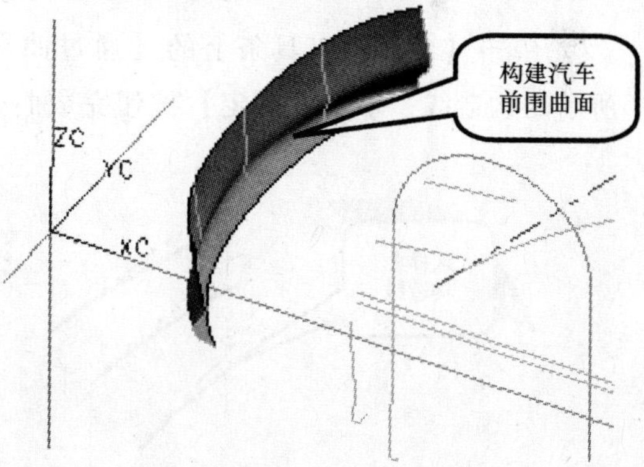

图 5-10　构建汽车前围曲面

（4）单击【曲面】工具条上的【通过曲线组】图标，弹出相应的对话框，如图 5-8 所示。选择如图 5-11 所示构造线，单击【确定】按钮完成曲面构建，完成的曲面如图 5-12 所示。

（5）使用快捷键〈Ctrl + B〉或选择【编辑】→【显示和隐藏】→【隐藏】命令，弹出【类选择器】对话框，直接选择上两步创建的曲面，单击【确定】按钮或鼠标中键将选择的曲面隐藏起来。

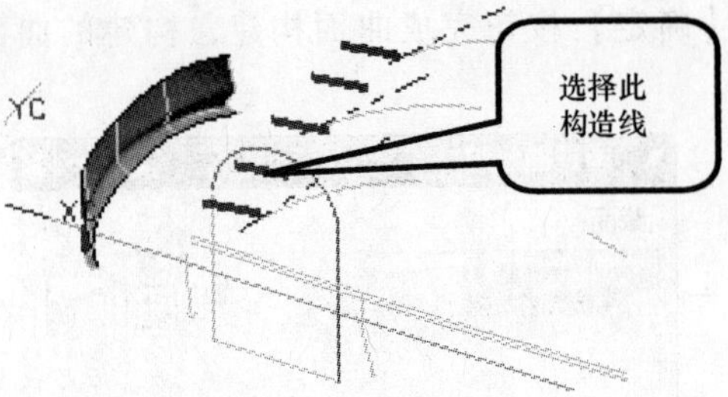

图 5-11　选择构造线

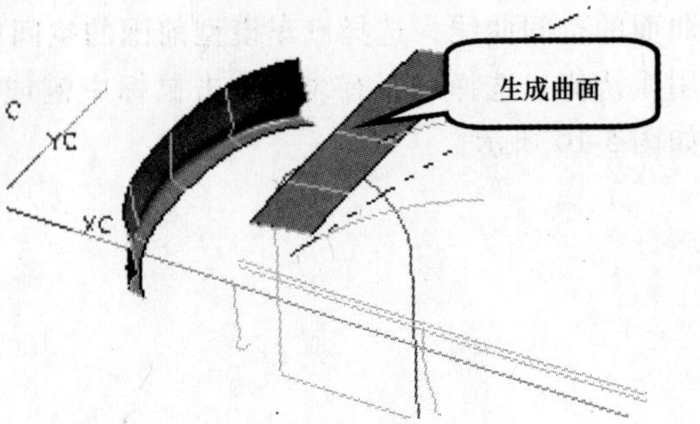

图 5-12　创建曲面

（6）单击【曲面】工具条上的【通过曲线组】图标，弹出相应对话框，选择如图 5-13所示的构造线，单击【确定】按钮完成曲面构建，完成的曲面如图 5-14 所示。

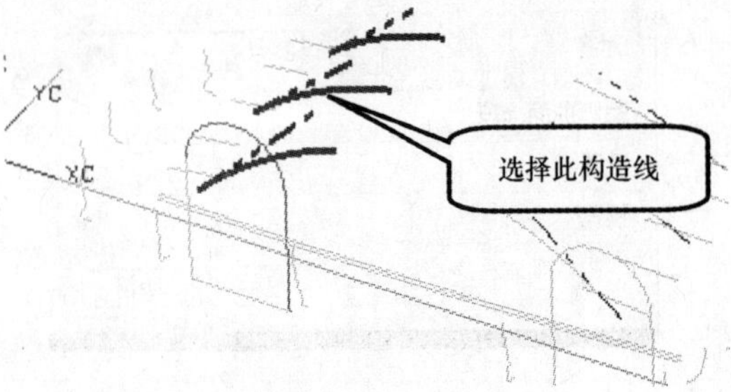

图 5-13　选择构造线

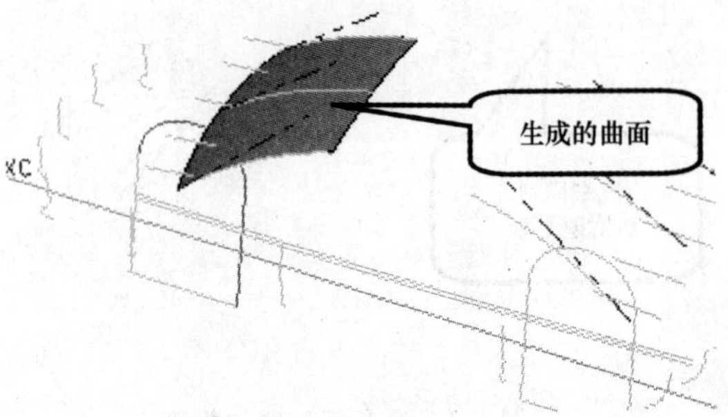

图 5-14　创建曲面

（7）单击【曲面】工具条上的【通过曲线组】图标，弹出相应对话框。选择如图 5-15所示的构造线，单击【确定】按钮完成曲面构建，完成的曲面如图 5-16 所示。

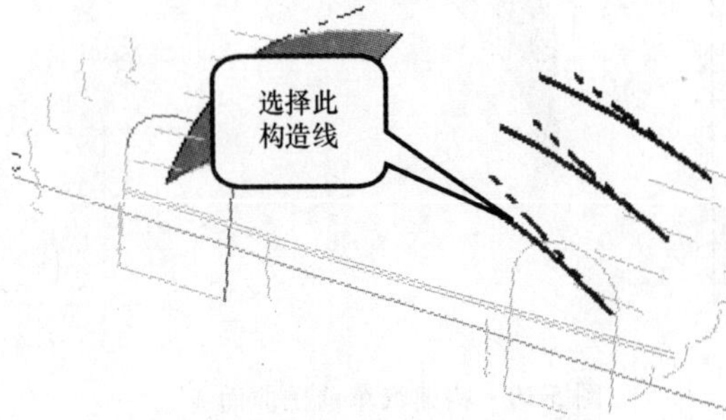

图 5-15　选择构造线

图 5-16　创建曲面

（8）使用快捷键〈Ctrl + B〉或选择【编辑】→【显示和隐藏】→【隐藏】命令，弹出【类选择器】对话框，直接选择上两步创建的曲面，单击【确定】按钮或鼠标中键将选择的曲面隐藏起来。

（9）单击【曲面】工具条上的【通过曲线组】图标，弹出相应对话框。选择如图 5-17所示的构造线，单击【确定】按钮完成曲面构建，完成的曲面如图 5-18 所示。

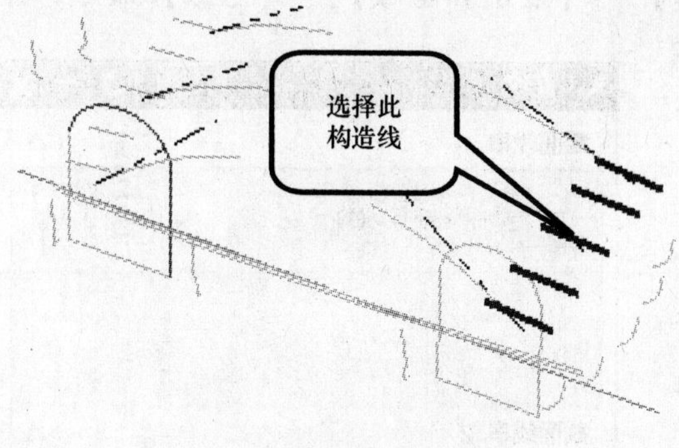

图5-17　选择构造线

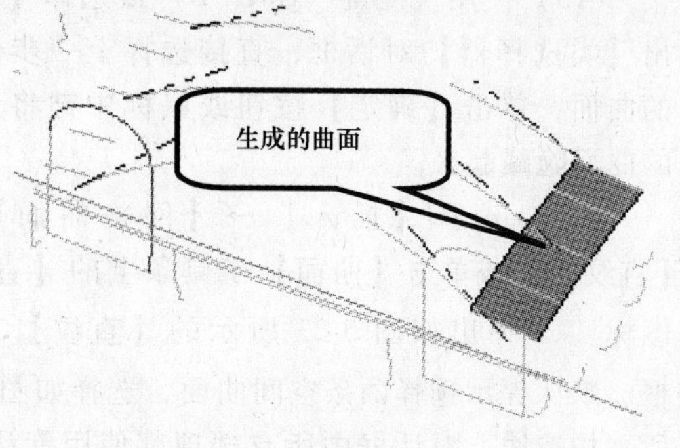

图5-18　创建曲面

（10）单击【曲面】工具条上的【通过曲线组】图标，弹出相应对话框。选择如图5-19所示的构造线，单击【确定】按钮完成曲面构建，完成的曲面如图5-20所示。

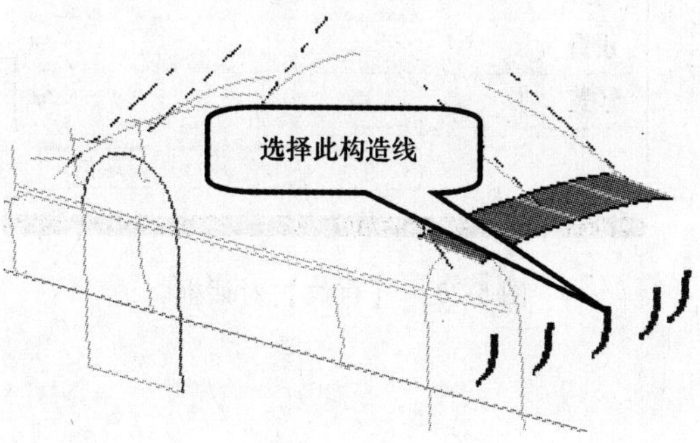

图5-19　选择构造线

图5-20　创建曲面

（11）使用快捷键〈Ctrl + B〉或选择【编辑】→【显示和隐藏】→【隐藏】命令，弹出【类选择器】对话框，直接选择上两步创建的曲面，单击【确定】按钮或鼠标中键将选择的曲面隐藏起来。

（12）单击【曲面】工具条上的【通过曲线组】图标，弹出相应对话框，选择如图5-21所示的构造线，单击【确定】按钮完成曲面构建，完成的曲面如图5-22所示。

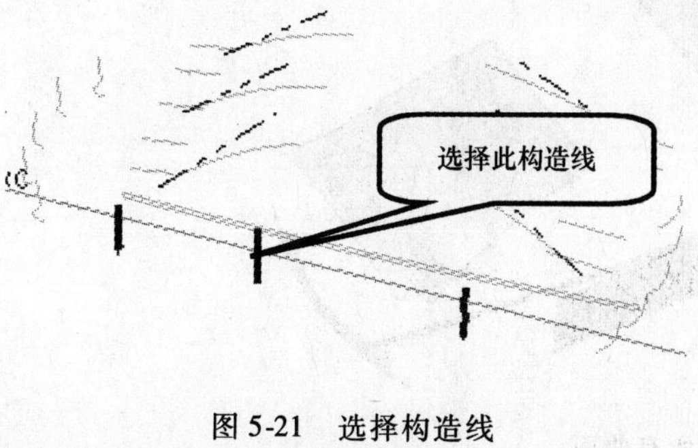

图5-21　选择构造线

图5-22　创建曲面

（13）使用快捷键〈Ctrl + B〉或选择【编辑】→【显示和隐藏】→【隐藏】命令，弹出【类选择器】对话框，直接选择上一步创建的曲面，单击【确定】按钮或鼠标中键将选择的曲面隐藏起来。

（14）选择【插入】→【网格曲面】→【直纹面】或单击【曲面】工具条上的【直纹】图标，弹出如图 5-23 所示的【直纹】对话框。默认提示选择两条空间曲面，选择如图5-24所示构造线。对话框中所有选项都使用默认值，单击鼠标中键或单击【确定】按钮完成曲面构建，构建的曲面如图 5-25 所示。

（15）使用快捷键〈Ctrl + B〉或选择【编辑】→【显示和隐藏】→【隐藏】命令，弹出【类选择器】对话框，直接选择上一步创建的曲面和三条坐标轴线，单击【确定】按钮或鼠标中键将选择的对象隐藏起来。

（16）使用快捷键〈Ctrl + Shift + B〉或选择【编辑】→【显示和隐藏】→【颠倒显示和隐藏】命令，绘图区切换到曲面显示状态，构造线隐藏，如图 5-26 所示。

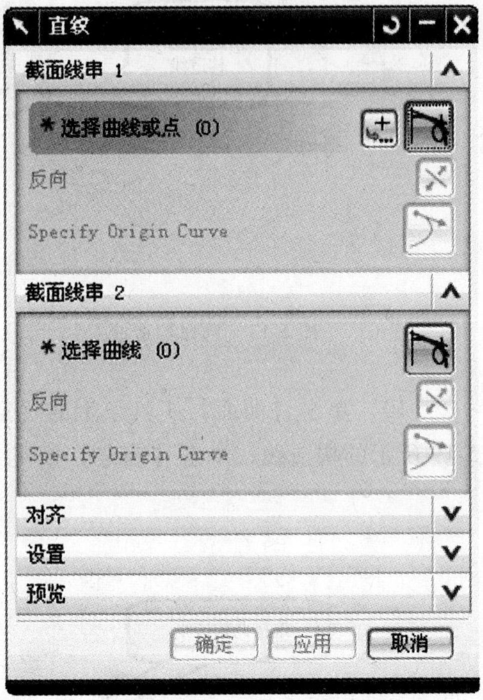

图 5-23 【直纹】对话框

图 5-24 选择构造线

图 5-25 创建直纹面

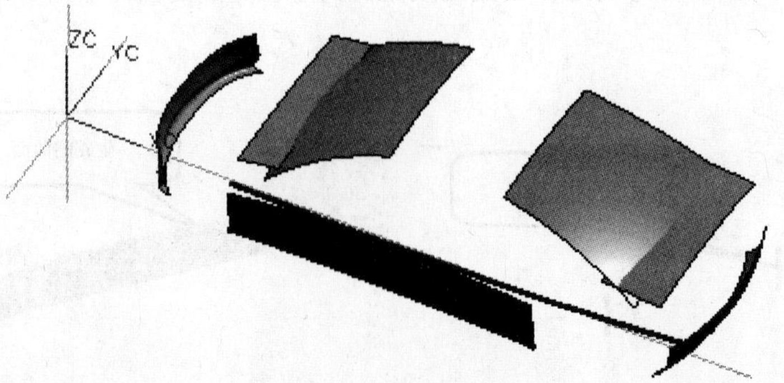

图 5-26 显示所有曲面

5.3　汽车模型基本曲面连接

在创建一些基本曲面后，要创建一些曲面将这些基本曲面连接起来。

（1）选择【插入】→【细节特征】→【桥接】，或单击【曲面】工具条上的【桥接】图标，弹出如图5-27所示的【桥接】对话框。选择【连续类型】为【相切】，选择如图5-28所示的两个曲面，两次单击鼠标中键或单击【确定】按钮完成曲面构建，构建的曲面如图5-29所示。

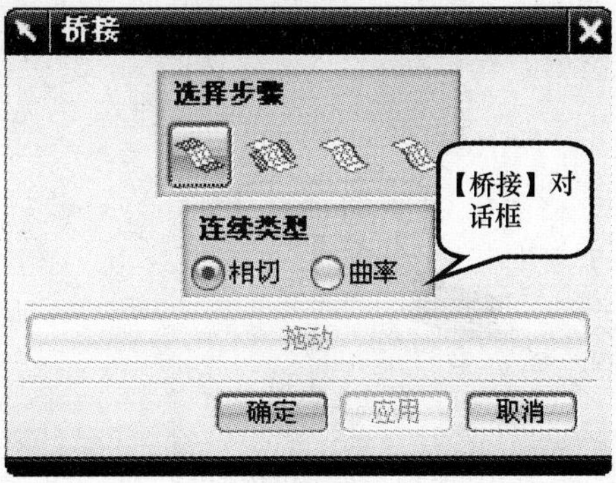

图5-27　【桥接】对话框

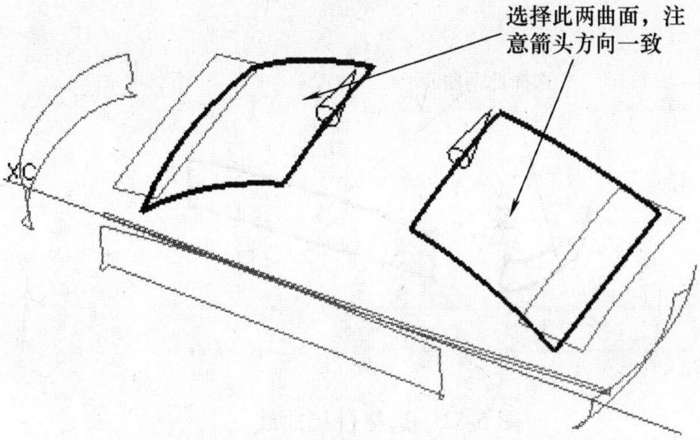

图5-28　选择桥接曲线

（2）使用快捷键〈Ctrl+B〉或选择【编辑】→【显示和隐藏】→【隐藏】命令，弹出【类选择器】对话框，直接选择上一步创建的桥接曲面和两端曲面，单击【确定】按钮或鼠标中键将选择的对象隐藏起来。

（3）单击【曲面】工具条上的【桥接】图标，弹出如图5-27所示的【桥接】对话框。选择【连续类型】为【相切】，选择如图5-30所示的两个曲面，两次单击鼠标中键或单击【确定】按钮完成曲面构建，构建的曲面如图5-31所示。

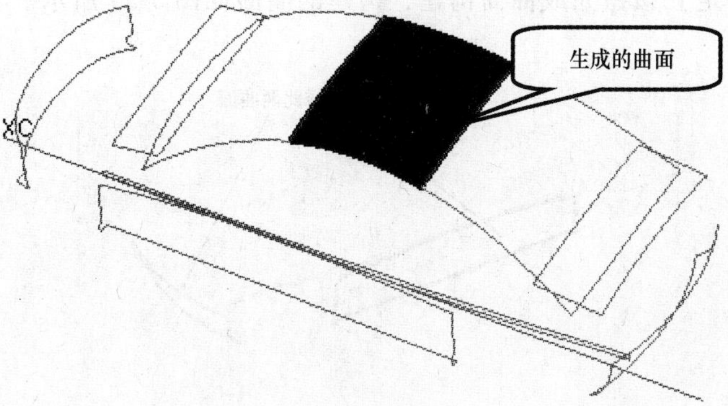

图5-29　创建桥接面

（4）使用快捷键〈Ctrl+B〉或选择【编辑】→【显示和隐藏】→【隐藏】命令，弹出【类选择器】对话框，直接选择上一步创建的桥接曲面和两端曲面，单击【确定】按钮或鼠标中键将选择的对象隐藏起来。

（5）单击【曲面】工具条上的【桥接】图标，弹出相应的【桥接】对话框。选择【连续类型】为【相切】，选择如图5-32所示的两个曲面，两次单击鼠标中键或单击【确定】按钮完成曲面构建，构建的曲面如图5-33所示。

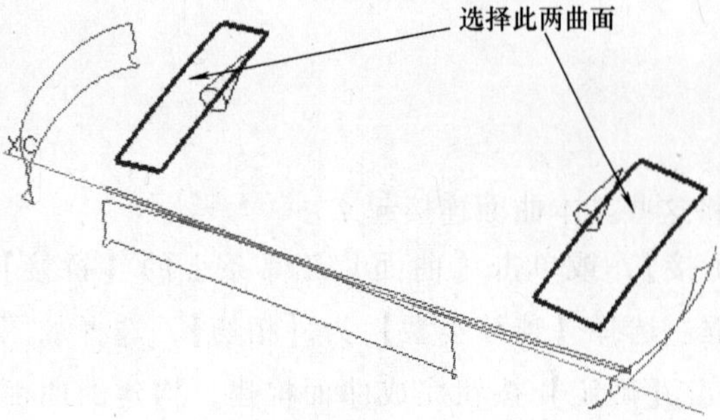

图 5-30　选择桥接曲线

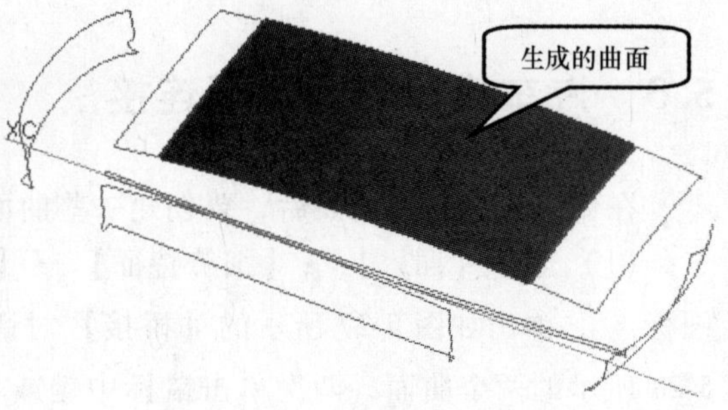

图 5-31　创建桥接面

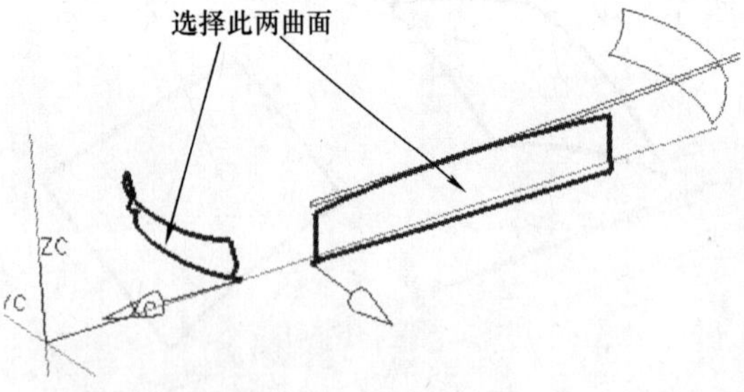

图 5-32　选择桥接曲线

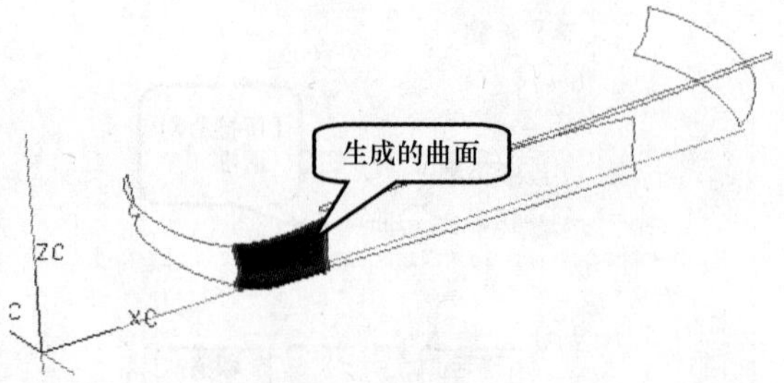

图 5-33　创建桥接面

（6）单击【曲面】工具条上的【桥接】图标，弹出相应的【桥接】对话框。选择【连续类型】为【相切】，选择如图 5-34 所示的两个曲面，两次单击鼠标中键或单击【确定】按钮完成曲面构建，构建的曲面如图 5-35 所示。

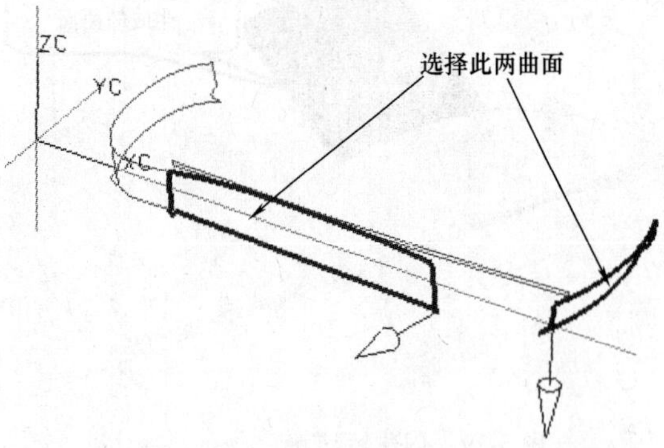

图 5-34　选择桥接曲线

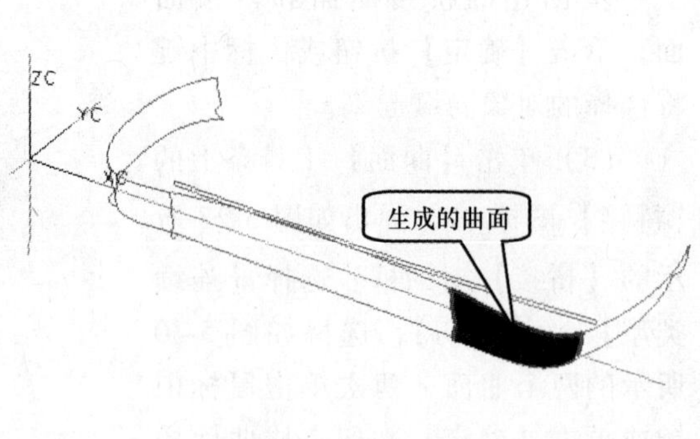

图 5-35　创建桥接面

（7）使用快捷键〈Ctrl + Shift + K〉或选择【编辑】→【显示和隐藏】→【显示】命令，弹出【类选择器】对话框，在绘图区显示隐藏的所有对象。选择所有生成的片体，单击【确定】按钮或鼠标中键将选择的对象显示出来。显示所有曲面如图 5-36 所示。

（8）选择【插入】→【网格曲面】→【截面】或单击【曲面】工具条上的【剖切曲面】图标，弹出如图 5-37 所示的【部切曲面】对话框。【类型】下拉列表框中选择【圆

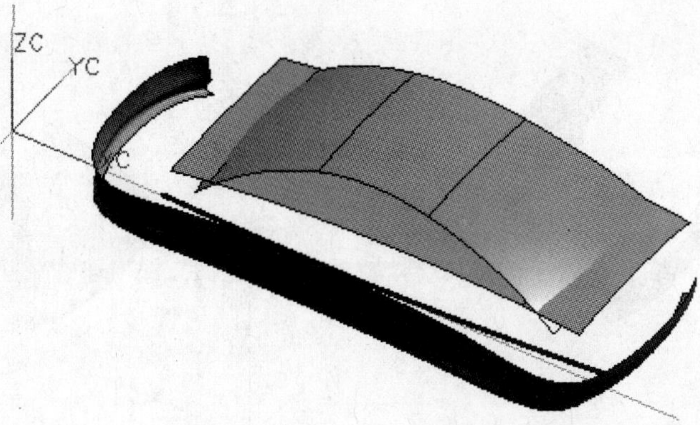

图 5-36　显示所有曲面

角-Rho】选项，根据对话框中的提示选择【起始引导线】、【终止引导线】、【起始面】、【终止面】和脊线，输入 Rho 值为【0.5】。如图 5-38 所示，单击鼠标中键或单击【确定】按钮完成曲面构建，构建的曲面如图5-39所示。

（9）单击【曲面】工具条上的【剖切曲面】图标，弹出如图 5-37 所示的【部切曲面】对话框。【类型】下拉列表框中选择【圆角-Rho】选项，根据对话框中的提示选择【起始引导线】、【终止引导线】、【起始面】、【终止面】和脊线，输入 Rho 值为【0.85】，如图 5-40 所示，单击鼠标中键或单击【确定】按钮完成曲面构建，构建的曲面如图 5-41 所示。

（10）单击【曲面】工具条上的【剖切曲面】图标，弹出相应的【部切曲面】对话框。【类型】下拉列表框中选择【圆角-Rho】选项，根据对话框中的提示选择【起始引导线】、【终止引导线】、【起始面】、【终止面】和脊线（脊线）选择和 XC 轴重合的直线，输入 Rho 值为【0.85】，如图5-42所示，单击鼠标中键或单击【确定】按钮完成曲面构建，构建的曲面如图 5-43 所示。

（11）使用快捷键〈Ctrl + B〉或选择【编辑】→【显示和隐藏】→【隐藏】命令，弹出【类选择器】对话框，直接选择上一步创建的曲面，单击【确定】按钮或鼠标中键将选择的对象隐藏起来。

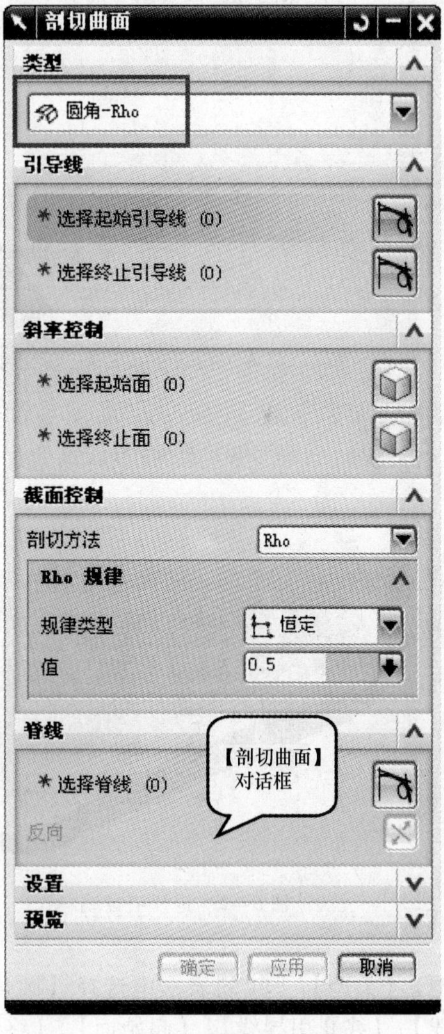

图 5-37　【剖切曲面】对话框

（12）单击【曲面】工具条上的【剖切曲面】图标，弹出相应的【部切曲面】对话

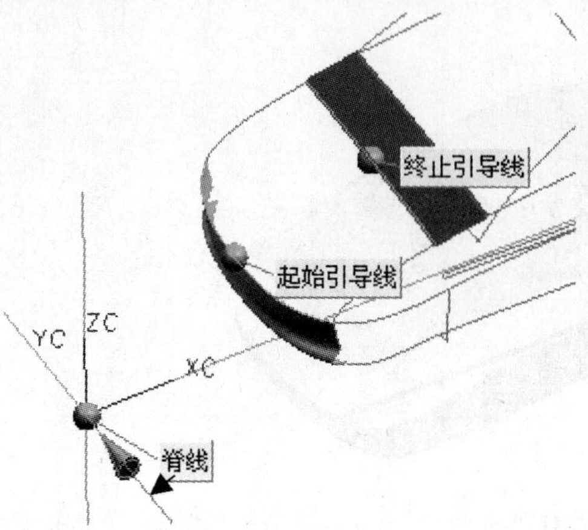

图 5-38 选择引导线

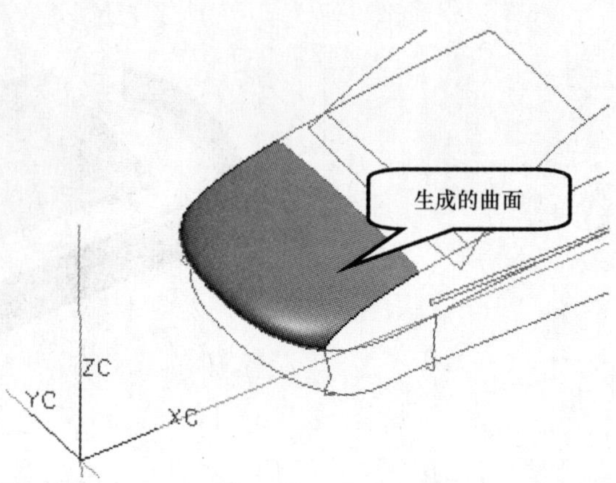

图 5-39 创建剖切曲面

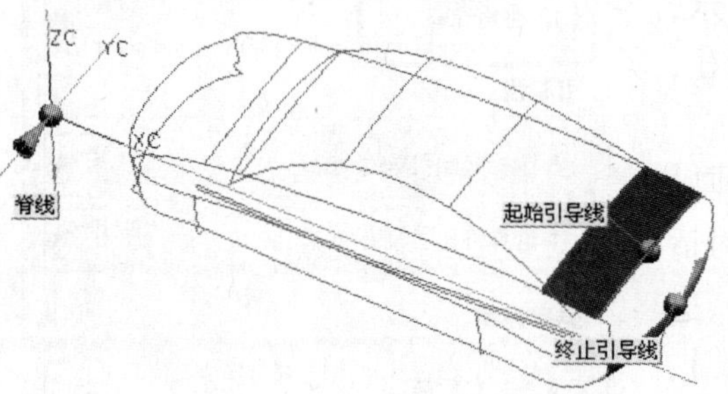

图 5-40 选择引导线

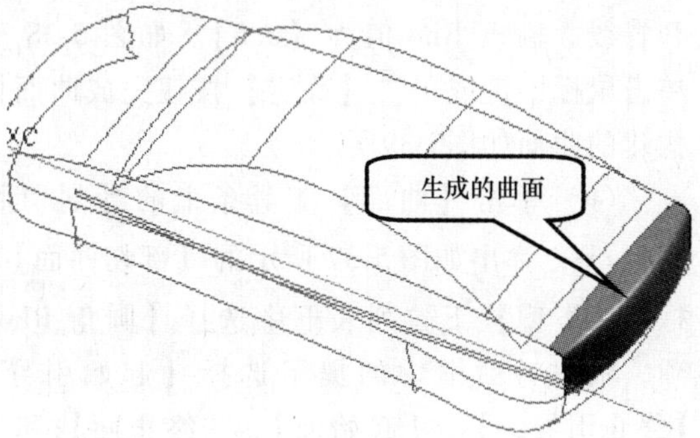

图 5-41 创建剖切曲面

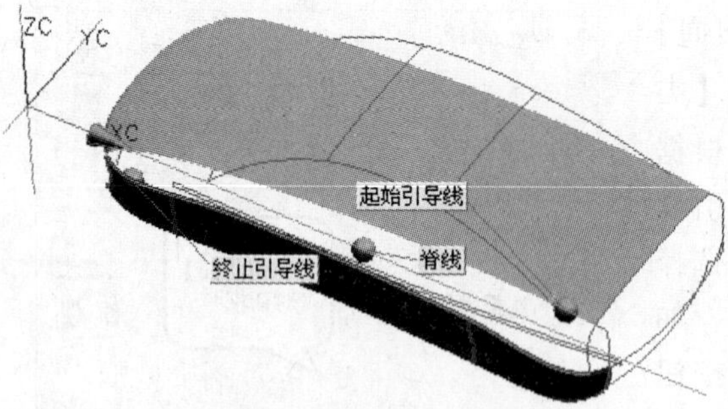

图 5-42 选择引导线

图 5-43 创建剖切曲面

框。【类型】下拉列表框中选择【圆角-Rho】选项，根据对话框中的提示选择【起始引导线】、【终止引导线】、【起始面】、【终止面】和脊线（脊线）选择和 XC 轴重合的直线，输入 Rho 值为【0.45】，如图 5-44 所示，单击鼠标中键或单击【确定】按钮完成曲面构建，构建的曲面如图 5-45 所示。

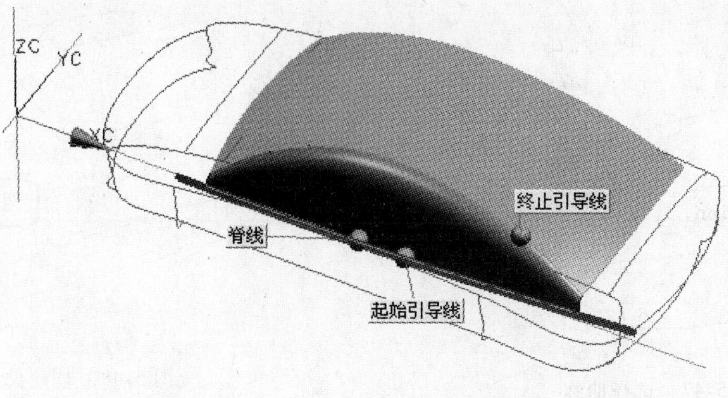

图5-44　选择引导线

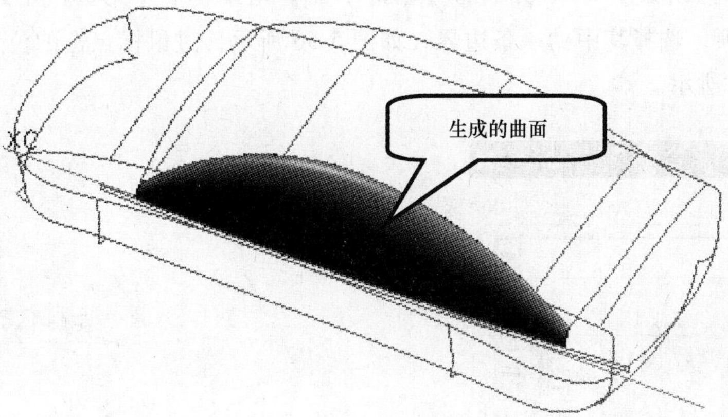

图5-45　创建剖切曲面

(13) 使用快捷键〈Ctrl + Shift + K〉或选择【编辑】→【显示和隐藏】→【显示】命令，弹出【类选择器】对话框，在绘图区显示隐藏的所有对象。选择片体，单击【确定】按钮或鼠标中键将选择的对象显示出来。显示所有曲面如图5-46所示。

图5-46　显示所有曲面

(14) 单击【曲面】工具条上的【通过曲线组】图标，弹出相应对话框。选择如图5-47所示的曲面边线，指定生成曲面与两边线对应曲面为相切连续，单击【确定】按钮完成曲面构建，完成的曲面如图5-48所示。生成的曲面只和两边的曲面相切连续，和下面的曲面不连续，所以将进行额外操作以达到相切连续。

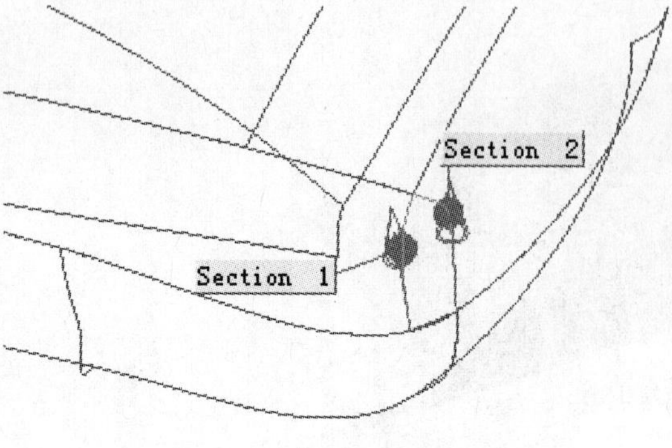

图 5-47 选择曲线

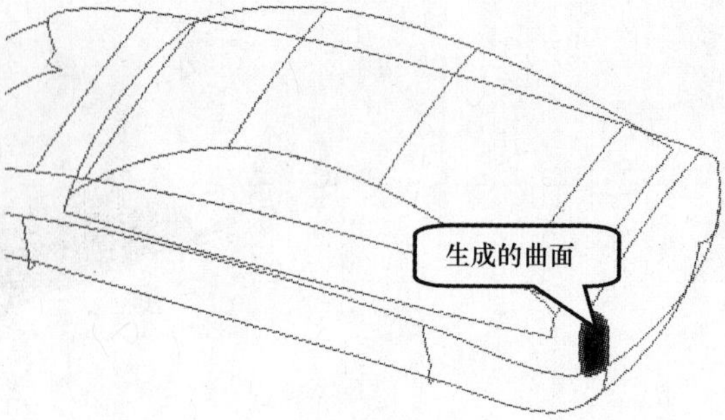

图 5-48 创建曲面

（15）选择【插入】→【基准/点】→【基准平面】或单击【特征】工具条上的【基准平面】图标，弹出如图 5-49 所示的【基准平面】对话框。【类型】下拉列表框中选择【自动判断】选项，选择其中的一条边界，如图 5-50 所示，过鼠标点击的位置生成曲面的法平面，如图 5-51 所示。

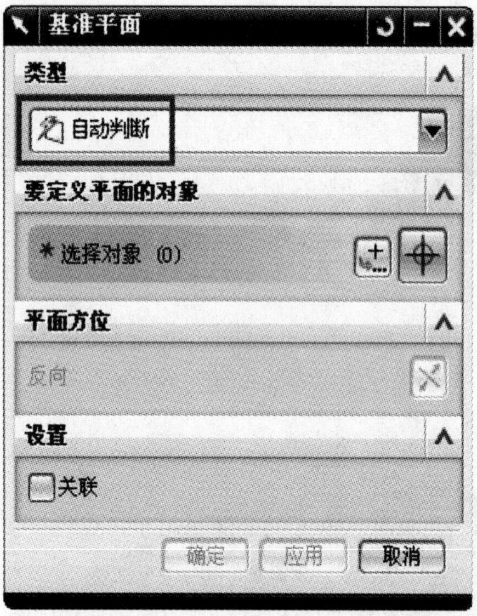

图 5-49 【基准平面】对话框

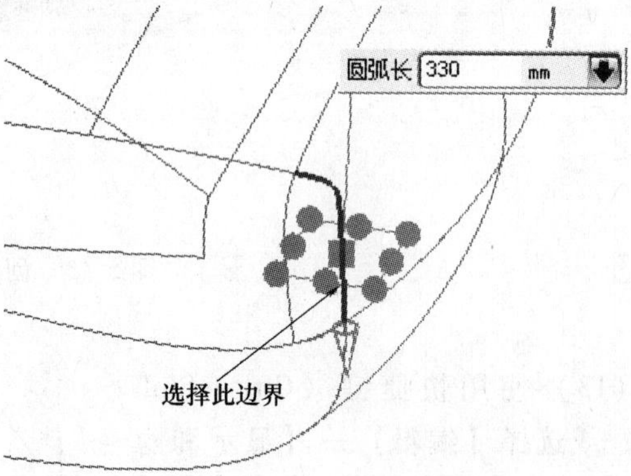

图 5-50 选择边界

（16）选择【插入】→【修剪】→【修剪的片体】或单击【曲面】工具条上的【修剪的片体】图标，弹出如图 5-52 所示的【修剪的片体】对话框。选择曲面为目标体，选择基准平面为边界对象，注意点击的位置为保留的区域，如图 5-53 所示，单击鼠标中键或单击【确定】按钮完成片体修剪，如图 5-54 所示。

（17）选择【插入】→【网格曲面】→【通过曲线网格】或单击【曲面】工具条上的【通过曲线网格】图标，弹出相应的对话框。选择曲面的四个边界，如图 5-55 所示，并为生成的曲面和边界对应的曲面指定相切连续，生成的曲面如图 5-56 所示。

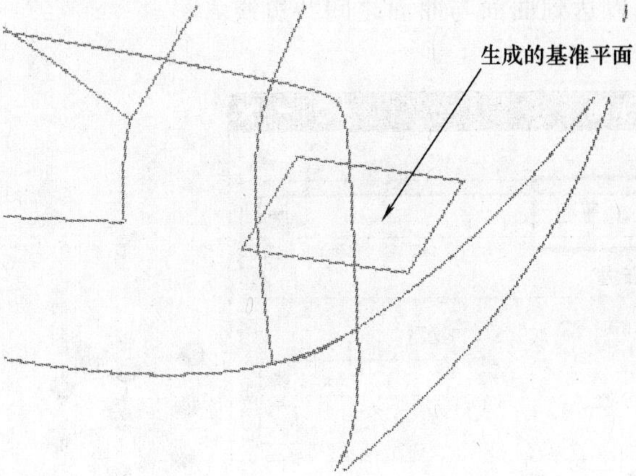

图 5-51　生成基准平面

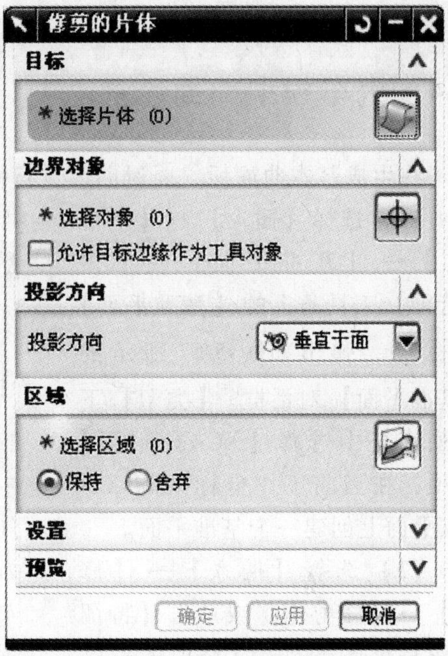

图 5-52　【修剪的片体】对话框

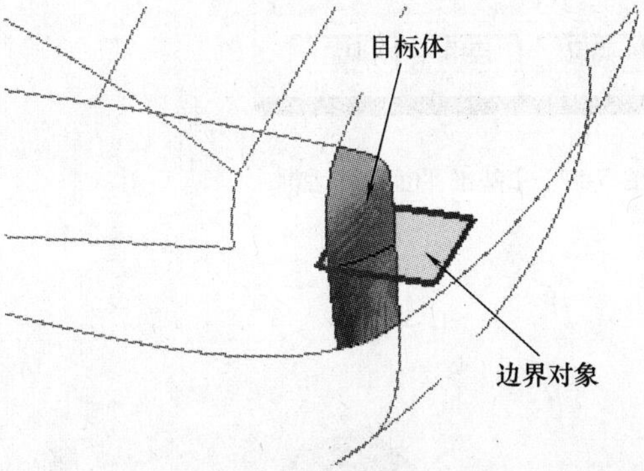

图 5-53　选择边界对象

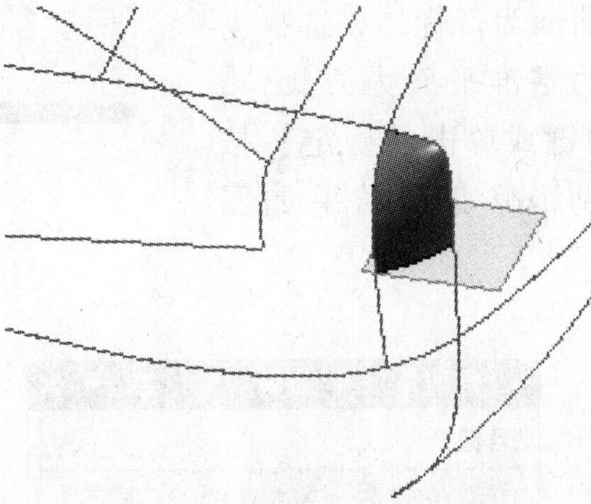

图 5-54　修剪片体

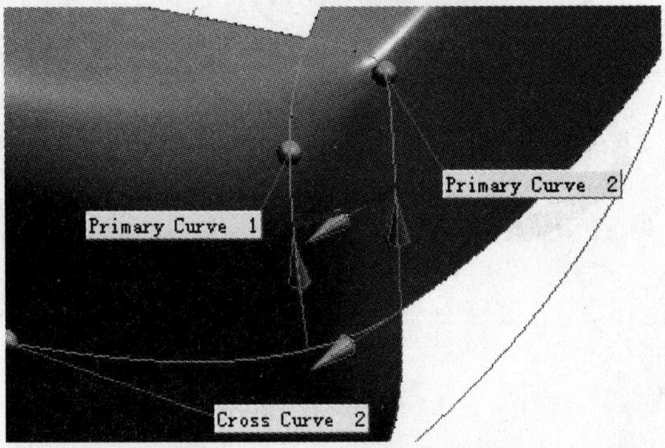

图 5-55　选择曲面边界

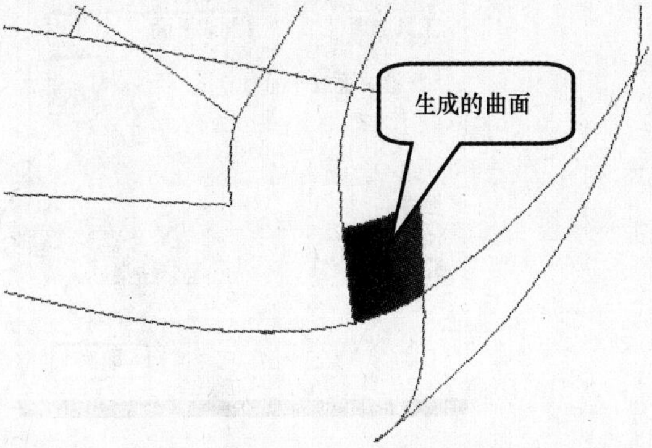

图 5-56　创建曲面

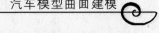

5.4 汽车模型曲面修剪

在生成基本曲面后，要对曲面进行修剪，以达到曲面与曲面之间共边线。

（1）选择【插入】→【基准/点】→【基准平面】或单击【特征】工具条上的【基准平面】图标，弹出如图 5-57 所示的【基准平面】对话框。【类型】下拉列表框中选择【XC-ZC 平面】选项，在当前工作坐标系的 XC-YC 平面上创建一个基准平面。

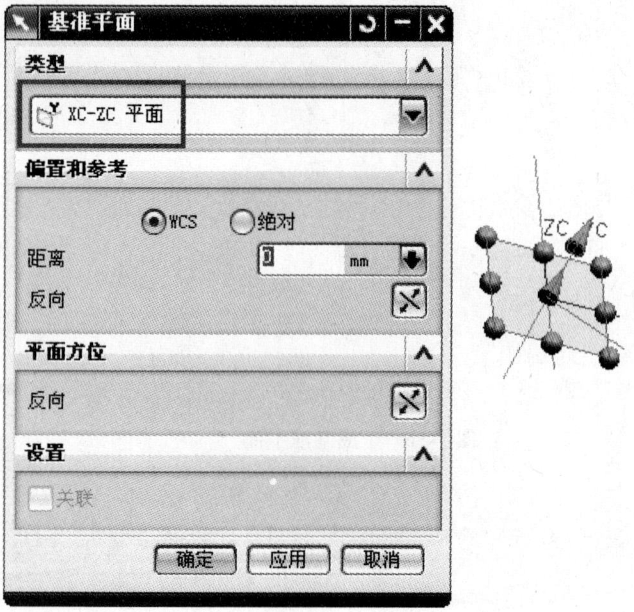

图 5-57 【基准平面】对话框

（2）选择【插入】→【修剪】→【修剪体】或单击【特征操作】工具条上的【修剪体】图标，弹出如图 5-58 所示的【修剪体】对话框。选择超过 XC-ZC 平面的曲面为目标体，选择上一步创建的基准平面为刀具体，单击鼠标中键或单击【确定】按钮完成修剪，修剪的结果如图 5-59所示。

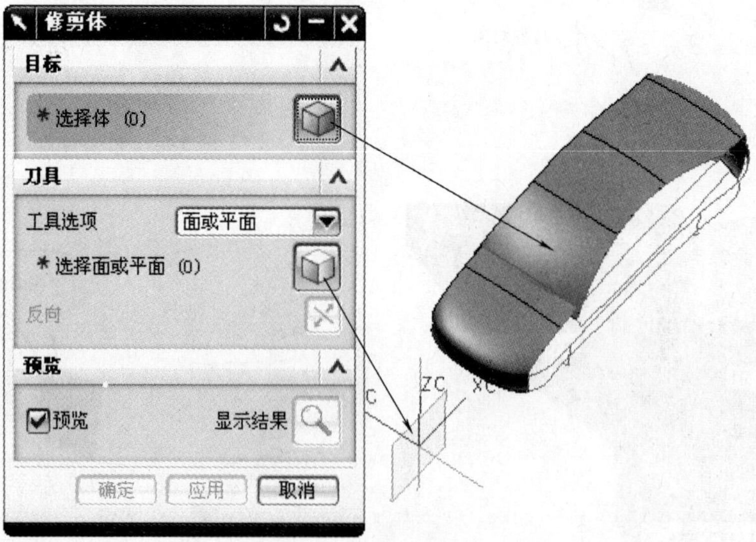

图 5-58 【修剪体】对话框

（3）选择【插入】→【组合体】→【缝合】或单击【特征操作】工具条上的【缝合】图标，弹出如图5-60所示的【缝合】对话框。选择顶部的一张曲面作为目标面，选择顶部其余面作为刀具面，单击鼠标中键或单击【确定】按钮将顶部曲面组合在一起。

（4）与上一步相同的方法将剩余的曲面组合在一起。

（5）选择【插入】→【修剪】→【修剪与延伸】或单击【曲面】工具条上的【修剪与延伸】图标，弹出如图 5-61 所示的【修剪和延伸】对话框。选择顶部组合面为目标体，选择其余组合面为刀具体，注意修剪的方向为指向保留侧，单击鼠标中键或单击【确定】按钮将两组合曲面互相修剪，并组合在一起。

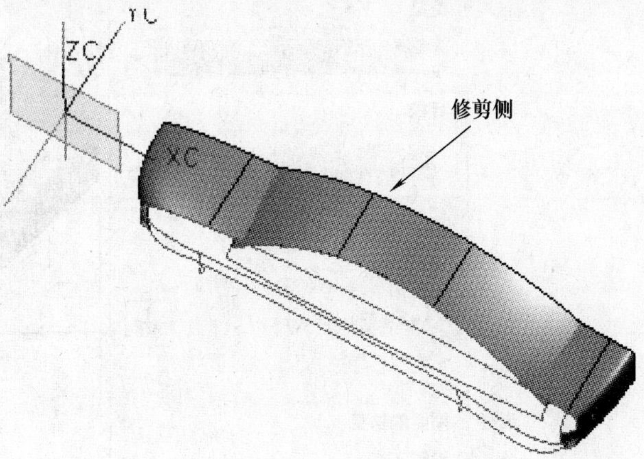

图 5-59 修剪结果

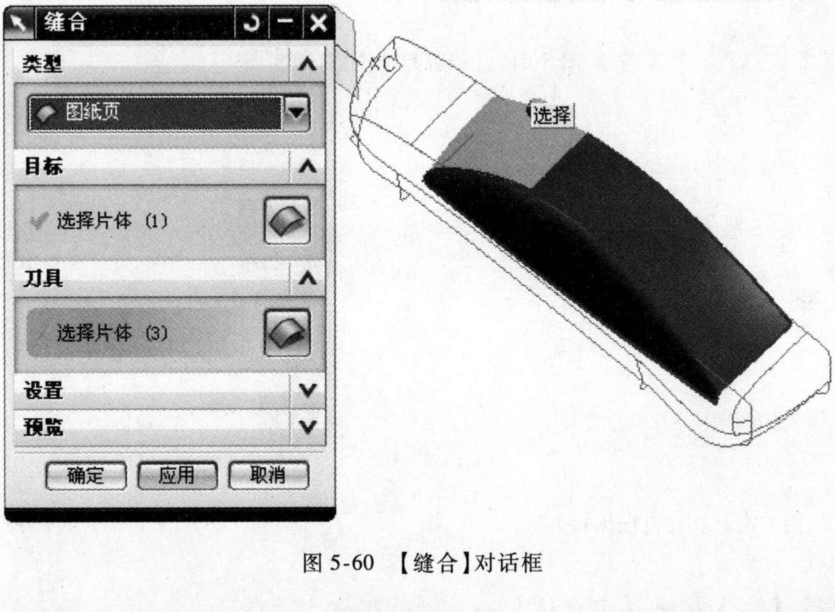

图 5-60 【缝合】对话框

（6）单击【曲面】工具条上的【修剪的片体】图标，弹出相应的【修剪的片体】对话框。选择曲面为目标体，选择曲线为边界对象，注意点击的位置为保留的区域，如图 5-62 所示，指定投影方向为 - YC 方向，如图 5-63 所示，单击鼠标中键或单击【确定】按钮完成片体修剪，修剪后的曲面如图 5-64 所示。

（7）选择【插入】→【关联复制】→【镜像体】或单击【特征操作】工具条上的【镜像体】图标，弹出如图 5-65 所示的【镜像体】对话框。选择组合面为镜像体，选择基准平面为镜像平面，如图 5-65 所示，单击鼠标中键或单击【确定】按钮完成镜像，镜像结果如图 5-66 所示。

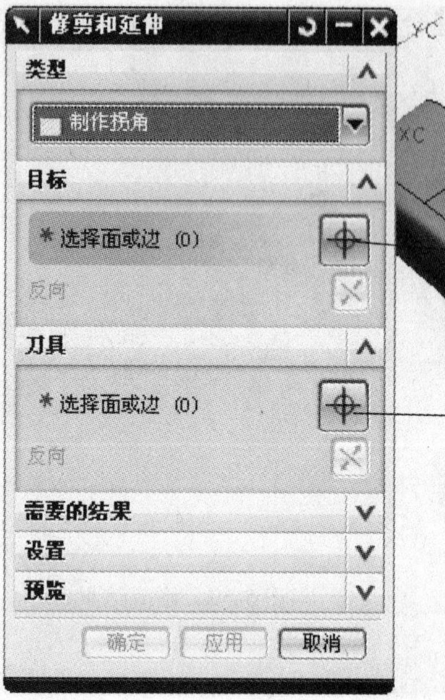

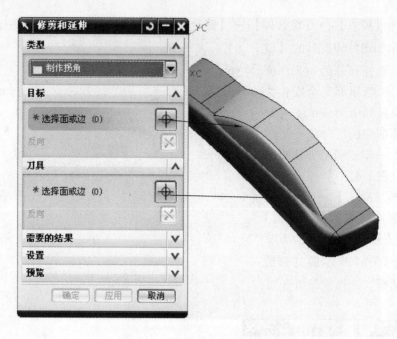

图 5-61 【修剪和延伸】对话框

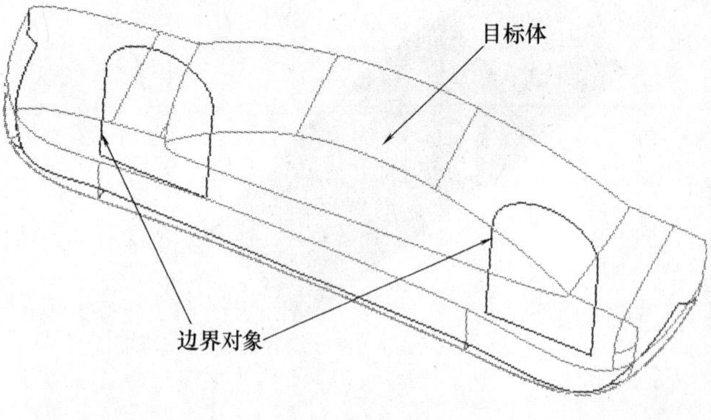

图 5-62 选择目标体和边界

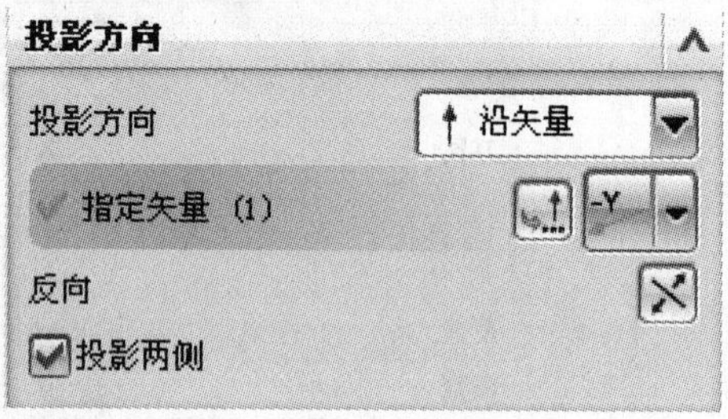

图 5-63 设定投影方向

(8) 选择【插入】→【组合体】→【缝合】或单击【特征操作】工具条上的【缝合】图标，弹出如图 5-60 所示的【缝合】对话框。选择原组合曲面作为目标面，选择镜像曲面作为刀具面，单击鼠标中键或单击【确定】按钮将曲面组合在一起。

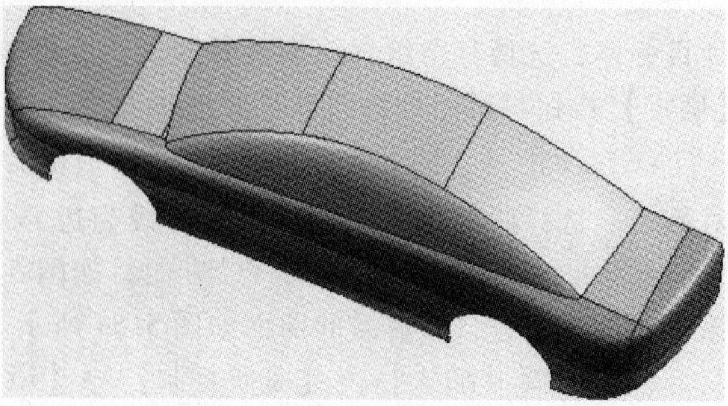

图 5-64 修剪结果

(9) 选择【文件】→【保存】或单击【标准】工具条上的【保存】图标，将文件进行保存，保存的结果请参见光盘中“car-finish. prt”文件。

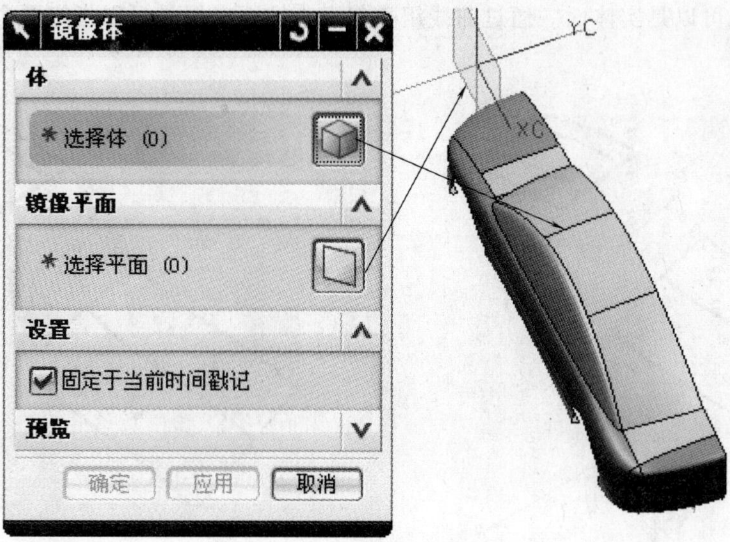

图 5-65　【镜像体】对话框

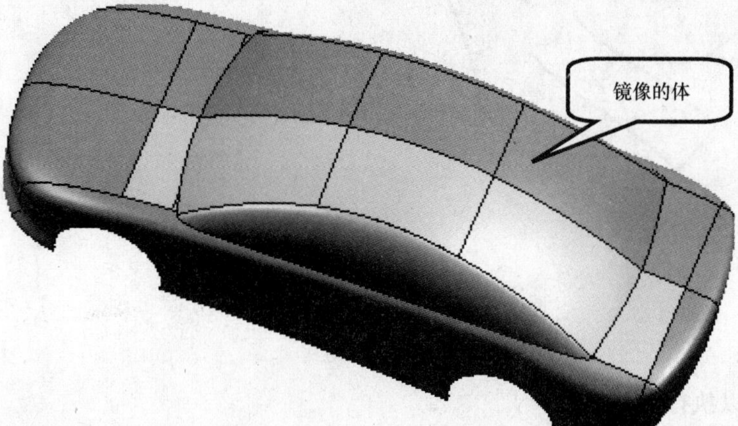

图 5-66　镜像结果

5.5　知识技能点

5.5.1　通过曲线组

知识点：通过曲线组创建曲面是通过同一方向上的一组截面线串生成一个曲面。

1. 通过曲线组功能描述

（1）此命令将通过一组多达 150 个的截面线串来创建片体或实体，通过曲线组创建曲面，如图 5-67 所示。截面线串可以由一个对象或多个对象组成，并且每个对象既可以是曲线、实体边，也可以是实体面。通过曲线组类似于直纹面，但是可以指定两个以上的截面线串。

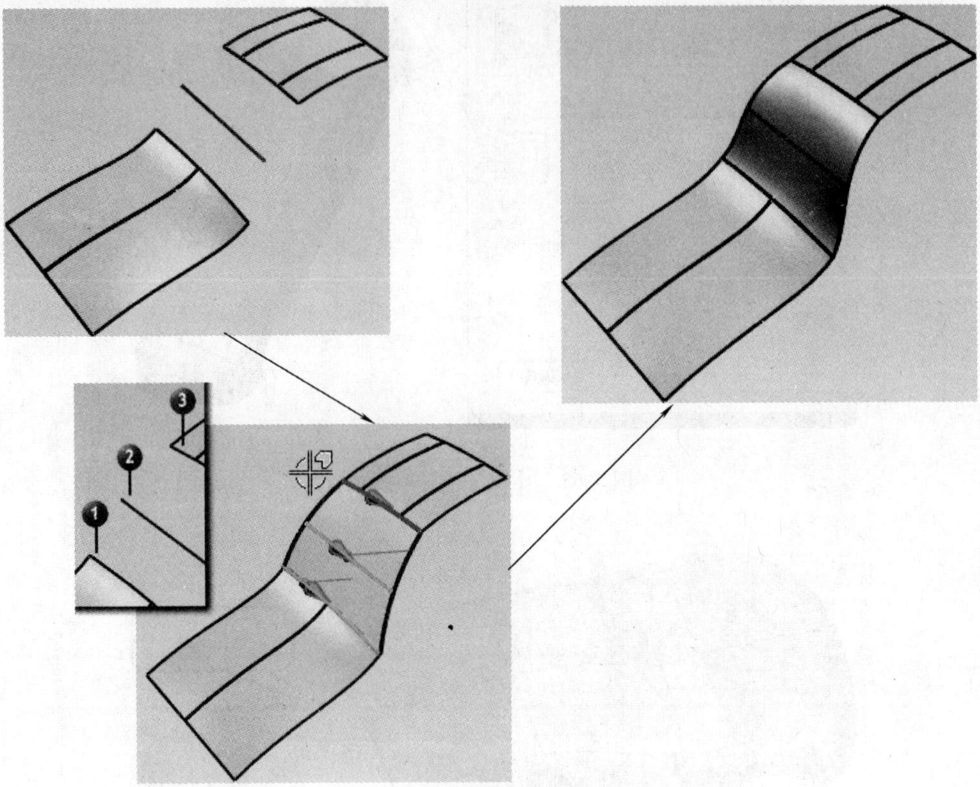

图 5-67 “通过曲线组”命令运用

（2）还可以执行以下操作：

将新曲面约束为与相切曲面 G0、G1 或 G2 连续。

通过各种方式将曲面的形状对齐到截面线串，控制曲面的形状。

指定一个或多个输出补片。

生成垂直于结束截面的新曲面。

2. 通过曲线组对话框

【通过曲线组】对话框，如图 5-68 所示。

3. 通过曲线组功能要点

（1）对于单个补片来说，至少需要选择 2 条、最多选择 25 条线串；对于多个补片，线串的数量取决于 V 向阶次。所指定的线串的数量至少要比 V 向阶次多 1 个。

（2）截面线串可以由一个对象或多个对象组成，并且每个对象既可以是曲线、实体边，也可以是实体面。

（3）选择曲线时，鼠标单击的部位要保持一致，否则会造成曲面的扭曲。

（4）通过此命令将新曲面约束为与相切曲面 G0、G1 或 G2 连续，如图 5-69 所示。

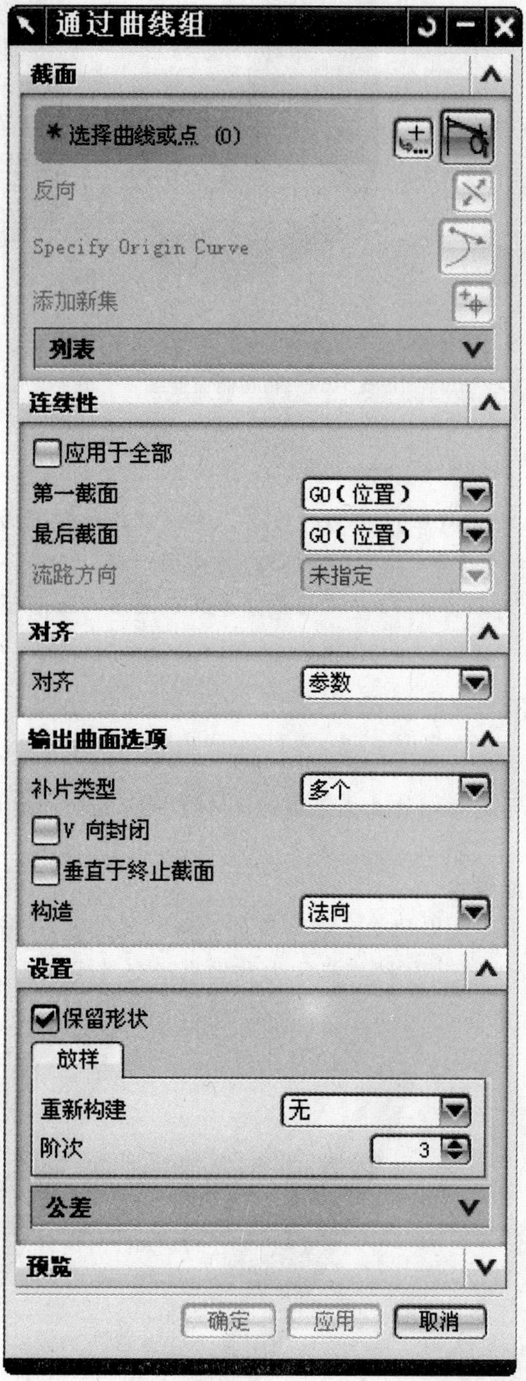

图 5-68　【通过曲线组】对话框

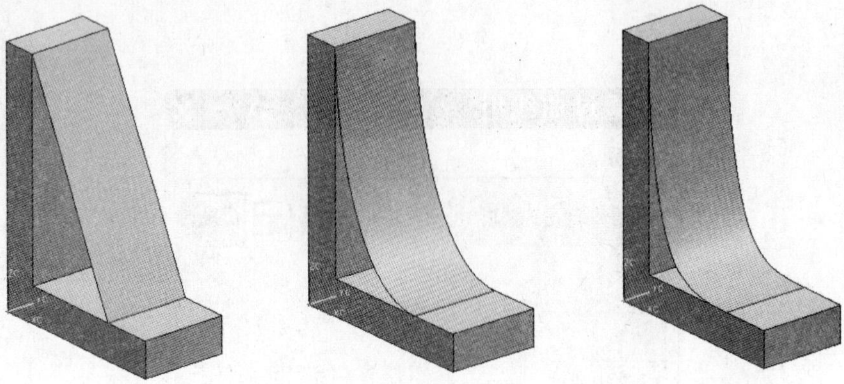

图 5-69　相切曲面连续

操作技巧：通过曲线组命令应用技巧

技巧1：在使用【通过曲线组】构面的时候，要注意在选择截面线时，鼠标点击的位置起点要一致，也就是选择的截面线时生成的箭头方向要一致。如果不一致将生成扭曲的面。

技巧2：使用【通过曲线组】构面的截面线长度尽量保证差不多，不要相差太远，否则生成的曲面参数将相差很大。

5.5.2　通过曲线网格

知识点：通过曲线网格创建曲面是通过两个不同方向的曲线生成一个曲面。

1. 通过曲线网格功能描述

(1) 此命令将从几个主线串和交叉线串集创建体，如图 5-70 所示。每个集中的线串必须互相大致平行，并且不相交。主线串必须大致垂直于交叉线串。

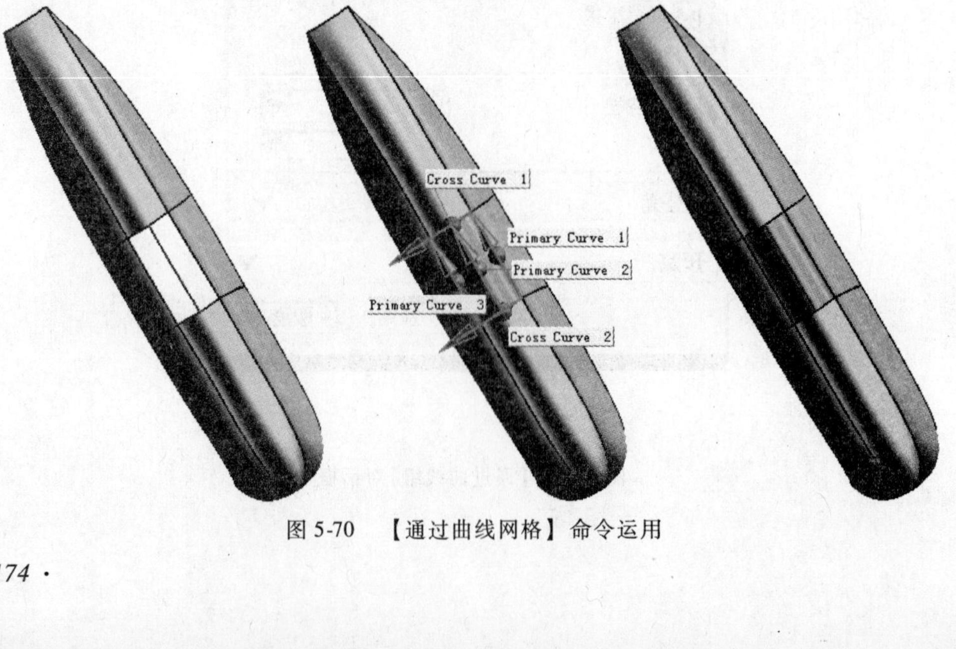

图 5-70　【通过曲线网格】命令运用

（2）还可以执行以下操作：

将新曲面约束为与相切曲面 G0、G1 或 G2 连续。

控制针对脊线串的交叉线串参数化。

将曲面定位在主线串或交叉线串附近，或定位在这两个集的平均位置处。

2. 通过曲线网格对话框

【通过曲线网格】对话框，如图 5-71 所示。

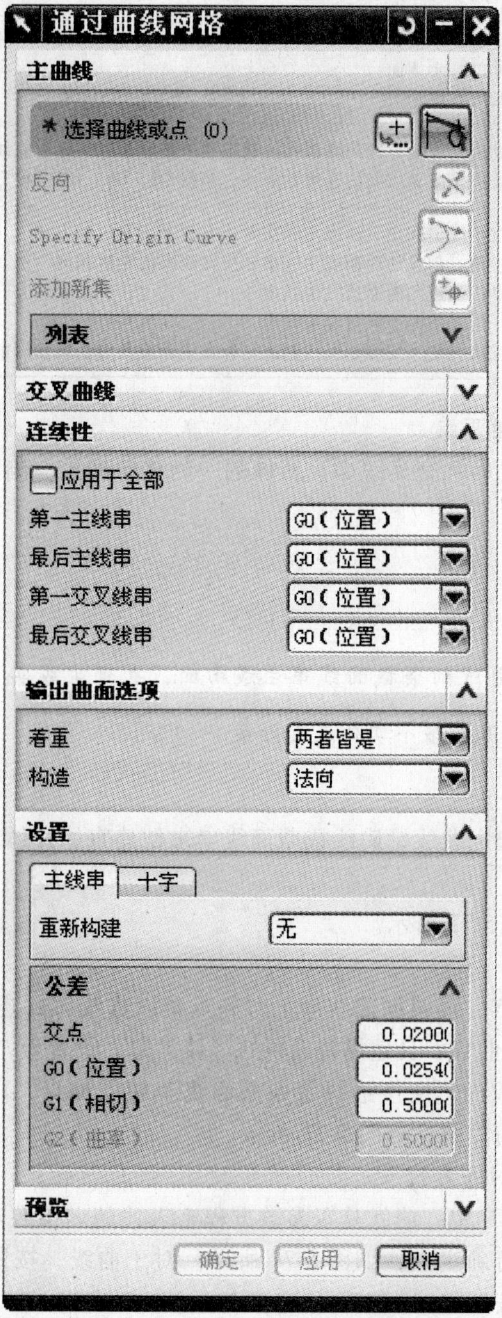

图 5-71　【通过曲线网格】对话框

通过曲线网格对话框选项描述如表 5-1 所示。

表 5-1　通过曲线网格对话框选项描述

选　项	描　　述
主曲线	选择曲线或点。截面线串可以由一个或多个对象组成，并且每个对象既可以是曲线、实体边，也可以是实体面 必须至少选择两个截面线串，可以最多选择 150 个截面线串 若选择点作为主曲线，则点只能作为第一个或最后一个截面线串
交叉曲线	选择交叉线串。交叉线串可以由一个或多个对象组成，并且每个对象既可以是曲线、实体边，也可以是实体面 交叉曲线不能为点
连续性	可以设置曲面边界的约束条件，确定第 1 组和最后一组主曲线以及第一组和最后一组交叉曲线串与被选择曲面之间的连续性条件，包括 G0、G1、G2 三种方式
着重	只有在主线串和交叉线串不相交时才有意义。有三种方式 两者皆是：创建的曲面到主线串和交叉线串的距离相同 主线串：创建的曲面通过主线串 十字：创建的曲面通过交叉线串 若主线串与交叉线串相交，则此三种方式创建的曲面是相同的

3. 通过曲线网格功能要点

必须按顺序选择主线串和交叉线串，从体的一侧移动到另一侧，方向一般不能反，否则会生成扭曲面。

5.5.3　直纹

知识点：直纹是通过两条截面线串生成曲面，也可生成实体。每条截面线串可以由多条连续的曲线、边界或多个实体表面组成。

1. 直纹功能描述

使用直纹可以通过选定曲线轮廓线或截面线串来创建直纹片体或实体。

2. 直纹功能选项

【直纹】对话框如图 5-72 所示。

3. 直纹功能要点

（1）对于直纹面而言，两组截面线串上对齐点是以直线方式连接的，所以称为直纹面。如果选择的截面线为封闭曲线，且建模首选项的“体类型”设置为“实体”，则生成的是实体。

（2）对于大多数直纹面，应该选择每条截面线串相同端点，以便得到相同的方向，否则会得到一个形状扭曲的曲面，如图 5-73 所示。

4. 直纹面共有 6 种对齐方式

（1）参数　在 UG NX 中，曲线是以参数方程来表述的。参数对齐方式下，对应点就是两条线串上同一参数值所确定点，如图 5-74 所示。对于曲线，按照等角度方式来划分连接点，而对于直线部分则按照等间距来划分连接点。

（2）圆弧长　即等弧长对齐方式。将两条线串都进行 n 等分，得到 $n+1$ 个点，用直线

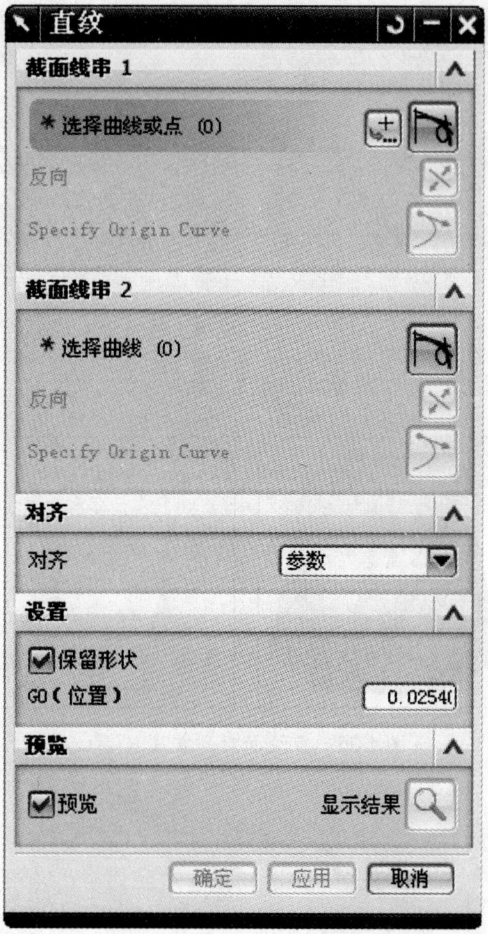

图 5-72 【直纹】对话框

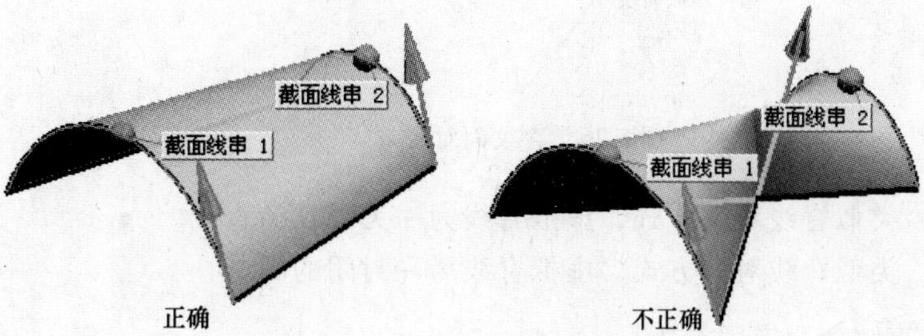

图 5-73 直纹面运用

连接对应点即可得到直纹面，如图 5-74 所示。n 的数值是系统根据公差值自动确定。

(3) 根据点 由用户直接在两线串上指定若干个对应的点作为强制对应点，如图 5-75 所示。当截面带有尖角时，一般选择此选项。

(4) 脊线 所选择的两组截面线串的对应点为垂直于脊线的平面和两组截面线串的交点。直纹面经过的扫描范围为脊线和截面线相交所形成的最小范围，如图 5-76 所示。

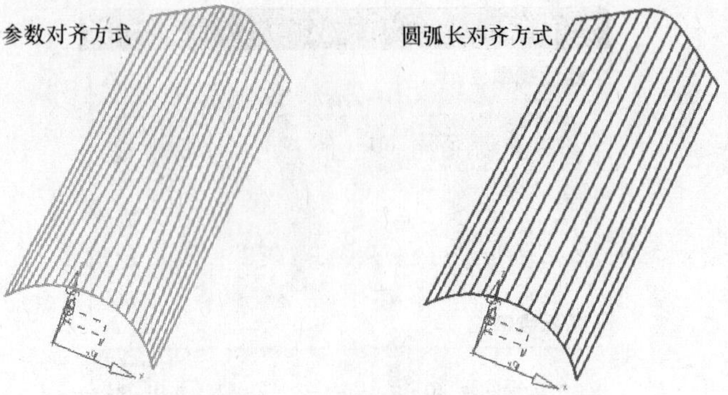

图 5-74　直纹面对齐方式

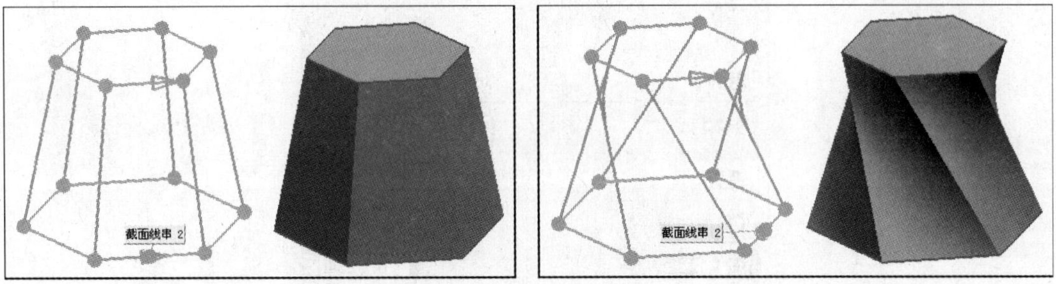

图 5-75　直纹面对齐方式（一）

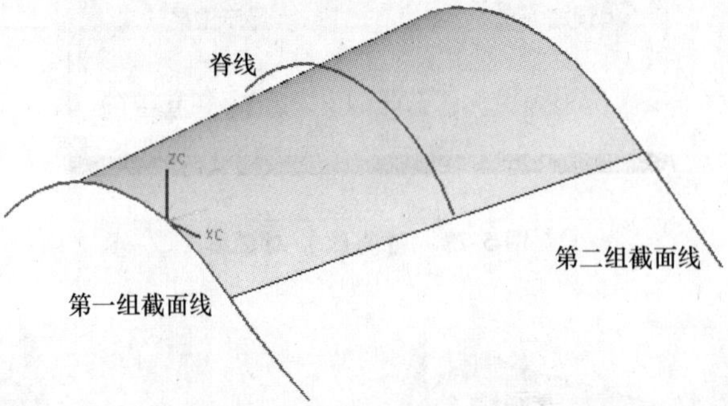

图 5-76　直纹面对齐方式（二）

（5）距离　类似脊线对齐方式，虚拟脊线为一无限长的直线。

（6）角度　类似脊线对齐方式，虚拟脊线为一封闭的圆。

操作技巧：直纹命令应用技巧

技巧1：只能选择两条线，这两条线可以由多段线组成，并且两条线不能相交。

技巧2：在选择线时，起点应该一致，以箭头表示。如果不一致将生成扭曲的面。

技巧3：在创建直纹面时要注意“对齐”方式的选择。

5.5.4　剖切曲面

1. 剖切曲面功能描述

使用剖切曲面命令可使用二次曲线构造方法创建通过曲线或边的截面的曲面体（B 曲

面）。剖切曲面类似于位于预先描述平面内的截面曲线的无限族，起始和终止于某些选定的控制曲线，并且通过这些曲线。

2. 剖切曲面对话框

【剖切曲面】对话框如图5-77所示。共有20种剖切类型。

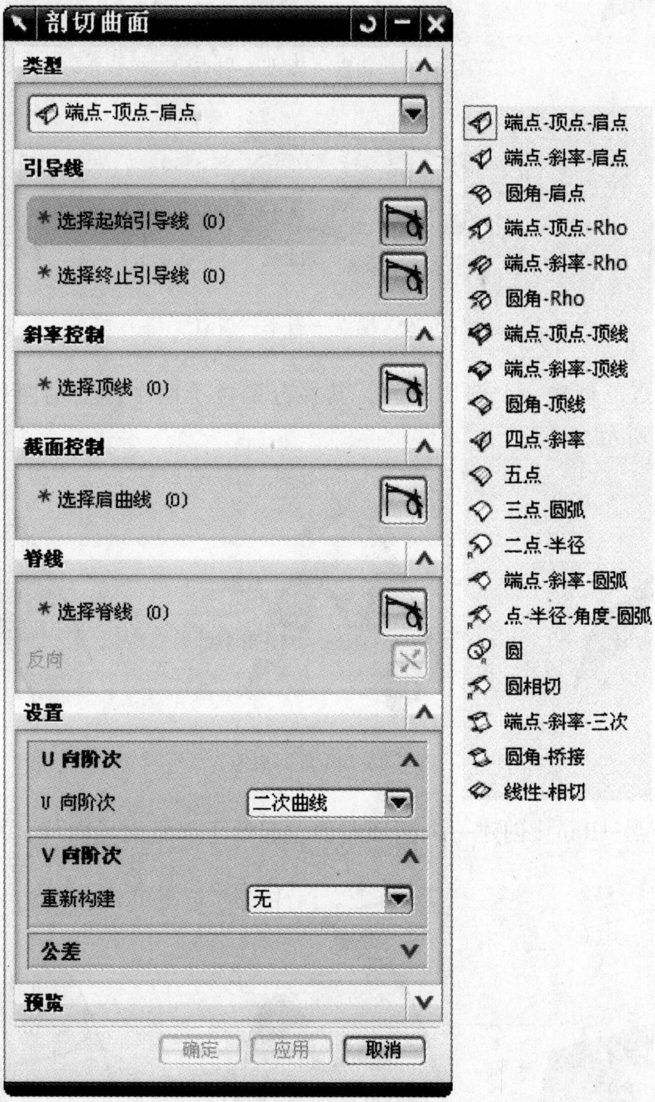

图5-77　【剖切曲面】对话框

3. 剖切曲面功能要点

（1）端点—顶点—肩点　创建一个剖切曲面，起始于第一引导曲线，穿过内部肩曲线并终止于终止引导曲线，如图5-78所示。

（2）端点—斜率—肩点　创建一个剖切曲面，起始于第一引导曲线，穿过内部肩曲线并终止于终止引导曲线，如图5-79所示。

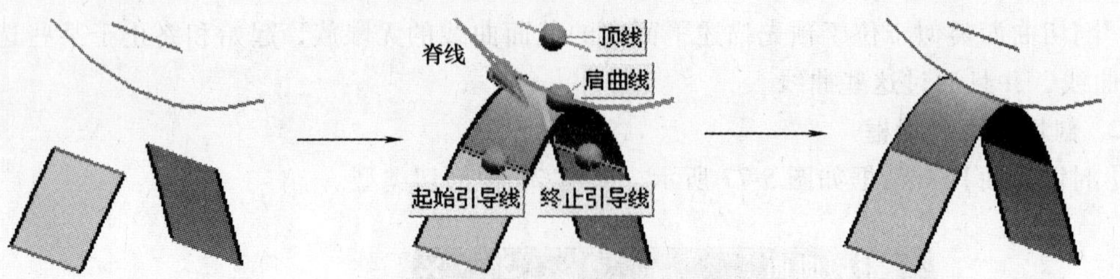

图 5-78　端点—顶点—肩点

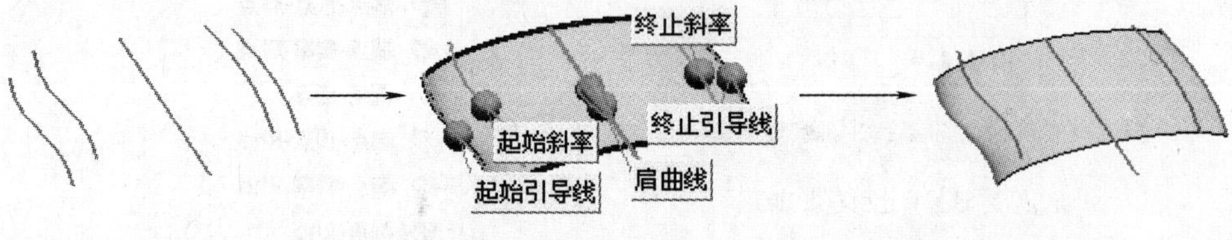

图 5-79　端点—斜率—肩点

（3）圆角—肩点　创建一个剖切曲面，其在分别位于两个体上的两条曲线之间形成光顺圆角，如图 5-80 所示。

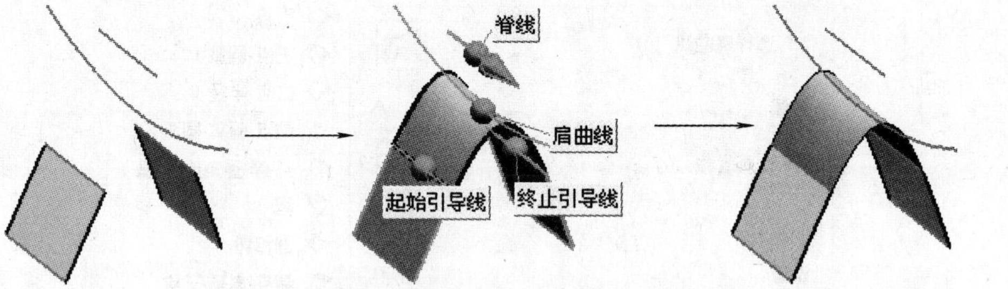

图 5-80　圆角—肩点

（4）端点—顶点—Rho　创建一个剖切曲面，起始于起始引导曲线，终止于终止引导曲线，如图 5-81 所示。

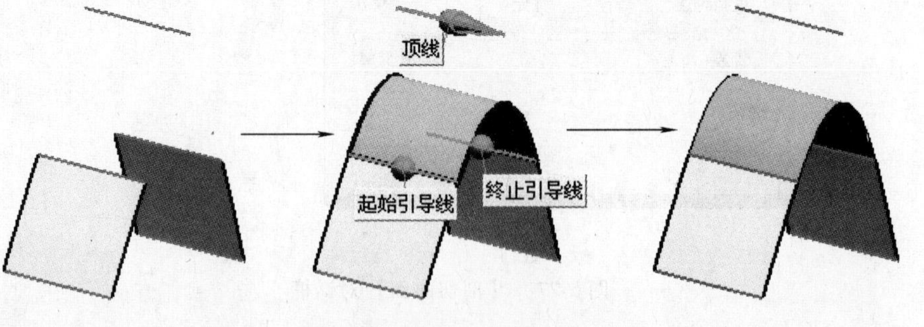

图 5-81　端点—顶点—Rho

（5）端点—斜率—Rho　创建一个剖切曲面，起始于起始引导曲线，终止于终止引导曲线，如图 5-82 所示。

（6）圆角—Rho　创建一个剖切曲面，其在分别位于两个体上的两条曲线之间形成光顺圆角，如图 5-83 所示。

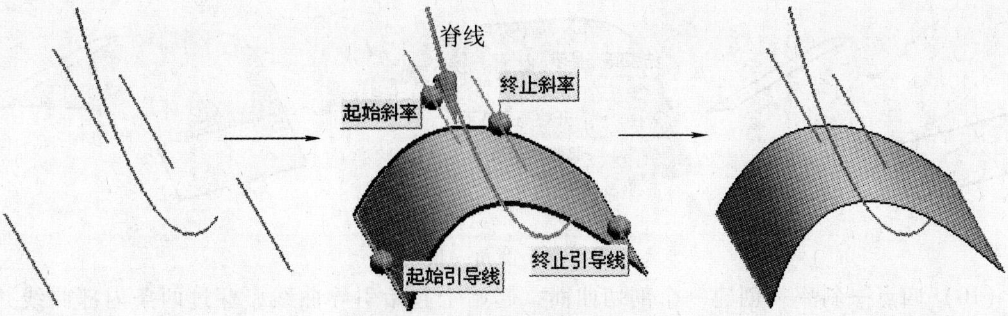

图 5-82　端点—斜率—Rho

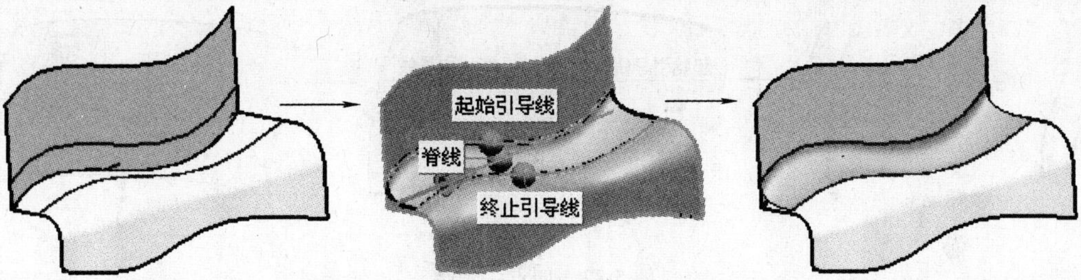

图 5-83　圆角—Rho

（7）端点—顶点—顶线　创建一个剖切曲面，起始于起始引导曲线，终止于终止引导曲线，且与根据高亮显示曲线而计算的线相切，如图 5-84 所示。

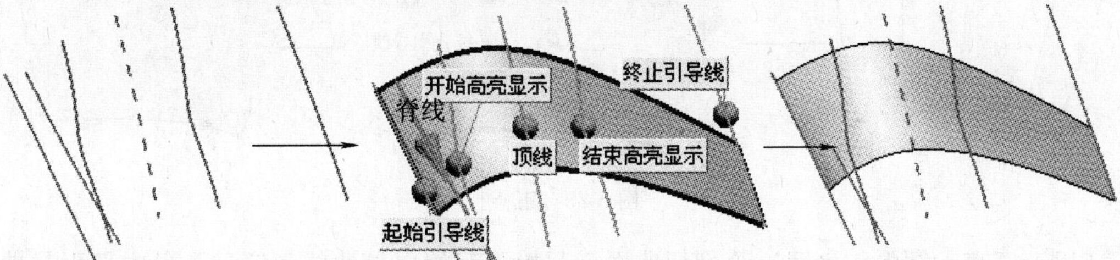

图 5-84　端点—顶点—顶线

（8）端点—斜率—顶线　创建一个剖切曲面，起始于起始引导曲线，终止于终止引导曲线，且与根据高亮显示曲线而计算的线相切，如图 5-85 所示。

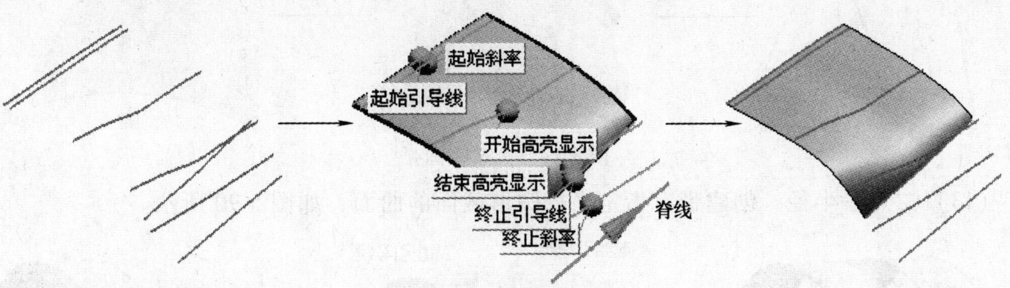

图 5-85　端点—斜率—顶线

（9）圆角—顶线　创建一个剖切曲面，其在分别位于两个体上且与根据高亮显示曲线而计算的线相切的起始引导曲线与终止引导曲线之间形成一个光顺圆角，如图 5-86 所示。

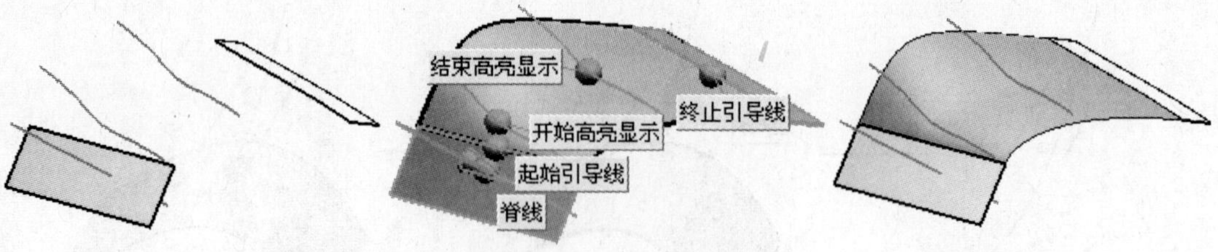

图 5-86　圆角—顶线

（10）四点—斜率　创建一个剖切曲面，起始于起始引导曲线，穿过两条内部曲线并终止于终止引导曲线，如图 5-87 所示。

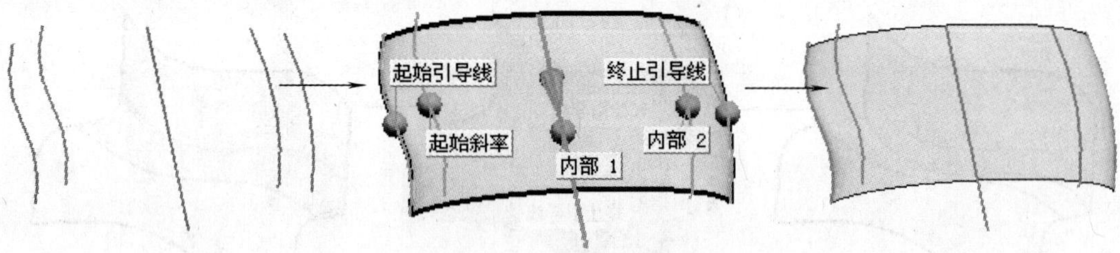

图 5-87　四点—斜率

（11）五点　使用 5 条现有曲线作为控制曲线来创建一个剖切曲面，如图 5-88 所示。

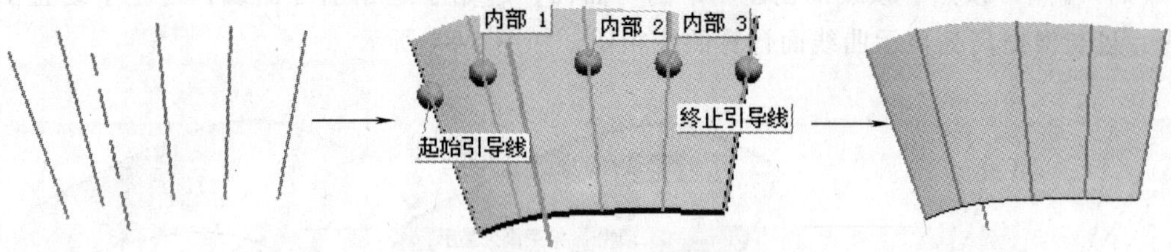

图 5-88　五点

（12）三点—圆弧　创建一个剖切曲面，起始于起始引导曲线，穿过一条内部引导曲线并终止于终止引导曲线，如图 5-89 所示。

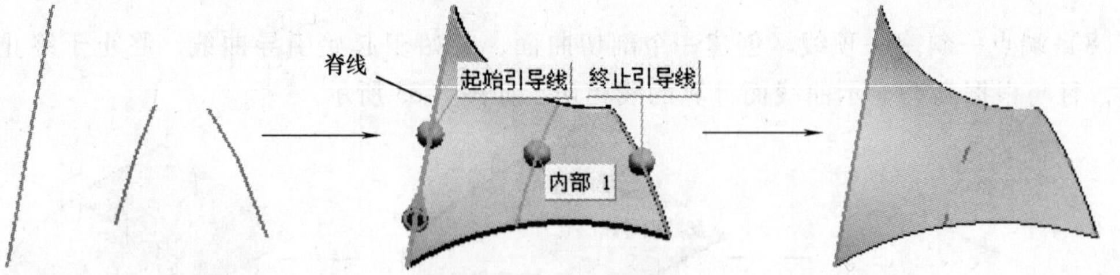

图 5-89　三点—圆弧

（13）二点—半径　创建带有指定半径圆形截面的曲面，如图 5-90 所示。

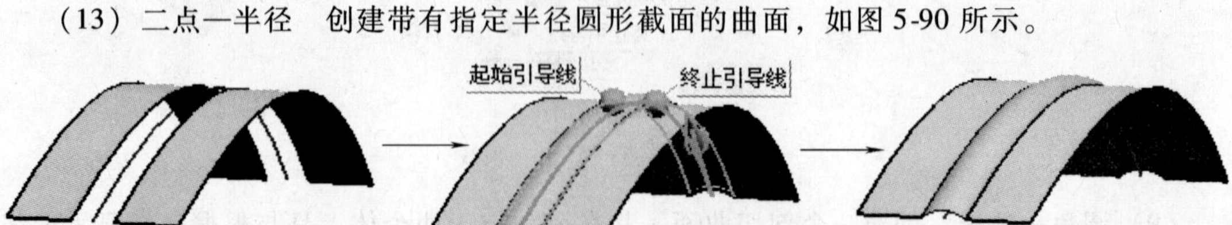

图 5-90　二点—半径

（14）端点—斜率—圆弧　创建一个剖切曲面，起始于起始引导曲线，终止于终止引导曲线，如图5-91所示。

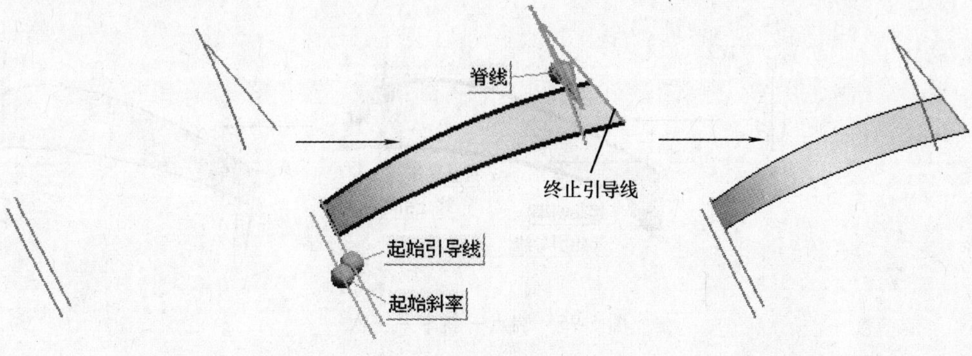

图5-91　端点—斜率—圆弧

（15）点—半径—角度—圆弧　创建一个剖切曲面，方法是：在相切面上定义一条起始引导曲线，以及关于曲率半径和曲面所跨角度的规律，如图5-92所示。

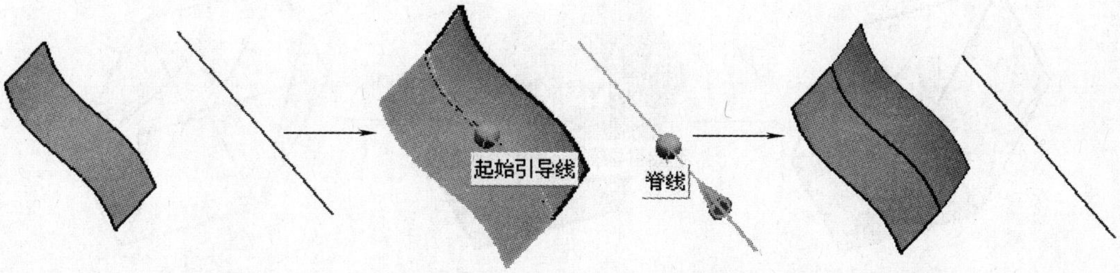

图5-92　点—半径—角度—圆弧

（16）圆　通过起始引导曲线创建整圆剖切曲面，如图5-93所示。

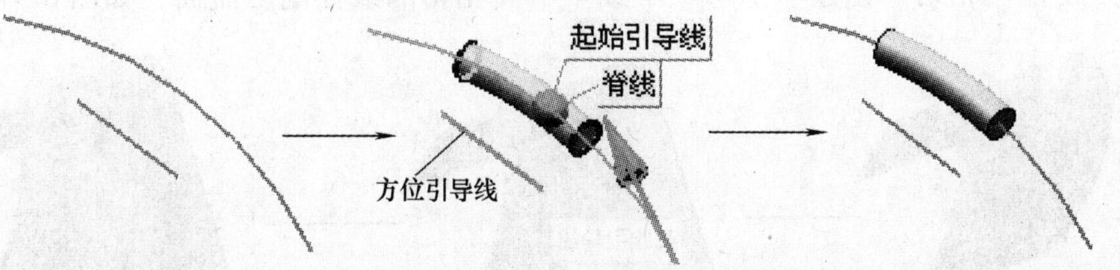

图5-93　圆

（17）圆相切　使用起始引导曲线、相切面和规律来创建与面相切的圆形剖切曲面，以定义曲面的半径，如图5-94所示。

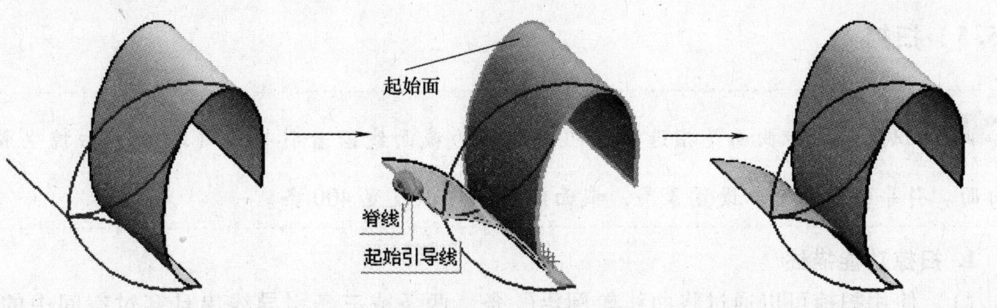

图5-94　圆相切

（18）端点—斜率—三次　创建一个 S 形剖切曲面，其在起始引导曲线与终止引导曲线之间形成一个光顺三次圆角，如图 5-95 所示。

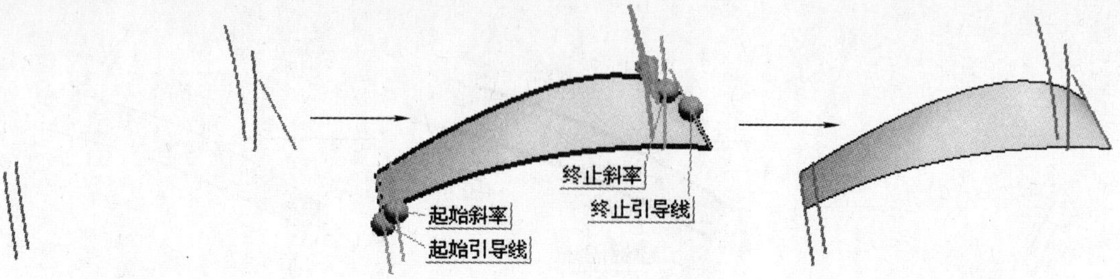

图 5-95　端点—斜率—三次

（19）圆角—桥接　创建一个剖切曲面，其在两组面上的两条曲线之间形成桥接，如图 5-96 所示。

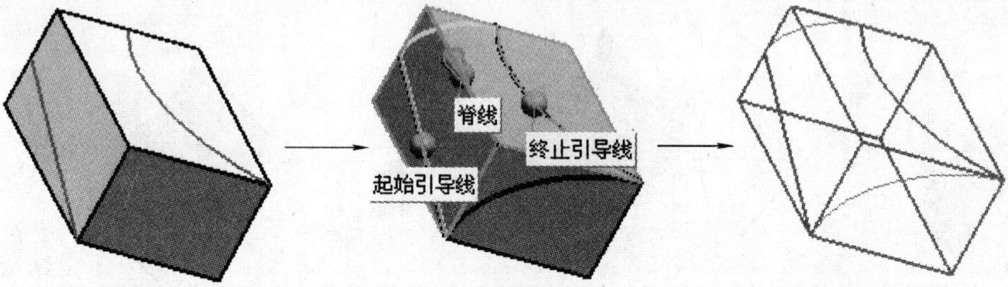

图 5-96　圆角—桥接

（20）线性—相切　创建一个与一个或多个面相切的线性剖切曲面，如图 5-97 所示。

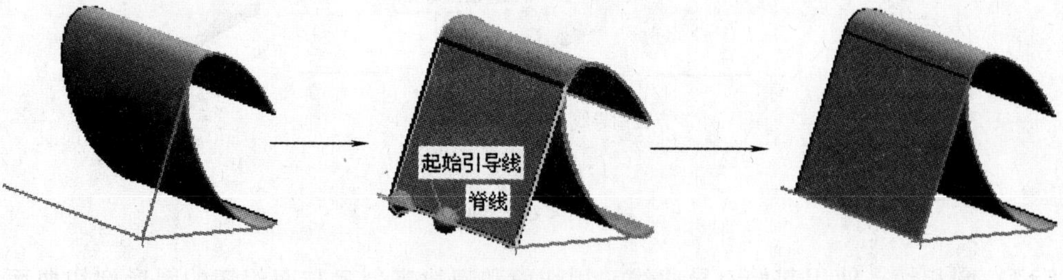

图 5-97　线性—相切

5.5.5 扫掠

知识点： 扫掠曲面是指选择几组曲线作为截面线沿着引导线（路径）扫掠生成的曲面。引导线最多可以设置 3 条，截面线最多可以设置 400 条。

1. 扫掠功能描述

（1）使用扫掠可以通过将曲线轮廓沿一条、两条或三条引导线串且穿过空间中的一条路径进行扫掠，来创建实体或片体。

（2）使用一条引导曲线，则在扫掠过程中，无法确定扫掠曲线沿引导曲线扫掠时的方向和尺寸变化，因此必须指定定位方法和缩放方法，如图5-98所示。

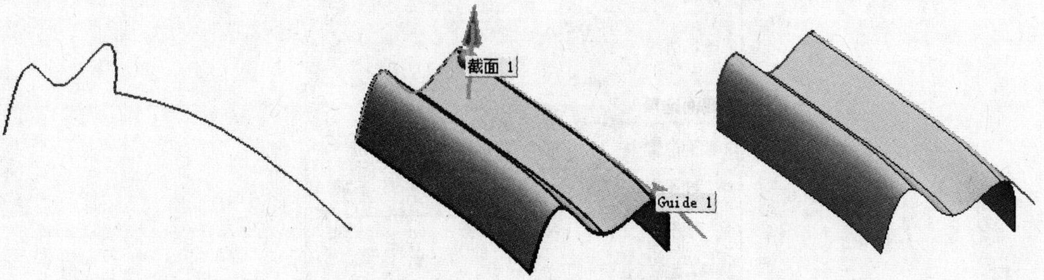

图5-98 使用一条引导线扫掠

（3）使用两条引导曲线，则扫掠曲线沿引导曲线扫掠时的方向完全确定，但扫掠曲线和引导曲线在高度方向上的尺寸变化无法确定，因此必须指定缩放方法，如图5-99所示。

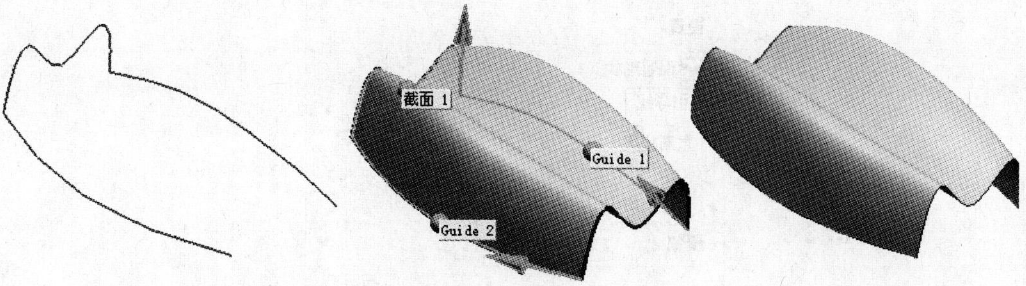

图5-99 使用两条引导线扫掠

（4）使用三条引导曲线，则扫掠曲线沿引导曲线扫掠时的方向和尺寸完全确定，如图5-100所示。

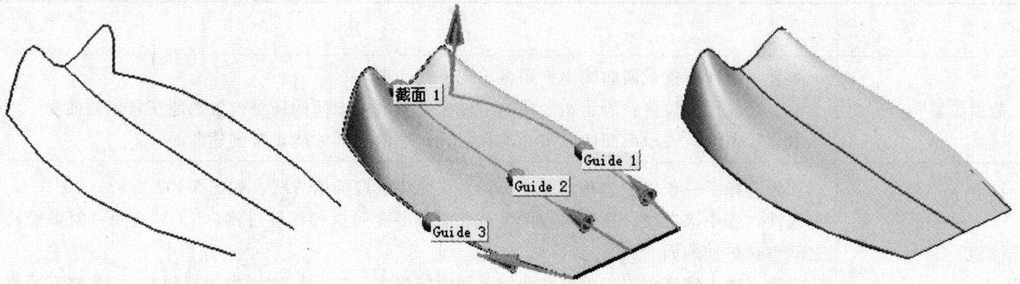

图5-100 使用三条引导线扫掠

2. 扫掠对话框

【扫掠】对话框如图5-101所示。

3. 扫掠对话框选项描述

扫掠对话框选项描述，如表5-2所示。

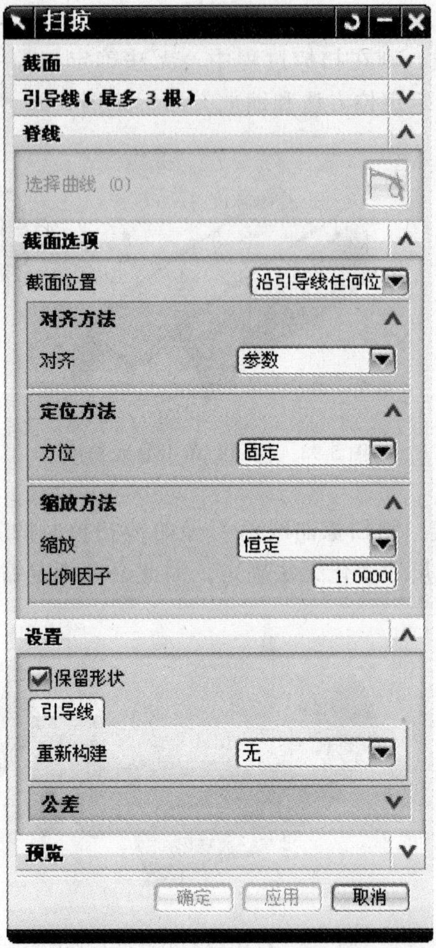

图 5-101　【扫掠】对话框

表 5-2　扫掠对话框选项描述

选　　项	描　　述
截面位置	如果只选择一条截面曲线串，则将出现下列选项 沿引导线任何位置：表示截面曲线串位于引导线串中间的任意位置都能正常创建曲面 引导线末端：表示截面曲线串必须在引导线串的端部才能正常创建曲面
插值	如果选择了一条以上的截面曲线串，系统允许选取插值方式，如图 5-102 所示 线性：选中该选项，扫掠时在两组截面曲线串之间执行线性过渡。NX 将在每一对截面线串之间创建单独的面 三次：选中该选项，扫掠时在两组截面曲线串之间执行三次函数规律过渡。NX 将在所有截面线串之间创建单个面
对齐方法	共有 3 种对齐方法 参数：以截面曲线串 U 方向的等参数点作为对应的对齐点 圆弧长：以截面曲线串的等圆弧长点作为对应的对齐点 根据点：由用户直接在截面线串上指定若干个对应的点作为强制对应点 如果选定的剖面线串包含任何尖锐的拐角，则建议使用【根据点】对齐方式来保留它们

（续）

选　项	描　　述
定位方法	如果仅选取一组引导线串，则系统允许设置方位。此方位用于指定截面曲线串沿着引导线串扫掠过程中，截面曲线串方位的变化规律。共有6种定位方式 固定：截面线串沿着引导线串移动时，保持固定的方位 面的法向：截面线串沿引导线串移动时，局部坐标系的第二轴在引导线串上的每一点都对齐指定面的法线方向 矢量方向：截面线串沿引导线串移动时，局部坐标系的第二轴始终于指定的矢量对齐。但要注意的是，指定的矢量不能与引导线串相切 另一曲线：截面线串沿引导线串移动时，用另一条曲线串或者实体边缘线来控制截面线串的方位。局部坐标系的第二轴由引导线串与另一条曲线各对应点之间的连线的方向来控制 一个点：截面线串沿引导线串移动时，用一条通过指定点与引导线变化规律相似的曲线来控制截面曲线串的方位 强制方向：截面线串沿引导线串移动时，使用一个矢量方向固定截面曲线串的方位 一般来说，对于定位方法的设置，选取【固定】即可。对于其他方式，应在充分理解其意义的基础上使用
缩放方法	用于控制扫掠过程中截面曲线串的尺寸变化规律。共有6种定位方法 恒定：在扫掠过程中，截面曲线串采用恒定的比例放大或缩小 倒圆功能：设置截面曲线串在起始处和终止处的缩放比例系数，在扫掠过程中，按照所设定的线性函数或三次函数规律来计算 另一条曲线：在扫掠过程中，任意一点的比例是基于引导线串和另一条曲线之间对应点之间的连线长度 一个点：与【另一条曲线】相类似，区别在于用点代替曲线 面积规律：在扫掠过程中，使扫掠体截面面积按照某种规律变化 周长规律：在扫掠过程中，使扫掠体截面周长按照某种规律变化 使用【面积规律】和【周长规律】，均要求截面曲线为闭合曲线

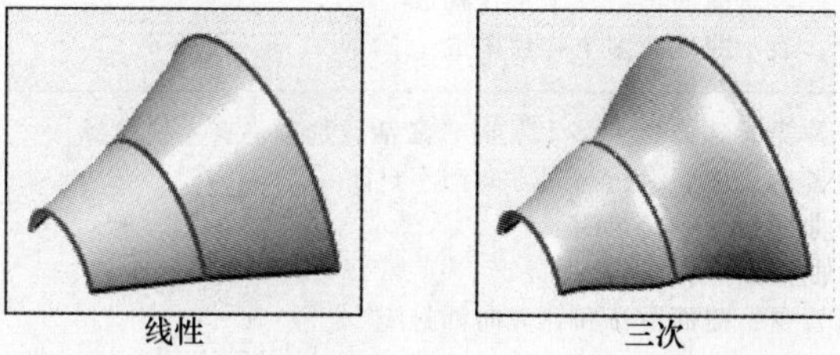

图5-102　插值方式

5.5.6　通过点

1. 通过点功能描述

用于指定体将要通过的矩形阵列点，如图5-103所示。体插补每个指定点。使用这个选项，可以很好地控制体，使它总是通过指定的点。

2. 通过点对话框

【通过点】对话框如图5-104所示。

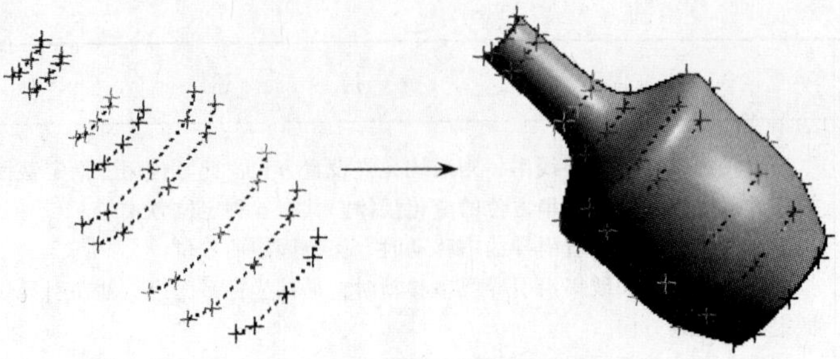

图 5-103　通过点功能

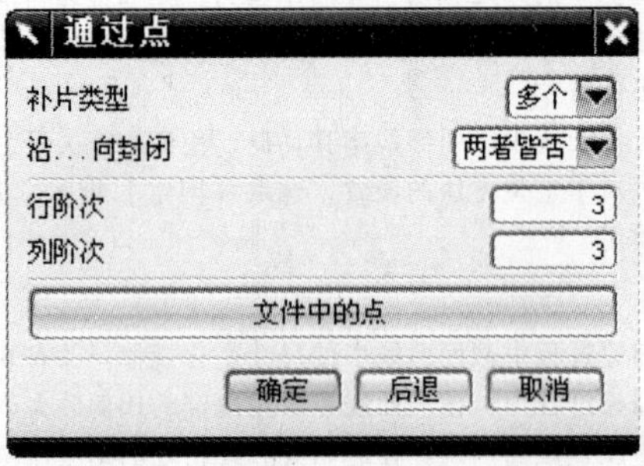

图 5-104　【通过点】对话框

3. 通过点对话框

通过点对话框选项描述如表 5-3 所示。

表 5-3　通过点对话框选项描述

选　项	描　　述
补片类型	可以创建包含单个补片或多补片的体。有 2 种选择 单个：表示曲面将由一个补片构成 多个：表示曲面由多个补片构成
沿…向封闭	当补片类型选择为“多个”时，激活此选项。有 4 种选择 两者皆否：曲面沿行与列方向都不封闭 行：曲面沿行方向封闭 列：曲面沿列方向封闭 两者皆是：曲面沿行和列方向都封闭
行阶次	为多补片指定行阶次（1 到 24）。对于单补片而言，系统决定行阶次从点数最高的行开始
列阶次	为多补片指定列阶次（最多为指定行的阶次减 1）。对于单补片而言，系统将此设置为指定行的阶次减 1
文件中的点	通过选择包含点的文件来定义这些点

4. 通过点功能要点

（1）对于单补片体来说，系统根据指定的点/极点和行来决定行和列的阶次。对于多补片体来说，必须为行和列指定阶次。

（2）每个曲面需要定义 U、V 两个方向的阶数，且阶数介于 2 ~ 24 之间，通常尽可能使用3～5阶来创建曲面。如果选择在两个方向上封闭体，或在一个方向上封闭体并且另一个方向的末端是平的，则创建实体。

（3）当指定创建点或极点时，应该用有近似相同顺序的行选择它们。否则，可能会得到不需要的结果，如图5-105所示。

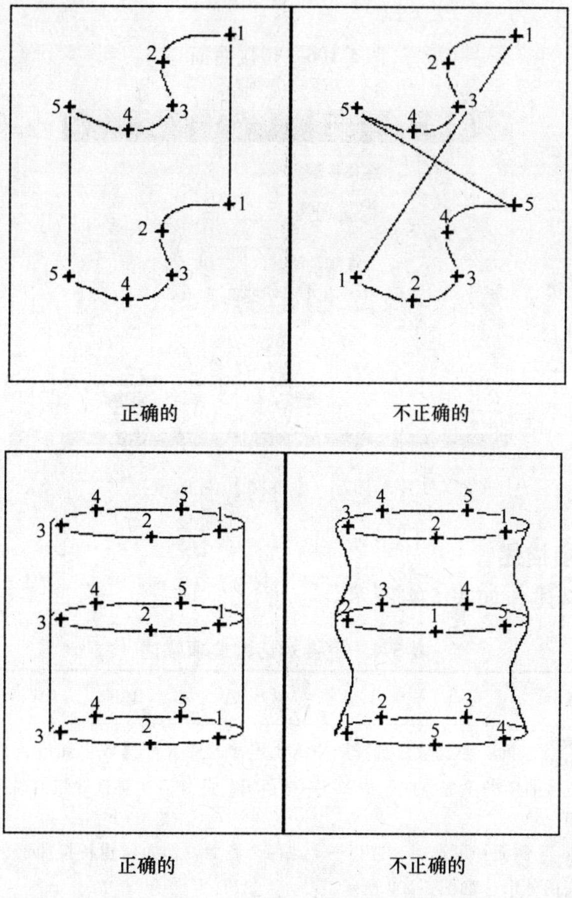

图5-105　指定创建点或极点

5.5.7　桥接

> **知识点**：桥接曲面是在两个曲面之间建立一个过渡曲面，过渡曲面与两个参考曲面之间可以保持相切或曲率连续。

1. 桥接功能描述

在两个主曲面之间，通过建立桥接曲面来实现两组曲面之间的相切过渡或曲率过渡，如图5-106所示。为了比较准确地控制桥接曲面的形状，还可以选择两组侧面和两组侧面线串，精确地控制和限制桥接曲面的侧边界。

2. 桥接对话框

【桥接】对话框如图5-107所示。

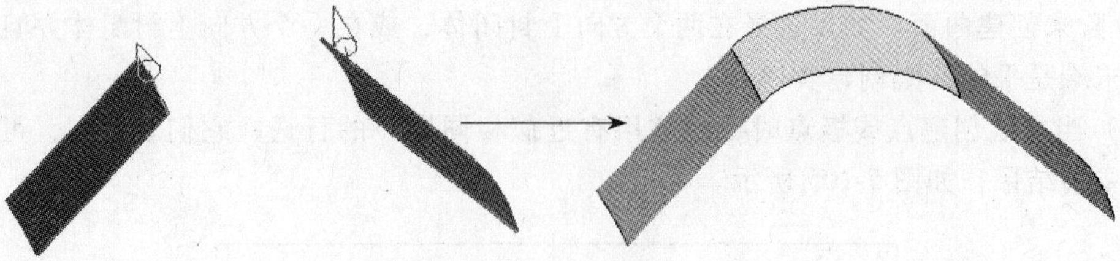

图 5-106　桥接曲面

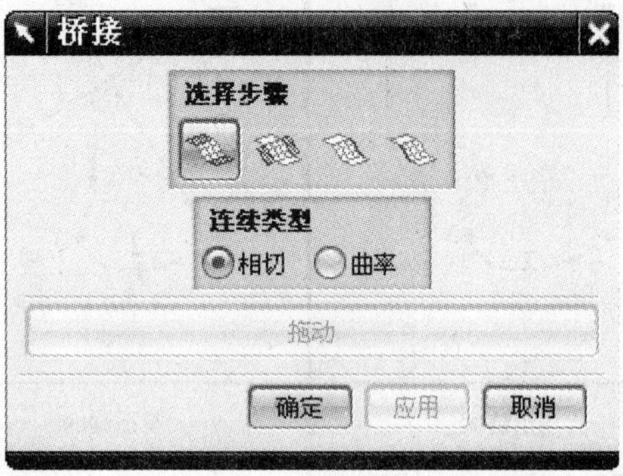

图 5-107　【桥接】对话框

3. 桥接对话框选项描述

桥接对话框选项描述，如表 5-4 所示。

表 5-4　桥接对话框选项描述

选　　项	描　　　述
选择步骤	主面：必选项。选择两个需要连接的曲面。选取主面后，系统临时显示箭头指向，代表桥接曲面的生成方向。如图 5-108 所示。此处需注意选取主面时光标的放置位置，保证箭头指向一致 侧面：可选项。选择一个或两个侧面，作为创建桥接曲面的引导侧面，从而限制桥接曲面的外形，如图 5-109 所示 第一侧面线串/ 第二侧面线串：可选项。选择一个或两个线串（曲线或边），作为创建桥接曲面的侧面引导线，从而限制桥接曲面的外形，如图 5-110 所示
连续类型	用于指定选定面与桥接面之间的【相切】连续或【曲率】连续
拖动	如果没有选取侧面或侧面线串约束，可使用【拖动】选项动态地编辑其形状

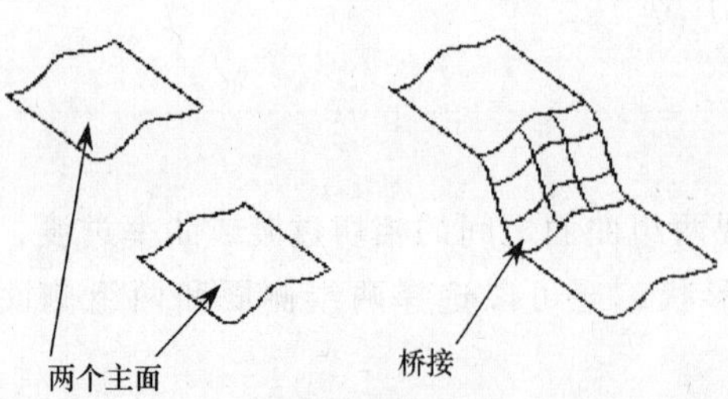

图 5-108　桥接曲面

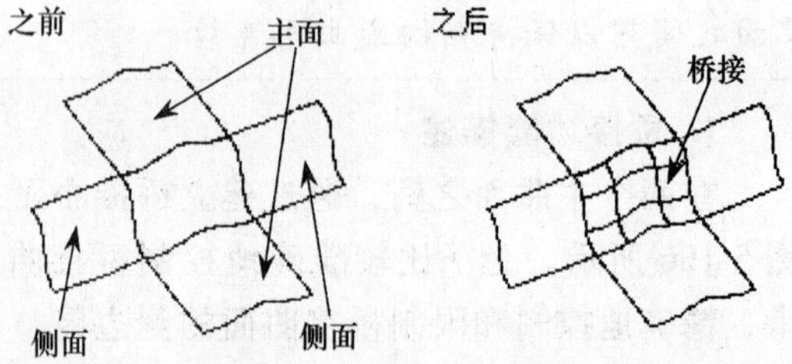

图 5-109　侧面桥接

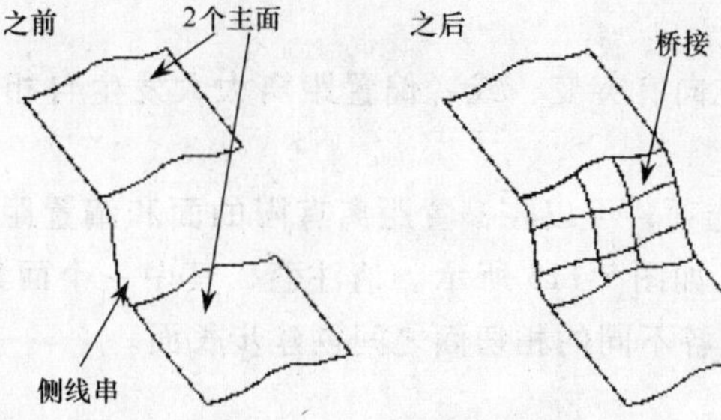

图 5-110　侧线串桥接

操作技巧：桥接命令应用技巧

技巧1：鼠标点击的位置为靠近边的位置，并且起始位置一致。

技巧2：选择连接的曲面宽度尽量差不多，不能相差很大。

技巧3：可以为桥接的曲面设置相切可曲率连续方式和两端通过的曲线。

5.5.8　偏置曲面

1. 偏置曲面功能描述

使用偏置曲面可以创建一个或多个现有面的偏置，如图 5-111 所示。系统用沿选定面的法向偏置点的方法来创建正确的偏置曲面。

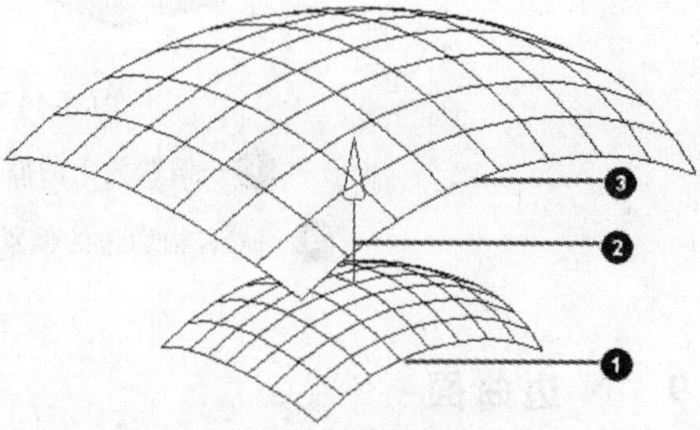

图 5-111　偏置曲面

1—选定的面　2—矢量方向　3—偏置曲面

2. 偏置曲面对话框

【偏置曲面】对话框如图 5-112 所示。

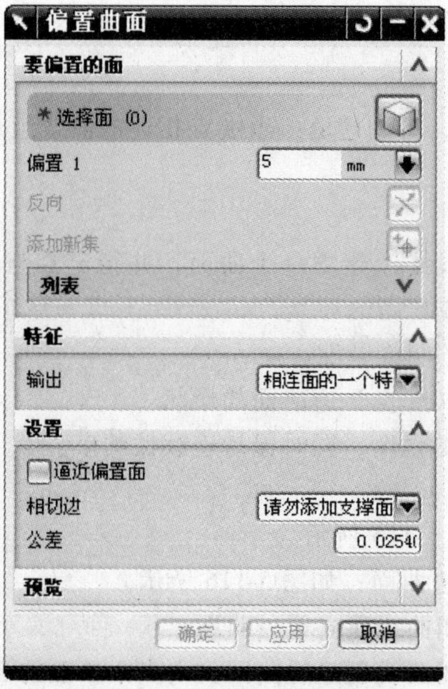

图 5-112　【偏置曲面】对话框

3. 偏置曲面功能要点

(1) 如果曲面的法线方向有突变，或者偏置距离太大发生自相交，则“偏置曲面”命令不能执行。

(2) 使用【相切边】选项，可以在偏置距离有限的面和偏置距离为零的相切面之间的相切边上创建“步长”面，如图 5-113 所示。请注意，其中一个面集的偏置距离必须为零；不能在两个偏置值有限但又各不同的相切面之间创建步长面。

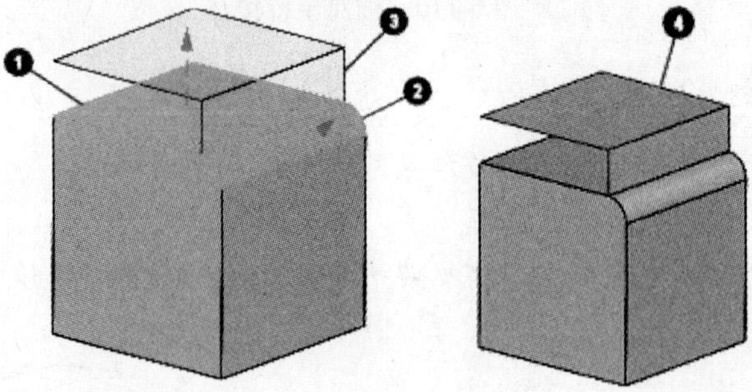

图 5-113 偏置曲面应用

1—偏置为 1 的面集 1 2—偏置为 0 的面集 2

3—带有相切边的偏置曲面预览 4—生成的偏置曲面

5.5.9 N 边曲面

知识点： N 边曲面是选择一组封闭的曲线或曲面边界，并且选择一组曲面作为控制曲面，来构建一个过渡曲面。

1. N 边曲面功能描述

(1) 使用 N 边曲面命令，可创建由一组端点相连的曲线组成的曲面。图 5-114 所示为 N 边曲面的一组示例。

(2) 通过此命令可以：

通过使用不限数目的曲线或边建立一个曲面，并指定其与外部面的连续性（所用的曲线或边组成一个简单的开放或封闭的环）。

移除非四个面的曲面上的洞或缝隙。

指定约束面和内部曲线以修改 N 边曲面的形状。

控制 N 边曲面的中心点的锐度，同时保持连续性约束。

2. N 边曲面对话框

【N 边曲面】对话框如图 5-115 所示。

可以创建两种类型的 N 边曲面，如图 5-116 所示。

已修剪：根据选择的封闭曲线建立单一曲面。

三角形：根据选择的封闭曲线创建的曲面，由多个单独的三角曲面片体组成。这些三角曲面片体相交于一点，该点称为 N 边曲面的公共中心点。

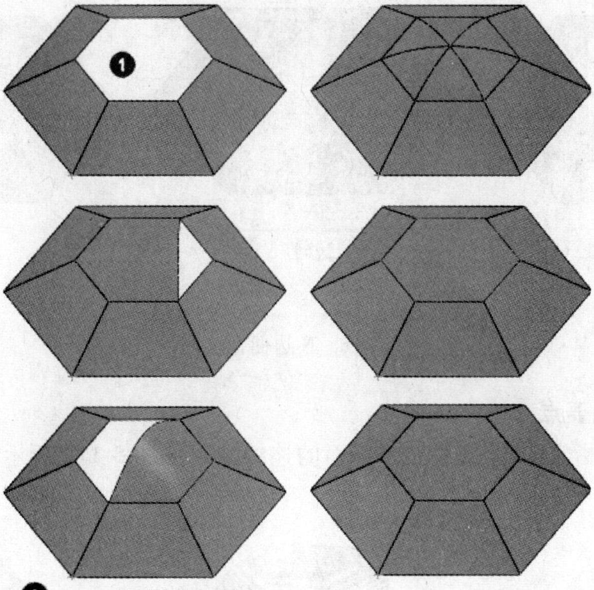

❶ — 一组面中的空隙区

图 5-114 N 边曲面

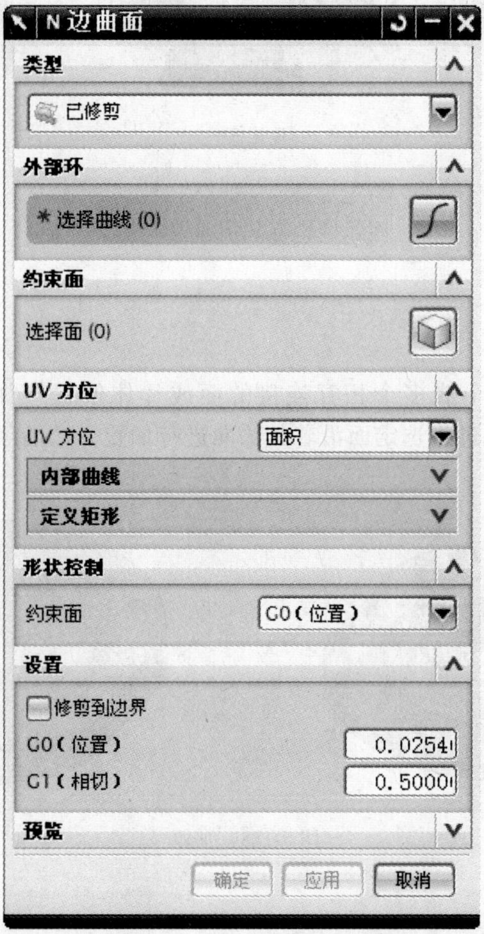

图 5-115 【N 边曲面】对话框

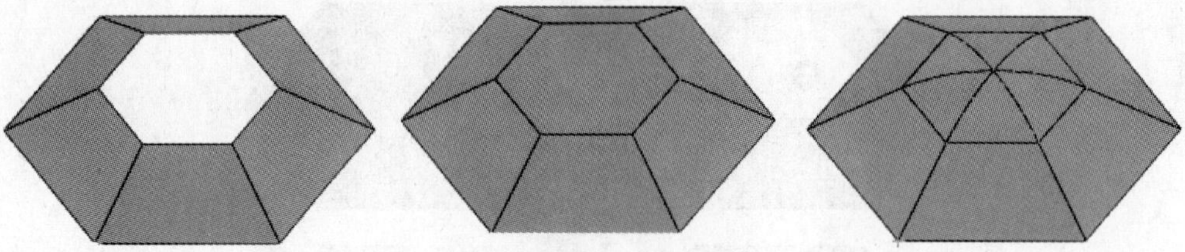

构成新曲面的曲线（边）　　已修剪　　三角形

图 5-116　N 边曲面类型

3. N 边曲面功能要点

通过此命令可以指定 N 边曲面与外部面的连续性，如图 5-117 所示。

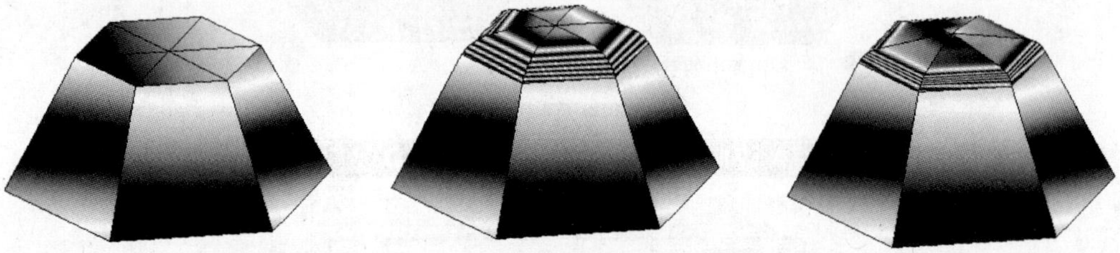

G0 连续　　G1 连续　　G2 连续

图 5-117　N 边曲面功能要点

5.5.10　加厚

1. 加厚功能描述

使用加厚可以对将一个或多个相互连接的面或片体偏置（加厚）为一个实体，如图 5-118所示。加厚效果是通过将选定面沿着其法向进行偏置，然后创建侧壁而生成的。

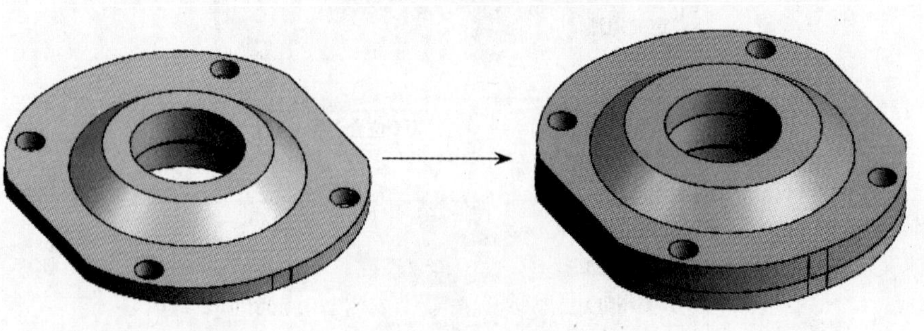

图 5-118　加厚

2. 加厚对话框

【加厚】对话框如图 5-119 所示。

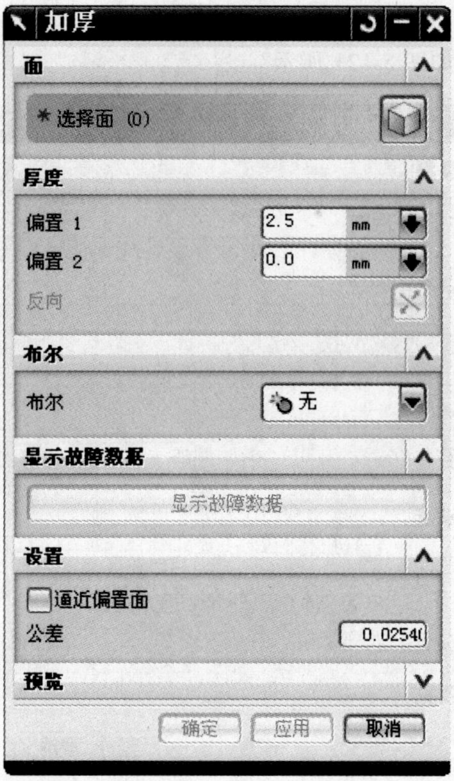

图 5-119 【加厚】对话框

5.5.11 修剪和延伸

1. 修剪和延伸功能描述

使用修剪和延伸可以使用由边或曲面组成的一组工具对象来延伸和修剪一个或多个曲面，如图 5-120 所示。

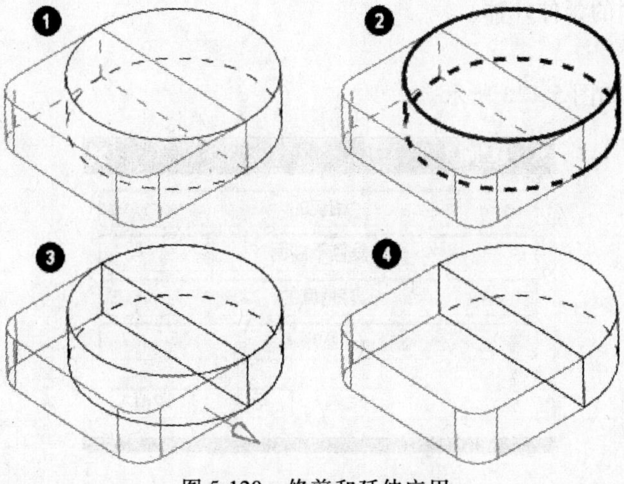

图 5-120 修剪和延伸应用

❶—两个相交实体 ❷—右侧选定实体是要修剪的对象（目标）

❸—左侧实体的面被选定作为限制边（工具） ❹—生成的结果是右侧的实体被左侧实体修剪

2. 修剪和延伸对话框

【修剪和延伸】对话框如图 5-121 所示。

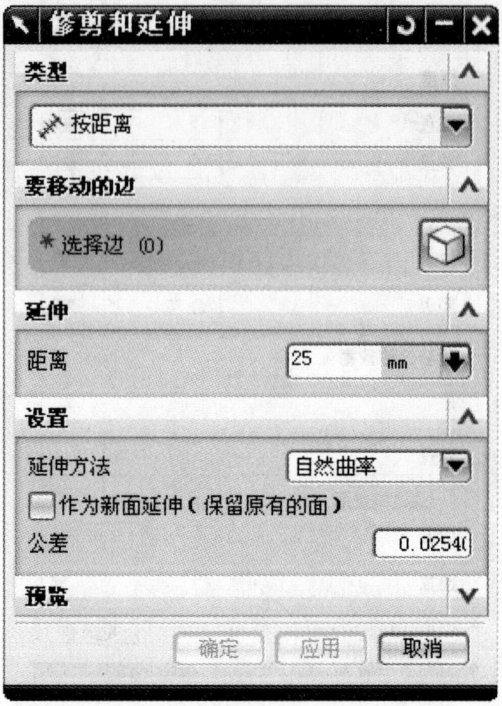

图 5-121 【修剪和延伸】对话框

5.5.12 延伸

1. 延伸功能描述

使用延伸可以从现有的基本片体上创建切向延伸片体、曲面法向延伸片体、角度控制的延伸片体或圆弧控制的延伸片体。

2. 延伸对话框

【延伸】对话框如图 5-122 所示。

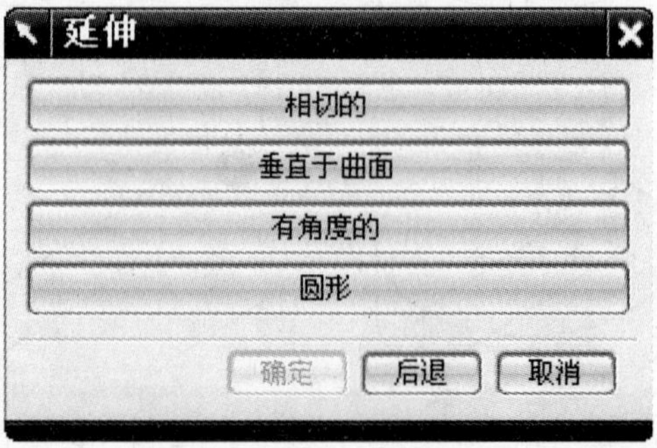

图 5-122 【延伸】对话框

如图 5-123 所示，共有 4 种延伸类型：

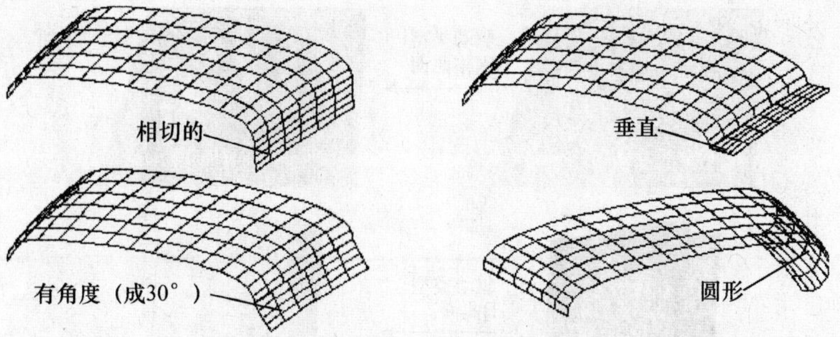

图5-123 延伸类型

（1）相切的 在被延伸曲面的边缘拉伸出一个相切曲面，有“固定长度”和“百分比”两种选择。

（2）垂直于曲面 沿着位于面上现有的曲线，创建一个沿该面法向延伸的曲面。

（3）有角度的 沿着位于面上的曲线，以指定的角度（相对于现有面）创建一个延伸曲面。

（4）圆形 从光顺曲面的边上创建一个圆弧形延伸的曲面。该圆弧的曲率半径与原曲面边界处的曲率半径相等，并且与原曲面相切。

3. 延伸操作步骤

各个延伸创建选项之间有一些共同的基本步骤：

（1）首先，选择一个现有的面作为基面。这是延伸体“延伸”的面。

（2）还要选择一个现有的对象，如基本曲线、边缘，或在拐角延伸时选择拐角。它指定基本片体和延伸体的相交处。当选择边或拐角时，必须在曲面上想要的对象附近指定一个点。此点用于决定延伸哪个边或拐角。

（3）显示各种方向矢量来帮助用户决定诸如系统创建体时依照的方向或想为体指定的角度等因素。

4. 延伸功能要点

读者在概念上需要清楚的是，延伸生成的是新曲面，而不是原有曲面的伸长。

5.5.13 熔合

1. 熔合功能描述

使用熔合可以将几个曲面合并为一个曲面。系统创建单个B曲面，该曲面逼近处于几个现有面上的四边区域，如图5-124所示。

2. 熔合对话框

【熔合】对话框如图5-125所示。

3. 熔合功能要点

熔合共有3种驱动类型：

（1）曲线网格 在熔合选定目标曲面之前，使用曲线网格，系统会在内部构建一个B曲面驱动。

（2）B曲面 使用现有的B曲面作为驱动。

（3）自整修 逼近一个未修剪的B曲面。

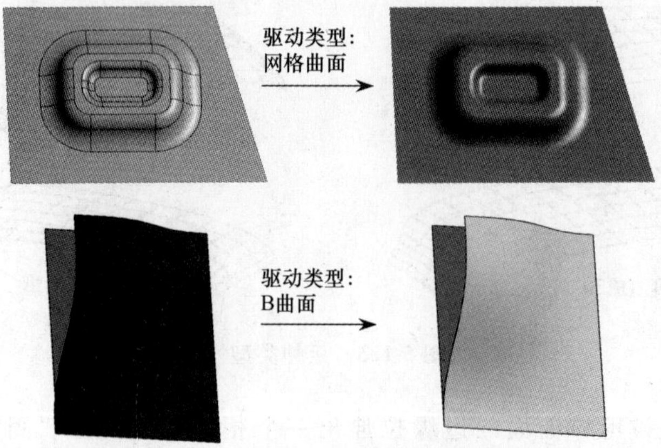

图 5-124　熔合

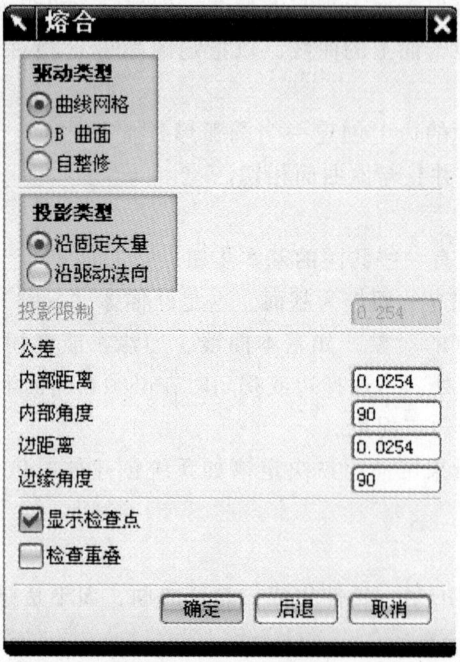

图 5-125　【熔合】对话框

5.5.14　修剪片体

1. 修剪的片体功能描述

使用修剪的片体可以同时修剪多个片体，如图 5-126 所示。此命令的输出可以是分段的，并且允许创建多个最终的片体。

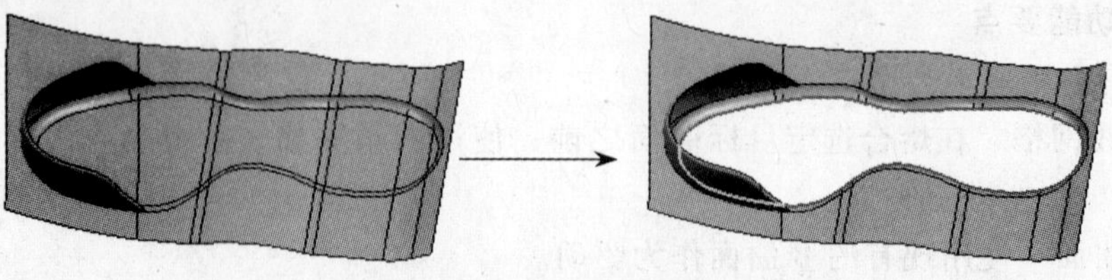

图 5-126　修剪片体

2. 修剪的片体对话框

【修剪的片体】对话框如图 5-127 所示。

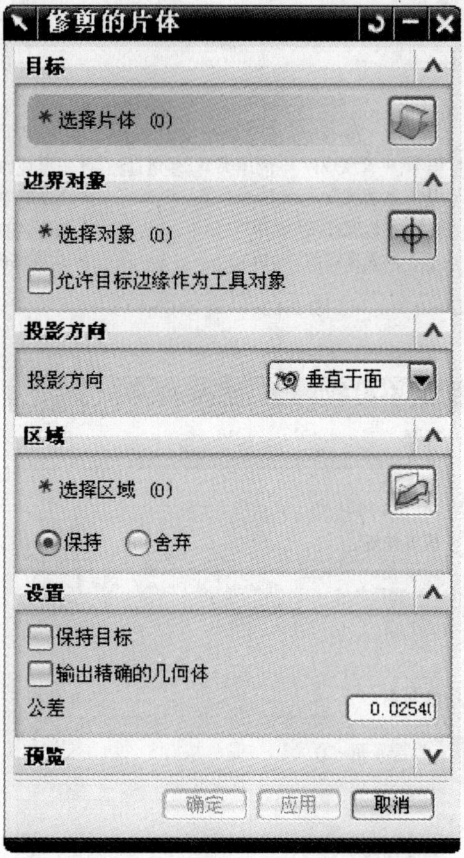

图 5-127　【修剪的片体】对话框

5.5.15　规律延伸

1. 规律延伸功能描述

使用规律延伸可以动态地或根据距离和角度的规律来创建现有基本片体的规律控制延伸，如图 5-128、图 5-129 所示。

规律延伸在特定方向很重要或有必要参考现有的面时（例如，在冲模设计或模具设计中，拔模方向在创建分型面时起着重要作用），可以创建弯边或延伸。

2. 规律延伸的对话框

【规律延伸】对话框如图 5-130 所示。

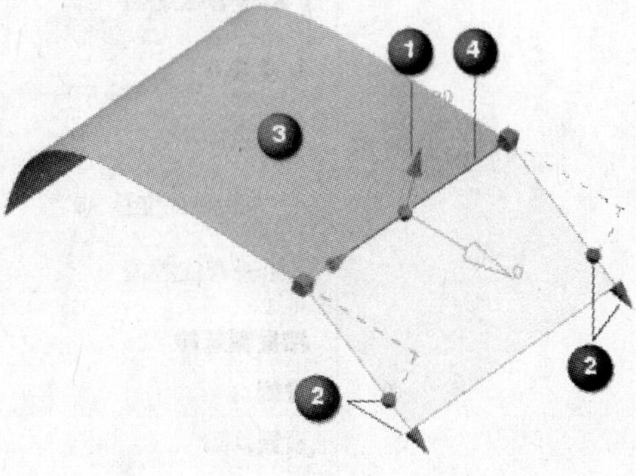

图 5-128　规律延伸

1—方向矢量建立了便于测量片体角度的参考框架

2—使用可变长度及角度（在对话框/动态手柄中指定）创建规律控制的延伸片体

3—参考面　4—位于面上的基本曲线

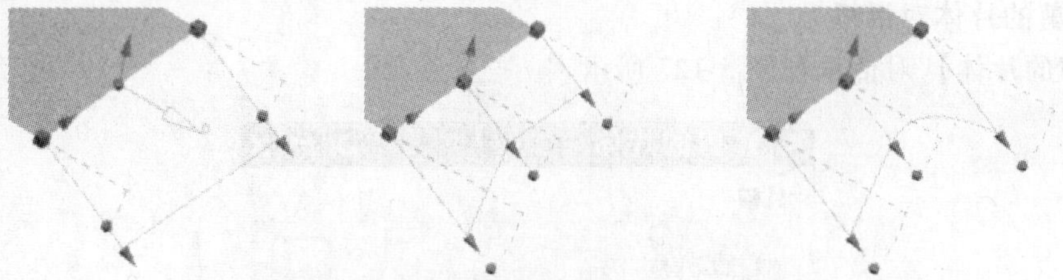

- 长度规律－规律类型：恒定
- 角度规律－规律类型：恒定
- 长度过渡：恒定

- 长度规律－规律类型：多重过渡
- 角度规律－规律类型：恒定
- 长度过渡1－线性
- 长度过渡2－恒定

- 长度规律－规律类型：多重过渡
- 角度规律－规律类型：恒定
- 长度过渡1－线性
- 长度过渡3－最小/最大

图 5-129　规律延伸

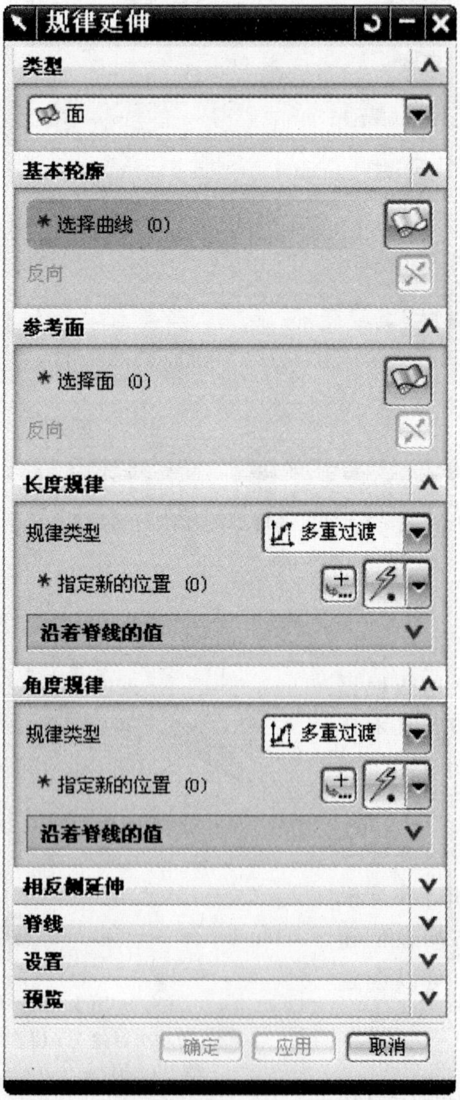

图 5-130　【规律延伸】对话框

3. 规律延伸对话框选项描述

规律延伸对话框选项描述如表5-5所示。

表5-5　规律延伸对话框选项描述

选　项	描　　述
	类　型
类型	规律延伸曲面需要一个参考方向，使用下述两种方法均可指定该参考方向 面：使用一个或多个面来定义延伸曲面的参考坐标系。参考坐标系是在基本曲线串的中点形成的（即90°方向是中点处面的法向，而0°是包含垂直于该面法向，并且与中点处的基本曲线串相切的一个矢量） 矢量：指定沿着基本曲线串的每个点处计算并使用一个坐标系来定义延伸曲面。此坐标系的方位通过以下方式确定：将0°角度与矢量方向对齐，将90°轴垂直于0°轴和基本曲线串切矢定义的平面。该参考平面的计算是在基本曲线串的中点上进行的
	基本轮廓
选择曲线	选择NX用于定义其基准边上的曲面轮廓的曲线串或边线串
反向	必要时反转选择的方向
	参考面/参考矢量
选择面	只有当类型设置为面时，此选项才可用 选择一个或多个面来定义用于构造延伸曲面的参考方向 如果选择了多个面，则可以在同一个实体或片体上，也可以在不同的实体或片体上，只要可以使用缝合选项将其缝合在一起
指定矢量	只有当类型设置为矢量时，此选项才可用 通过使用标准的矢量方法或矢量构造器来指定一个矢量，以便定义用于构造延伸曲面时的参考方向
反向	必要时反转选择的方向
	长度规律/角度规律
规律类型	指定用于延伸的长度/角度的规律类型，以及结合此规律类型使用的各个参数 下列规律类型可用：恒定、线性、三次、沿脊线的线性、沿脊线的三次、根据方程、根据规律曲线、多重过渡 对话框中的长度规律组和角度规律组均以类似方式工作，有类似的选项分别处理延伸的长度和角度
	相反侧延伸
延伸类型	指定是否在基本曲线串的相反侧上生成规律延伸 无：这是默认设置。不创建任何相反侧延伸 对称：在基本曲线串两侧的每个基点上使用相同的长度参数 非对称：在基本曲线串两侧的每个基点上使用不同的长度参数
	脊　线
选择曲线	指定脊线会更改NX确定局部CSYS方位的方式 垂直于脊线串的平面确定测量角度的平面 角的0°方位平行于局部参考方向的投影，在那里，该平面和基本曲线串交叉 如果平面和基本曲线串不相交，则不计算任何截面
	设　置
尽可能合并面	当选择此复选框时，NX创建作为单个片体的规律延伸特征 当取消选择此复选框时，规律延伸特征是具有多个面的单个片体，每个面对应基本曲线上的一段

（续）

选　项	描　　述
锁定终止长度/角度手柄	当选择此复选框时，NX 同时锁定终止长度手柄和角度手柄，因此长度值和角度值与所有端点和基点一致 更改一个端点或基点上的角度或长度值时，所有角度和长度值将均匀更改进行匹配 使用此选项可在周期基本线串上轻松创建周期弯边
重新构建	虽然基本轮廓曲线可以表示所需的形状，但仍有几种妨碍在参考面和规律延伸曲面之间的连续性的情况 它们的结点放置可能较差 它们之间的度数可能不同 输出曲面可能比所需的复杂 等参数线可能波状程度过大 使用重新构建可通过重新定义基本轮廓的度数和结点，构造与面光顺连接的延伸
公差	控制重新构建曲面相对于输入曲线的连续性精度 重新构建的曲面与输入曲线之间的偏差不会大于针对这些公差指定的值 G0（位置）：相当于在【建模】→【首选项】下设置的距离公差 G1（相切）：相当于在【建模】→【首选项】下设置的角度公差

5.5.16　常用编辑曲面命令

1. 扩大曲面

【扩大】可以将曲面沿 U/V 向扩大或者缩小。

（1）选择下拉菜单中的【编辑】→【曲面】→【扩大】命令，系统弹出如图 5-131 所示对话框。

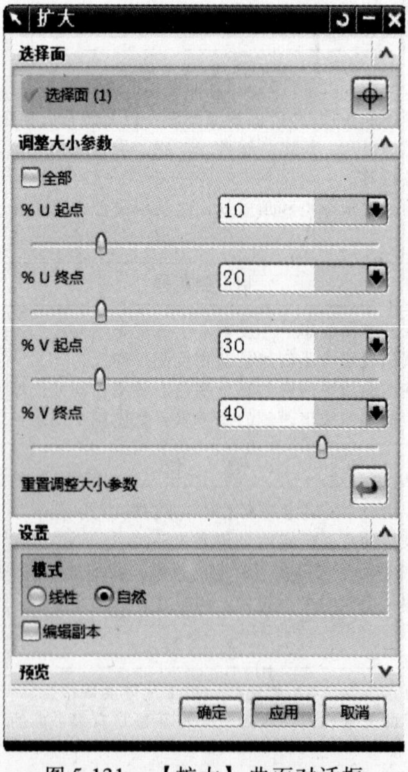

图 5-131　【扩大】曲面对话框

（2）选择曲面。

（3）在【调整大小参数】中利用滑块或者在字段输入框中指定扩大参数，如图 5-131 所示。

（4）单击【确定】按钮，弹出如图 5-132 所示对话框。

（5）单击【是（Y）】，完成操作，如图 5-133 所示。

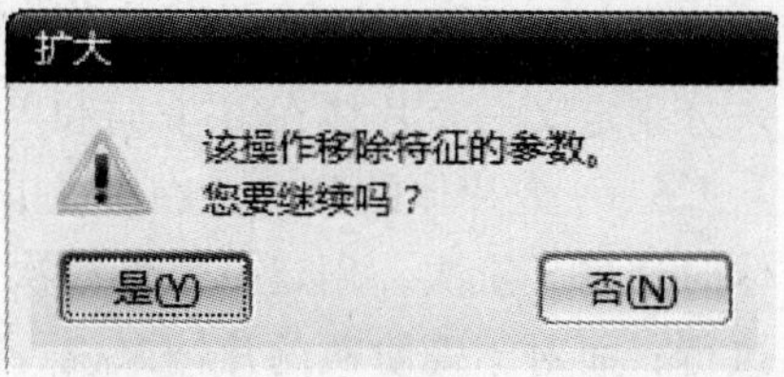

图 5-132　移除特征参数

2. 边界

（1）【边界】：通过该命令可以编辑片体的边界，具体包括删除孔、恢复修剪掉的部分和替换边界。

（2）【编辑片体边界】对话框如图 5-134 所示。

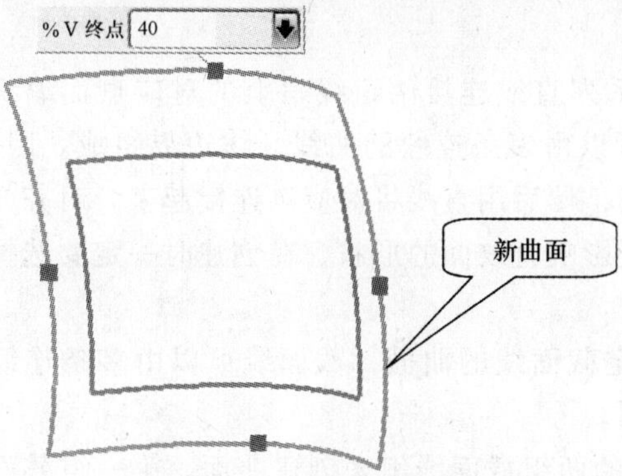

图 5-133　创建新曲面

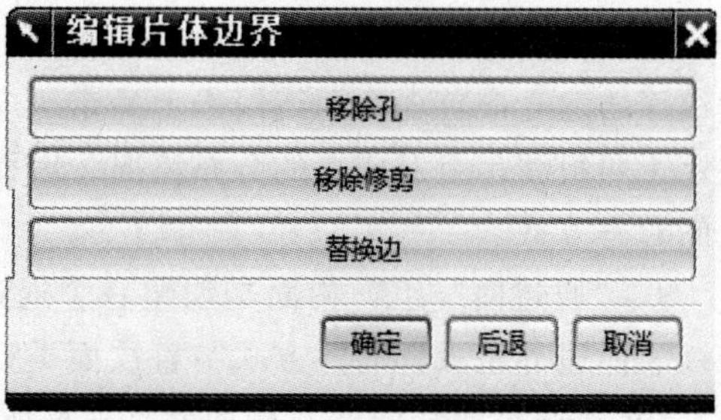

图 5-134　【编辑片体边界】对话框

（3）该对话框中各选项的含义如下：

1）【移除孔】　删除片体中指定的孔。

2）【移除修剪】　删除片体上所有的修剪（包括边界修剪和孔），恢复片体的原始形状。

3）【替换边】　可以用曲面内或曲面外的一组曲线或边界来替换原来的曲面边界。

3. 法向反向

【法向反向】：该命令用于改变曲面的法向，使其改变为法线方向的反方向。

5.6　项目小结

1. 通过完成简单汽车模型项目，使用户对 UG 曲面建模有一定的掌握。UG NX 软件提供强大的自由形状建模，可以生成任意复杂形状的零件。在创建自由形状之前通常要创建构造这些自由曲面的构造曲线，使用 UG NX 软件中的曲线功能可以创建任意复杂的空间曲线，这些空间曲线作为后续建立主片体和过渡片体的引导线和截面线。

2. 在 UG NX 中片体的定义为厚度为零的体，也是面和边缘的集合，但是不能封闭住的一定空间。

3. 曲面是由一系列曲线组成的，而曲线又是由点组成。

4. 在 UG NX 中 U、V 网格仅仅是曲面质量的直观显示，改变 U、V 网格并不能改变曲面的参数及质量，可以通过投取等参数曲线命令将 U、V 栅格曲线按照设置抽取出来。

5. 阶次是一个数字的概念，它用来描述曲面的多项式的阶次，UGNX 使用相似的概念来分别定义一个片体在 U 方向和 V 方向上的阶次。

6. 一个片体的阶次（在 U 方向或 V 方向）必须介于 1 与 24 之间，推荐读者在创建片体时使用 3 阶次，创建一个低阶次的片体有利于在后续操作时（如加工、显示）能更快的执行；而对于高阶次的片体来说，在转换其数据到其他系统时，很可能出现问题，因为有些软件只能接收 3 阶以内的片体。

7. 在 UGNX 中通常使用主片体命令来创建自由形状的片体。主片体包括直纹面、通过曲线组构面、通过曲线网格构面、扫掠面和剖切曲面。在创建这几种主片体时，需要构造空间曲线，由这些空间曲线生成自由曲面。

8. “直纹面”又称为规则面，可看作由一系列直线连接两组线串上的对应点面编织成的一张曲面。每组线串可以是单一的曲线，也可以由多条连续的曲线、体边界组成。因此，直纹面的建立应首先在两组线串上确定对应的点，然后用直线将对应点连接起来。对齐方式决定了两组线串上对应点的分布情况，因而直接影响直纹面的形状，在创建时一定要选择合适的对齐方式。

9. “通过曲线组”构面是创建一个通过指定截面线的曲面，截面线可以由多条连续的曲线、体边界组成，对齐方式与直纹面类型相同。

10. “通过曲线网格”构面就是根据所指定的两组截面线串来创建曲面。第一组截面线串称为主线串，是构建曲面的 U 向；第二组截面线称为交叉线，是构建曲面的 V 向。主线串和交叉线串需要在设定的公差范围内相交，且应大致互相垂直。每条主线串和交叉线串都可由多段连续曲线、体边界组成，主线串的第一条和最后一条还可以是点。由于定义了曲面 U、V 方向的控制曲线，因而可更好的控制曲面的形状。

11. “扫掠”构面就是将轮廓曲线沿空间路径线扫描，从而形成一个曲面，扫描路径称为引导线串，轮廓曲线称为截面线串。扫掠构面的方法相对比较复杂，适用各种不同情况。

12. “剖切曲面”是在脊线上悬挂一系列与脊线垂直的平面，这些平面与曲面相交，可以得到一系列的截面线。反之，若指定了脊线及脊线平面上的截面线，就可以得到一个自由曲面。在截面体工具中，构建截面线的方法与构建一般一次曲线的原理基本相同，在本章中应用了很多“截面体”构建曲面，要重点学习该命令。

13. 创建主片体后，可以在基于已有曲面的基础上构成新曲面，如桥接、延伸、修剪片体等。

5.7 实战训练

1. 通过曲线组命令如何使用？请举例说明。
2. 通过曲线网格命令如何使用？请举例说明。
3. 直纹面命令创建的曲面与通过曲线组命令创建的曲面有何区别？
4. 修剪和延伸命令如何使用？请举例说明。

5. 修剪片体命令如何使用？请举例说明。

6. 缝合命令如何使用？请举例说明。

7. 根据图 5-135，创建三维曲面模型，并以 5_135. prt 为文件名保存。

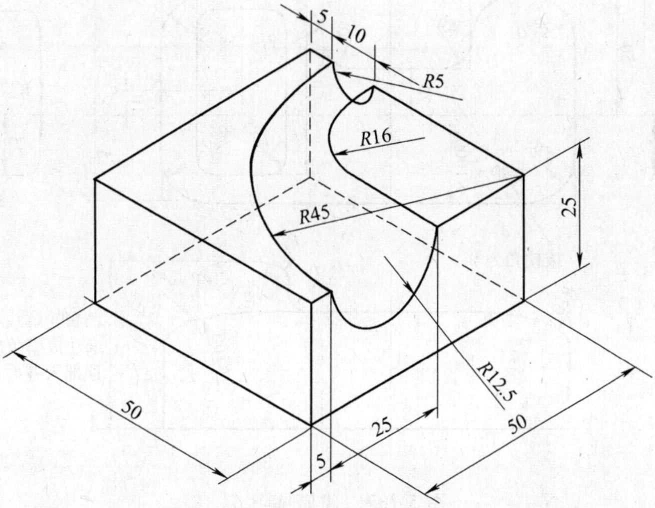

图 5-135　建模练习 1

8. 根据图 5-136，创建三维曲面模型，并以 5_136. prt 为文件名保存。

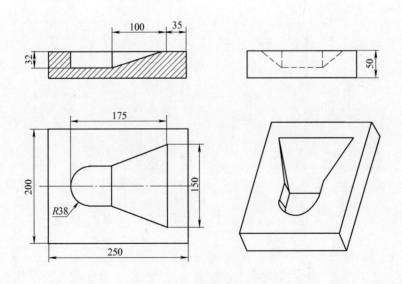

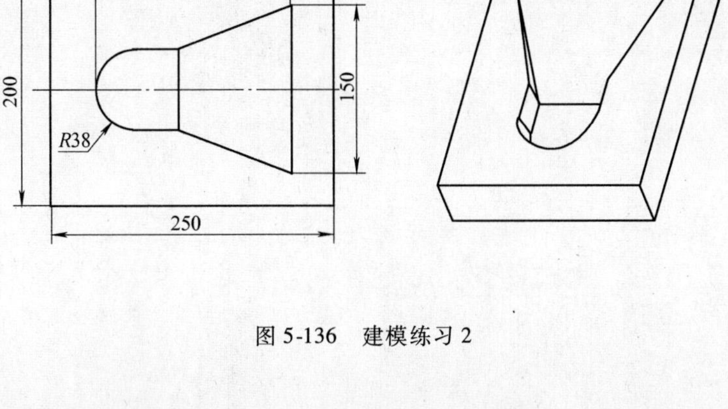

图 5-136　建模练习 2

9. 根据图 5-137，创建三维曲面模型，并以 5_137. prt 为文件名保存。

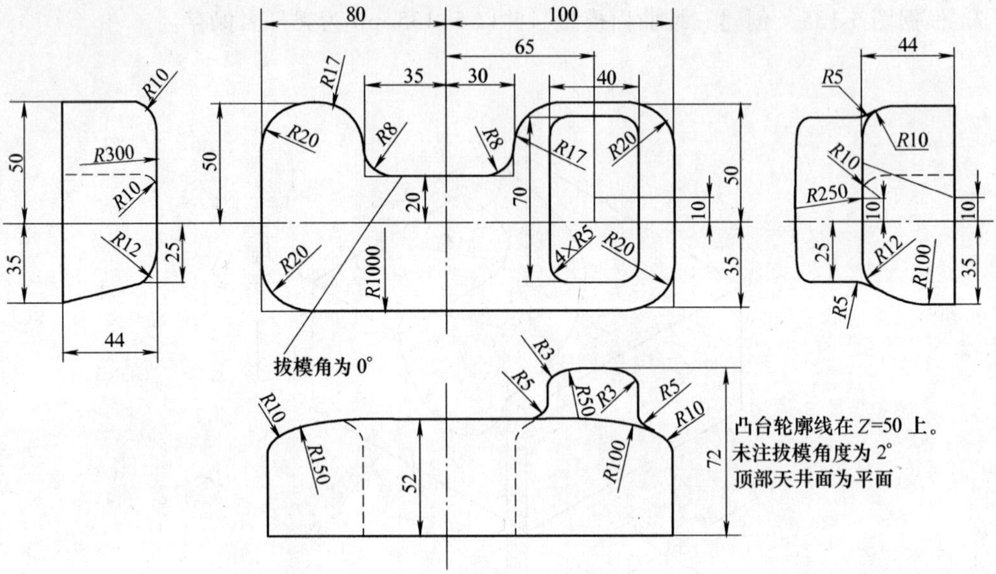

图 5-137　建模练习 3

项目 6　阀体三维建模与装配

项目摘要

本项目是完成一个较复杂机械零件——阀体的三维建模。通过阀体建模，学习混合建模技术，在建模过程中曲面与实体的转换方法，特征的分解方法，投影知识的应用。使用装配模块将生成的零件装配成机械产品。将生成的零件通过制图模块生成工程图，用于指导制造。

能力目标

- ◆ 掌握混合建模技术。
- ◆ 掌握加厚、抽取几何体等曲面与实体的转换工具。
- ◆ 能熟练应用替换面、偏置面和修剪体等命令对实体进行操作。
- ◆ 能熟练创建螺纹孔并进行阵列操作。
- ◆ 能使用装配模块进行简单零件的装配。
- ◆ 能使用制图模块创建简单零件的工程图。

6.1　工作任务分析

阀体建模完成后的数据模型如图 6-1 所示。

图 6-1 是已经完成的阀体模型，从图中可以看出模型是一个机械零件，主要是以实体创建为主，中间的通道要使用曲面功能来创建，在创建曲面后要转换成实体，如图 6-2 所示。然后运用实体功能创建两端的法兰盘，重点是螺栓孔的创建与阵列，如图 6-3 所示。用相同的方法创建上、下开口结构，如图 6-4 所示。再创建一些功能特征和圆角，如图 6-5 所示。

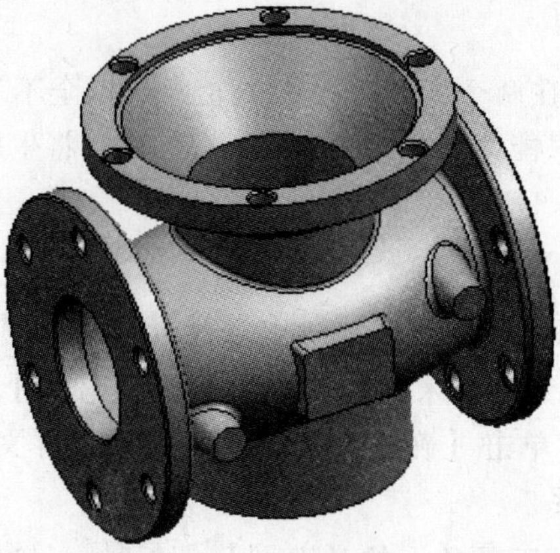

图 6-1　阀体

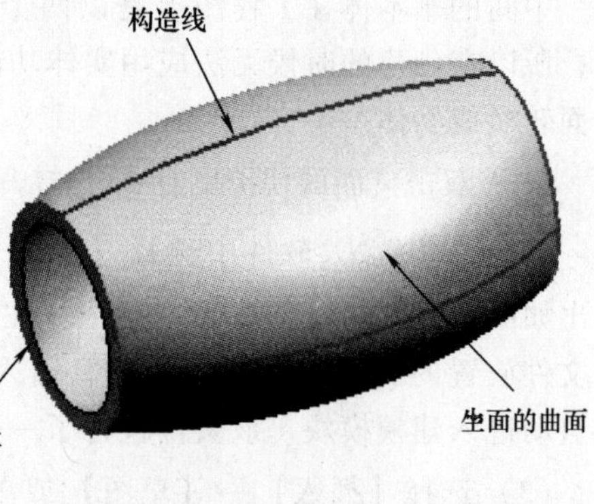

图 6-2　阀体主体

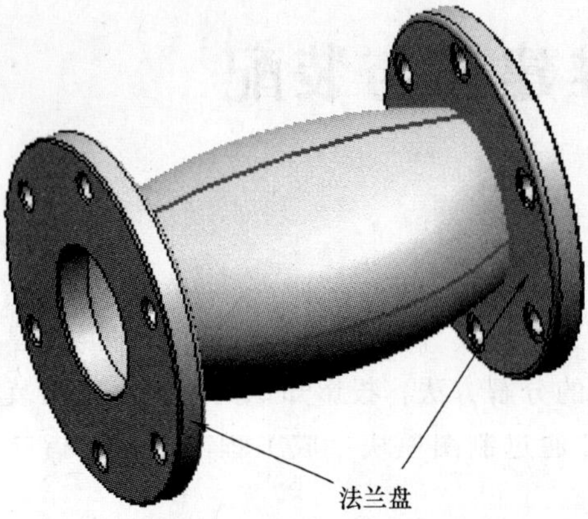

图 6-3 法兰盘创建

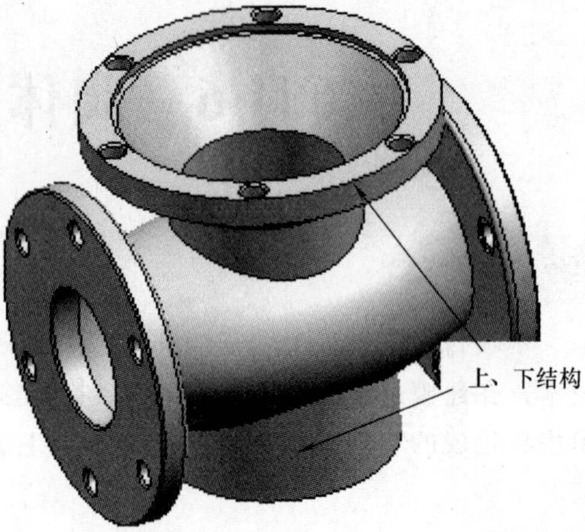

图 6-4 阀的上、下结构创建

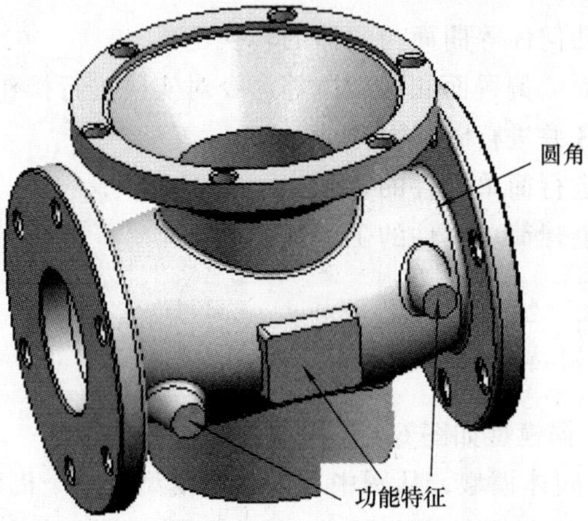

图 6-5 阀体附加特征创建

6.2 创建阀体中间壳体

中间的基本体在工程图上是以两个视图表示，在两个视图上投影的轮廓是完全不一样的，所以在创建的时候无法应用实体功能来创建，只能使用曲面功能来进行创建，将生成的曲面转换成实体。

（1）双击桌面的快捷图标，打开 UG NX 6.0 软件。

（2）在 UG NX 软件中选择【新建】图标或从文件下拉菜单中选择【新建】选项，弹出如图 6-6 所示【新建】对话框。注意【单位】为【毫米】，【模板】选择【模型】，指定文件放置的文件夹所在的位置，输入文件名称，单击【确定】按钮新建一个零件文件，并自动进入建模模块。该文件包含了一个基准坐标系。

（3）选择【插入】→【草图】或单击【特征】工具条上的【草图】图标，弹出如图 6-7 所示【创建草图】对话框。默认以当前工作坐标系的 XC-YC 平面作为草图平面，单

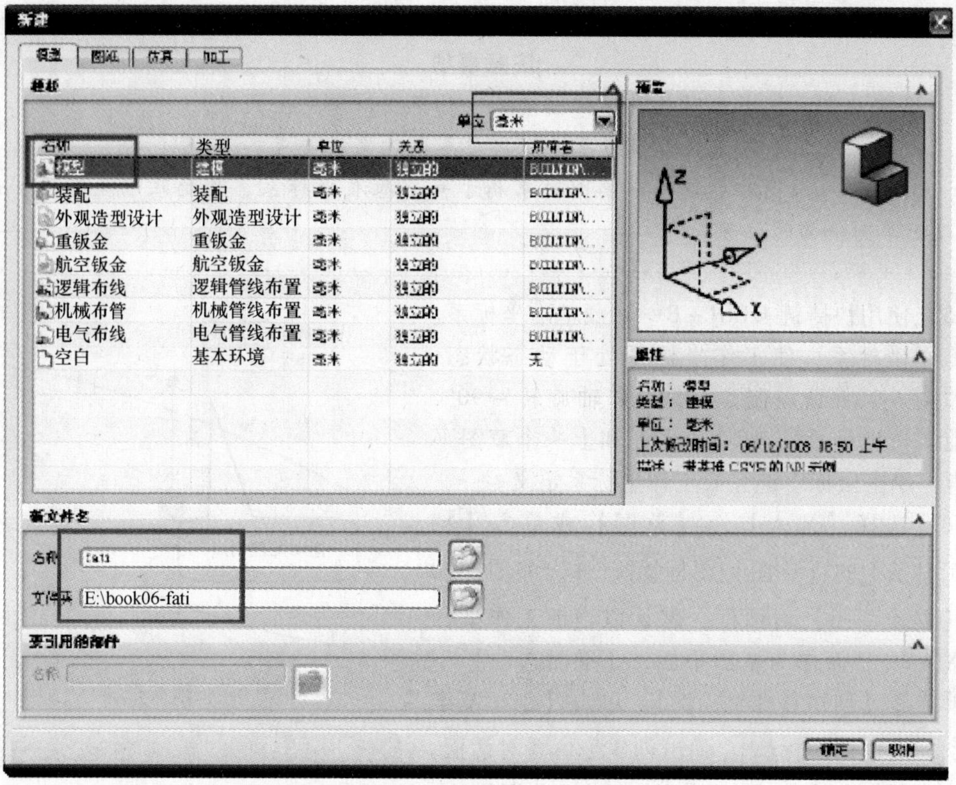

图 6-6　【新建】文件对话框

击【确定】按钮进入草图模块，自动开始【配置文件】创建。单击【关闭】取消【配置文件】对话框。

（4）使用【圆弧】、【镜像】、【约束】、【尺寸】等命令创建如图 6-8 所示草图截面。单击【完成草图】图标退出草图模块，返回到建模模块。

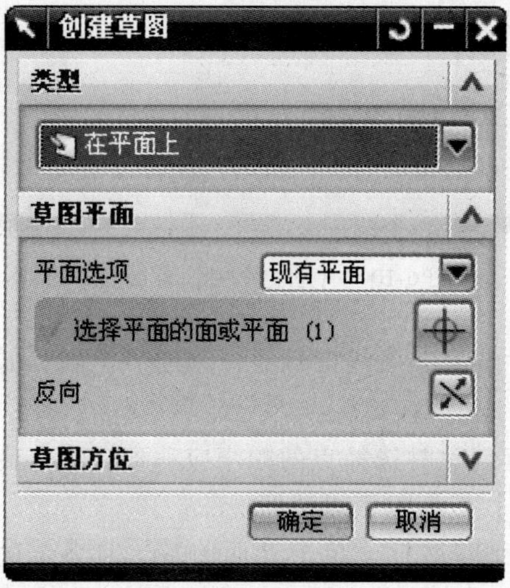

图 6-7　【创建草图】对话框

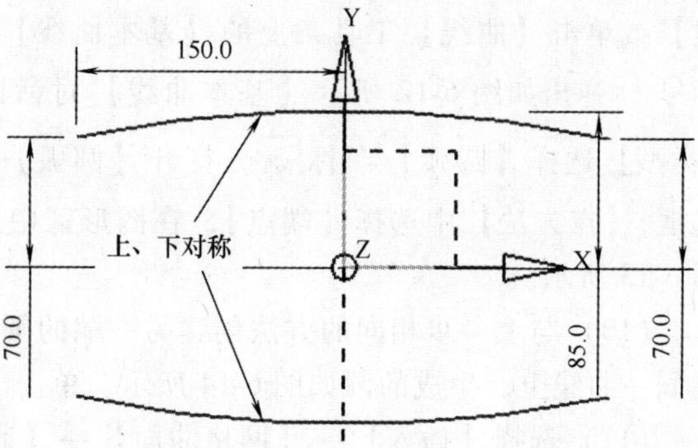

图 6-8　绘制草图

注意事项

① 在绘制草图截面时尽量保证全约束，让草图对象完全固定。

② 尺寸标注和约束要合理分配，以满足草图对象的要求。

③ 在进入草图时尽量一个草图对象属于一个基准坐标系，改变基准坐标系，即可改变草图平面的位置。

（5）使用快捷键 < Ctrl + B > 隐藏基准坐标系。双击工作坐标系，使工作坐标系处于动态状态，拖动如图 6-9 所示控制点，绕 XC 轴旋转 -90°，即当前工作坐标系的 XC-YC 平面和上一个草图平面垂直。单击鼠标中键完成工作坐标系定义。

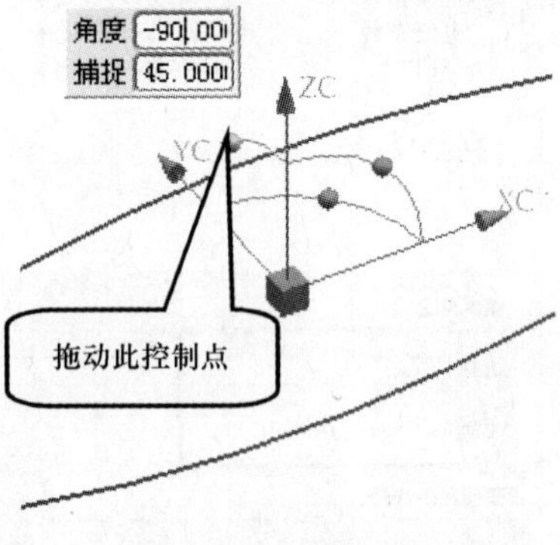

图 6-9 拖动控制点

（6）选择【插入】→【草图】或单击【特征】工具条上的【草图】图标，弹出如图 6-10 所示【创建草图】对话框。默认以当前工作坐标系的 XC-YC 平面作为草图平面，【平面选项】下拉菜单选择【创建基准坐标系】。单击【创建基准坐标系】后面的图标，弹出创建坐标系对话框。默认选项，两次单击【确定】按钮进入草图模块，在当前工作坐标系位置创建基准坐标系，自动开始【配置文件】创建。单击【关闭】取消【配置文件】对话框。

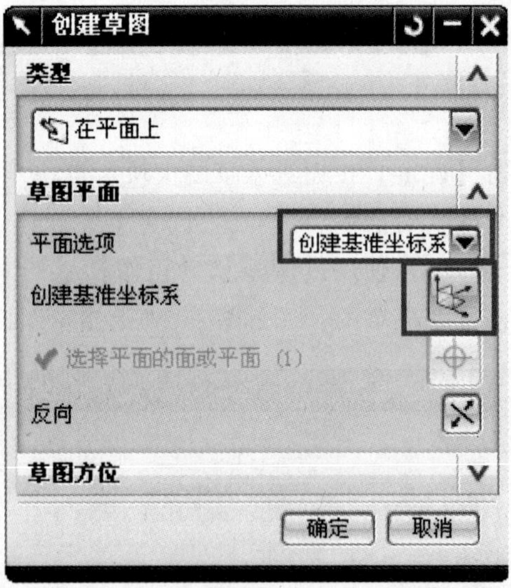

图 6-10 【创建草图】对话框

（7）使用【圆弧】、【镜像】、【约束】、【尺寸】等命令创建如图 6-11 所示草图截面。单击【完成草图】图标退出草图模块，返回到建模模块。

（8）使用快捷键 < Ctrl + B > 隐藏基准坐标系。

（9）选择【插入】→【曲线】→【基本曲线】或单击【曲线】工具条上的【基本曲线】图标，弹出如图 6-12 所示【基本曲线】对话框。【类型】选择【圆弧】图标，打开【圆弧】复选框，【点方法】中选择【端点】，在图形区中选择一端的三条线的端点，创建一个圆，如图 6-13 所示。

（10）与上一步相同的方法创建另一端的圆，注意创建时选择点的顺序应一致，起点应在同一曲线上，生成的圆如图 6-14 所示。单击【取消】按钮退出对话框。

（11）选择【插入】→【网格曲面】→【通过曲线网格】或单击【曲面】工具条上的【通过曲线网格】图标，弹出相应对话框。选择两端圆为【主曲线】，选择四条草图截面

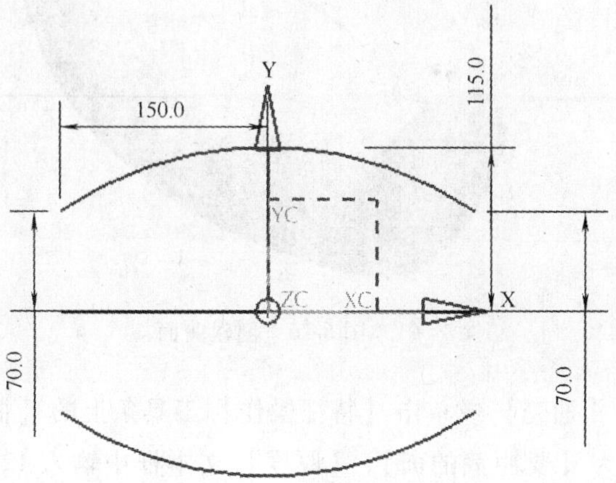

图 6-11　绘制草图

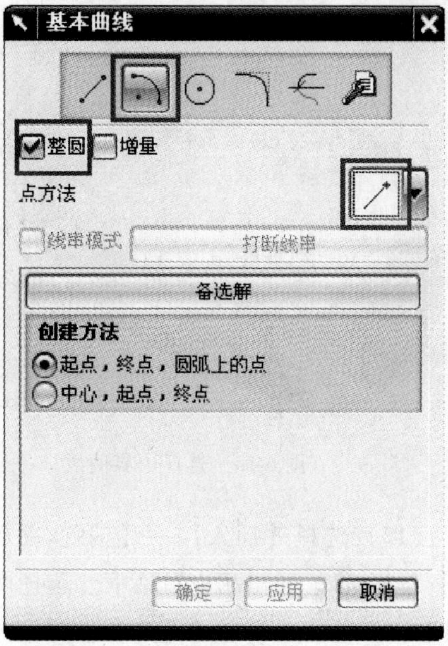

图 6-12　【基本曲线】对话框

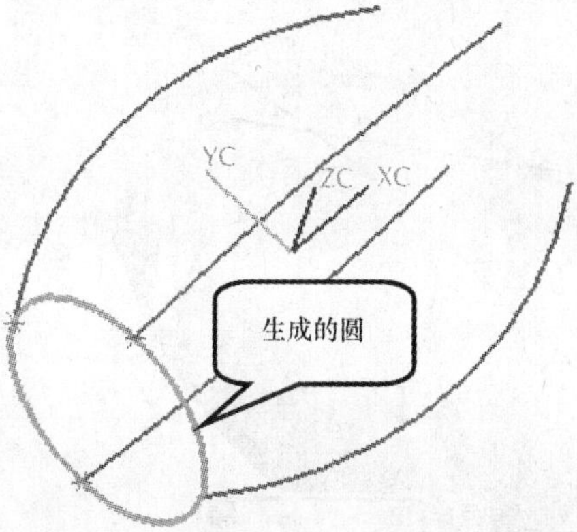

图 6-13　绘制整圆（一）

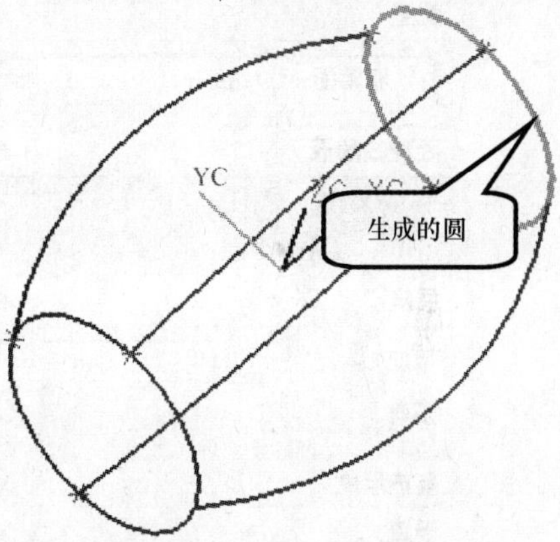

图 6-14　绘制整圆（二）

线为【交叉曲线】，如图 6-15 所示，单击【确定】按钮完成网格面的创建，完成的结果如图 6-16 所示。

注意事项

创建封闭网格面需注意以下几点：

① 主曲线的起始位置应一致，箭头方向一致，否则将会生成扭曲曲面。

② 选择交叉曲线时，第一条应为最靠近主曲线起始位置的曲线，选择顺序按主曲线的箭头方向进行选择，第一条曲线作为最后一条曲线再次选择即可封闭。

③ 如果主曲线是平面线，交叉曲线形成封闭，这样创建的网格面自主生成一个实体。

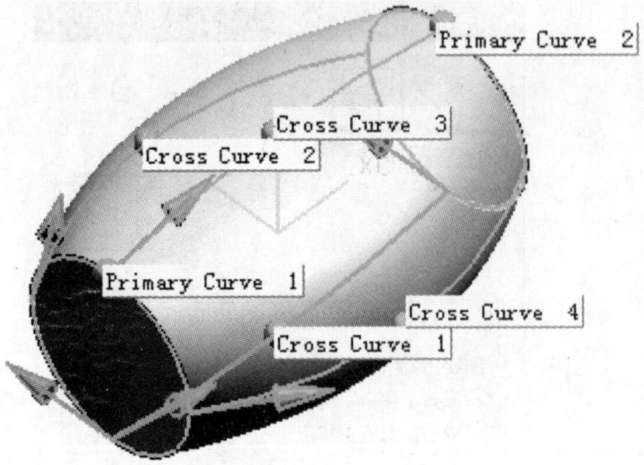

图 6-15 选择边界曲线

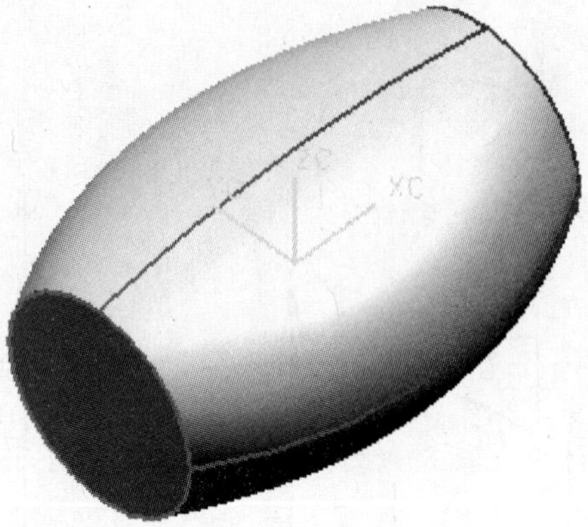

图 6-16 创建曲面

(12) 选择【插入】→【偏置/缩放】→【抽壳】或单击【特征操作】工具条上的【抽壳】图标，弹出相应对话框。选择两端面为【要冲裁的面】，【厚度】文本框中输入 12，如图 6-17 所示，单击【确定】按钮完成对基本体的壁厚创建。

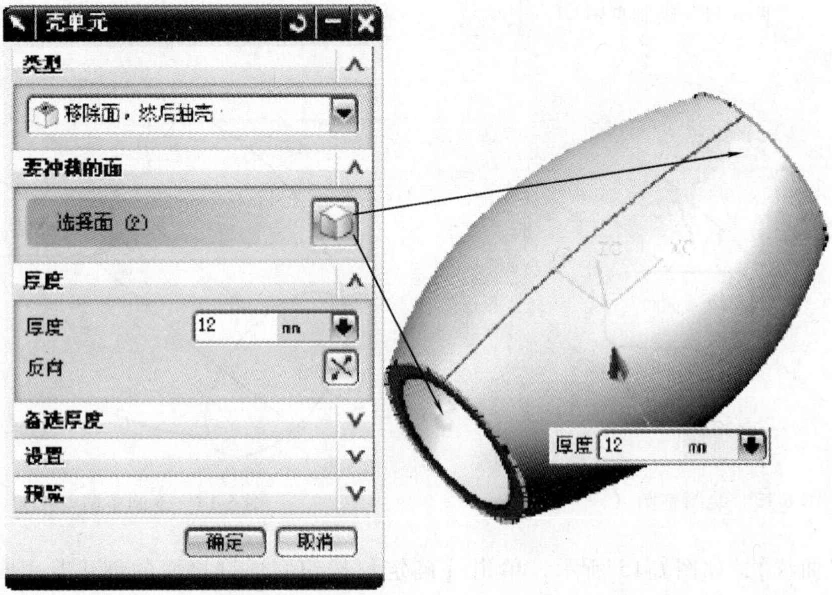

图 6-17 抽壳特征

6.3 创建阀体两端法兰

法兰结构是一个圆盘形，中间是和基本体连通的通孔，在圆盘的整圈上有 6 个螺栓孔，这 6 个螺栓孔通过阵列来完成。

(1) 双击工作坐标系，使之处于动态状态，如图 6-18 所示。默认坐标系的原点处于选中状态，选择端部圆的圆心，使坐标系的原点位于圆心上。再的拖动控制点绕 YC 轴旋转 -90°，使 ZC 轴与端面的法向一致，如图 6-19 所示，单击鼠标中键完成坐标系定位。

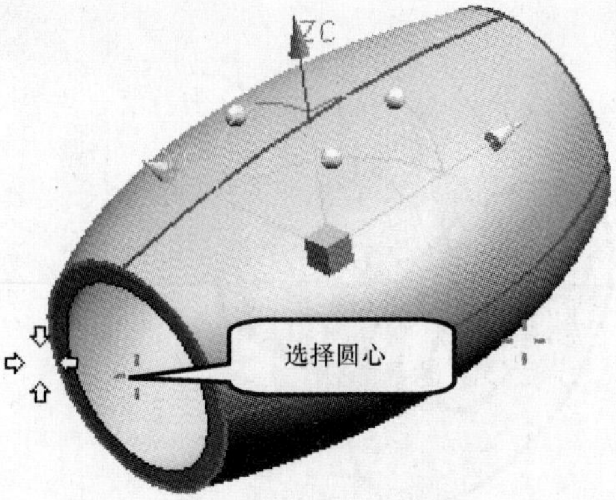

图 6-18 动态坐标系显示

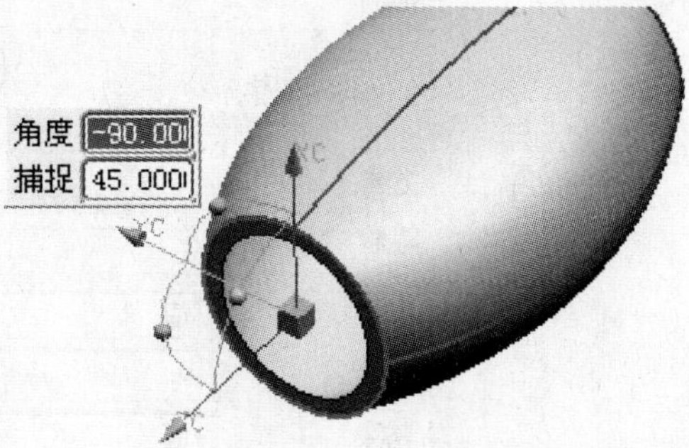

图 6-19 工作坐标系

（2）选择【插入】→【曲线】→【基本曲线】或单击【曲线】工具条上的【基本曲线】图标，弹出如图 6-20 所示【基本曲线】对话框。【类型】选择【圆】，【点方法】中选择【圆心点】，在图形区中选择端面的圆，系统自动捕捉到圆的圆心，在【跟踪条】中【直径】栏输入 280，如图 6-20 所示，生成一个圆，单击【取消】按钮退出基本曲线对话框。

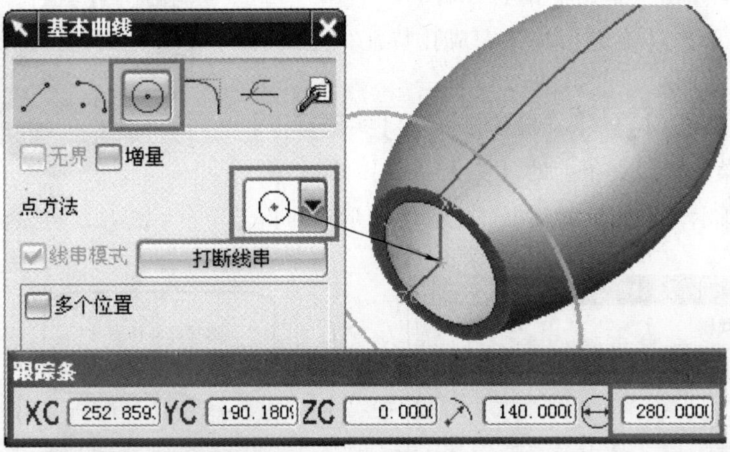

图 6-20 基本曲线绘制整圆

（3）选择【插入】→【设计特征】→【拉伸】或单击【特征】工具条上的【拉伸】图标，弹出如图 6-21 所示【拉伸】对话框。选择上一步创建的圆和端面的内圆作为拉伸截面，方向为截面线所在平面的法向，【开始距离】输入 0，【结束距离】输入 25，其余参数使用默认值，如图 6-21 所示。单击鼠标中键或单击【确定】按钮完成拉伸特征创建。创建的结果如图 6-22 所示。

（4）选择【插入】→【设计特征】→【孔】或单击【特征】工具条上的【孔】图标，弹出如图 6-23 所示左边的孔对话框。在【形状和尺寸】栏中【成形】下拉列表框中选择【沉头孔】，在下面显示沉头孔对应的参数，【沉头孔直径】输入 30，【沉头孔深度】输

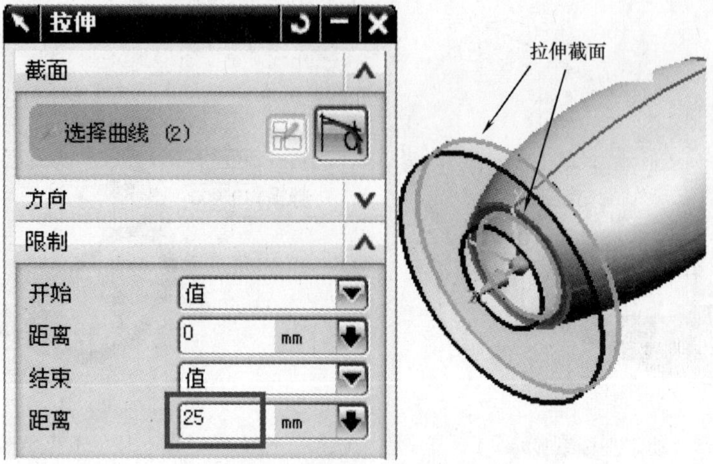

图 6-21　拉伸特征

入 2，【直径】输入 20，【深度】输入 50，如图 6-23 所示。【布尔】下拉列表框选择【求差】。选择如图 6-23 所示端面表面作为孔的定位表面，系统弹出【创建草图】对话框，单击【确定】按钮进入草图模块，创建如图 6-24 所示点。单击【退出草图】图标 完成草图，回到【孔】对话框，单击【确定】按钮完成孔特征，完成的孔结果如图 6-25 所示。

（5）选择【插入】→【关联复制】→【实例特征】或单击【特征操作】工具条上的【实例特征】图标，弹出如图 6-26 所示【实例】对话框。选择【圆形阵列】，

图 6-22　生成拉伸实体

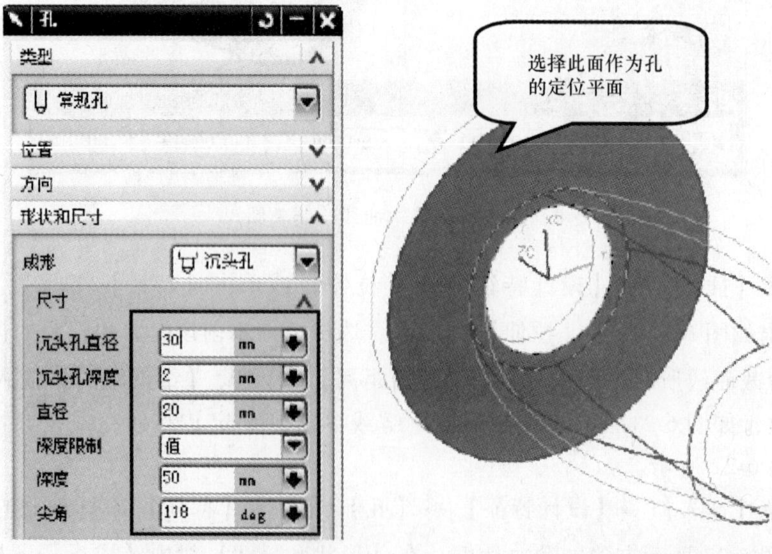

图 6-23　孔特征

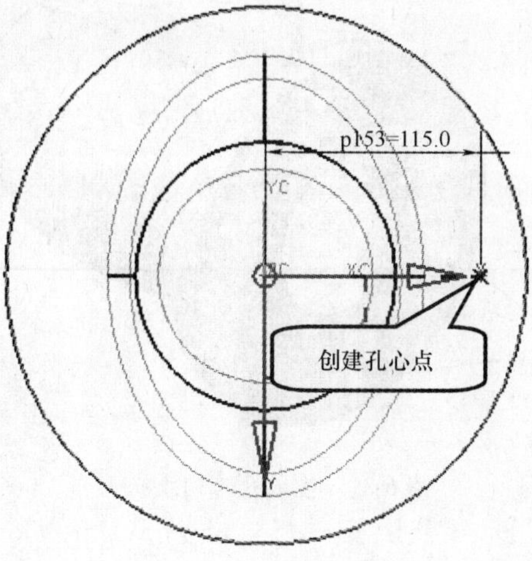

图 6-24　创建孔中心点

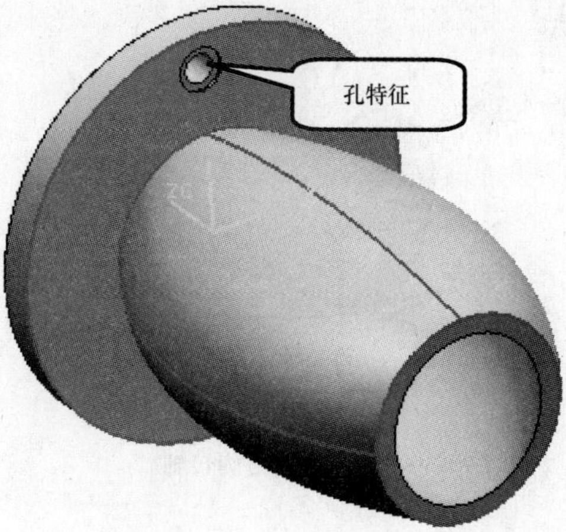

图 6-25　孔特征创建

弹出如图 6-27 所示对话框。在文本框中选择【沉头孔】特征，在图形区中选中的特征将高亮显示，单击【确定】按钮弹出如图 6-28 所示对话框。【方法】中默认为【常规】，【数字】文本框中输入 6，【角度】文本框中输入 60，单击【确定】按钮弹出如图6-29所示对话框。选择【基准轴】按钮，弹出对话框，选择如图 6-30 所示基准坐标系的 Z 轴作为旋转轴，单击【是】生成孔特征阵列，阵列的结果如图 6-31 所示。

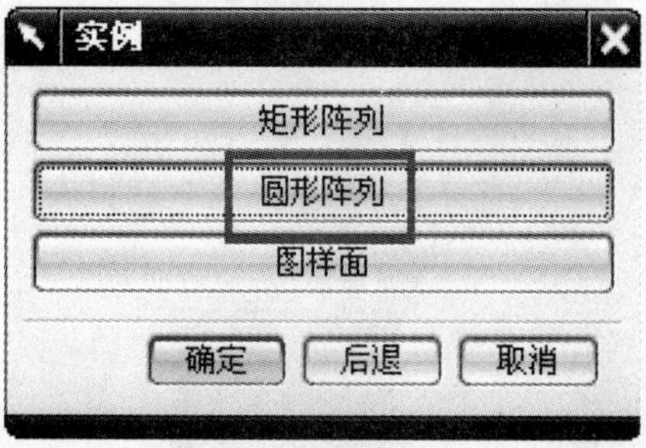

图 6-26　选择圆形阵列特征

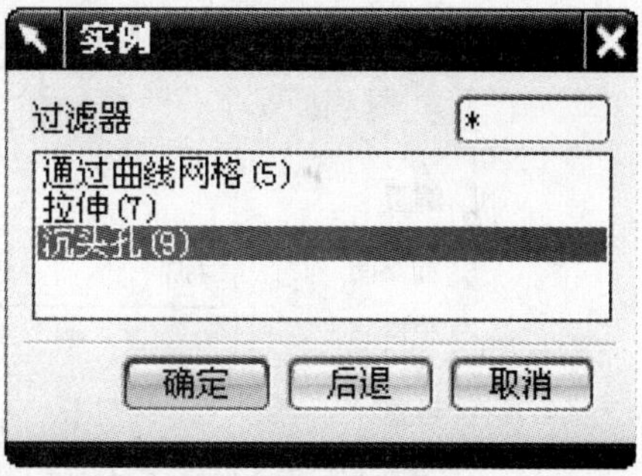

图 6-27　特征过滤器

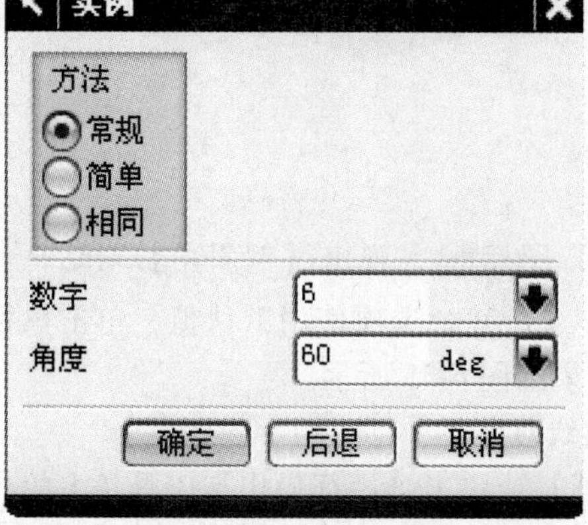

图 6-28　阵列参数设置

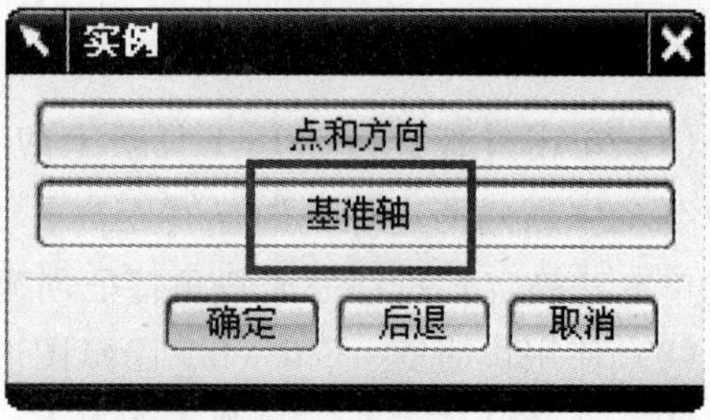

图 6-29　阵列旋转轴设置

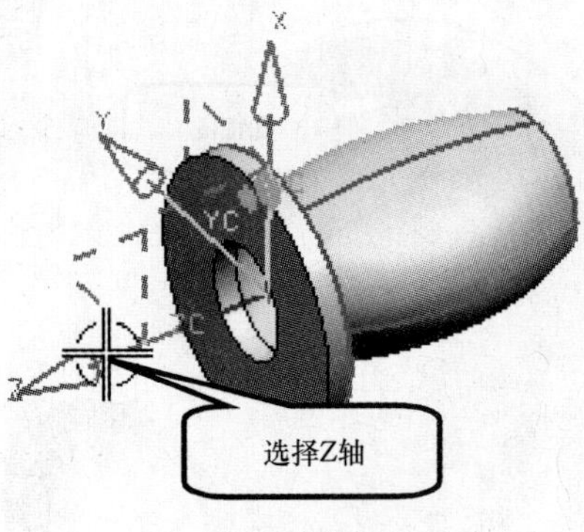

图 6-30　选择 Z 轴为旋转轴

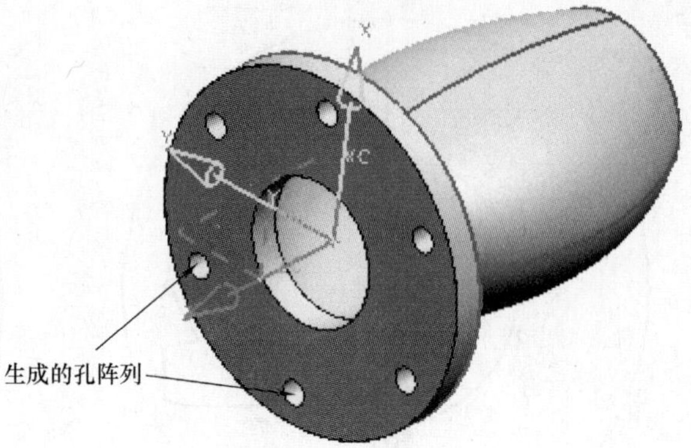

图 6-31　生成孔阵列

（6）选择【插入】→【细节特征】→【倒斜角】或单击【特征操作】工具条上的【倒斜角】图标，弹出如图 6-32 所示【倒斜角】对话框。选择第一个创建的沉头孔外边缘，【横截面】下拉列表框选择【对称】选项，【距离】文本框输入 2，打开【对所有实例进行倒斜角】复选框，单击鼠标中键或单击【确定】按钮完成斜角特征的创建，创建结果如图 6-33 所示。

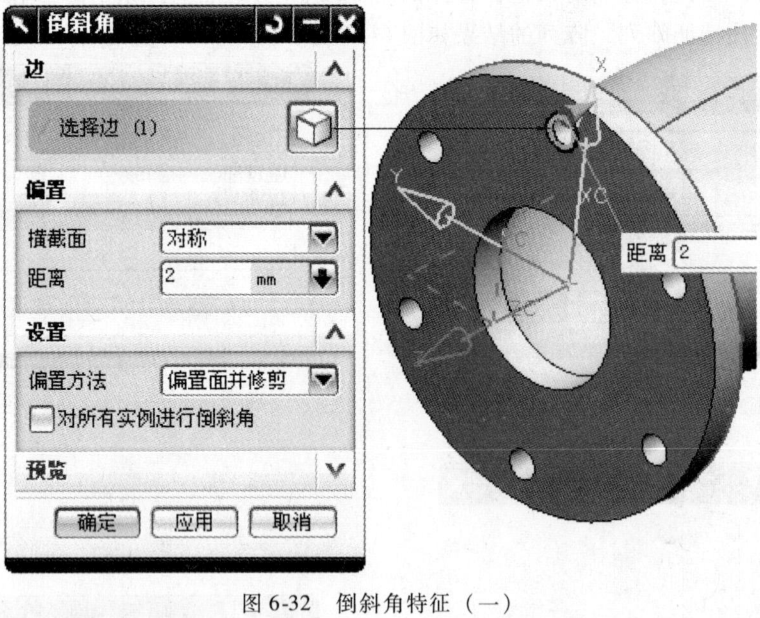

图 6-32　倒斜角特征（一）

（7）单击【特征操作】工具条上的【倒斜角】图标，弹出【倒斜角】对话框。选择如图 6-34 所示两边缘，偏置【距离】文本框输入 2，其余选项使用默认值，单击鼠标中键或单击【确定】按钮完成斜角特征创建，创建结果如图 6-35 所示。

（8）使用快捷键 <Ctrl + B> 隐藏图形中所有曲线对象。

（9）选择【插入】→【细节特征】→【边倒圆】或单击【特征操作】工具条上的【边倒圆】图标，弹出如图 6-36 左边所示【边倒圆】对话框。选择如图 6-36 右边所示实体

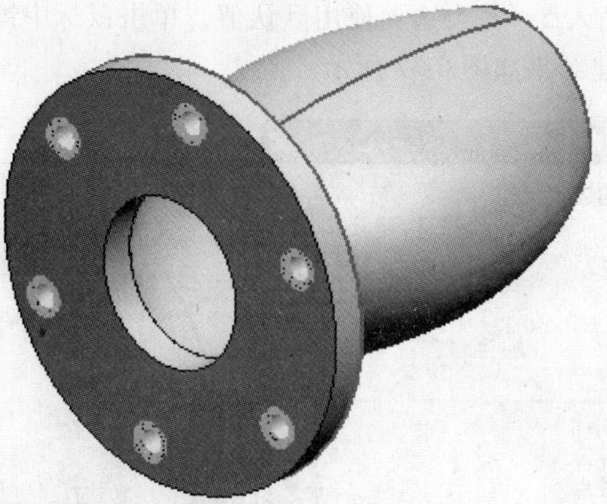

图 6-33　倒斜角创建

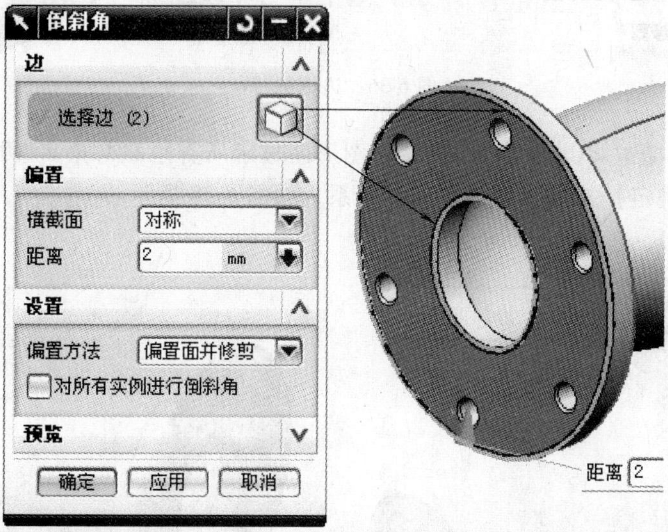

图 6-34　倒斜角特征（二）

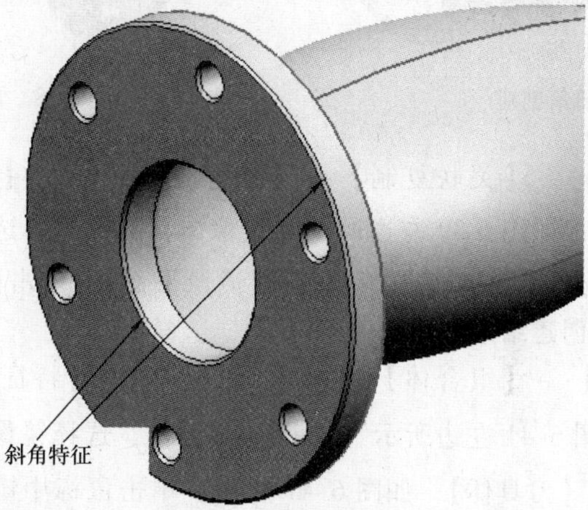

图 6-35　斜角特征创建

边缘，【半径】文本框输入 5，其余选项使用默认值，单击鼠标中键或单击【确定】按钮完成圆角特征的创建，创建结果如图 6-37 所示。

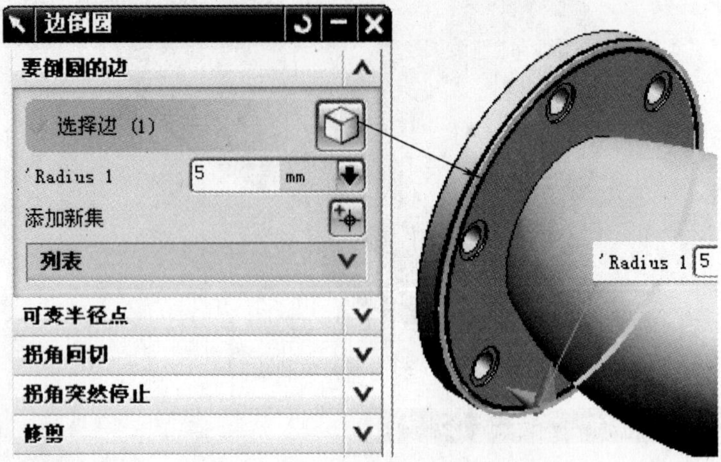

图 6-36　边倒圆特征

（10）使用快捷键 <Ctrl + Shift + K>，图形区显示所有隐藏对象，选择中间的一个基准坐标系，单击【确定】按钮显示该基准坐标系，如图 6-38 所示。

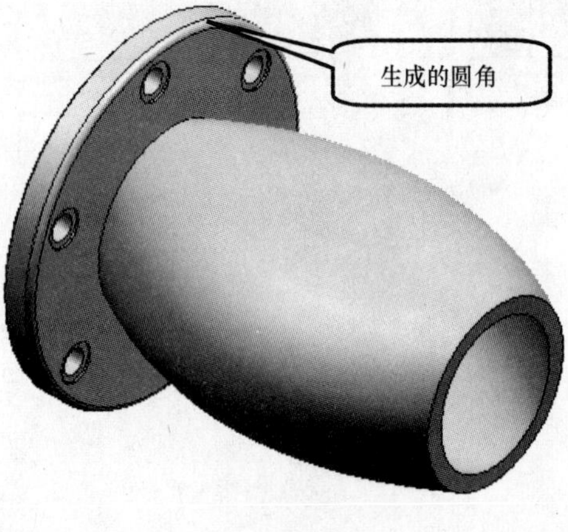

图 6-37　圆角创建

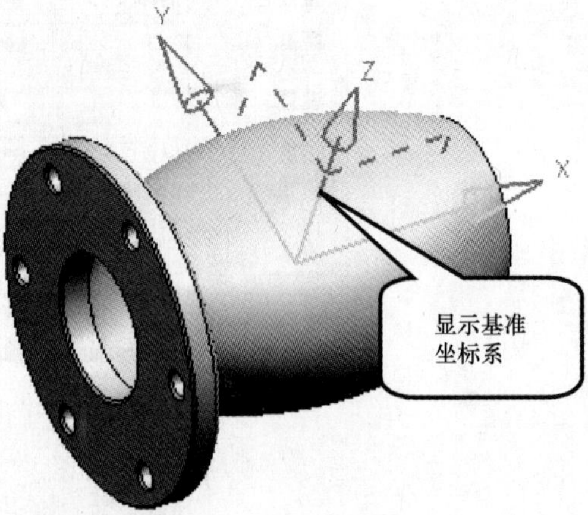

图 6-38　显示基准坐标系

（11）选择【插入】→【关联复制】→【镜像体】或单击【特征操作】工具条上的【镜像体】图标，弹出如图 6-39 左边所示【镜像体】对话框。选择如图 6-39 右边圆盘形实体作为体，选择基准坐标系的 YZ 平面作为【镜像平面】，单击鼠标中键或单击【确定】按钮完成实体的镜像，创建结果如图 6-40 所示。

（12）选择【插入】→【组合体】→【求和】或单击【特征操作】工具条上的【求和】图标，弹出如图 6-41 左边所示【求和】对话框。选择镜像的实体作为【目标体】，选择其余两个实体作为【刀具体】，如图 6-41 所示，单击鼠标中键或单击【确定】按钮完成三个实体的求和，结果为一个实体。

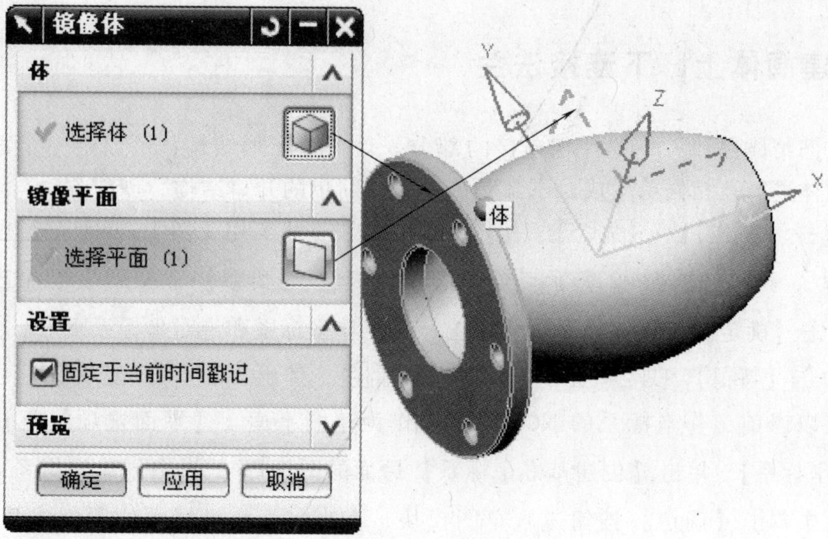

图 6-39　镜像体特征

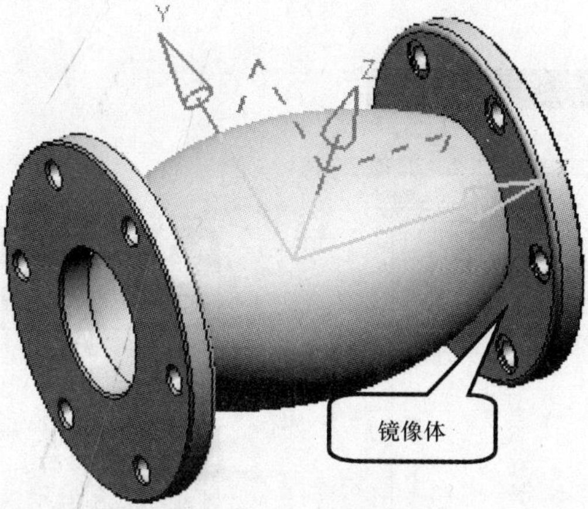

图 6-40　镜像体创建

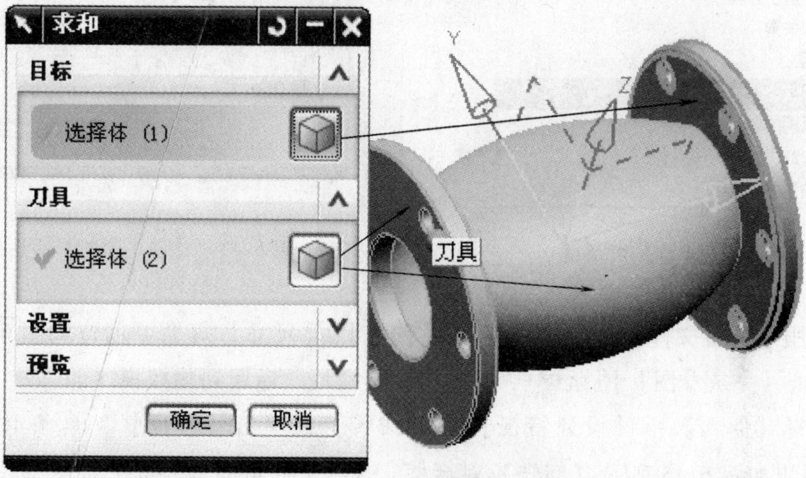

图 6-41　求和特征

6.4 创建阀体上、下连接法兰

阀体上部结体是和另外零件相连接的部分，是一个圆形结构，可以由一个截面旋转生成，并和主体进行互相修剪生成，下部是一个非常简单的开口结构，创建方法与上部类似。

(1) 选择【格式】→【WCS】→【定向】或单击【实用工具】工具条上的【WCS 方向】图标，弹出如图 6-42 所示【CSYS】对话框。【类型】下拉列表框中选择【绝对 CSYS】，单击【确定】按钮完成坐标系定位，将工作坐标系和绝对坐标系重合。

(2) 单击【特征】工具条上的【草图】图标，弹出如图 6-43 所示【创建草图】对话框。默认以当前工作坐标系的 XC-YC 平面作为草图平面，【平面选项】下拉菜单选择【创建基准坐标系】，单击【创建基准坐标系】后面的图标，弹出创建坐标系对话框。默认选项，两次单击【确定】按钮进入草图模块，在当前工作坐标系位置创建基准坐标系，自动开始【配置文件】创建。单击【关闭】取消【配置文件】对话框。

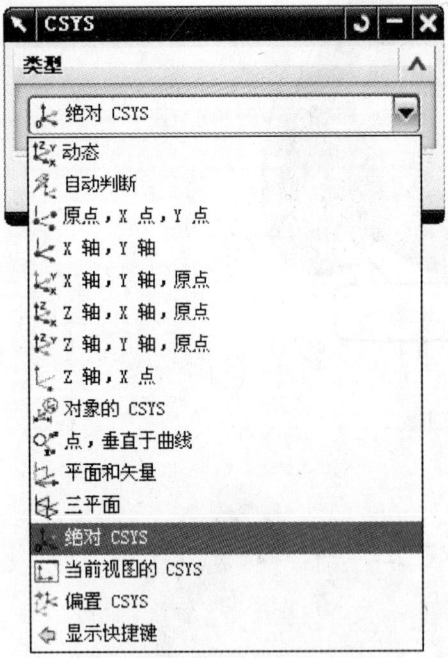

图 6-42 【CSYS】对话框

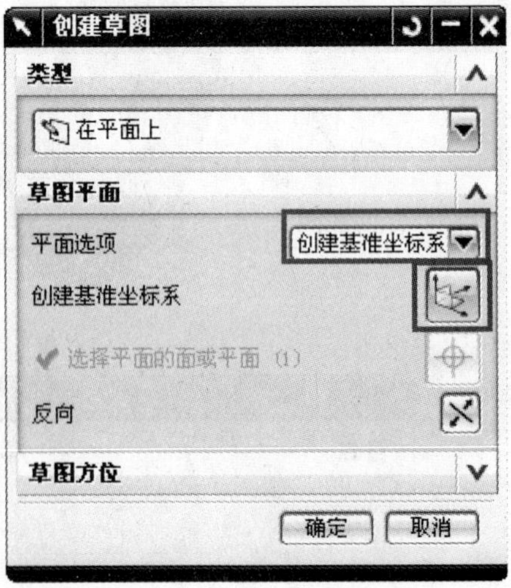

图 6-43 【创建草图】对话框

(3) 使用【配置文件】、【快速修剪】、【约束】、【尺寸】等命令创建如图 6-44 所示草图截面。单击【完成草图】图标退出草图模块，返回到建模模块。

(4) 选择【插入】→【设计特征】→【回转】或单击【特征】工具条上的【回转】图标，弹出如图 6-45 所示【回转】对话框。选择上一步创建的草图对象为【截面】，选择基准坐标系的 Y 轴为【轴】，其余参数使用默认值，单击鼠标中键或单击【确定】按钮完

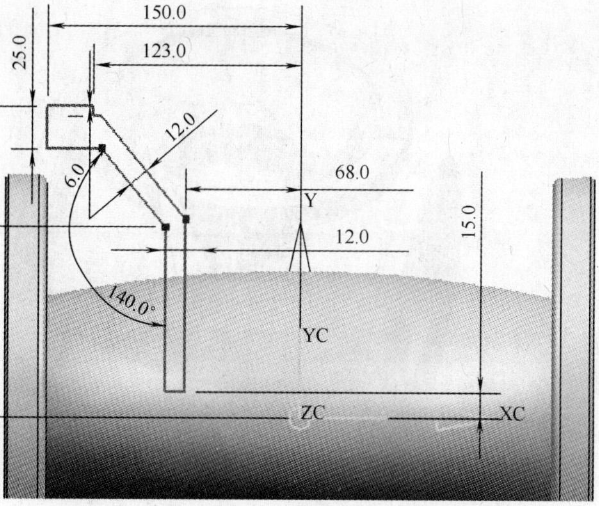

图6-44 草图绘制

成回转特征，完成后的实体如图6-46所示。

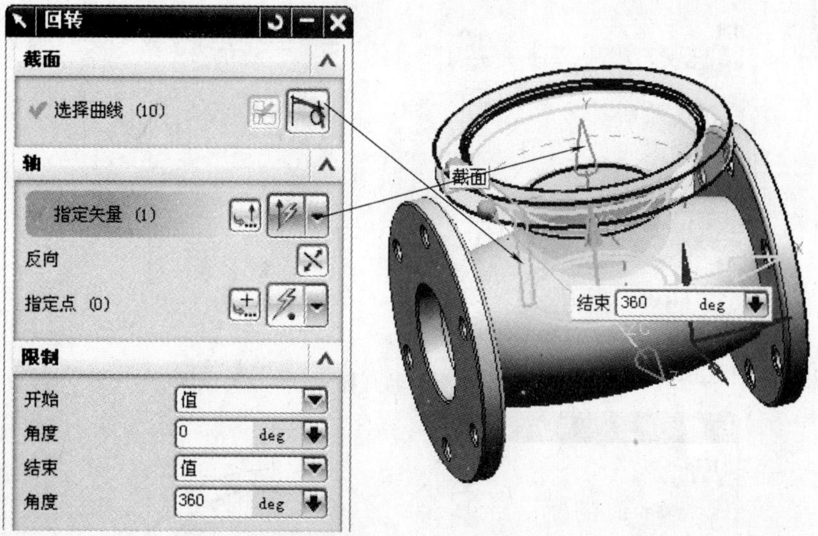

图6-45 回转特征

(5) 选择【插入】→【修剪】→【修剪体】或单击【特征操作】工具条上的【修剪体】图标，弹出如图6-47所示【修剪体】对话框。选择上一步创建的旋转体作为目标体，选择基本体内表面作为刀具体，如图6-47右边所示，默认箭头的方向，单击鼠标中键或单击【确定】按钮完成修剪操作。

(6) 单击【特征操作】工具条上的【修剪体】图标，弹出相应对话框。选择基本体为目标体，选择旋转体内表面为刀具体，如图6-48所示。默认箭头方向，单击鼠标中键或单击【确定】按钮完成修剪操作，修剪后的结果如图6-49所示。

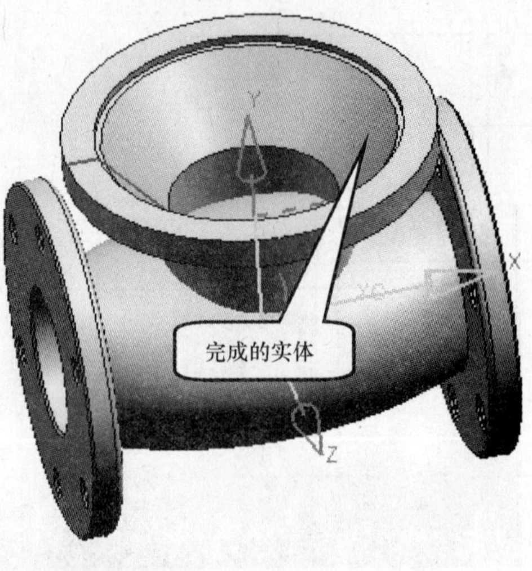

图 6-46　回转实体创建

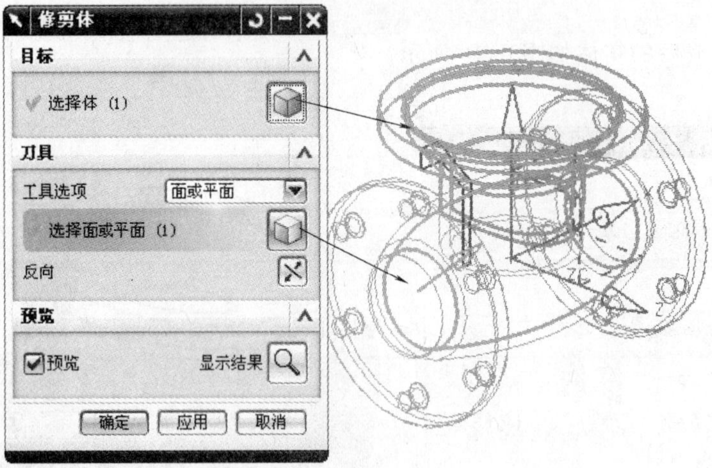

图 6-47　修剪体特征操作（一）

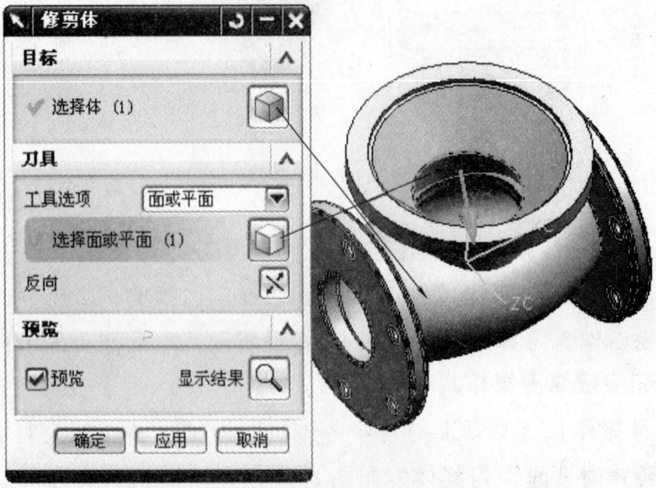

图 6-48　修剪体特征操作（二）

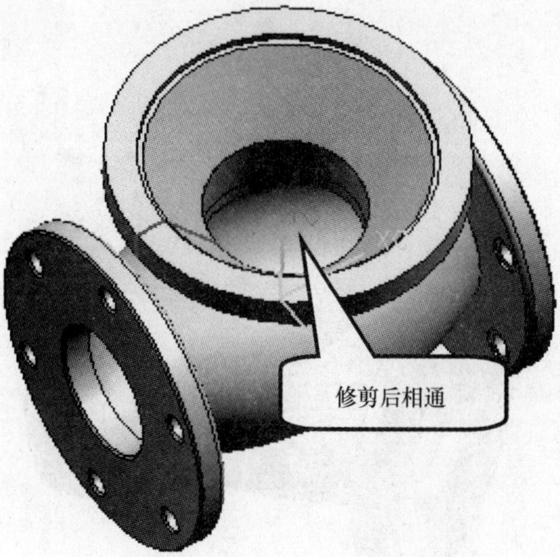

图 6-49 修剪后相通

（7）单击【特征操作】工具条上的【求和】图标，弹出如图 6-50 所示【求和】对话框。选择第 4 步旋转的实体作为目标体，选择基本体作为刀具体，如图 6-50 所示，单击鼠标中键或单击【确定】按钮完成两个实体的求和，结果为一个实体。

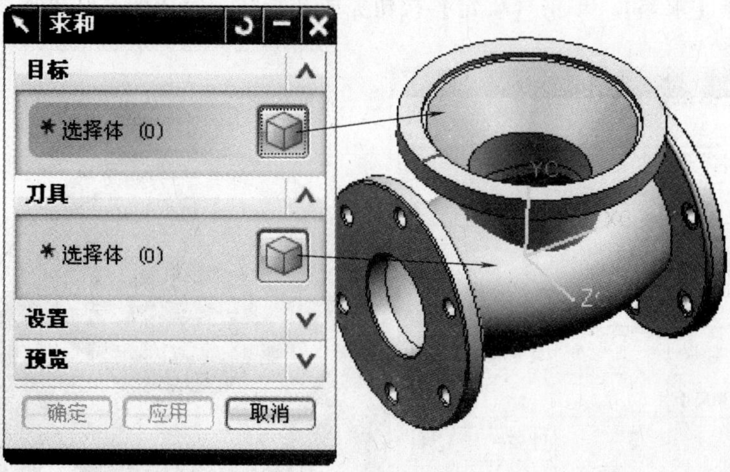

图 6-50 求和特征操作

（8）使用快捷键 <Ctrl + B> 隐藏旋转的草图截面和基准坐标系。

（9）双击工作坐标系，使之处于动态状态，默认激活为原点，选择旋转体顶面圆心，拖动控制点绕 XC 轴旋转 -90°，如图 6-51 所示，单击【确定】按钮完成工作坐标系定义。

（10）单击【特征】工具条上的【孔】图标，弹出如图 6-52 所示的孔对话框。在【形状和尺寸】栏中【成形】下拉列表框中选择【简单】，在下面显示简单孔对应的参数，【直径】输入 20，【深度】输入 50，如图 6-52 所示。【布尔】下拉列表框选择【求差】。选择如图 6-52 所示旋转体上端面表面作为孔的定位表面，系统弹出如图 6-53 所示【创建草

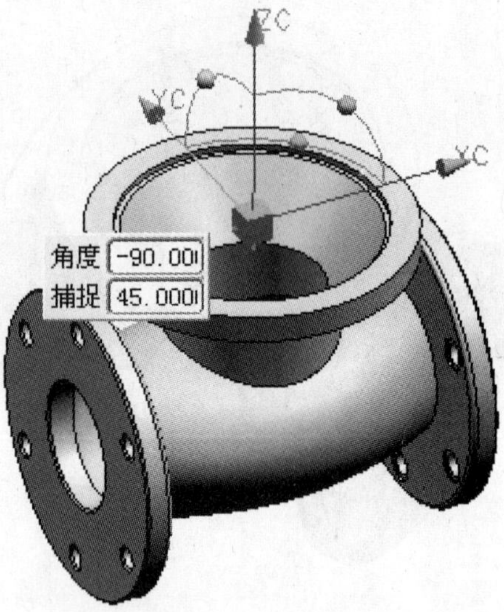

图 6-51　动态坐标系

图】对话框。【平面选项】下拉列表框选择【创建基准坐标系】，单击【创建基准坐标系】后面的图标，弹出【基准 CSYS】对话框，默认其参数，单击【确定】按钮进入草图模块，创建如图 6-54 所示孔。单击【退出草图】图标完成草图，回到【孔】对话框，【布尔】下拉列表框选择【求差】，单击【确定】按钮完成孔特征，完成的孔结果如图 6-55 所示。

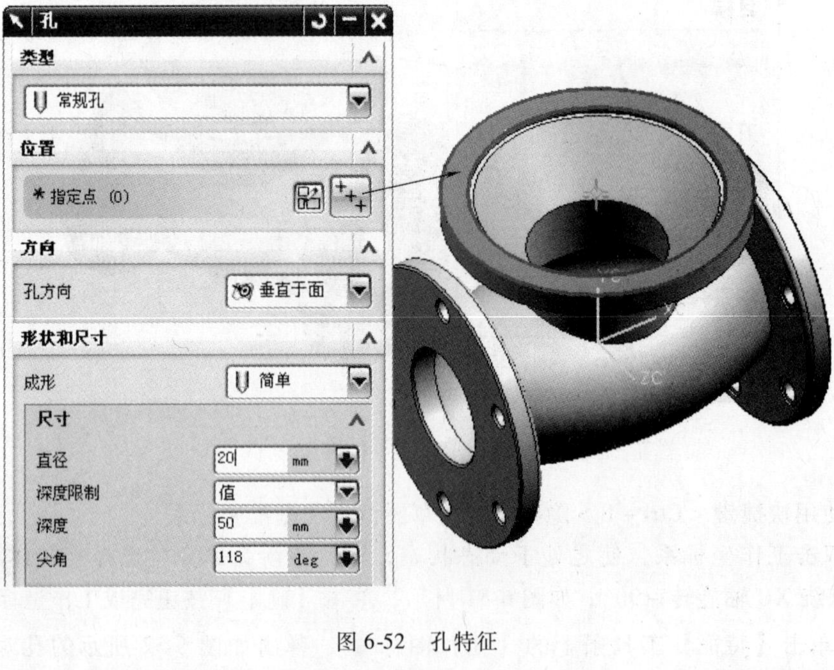

图 6-52　孔特征

（11）单击【特征操作】工具条上的【实例特征】图标，弹出【实例】对话框，选择【圆形阵列】，弹出如图 6-56 所示【实例】对话框。在文本框中选择【简单孔（27）】特

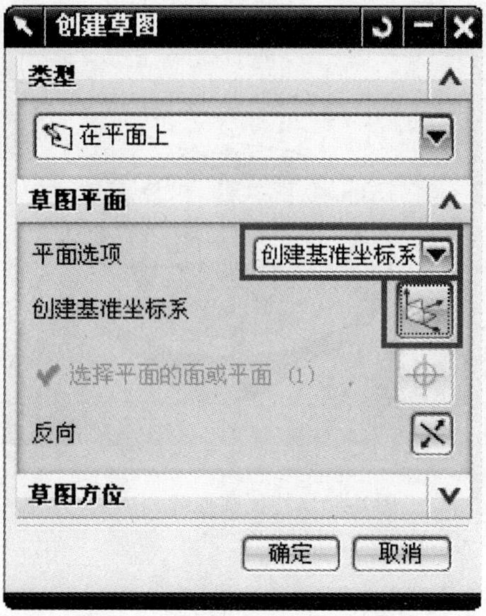

图 6-53　【创建草图】对话框

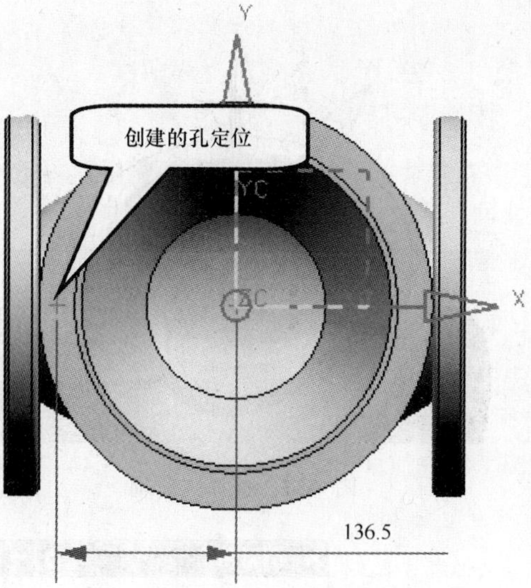

图 6-54　创建孔定位尺寸

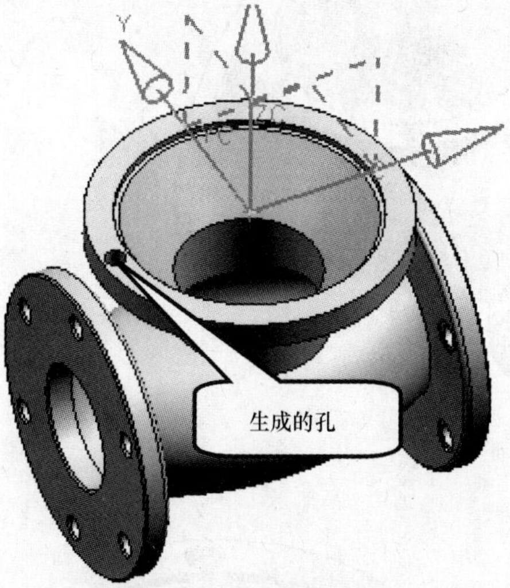

图 6-55　生成的孔

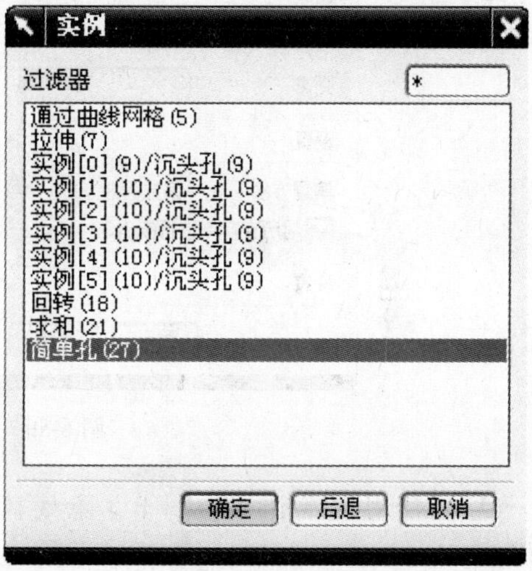

图 6-56　特征过滤器

征，在图形区中选中的特征将高亮显示，单击【确定】按钮弹出方法对话框。【方法】中默认为【常规】，【数字】文本框中输入 6，【角度】文本框中输入 60，单击【确定】按钮弹出指定矢量对话框。选择【基准轴】按钮，弹出对话框，选择如图 6-57 所示基准坐标系的 Z 轴作为旋转轴，单击【是】生成孔特征阵列，阵列的结果如图 6-58 所示。

（12）单击【特征操作】工具条上的【倒斜角】图标，弹出如图 6-59 所示【倒斜角】对话框。选择第一个创建的简单孔边缘，【横截面】下拉列表框选择【对称】选项，【距离】文本框输入 2，打开【对所有实例进行倒斜角】复选框，单击鼠标中键或单击【确定】按钮完成斜角特征的创建，创建结果如图 6-60 所示。

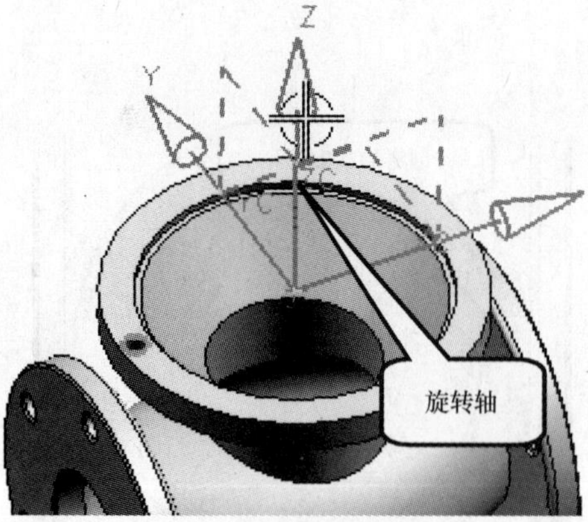

图 6-57　选择旋转轴

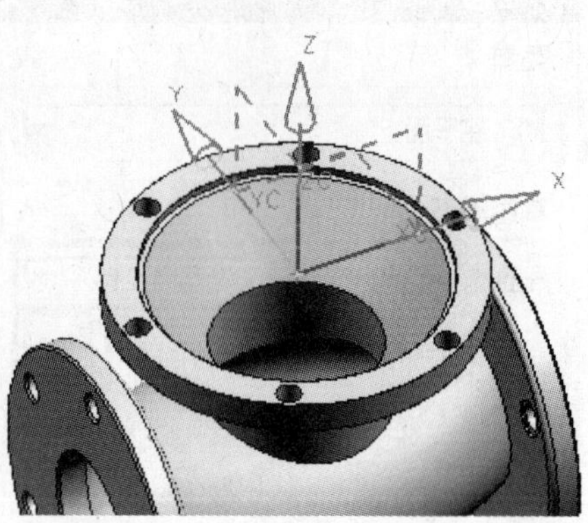

图 6-58　特征圆形阵列生成

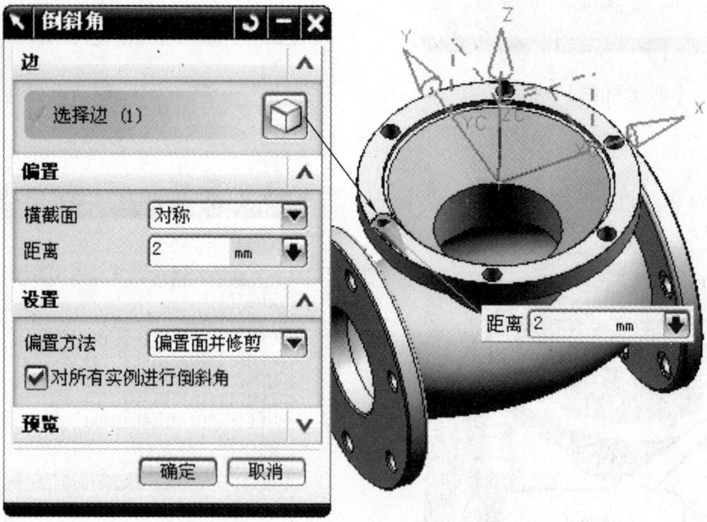

图 6-59　倒斜角特征（三）

(13) 使用快捷键 <Ctrl + B> 隐藏基准坐标系。

(14) 双击工作坐标系，使之处于动态状态，单击 ZC 轴的箭头，在【距离】文本框中输入 -180，如图 6-61 所示，单击鼠标中键完成工作坐标系定义。

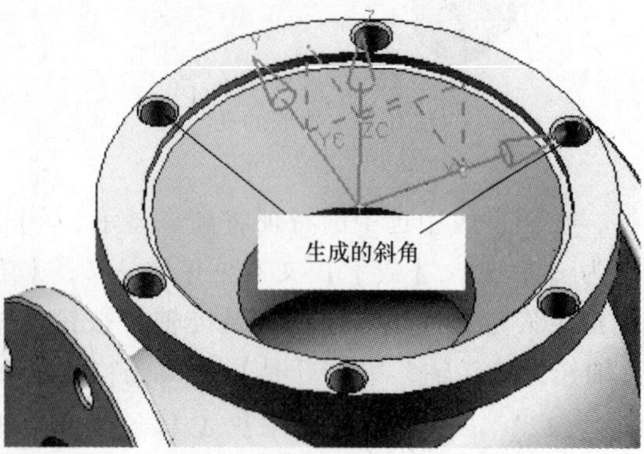

图 6-60　生成的斜角

(15) 单击【特征】工具条上的【草图】图标，弹出如图 6-43 所示【创建草图】对话框。默认以当前工作坐标系的 XC-YC 平面作为草图平面，【平面选项】下拉菜单选择【创建基准坐标系】。单击【创建基准坐标系】后面的图标，弹出创建坐标系对话框，默认选项，两次单击【确定】按钮进入草图模块，在当前工作坐标系位置创建基准坐标系，自动开始【配置文件】创建，单击【关闭】按钮取消。

（16）在坐标系原点创建直径为200mm的圆，如图6-62所示，单击【退出草图】图标 完成草图 回到建模模块。

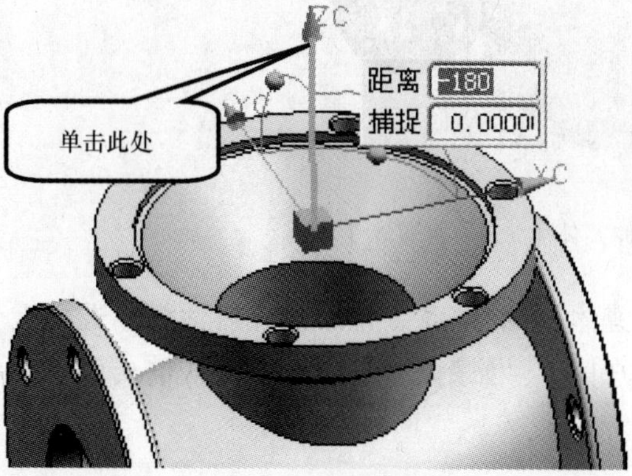

图6-61　移动工作坐标系

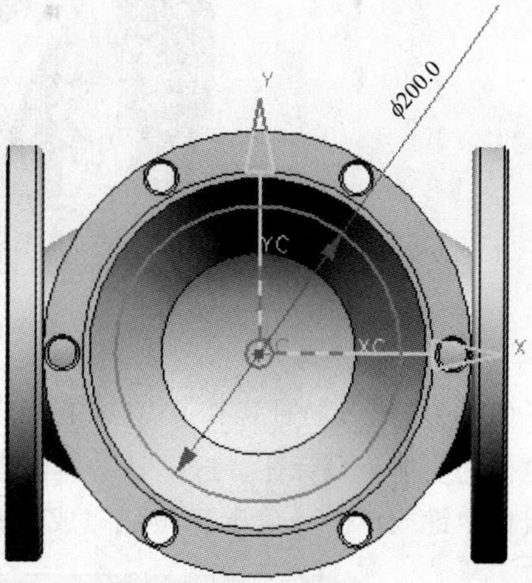

图6-62　创建圆

（17）单击【特征】工具条上的【拉伸】图标，弹出【拉伸】对话框。选择上一步创建的圆作为拉伸截面，方向为截面线所在平面的法向，单击【反向】改变方向向下。【开始距离】输入0，【结束距离】输入130，展开【偏置】栏，【偏置】下拉列表框选择【两侧】，【开始】文本框输入0，【结束】文本框输入-12，其余参数使用默认值，如图6-63所示，单击鼠标中键或单击【确定】按钮完成拉伸特征创建。创建的结果如图6-64所示。

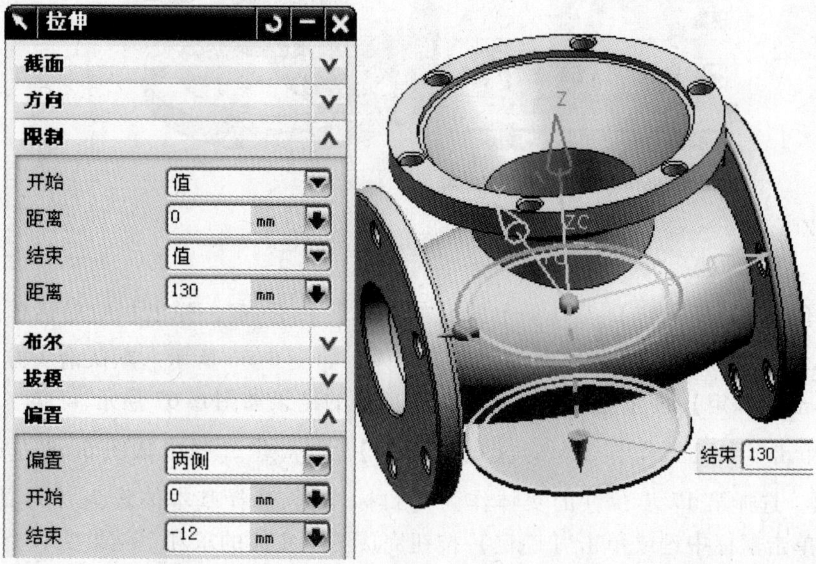

图6-63　拉伸特征

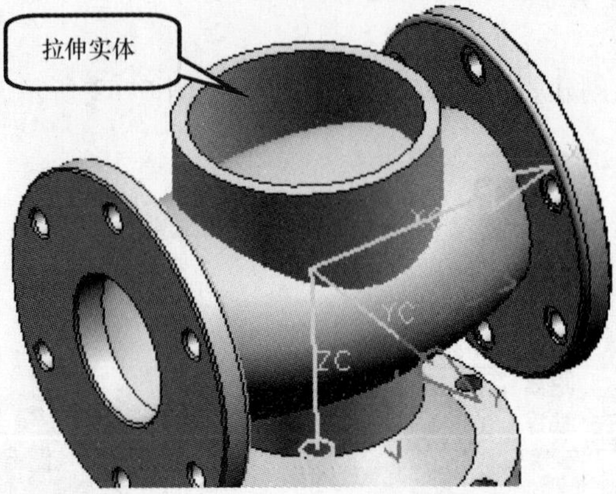

图 6-64　拉伸实体生成

（18）单击【特征操作】工具条上的【修剪体】图标，弹出相应对话框。选择上一步拉伸的实体为目标体，选择基本体内表面为刀具体，如图 6-65 所示。默认箭头方向，单击鼠标中键或单击【确定】按钮完成修剪操作。

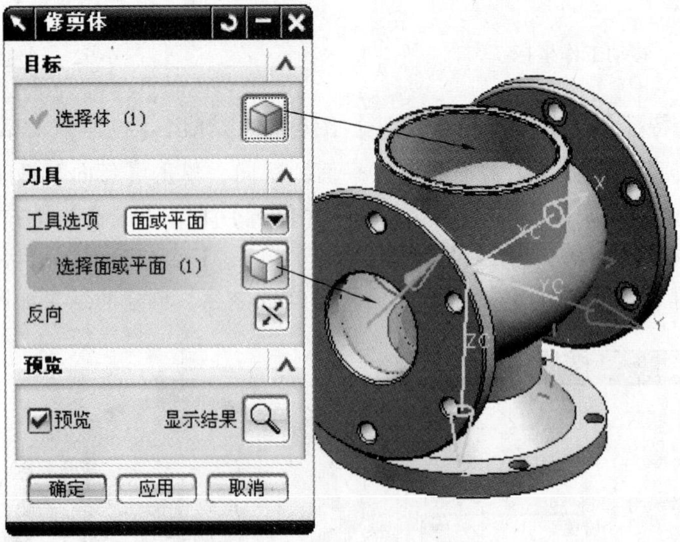

图 6-65　修剪体特征操作

（19）单击【特征操作】工具条上的【修剪体】图标，弹出相应对话框。选择基本体为目标体，选择第 17 步拉伸体内表面为刀具体，如图 6-66 所示。默认箭头方向，单击鼠标中键或单击【确定】按钮完成修剪操作，修剪后的结果如图 6-67 所示。

（20）单击【特征操作】工具条上的【求和】图标，弹出如图 6-68 左边所示【求和】对话框。选择第 17 步拉伸的实体作为【目标体】，选择基本体作为【刀具体】，如图 6-68所示。单击鼠标中键或单击【确定】按钮完成两个实体的求和，结果为一个实体。

（21）使用快捷键 < Ctrl + B > 隐藏基准坐标系和草图对象。

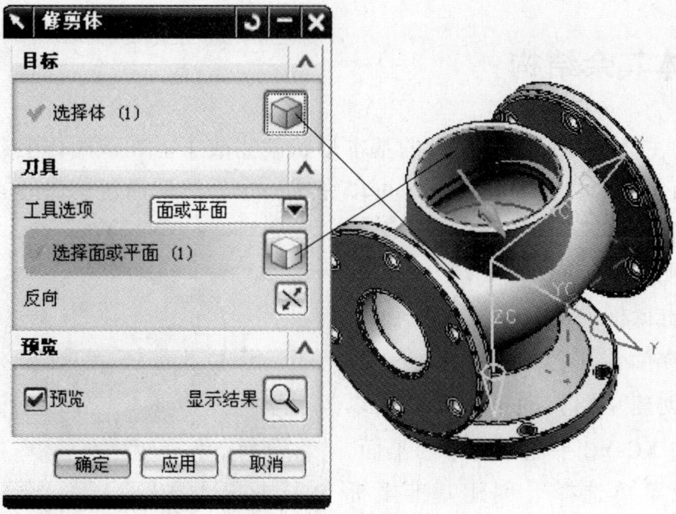

图 6-66　修剪体特征操作

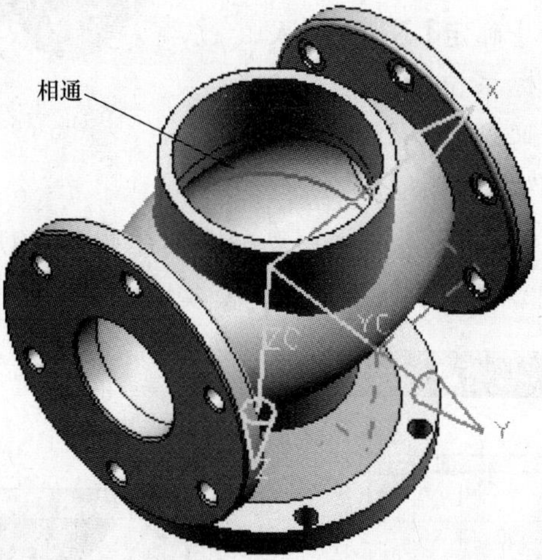

图 6-67　修剪后相通

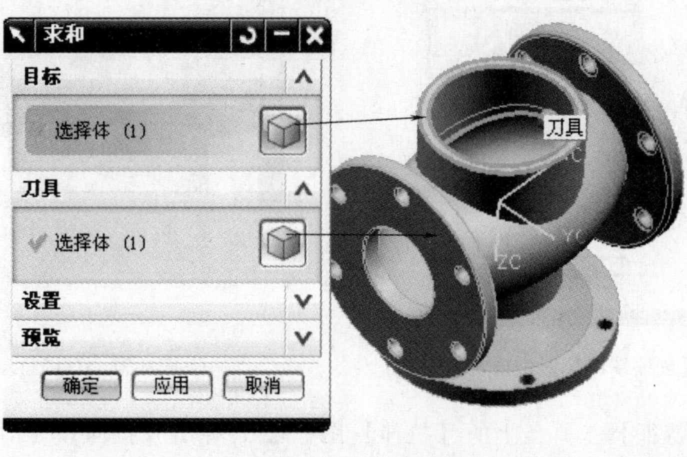

图 6-68　求和特征操作

6.5 创建阀体其余结构

在完成前面的主体结构后，该阀体的基本形状就完成了。在该阀体上还有一些功能性的结构，这些结构简单，个数多，在创建时可以完成一个，然后通过镜像的方式完成。

(1) 双击当前工作坐标系，使之处于动态状态，拖动控制点，绕 XC 轴旋转 90°，如图 6-69 所示，单击鼠标中键完成坐标系定义。

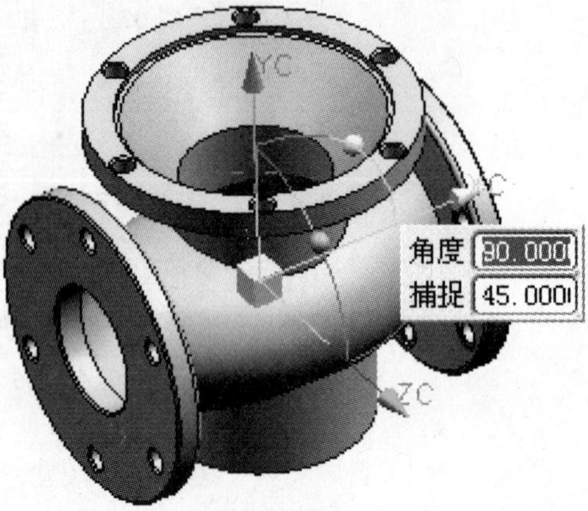

图 6-69　旋转工作坐标系

(2) 单击【特征】工具条上的【草图】图标，弹出【创建草图】对话框。默认以当前工作坐标系的 XC-YC 平面作为草图平面，【平面选项】下拉菜单选择【创建基准坐标系】，单击【创建基准坐标系】后面的图标，如图 6-70 所示，弹出创建坐标系对话框。默认选项，两次单击【确定】按钮进入草图模块，在当前工作坐标系位置创建基准坐标系，自动开始【配置文件】创建。单击【关闭】取消【配置文件】对话框。

(3) 使用【直线】、【约束】、【尺寸】等命令创建如图 6-71 所示草图截面。单击【完成草图】图标退出草图模块，返回到建模模块。

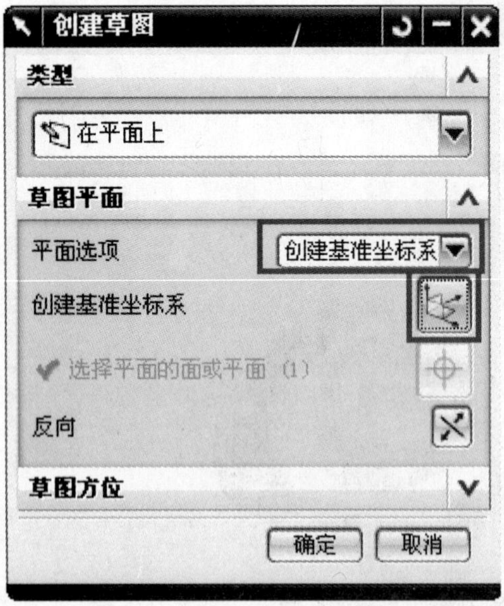

图 6-70　【创建草图】对话框

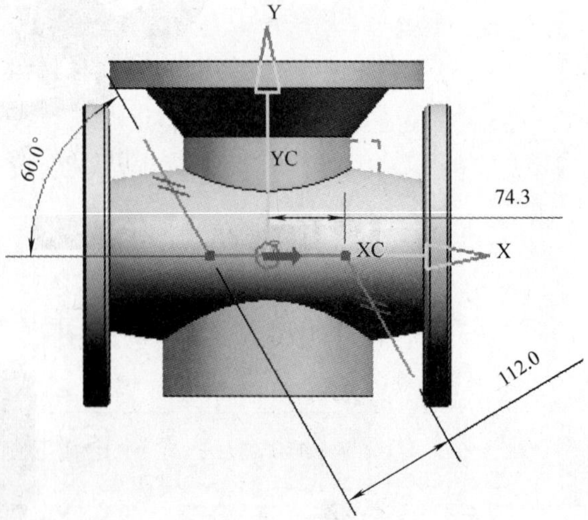

图 6-71　草图绘制

(4) 单击【特征】工具条上的【拉伸】图标，弹出【拉伸】对话框。选择上一步创建的草图对象作为拉伸截面，方向为截面线所在平面的法向，【开始距离】输入 -200，

【结束距离】输入 200。展开【偏置】栏，【偏置】下拉列表框选择【对称】,【开始】文本框输入 6,【结束】文本框自动变为 6，其余参数使用默认值，如图 6-72 所示。单击鼠标中键或单击【确定】按钮完成拉伸特征创建。创建的结果如图 6-73 所示。

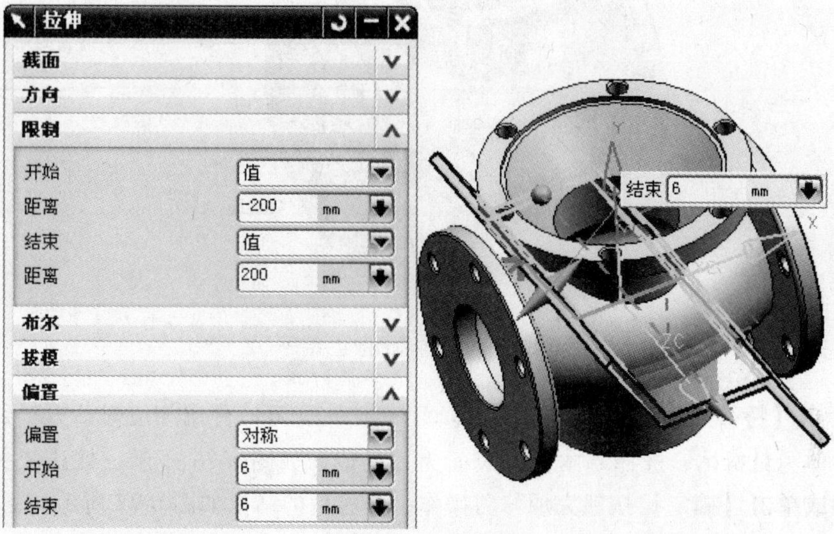

图 6-72　拉伸特征

（5）单击【特征操作】工具条上的【边倒圆】图标，弹出【边倒圆】对话框。选择如图 6-74 所示实体凹的边缘，【半径】文本框输入 24，其余选项使用默认值，单击鼠标中键或单击【确定】按钮完成圆角特征的创建。

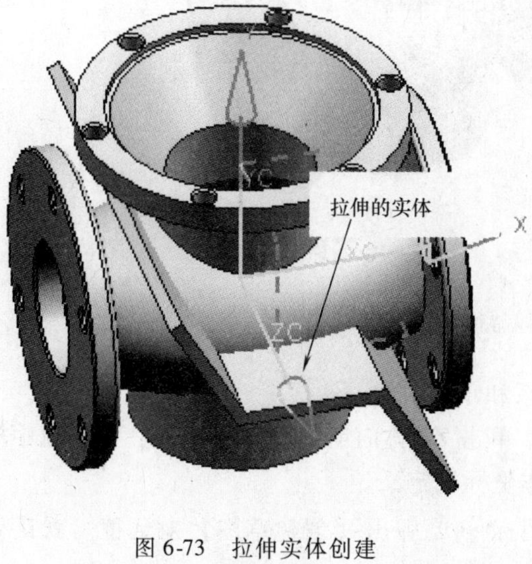

图 6-73　拉伸实体创建

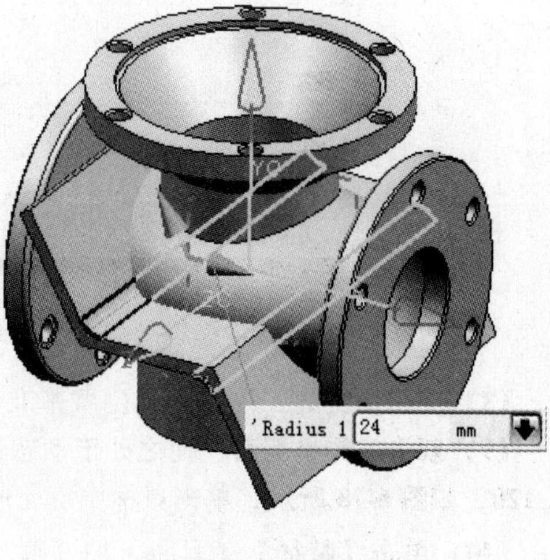

图 6-74　选择倒圆边界

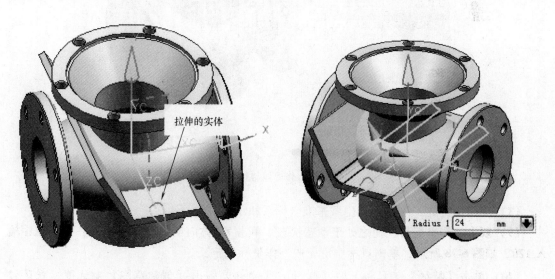

（6）与上一步相同的方法，选择如图 6-75 所示实体凸的边缘，【半径】文本框输入 36，其余选项使用默认值，单击鼠标中键或单击【确定】按钮完成圆角特征的创建。

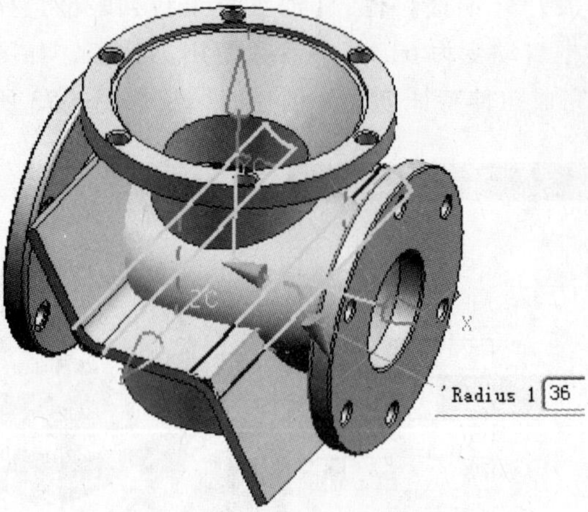

图 6-75　选择倒圆边界

（7）单击【特征操作】工具条上的【修剪体】图标，弹出相应对话框。选择第 4 步生成的拉伸体为目标体，选择基本体外表面为刀具体，如图 6-76 所示。默认箭头方向，单击鼠标中键或单击【确定】按钮完成修剪操作，修剪后的结果如图 6-77 所示。

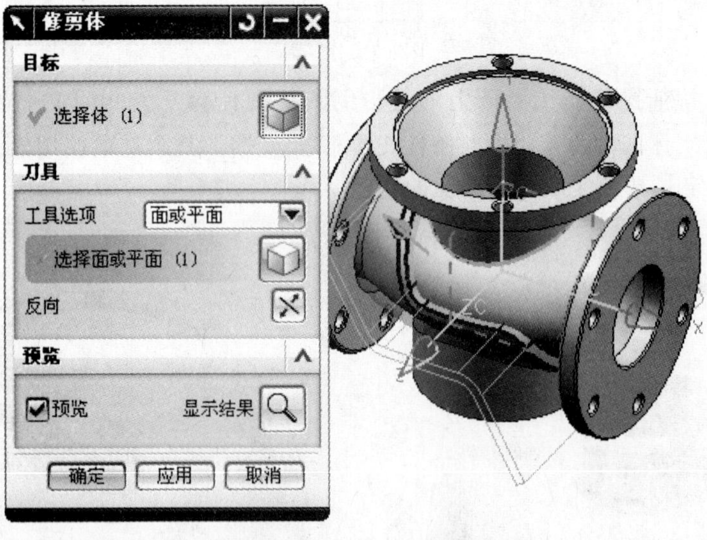

图 6-76　修剪体特征操作

（8）使用快捷键 < Ctrl + B > 隐藏基准坐标系和草图对象。

（9）双击工作坐标系，使之处于动态状态，单击 ZC 方向箭头，在【距离】文本框中输入 120，如图 6-78 所示，单击鼠标中键完成工作坐标系定义。

（10）单击【特征】工具条上的【草图】图标，弹出【创建草图】对话框。默认以当前工作坐标系的 XC-YC 平面作为草图平面，【平面选项】下拉菜单选择【创建基准坐标系】，单击【创建基准坐标系】后面的图标，弹出创建坐标系对话框。默认选项，两次单击【确定】按钮进入草图模块，在当前工作坐标系位置创建基准坐标系，自动开始【配

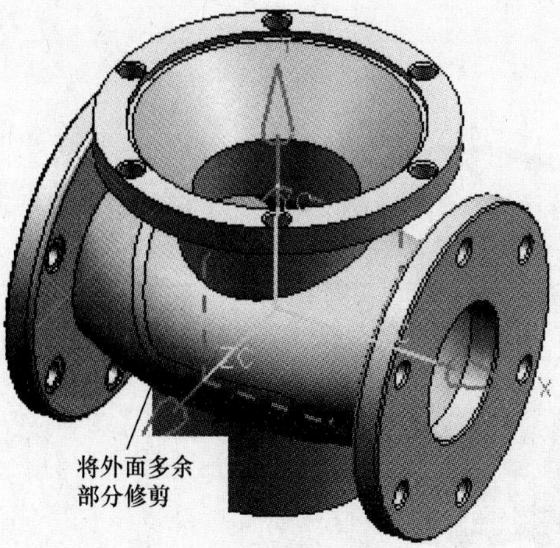

图 6-77　将外面多余部分修剪

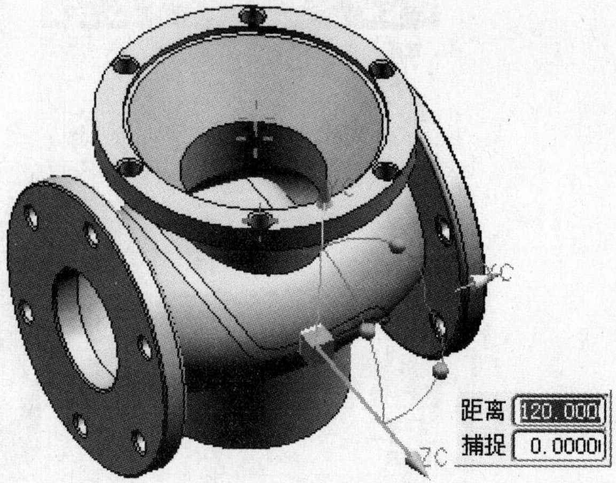

图 6-78　移动工作坐标系

置文件】创建，单击【关闭】按钮取消。

（11）使用【矩形】、【圆】、【约束】、【尺寸】等命令创建如图 6-79 所示草图对象。单击【完成草图】图标 完成草图 退出草图模块，返回到建模模块。

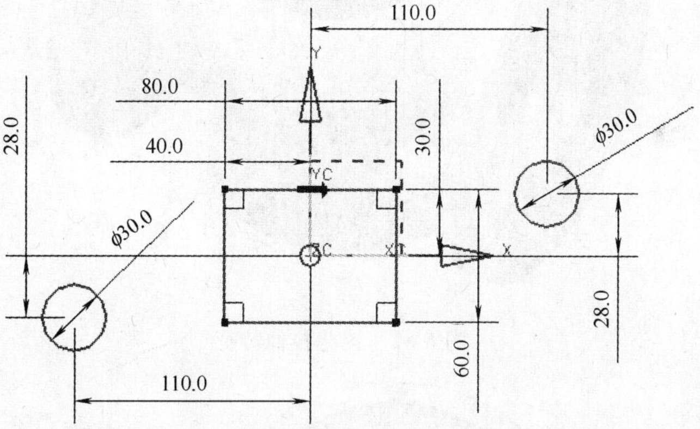

图 6-79　草图绘制

（12）单击【特征】工具条上的【拉伸】图标，弹出【拉伸】对话框。选择上一步创建的草图对象作为拉伸截面，方向为截面线所在平面的法向，单击【反向】图标改变方向向实体，【开始距离】输入 0，【结束】下拉列表框选择【直到被延伸】。选择基本体的外表面，展开【拔模】栏，【拔模】下拉列表框选择【从截面】，【角度】文本框输入 -10，其余参数使用默认值，如图 6-80 所示，单击鼠标中键或单击【确定】按钮完成拉伸特征创建，创建的结果如图 6-81 所示。

（13）使用快捷键 <Ctrl + Shift + K>，图形区显示隐藏的对象，选择在绝对坐标系原点位置的任一基准坐标系，单击【确定】按钮显示选择的基准坐标系，如图 6-82 所示。

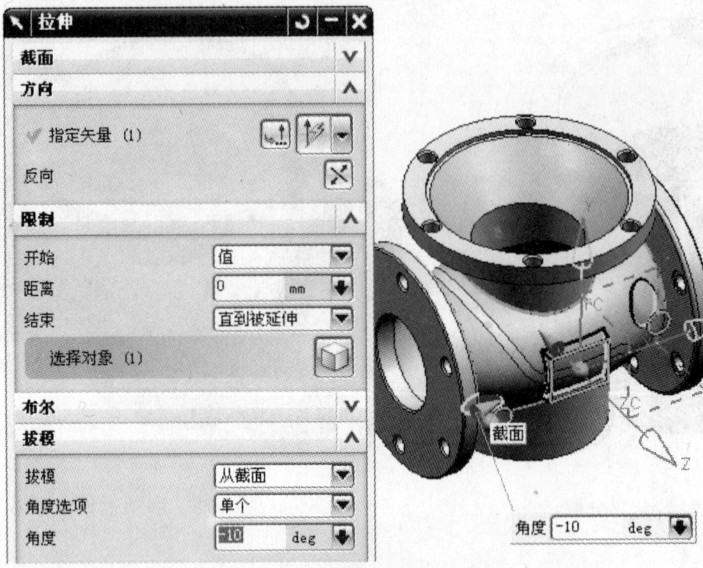

图 6-80　拉伸特征

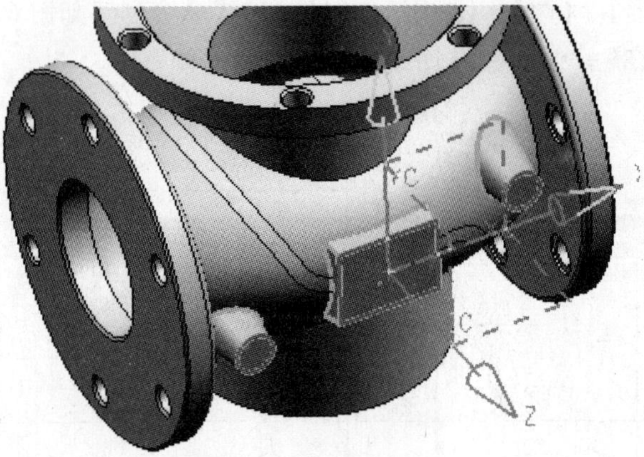

图 6-81　创建拉伸特征

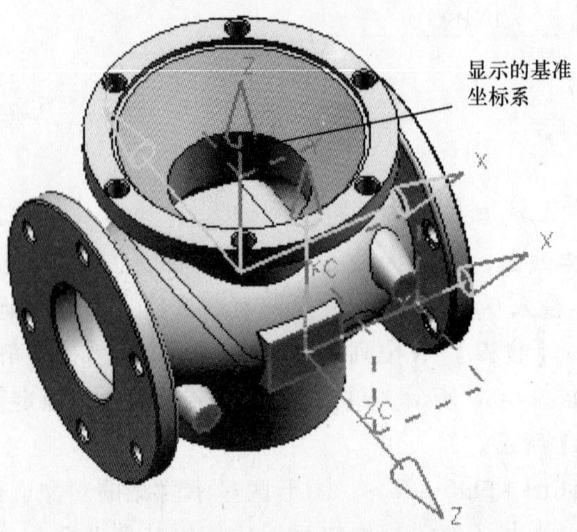

图 6-82　显示基准坐标系

（14）单击【特征操作】工具条上的【镜像体】图标，弹出如图 6-83 所示【镜像体】对话框。选择第 12 步生成的拉伸实体作为体，选择上一步显示的基准坐标系的 XZ 平面作为【镜像平面】，如图 6-83 所示，单击鼠标中键或单击【确定】按钮完成实体的镜像，创建结果如图 6-84 所示。

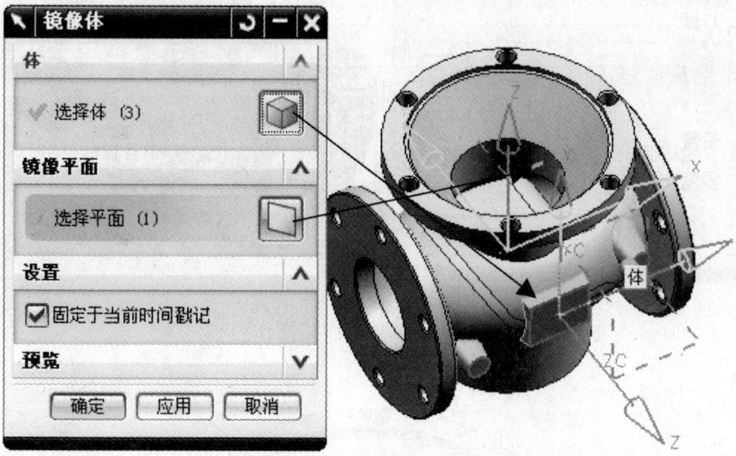

图 6-83　镜像体特征操作

（15）使用快捷键 <Ctrl + D>，弹出【类选择器】，选择镜像后的中间矩形体，单击鼠标中键或单击【确定】按钮将其删除，删除的结果如图 6-85 所示。

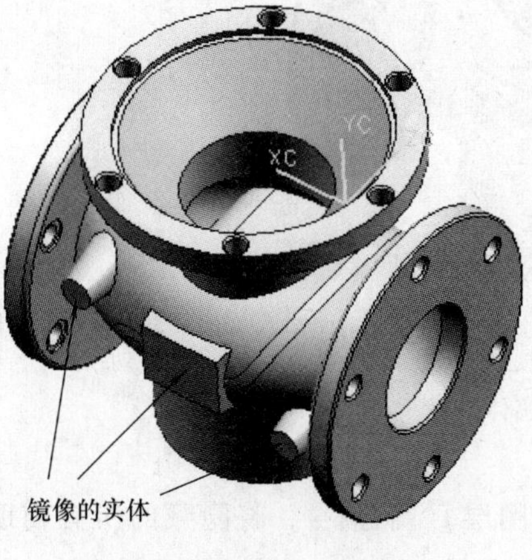

图 6-84　镜像实体创建

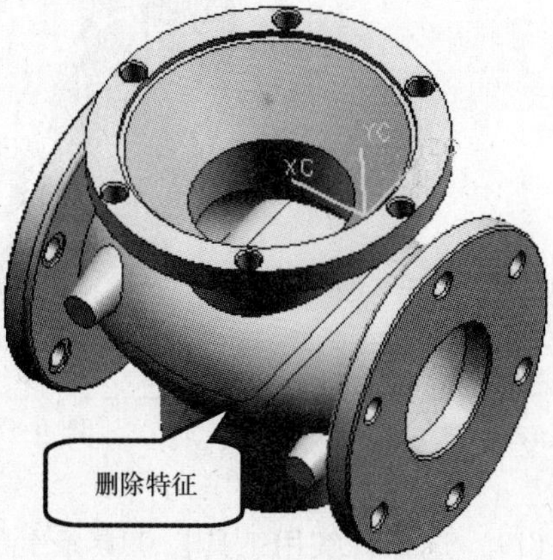

图 6-85　删除特征

（16）单击【特征操作】工具条上的【求和】图标，弹出如图 6-86 所示【求和】对话框。选择基本体作为目标体，框选其余实体作为刀具体，如图 6-86 所示。单击鼠标中键或单击【确定】按钮完成两个实体的求和，结果为一个实体。

（17）使用快捷键 <Ctrl + B> 隐藏除实体外的所有对象，只保留实体。

（18）单击【特征操作】工具条上的【边倒圆】图标，弹出【边倒圆】对话框。选择如图 6-87 所示实体边缘，【半径】文本框输入 5，其余选项使用默认值，单击鼠标中键或单击【确定】按钮完成圆角特征的创建。

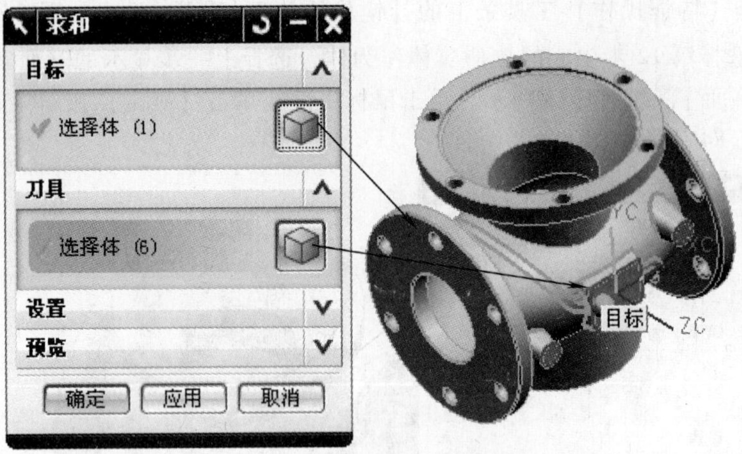

图 6-86　求和特征操作

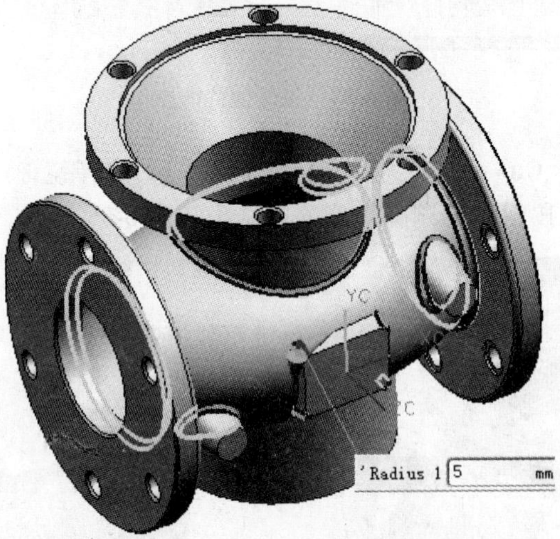

图 6-87　选择倒圆实体边缘

(19) 选择【实用工具】工具条上的【移动至图层】图标，将隐藏的所有辅助对象移动至 256 层，只保留当前实体。

(20) 选择【文件】→【保存】或单击【标准】工具条上的【保存】图标，将文件进行保存，保存的结果请参见光盘中“fati. prt”文件。

(21) 关闭该文件。

6.6　装配阀体端盖

在一个产品中，一般都会有很多零件，在设计过程中，这些零件是单独生成文件，所以在完成单个零件后，需要使用 UG 的装配模块将这些独立的零件装配在一个文件，形成一个完整的产品。

（1）选择【标准】工具条上的【新建】命令，弹出如图 6-88 所示【新建】对话框。【单位】选择【毫米】，【模板】选择【装配】，指定文件夹的位置，输入文件名为【fati-assembly】，单击【确定】按钮弹出如图 6-89 所示【添加组件】对话框，提示添加组件。

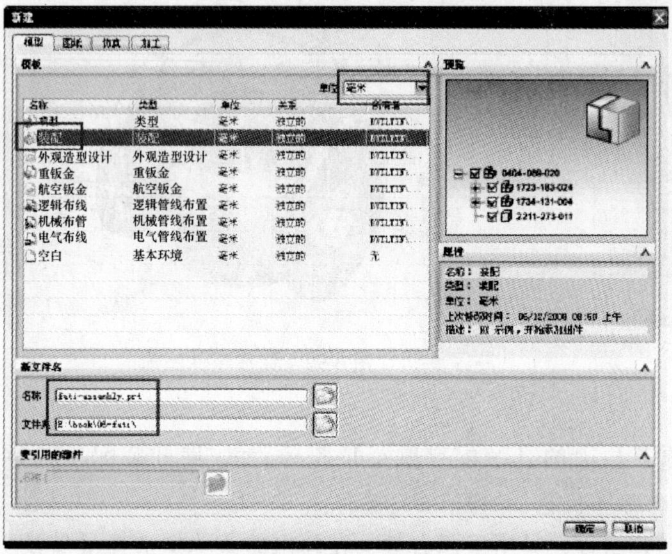

图 6-88　【新建】文件对话框

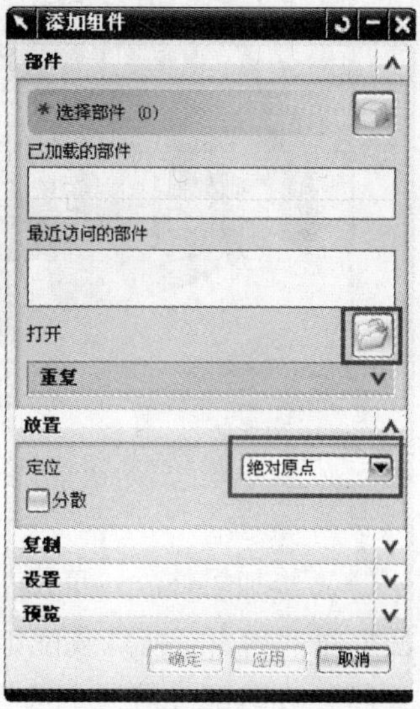

图 6-89　【添加组件】对话框

（2）单击【打开】后面的图标，弹出如图 6-90 所示【部件名】对话框。选择第一个要添加的组件【fati. prt】文件，单击【OK】按钮回到图 6-89 所示对话框，并弹出如图 6-91所示【组件预览】，显示添加组件的图像。

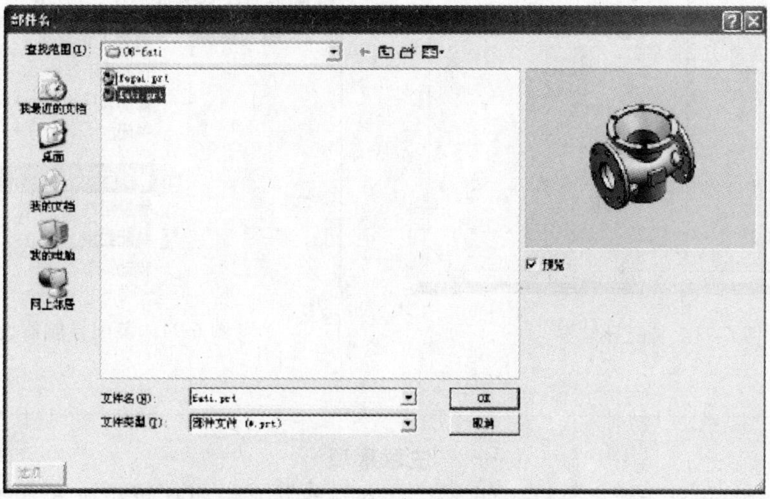

图 6-90　【部件名】对话框

（3）默认图 6-89 所示对话框中其余选项的参数，单击【确定】按钮完成组件的添加，添加的组件在图形区中显示如图 6-92 所示。可以看出在设计零件过程中的一些辅助对象也显示出来，影响视图效果，需要将这些辅助对象隐藏。

图 6-91　组件预览

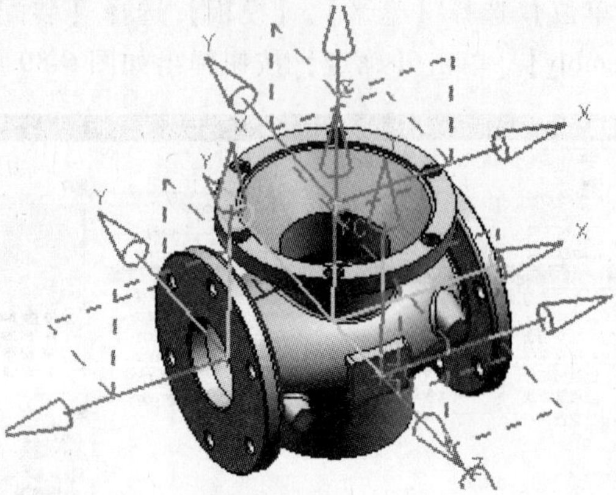

图 6-92　完成组件添加

（4）添加组件后，单击【资源条】上的【装配导航器】图标，展开装配导航器。装配导航器列出了所有装配组件的名称和状态，如图 6-93 所示。

（5）在装配导航器中选择【fati】组件，单击鼠标右键，在弹出的菜单中选择【替换引用集】→【MODEL】选项，如图 6-94 所示。在图形区中显示的零件如图 6-95 的示，辅助对象不显示。

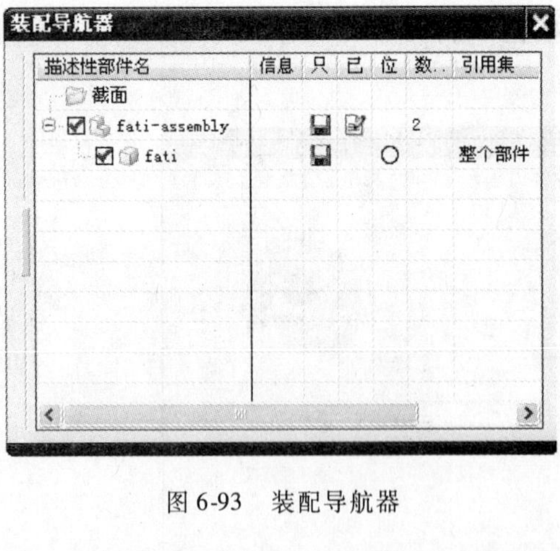

图 6-93　装配导航器

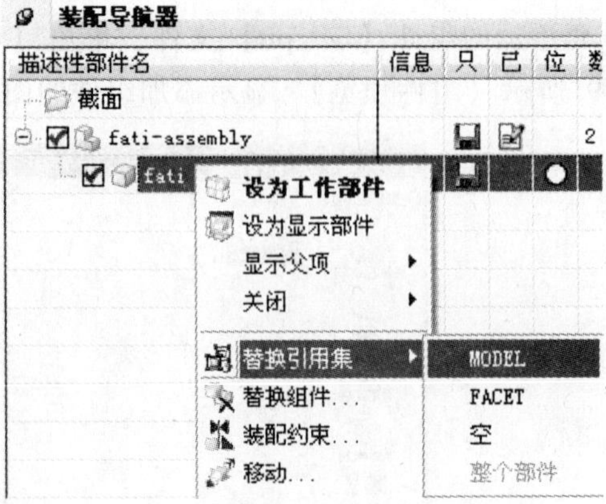

图 6-94　装配导航器设置

注意事项

在装配模块中通常使用【引用集】这个功能来显示组件中的对象，默认有几个选项，如果默认选项不满足要求，可以在组件的零件文件中使用【格式】→【引用集】创建新的引用集。创建的引用集在装配模块中可以进行选择。

(6) 选择【装配】工具条上的【装配约束】命令，弹出如图6-96所示的【装配约束】对话框。【类型】下拉列表框选择【固定】选项，在图形区中选择添加的阀体组件，其余选项使用默认值即可，单击【确定】按钮将一个组件固定在绝对坐标系原点位置。

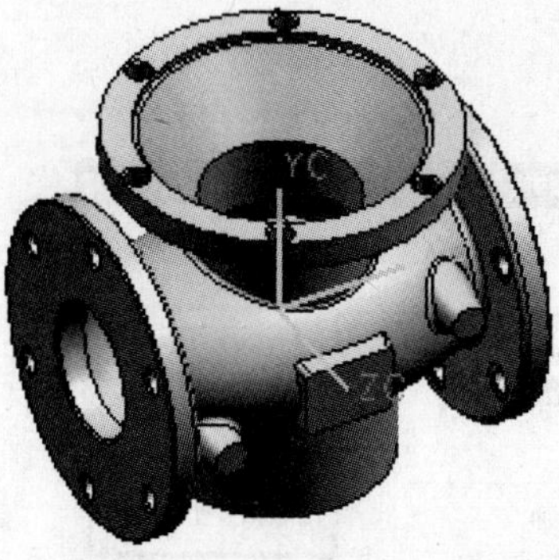

图6-95　辅助对象不显示

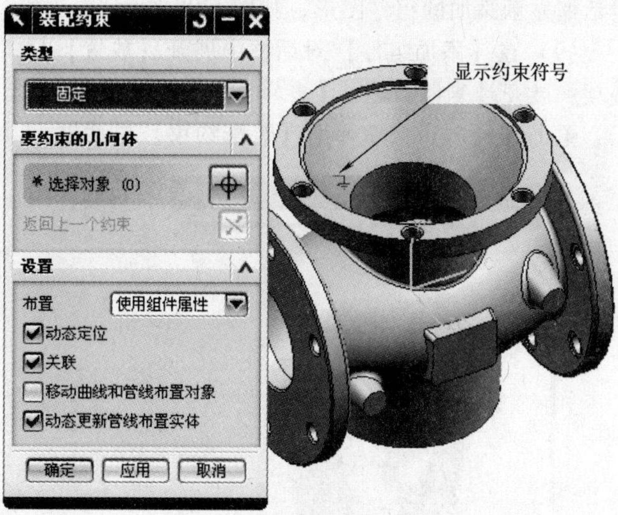

图6-96　【装配约束】对话框

注意事项

在装配应用中，通常第一个组件都使用【固定】约束类型将其固定在绝对坐标系的原点，这样在后续装配过程中，第一个组件永远不会移动，减少后续约束的错误概率。

(7) 通过上一步生成装配约束后，在装配导航器中添加一栏【约束】，如图6-97所示，展开约束栏可以查看装配约束的详细情况。

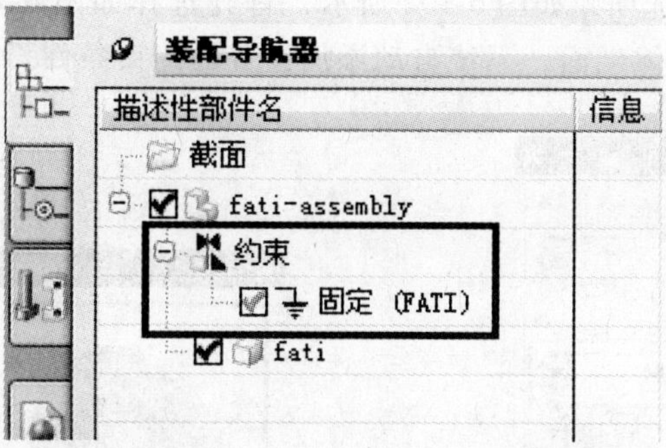

图6-97　装配导航器

注意事项

在装配导航器中显示添加的约束，在约束类型后面显示该约束关联的零件对象，通过约束来限制组件在装配中的位置，约束可以删除和改变。

（8）选择【装配】工具条上的【添加组件】命令，弹出如图 6-89 所示【添加组件】对话框。单击【打开】后面的图标，弹出如图 6-90 所示的【部件名】对话框，选择【fagai. prt】文件，单击【OK】按钮回到【添加组件】对话框，并显示一个【组件预览】对话框显示添加的组件图形，如图 6-98 所示。

（9）在【添加组件】对话框中展开【放置】栏，【定位】下拉列表框选择【通过约束】选项；展开【复制】栏，【多重添加】下拉列表框选择【添加后重复】选项，如图 6-99 所示，单击【确定】按钮弹出【装配约束】对话框。

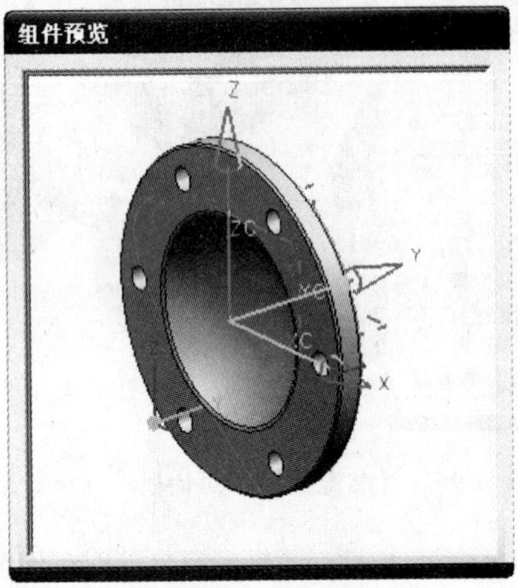

图 6-98　组件预览

图 6-99　【添加组件】对话框

（10）在【装配约束】对话框中，【类型】下拉列表框选择【接触对齐】，【方位】下拉列表框选择【接触】选项，如图 6-100 所示。首先选择如图 6-101 所示【组件预览】对话框中表面，然后选择阀体的端面，【组件预览】对话框中实体自动改为以适应添加的约束。

（11）在【装配约束】对话框中【类型】默认为【接触对齐】，【方位】下拉列表框选择【自动判断中心/轴】选项，如图 6-102 所示，首先选择如图 6-103 所示【组件预览】对话框中表面，然后选择阀体端面，系统自动添加设置的约束条件。

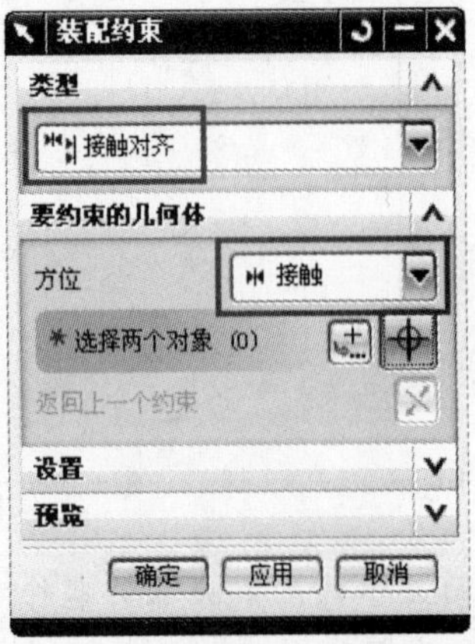

图 6-100　【装配约束】对话框

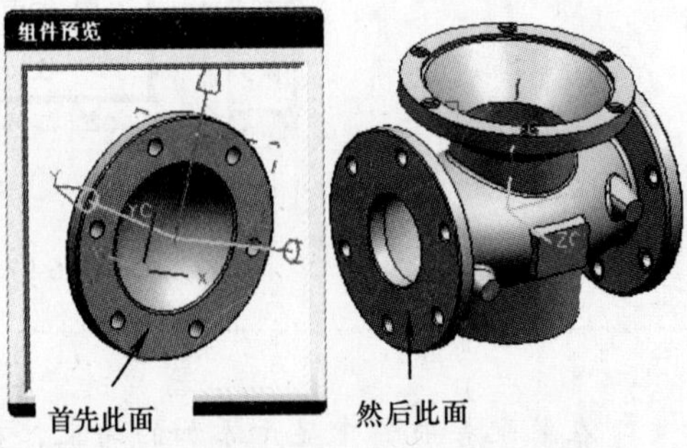

图 6-101　选择约束面

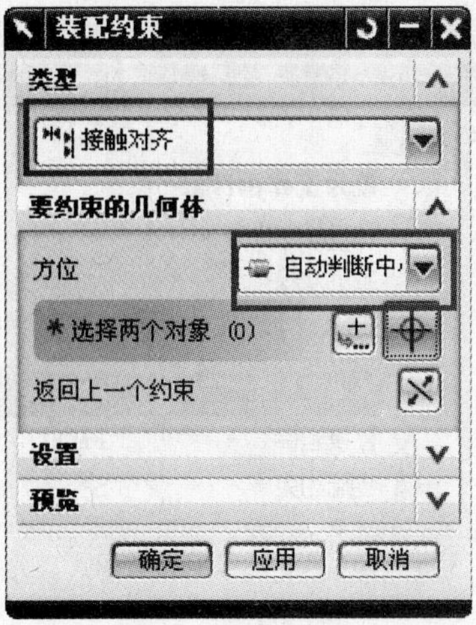

图 6-102　【装配约束】对话框

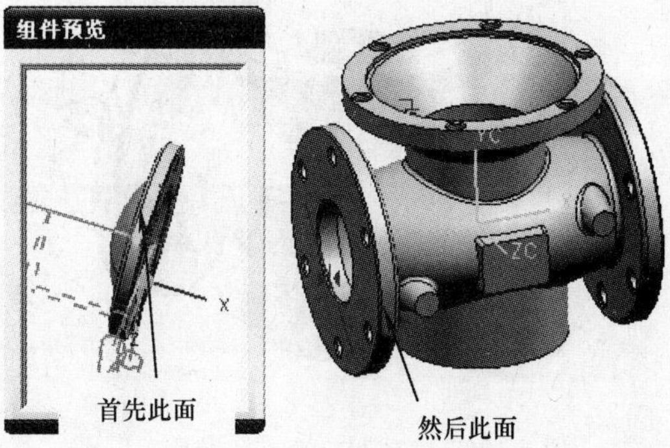

图 6-103　组件预览

（12）默认【装配约束】对话框中选项，首先选择如图 6-104 所示【组件预览】对话框中孔表面，然后选择阀体端面上孔表面，系统自动添加设置的约束条件。单击【确定】按钮完成第一个端盖的装配，完成的结果如图 6-105 所示。

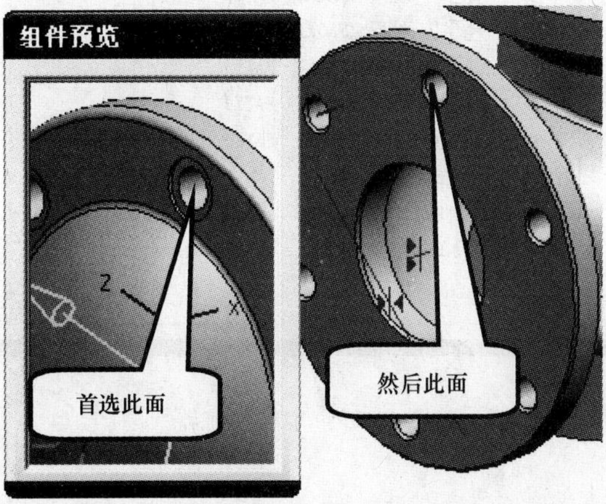

图 6-104　选择约束面

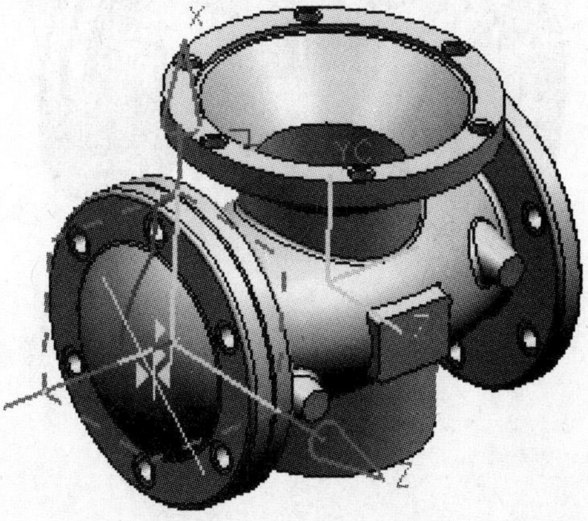

图 6-105　完成一个端盖装配

（13）系统提示进行另一个端盖的装配，以前面相同的方法约束端盖与阀体另一端的约束条件。装配后的结果如图 6-106 所示。

（14）在装配导航器中选择【fagai】组件，单击鼠标右键，在弹出的菜单中选择【替换引用集】→【MODEL】，只显示阀盖实体，不显示辅助对象，如图 6-107 所示。

（15）与上一步相同的方法，将另一个【fagai】组件改变其引用集，显示的实体如图 6-108所示。

（16）展开装配导航器中约束栏，添加的约束如图 6-109 所示。

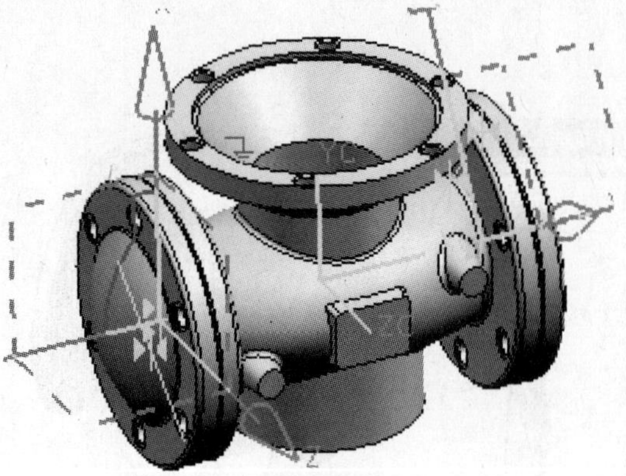

图 6-106　完成另一个端盖装配

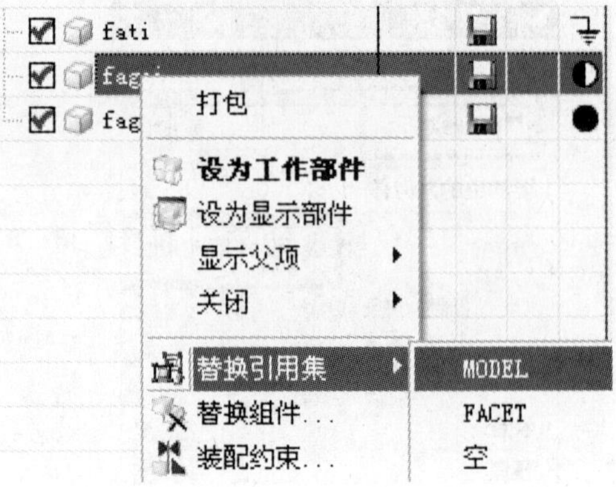

图 6-107　不显示辅助对象

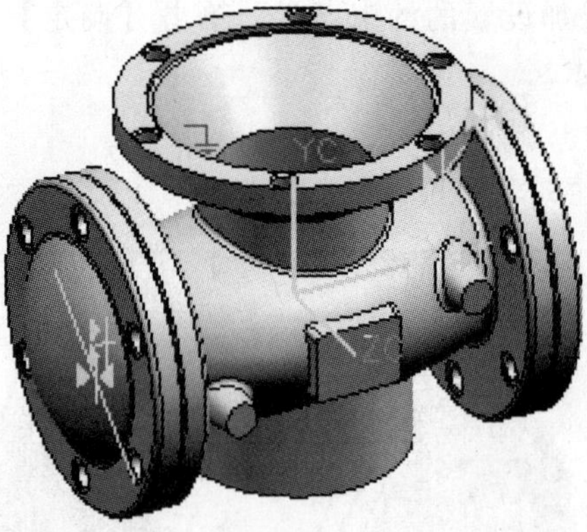

图 6-108　显示实体

图 6-109　装配导航器

注意事项

在装配模块中对组件进行装配，重点是使用约束命令将添加的组件定位于指定的位置，在添加约束时尽量使用完全约束，让组件完全固定。

添加约束可以在添加组件时就设置需要的约束，也可以先将组件添加到任意位置，然后使用【装配约束】命令对指定组件添加约束。

（17）选择【文件】→【保存】或单击【标准】工具条上的【保存】图标，将文件进行保存，保存的结果请参见光盘中“fati-assembly. prt”文件。

（18）关闭该文件。

6.7　生成阀体工程图

在对零件完成设计之后，需要将这些零件生成工程图，用于指导实际加工生产，在UG NX软件中使用工程图模块生成零件或产品的工程图。

（1）选择【标准】工具条上的【打开】命令，弹出如图6-110所示【打开】对话框，选择要生成工程图的零件【fati.prt】，单击【OK】按钮打开该文件，并进入建模模块。

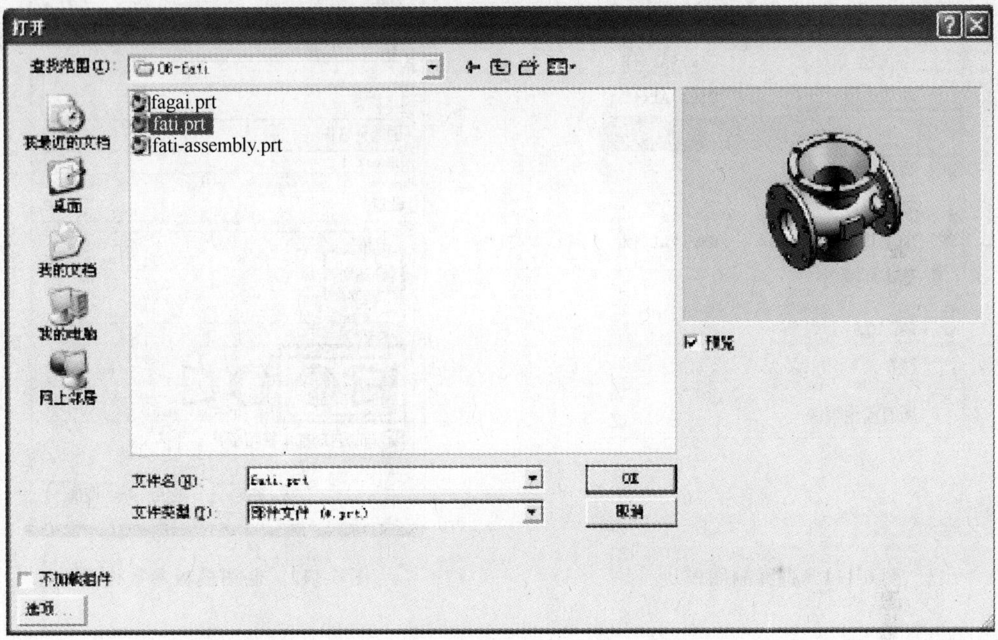

图6-110　【打开】文件对话框

（2）选择如图6-111所示的【开始】→【制图】选项，弹出如图6-112所示【片体】对话框，该对话框用于设置图纸的属性。【大小】下拉列表框中选择【A2－420x594】，【比例】下拉列表框选择【定制比例】，设置为【1:3】，【图纸页名称】默认为【Sheet 1】，【单位】选择【毫米】，【投影】选择【第一象限角投影】，其余选项使用默认值，如图6-112所示。单击【确定】按钮进入工程图模块。

注意事项

在设置图纸页属性的时候，要根据实际情况进行设置，我国国标规定工程图使用毫米单位和第一象限角投影。打开【自动启动基本视图命令】复选框，在进入工程图模块后自动启动添加【基本视图】命令。

（3）在【基本视图】对话框中，展开【模型视图】栏。【Model View to Use】下拉列表框中选择【BACK】选项，其余选项使用默认值，如图6-113所示。移动鼠标在图纸的左下角放置视图，放置后的视图如图6-114所示。单击【取消】完成基本视图创建。

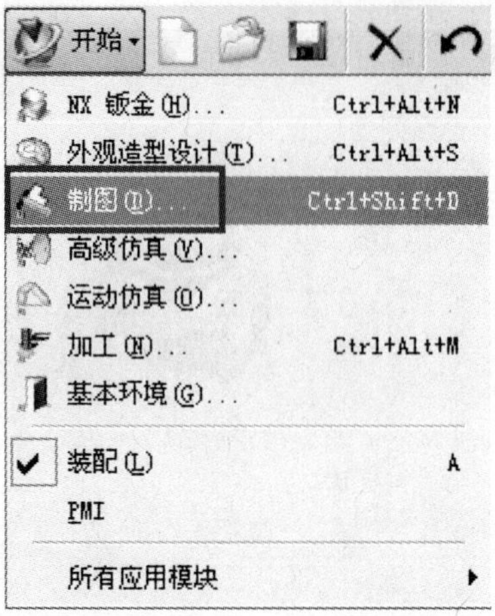

图 6-111　选择制图模块

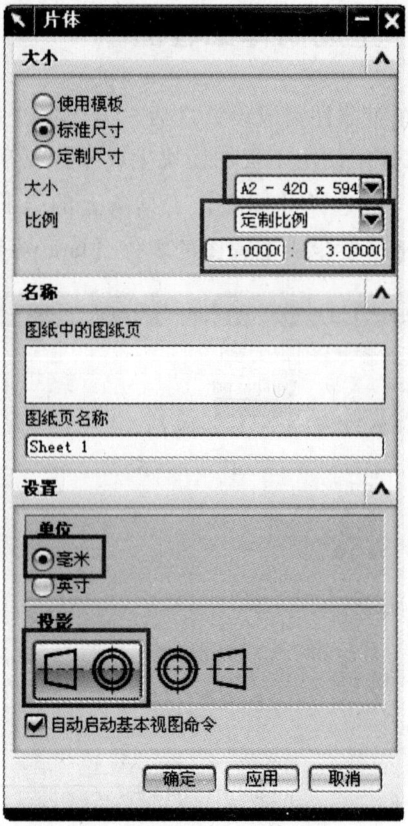

图 6-112　制图模板参数设置

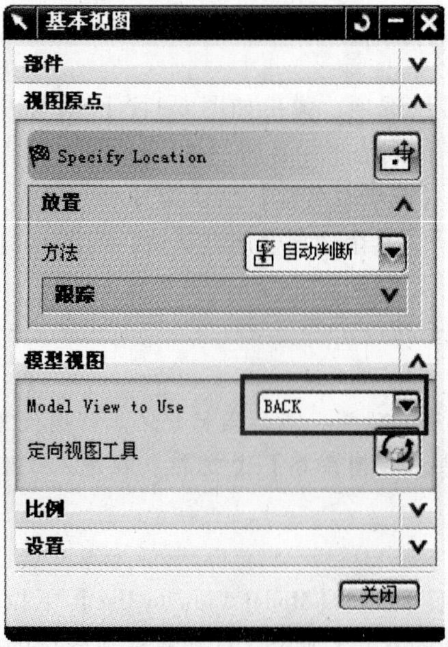

图 6-113　【基本视图】对话框

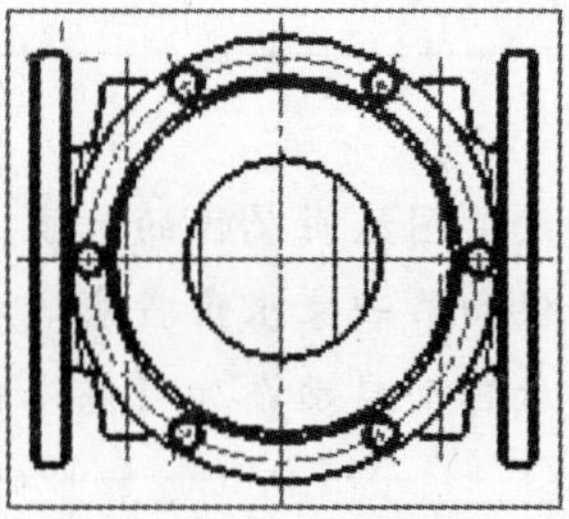

图 6-114　视图创建

注意事项

在创建基本视图时，可以应用【基本视图】对话框设置基本视图的属性，可以选择系统自带的8种视图，也可以使用【定向视图工具】，自定义视图的方向。系统默认视图比例为图纸比例，也可以自定义该视图的比例。使用【视图标式】可以设置基本视图中的一些属性，如隐藏线显示与否，线宽、线型等。

（4）选择【图纸】工具条上的【剖视图】命令，弹出如图6-115所示【剖视图】工具条。【提示区】提示选择父视图，选择上一步生成的基本视图作为父视图，剖视图工具条变成如图6-116所示，鼠标的位置有一个剖切线跟着动态移动。

图6-115　【剖视图】工具条

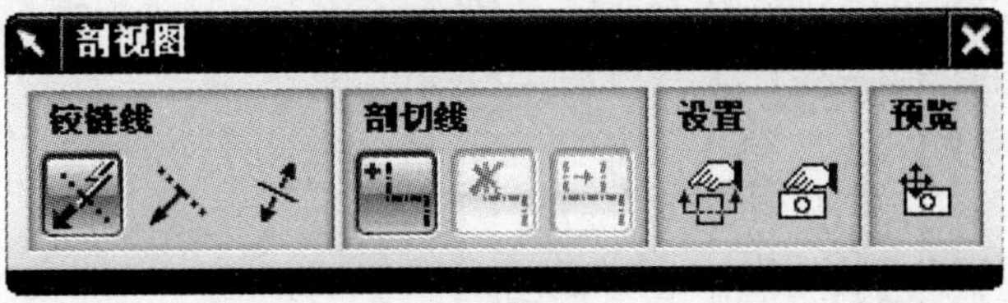

图6-116　【剖视图】工具条

（5）移动鼠标左键，捕捉到圆心位置，如图6-117所示。单击鼠标左键，移动鼠标到基本视图的上方，单击鼠标左键放置剖视图，剖视图如图6-118所示。在剖视图下方显示【SECTION A-A】，在基本视图的剖切线位置显示对应A-A符号标识。单击【剖视图】工具条上的关闭按钮关闭剖视图创建。

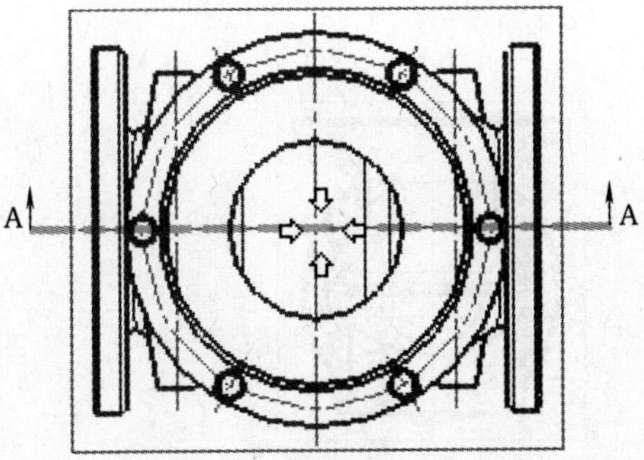

图6-117　创建铰链线

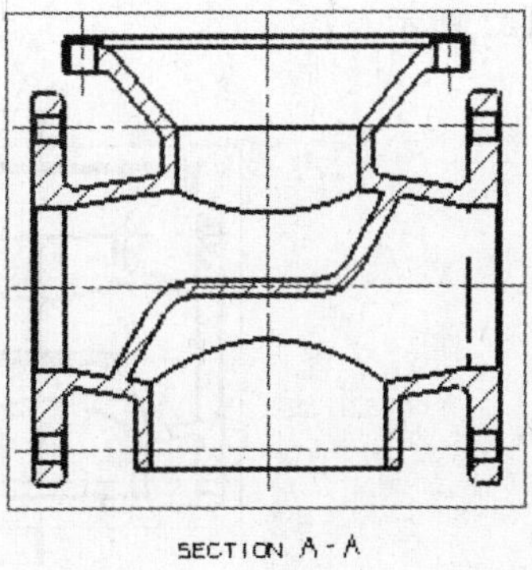

图6-118　剖视图创建

注意事项

在创建剖视图时，【剖视图】工具条根据不同的阶段，会有不同的选项，可以使用工具条上的选项修改剖切线的位置，添加或删除剖切线，修改剖切线样式和视图样式等。

（6）选择【图纸】工具条上的【剖视图】命令，弹出如图 6-115 所示【剖视图】工具条。【提示区】提示选择父视图，选择上一步生成的全剖视图作为父视图，剖视图工具条变成如图 6-116 所示，鼠标的位置有一个剖切线跟着动态移动。单击【铰链线】栏中的【定义铰链线】，栏中多是一个矢量定义图标，选择【YC 轴】，如图 6-119 所示。移动鼠标，剖切线跟着鼠标动态移动，如图 6-120 所示。选择上部圆心位置作为剖切线的位置，向右移动鼠标，在合适的位置单击左键放置视图，生成的剖视图如图 6-121 所示。

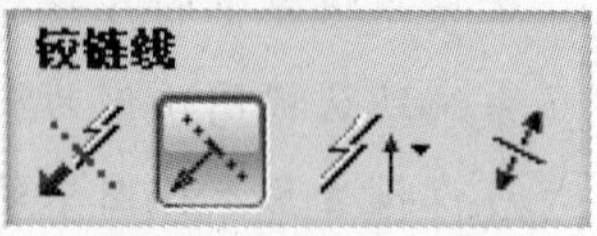

图 6-119　铰链线选择

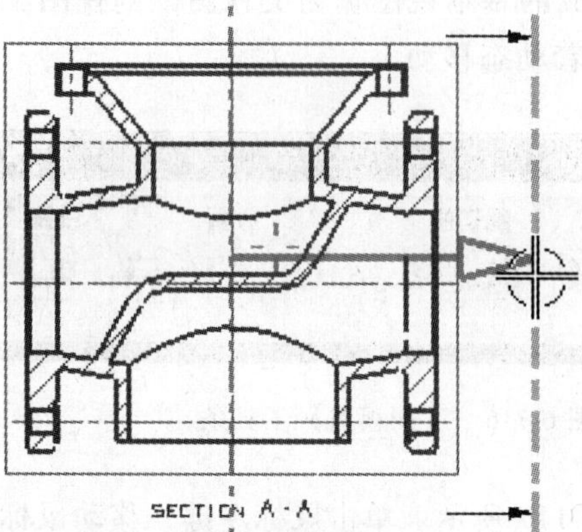

图 6-120　剖视图创建

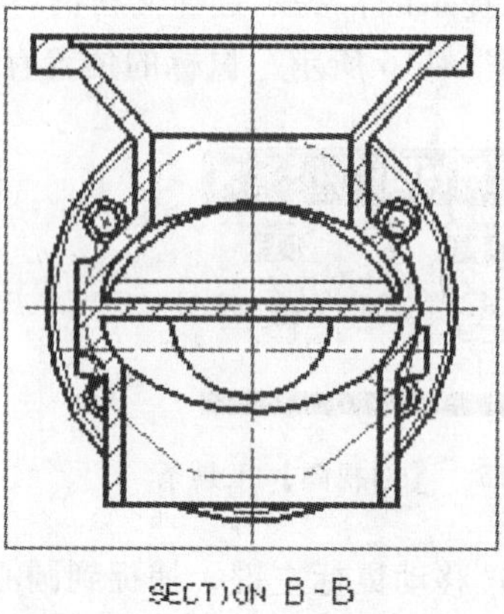

图 6-121　剖视图创建

（7）通过一个基本视图和两个全剖视图能完全表达该零件的所有结构，生成的三视图如图 6-122 所示。

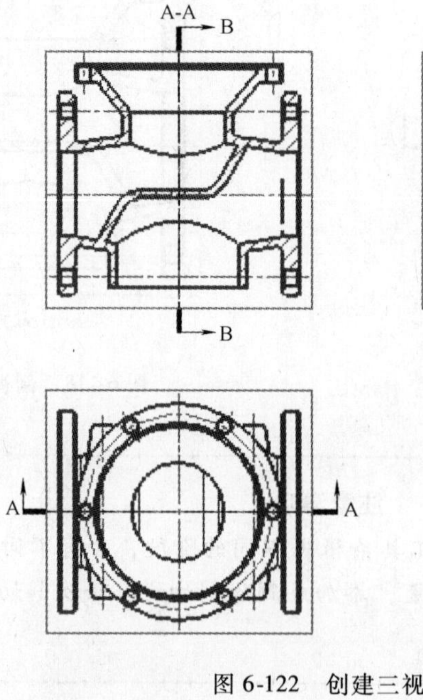

图 6-122　创建三视图

注意事项

在生成工程图时，要灵活应用各种视图来表达零件的结构。使用基本视图来表达零件的外面结构，使用剖视图来表达零件的内部结构，使用最少的视图来完全表达零件的结构。

（8）选择【首选项】→【视图】选项，弹出如图6-123所示的【制图首选项】对话框，切换至【视图】栏，取消【显示边界】复选框，单击【确定】按钮完成参数设置，每个视图的边框将不显示。

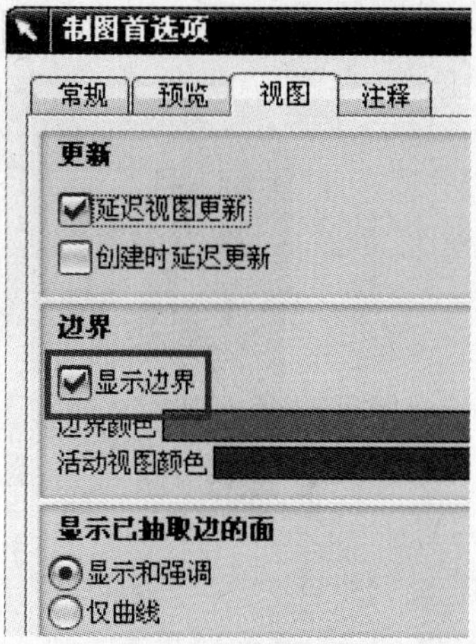

图6-123 【制图首选项】对话框

（9）选择【尺寸】工具条上的【自动判断】图标，弹出如图6-124所示【自动判断的尺寸】工具条。设置尺寸值小数点后为两位，单击【尺寸样式】图标，弹出如图6-125所示的【尺寸样式】对话框，在该对话框中可以设置尺寸线和文字的大小等属性，大小与视图大小的比例要协调。

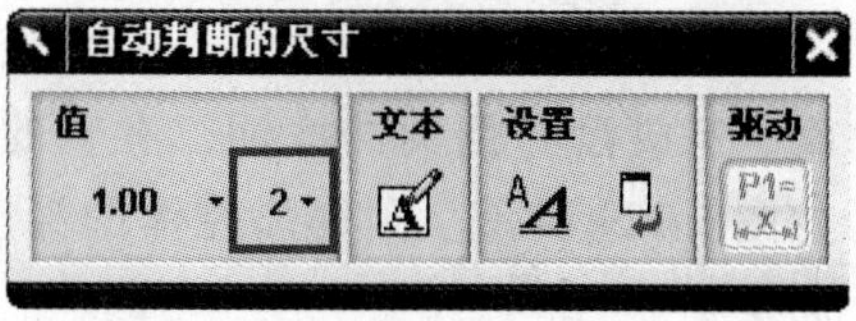

图6-124 【自动判断的尺寸】工具条

（10）选择要标尺寸的两个点，移动鼠标放置尺寸的位置，如图6-126所示。

（11）与上一步相同的方法生成其余尺寸，该零件的工程图请参考光盘中的【fati. dwg】文件。

（12）选择【文件】→【保存】或单击【标准】工具条上的【保存】图标，将文件进行保存，保存的结果请参见光盘中“fati. prt”文件。

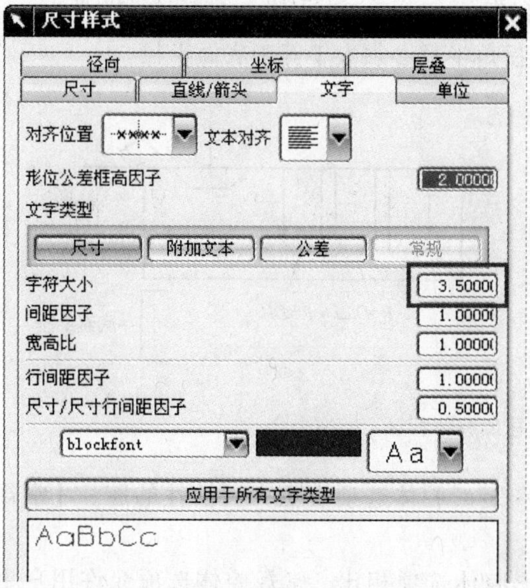

图6-125 【尺寸样式】对话框

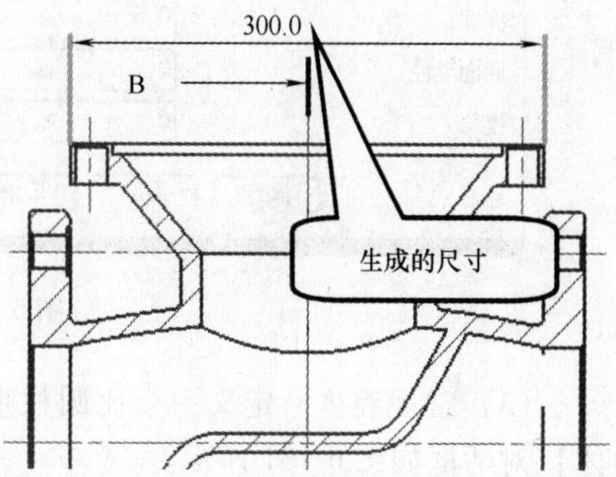

图6-126 生成的尺寸

6.8 知识技能点

6.8.1 腔体

1. 功能描述

使用腔体可以在现有体上创建圆柱形、矩形和用户自定义的型腔，如图 6-127 所示。

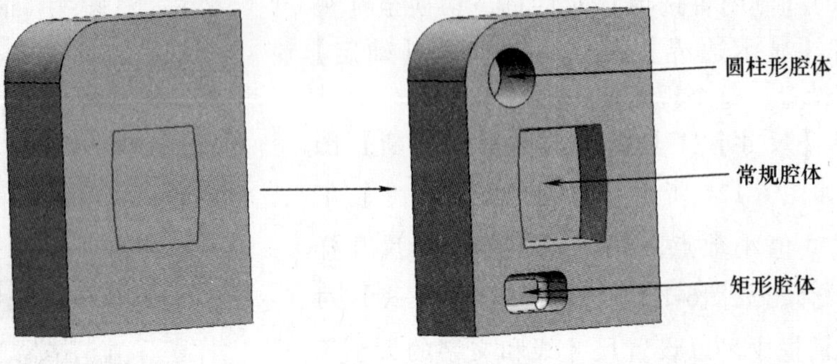

图 6-127 腔体特征

2. 腔体对话框

【腔体】对话框如图 6-128 所示。

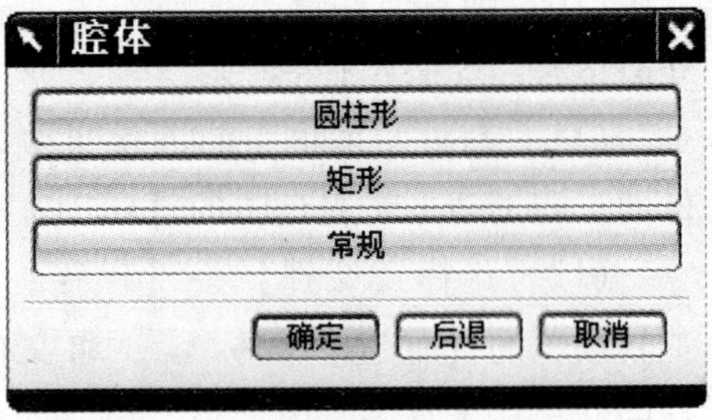

图 6-128 【腔体】对话框

(1) 圆柱形腔体　定义一个圆形腔到一指定深度，有或没有倒圆的底面，有直的或拔锥的侧壁，如图 6-129 所示。圆柱形腔体的深度值必须大于底面半径。

(2) 矩形腔体　定义一个矩形腔到指定长度、宽度和深度，在拐角和底面有指定的半径，有直的或拔锥的侧壁，如图 6-130 所示。矩形腔体的拐角半径必须大于等于底面半径。

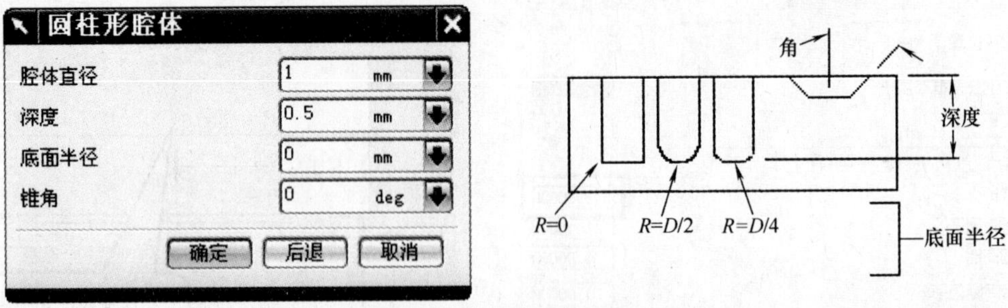

图 6-129 圆柱形腔体特征

(3) 常规腔体　定义一个比圆柱形腔体和矩形腔体选项有更大灵活性的腔。【常规腔体】对话框如图 6-131 所示。

(4) 常规腔体特征　与圆柱形腔体和矩形腔体选项相比，常规腔体选项允许用户更加灵活地定义腔体。以下是“常规腔体”特征的一些独有特性：

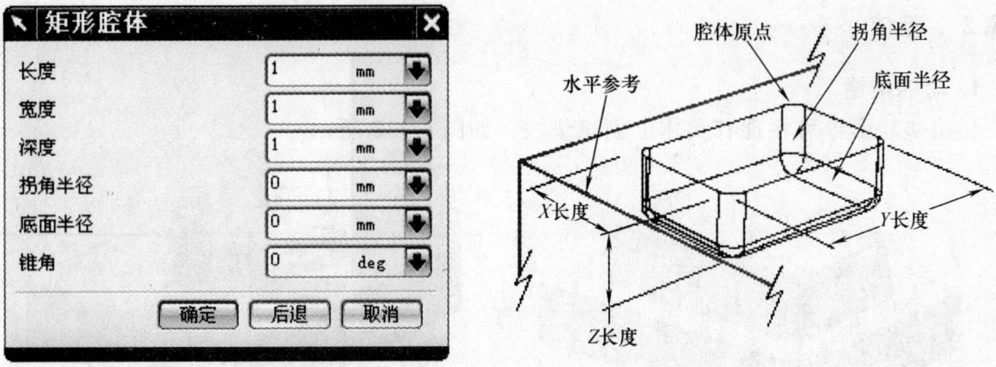

图 6-130　矩形腔体特征

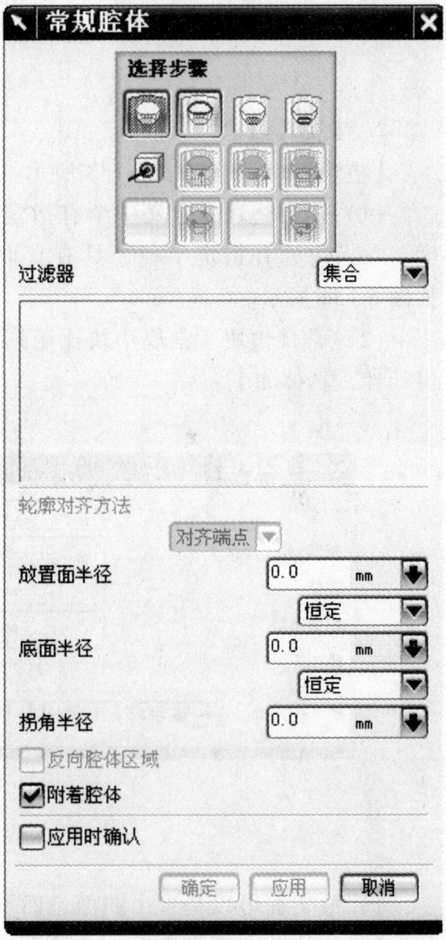

图 6-131　【常规腔体】对话框

1）常规腔体的放置面可以是自由曲面，而不像其他腔体选项那样，要严格地是一个平面。

2）腔体的底部定义有一个底面，如果需要的话，底面也可以是自由曲面。

3）可以在顶部和/或底部通过曲线链定义腔体的形状。曲线不一定位于选定面上，如果没有位于选定面，它们将按照选定的方法投影到面上。

4）曲线没有必要形成封闭线串，可以是开放的，甚至可以让线串延伸出放置面的边。

5）在指定放置面或底面与腔体侧面之间的半径时，可以将代表腔体轮廓的曲线指定到腔体侧面与面的理论交点，或指定到圆角半径与放置面或底面之间的相切点。

6）腔体的侧面是定义腔体形状的理论曲线之间的直纹面。如果在圆角切线处指定曲线，系统将在内部创建放置面或底面的理论交集。

常规腔体的创建步骤如下：

1）指定放置面（或指定面）。

2）指定放置面轮廓。

3）指定放置面轮廓投影矢量。

4）指定顶面（或指定面）。

5）指定顶部轮廓曲线。

6）指定顶部轮廓投影矢量。

7）指定轮廓对齐方法。

8）指定垫块放置面、顶部和/或拐角处的半径。

9）指定可选的目标体。

10）单击【应用】按钮创建垫块。

11）使用定位对话框精确定位垫块。

6.8.2 垫块

1. 功能描述

使用垫块命令可在现有实体上创建垫块，如图 6-132 所示。

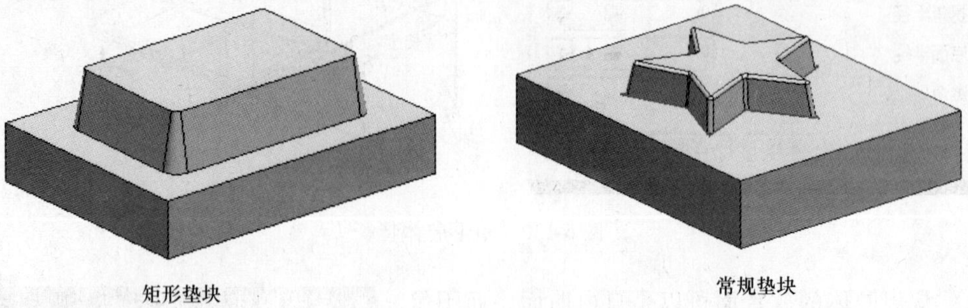

图 6-132 垫块特征

2. 垫块对话框

【垫块】对话框如图 6-133 所示。

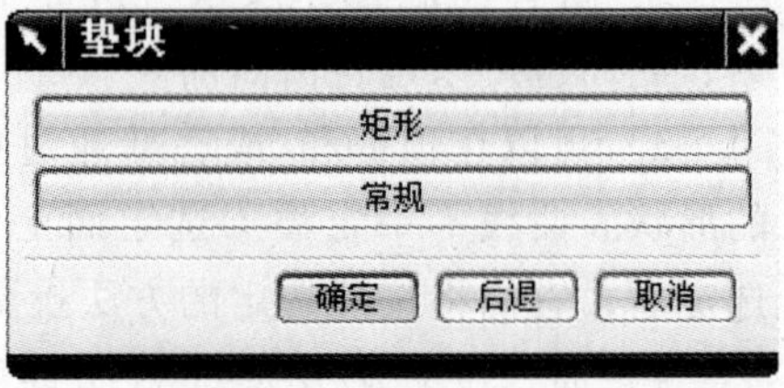

图 6-133 【垫块】对话框

（1）矩形垫块　定义一个有指定长度、宽度和深度，在拐角处有指定半径，具有直面或斜面的垫块，如图 6-134 所示。

（2）常规垫块　常规垫块比矩形垫块具有更大的灵活性，具体如下：

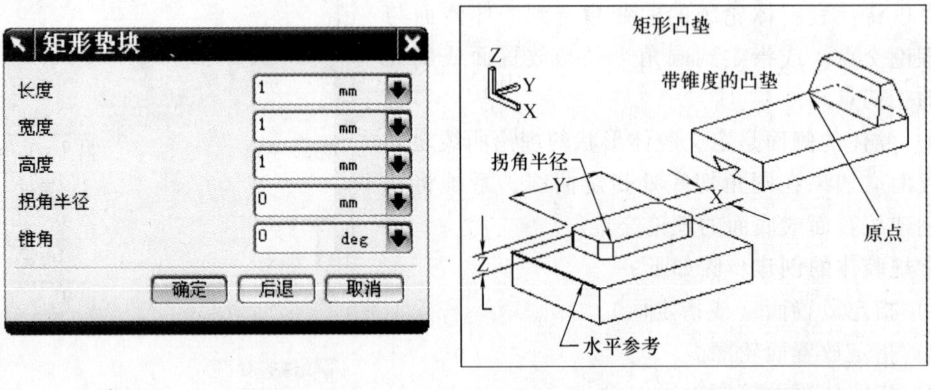

图 6-134 矩形垫块特征

1）放置面可以是自由曲面，而不像矩形垫块那样，要严格地是一个平面。

2）垫块的顶部定义有一个顶面，如果需要的话，顶面也可以是自由曲面。

3）在顶部和/或底部定义垫块形状为曲线链。曲线不一定位于选定面上，如果没有位于选定面，它们将按照您选定的方法投影到面上。

4）曲线没有必要形成封闭线串，也可以是开放的，甚至可以让线串延伸出放置面的边。

5）在指定放置面或顶面与垫块侧面之间的半径时，可以将代表垫块轮廓的曲线指定到垫块侧面与面的理论交点，或指定到圆角半径与放置面或顶面之间的相切点。

6）垫块的侧面是定义垫块形状的理论曲线之间的直纹面。如果在圆角切线处指定曲线，系统将在内部创建放置面或顶面的理论交集。

【常规垫块】对话框如图 6-135 所示。

常规垫块的创建步骤如下：

1）指定放置面（或指定面）。

2）指定放置面轮廓。

3）指定放置面轮廓投影矢量。

4）指定顶面（或指定面）。

5）指定顶部轮廓曲线。

6）指定顶部轮廓投影矢量。

7）指定轮廓对齐方法。

8）指定垫块放置面、顶部和/或拐角处的半径。

9）指定可选的目标体。

10）单击【应用】按钮创建垫块。

11）使用定位对话框精确定位垫块

3. 功能要点

1）矩形垫块的放置面必须是平面，如果已存特征没有平面形表面，有时需要建立基准平面，以辅助定位。而常规垫块的放置面可以是自由曲面。

2）矩形垫块的锥角不能为负。

3）常规垫块的特性和常规腔体的特性相似。

4）垫块的功能刚好与腔体相反，垫块是添加材料，而腔体是剔除材料。

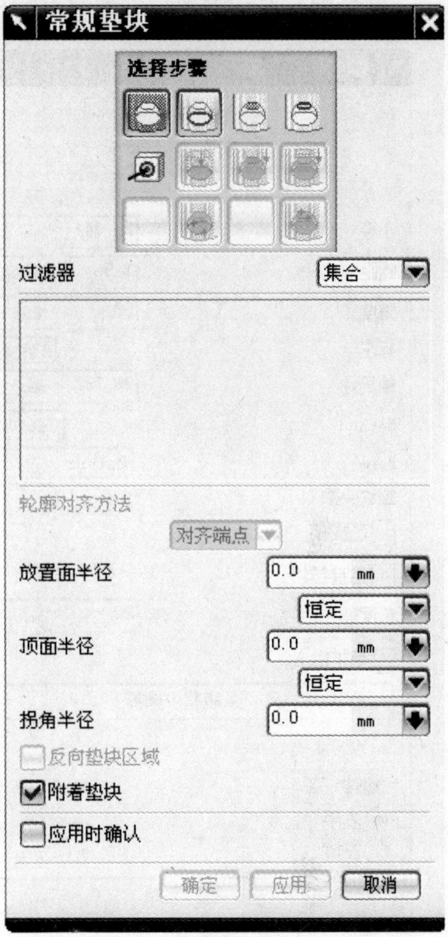

图 6-135　【常规垫块】对话框

6.8.3　螺纹

1. 功能描述

使用螺纹可以在具有圆柱面的特征上创建符号螺纹或详细螺纹，如图 6-136 所示。这些特征包括孔、圆柱、凸台以及圆周曲线扫掠产生的减去或增添部分。

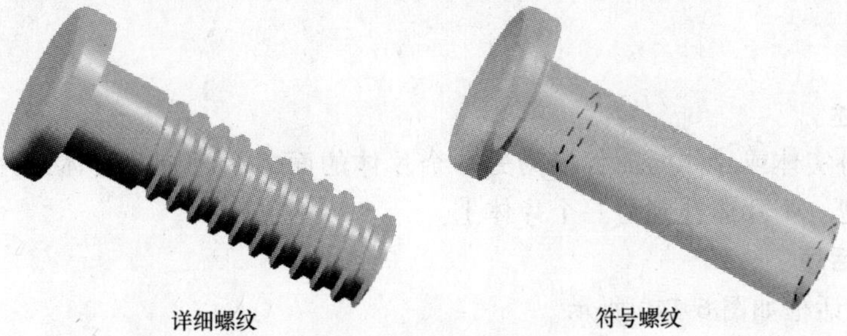

图 6-136　螺纹特征

2. 螺纹对话框

符号螺纹对话框和详细螺纹对话框分别如图 6-137、图 6-138 所示。

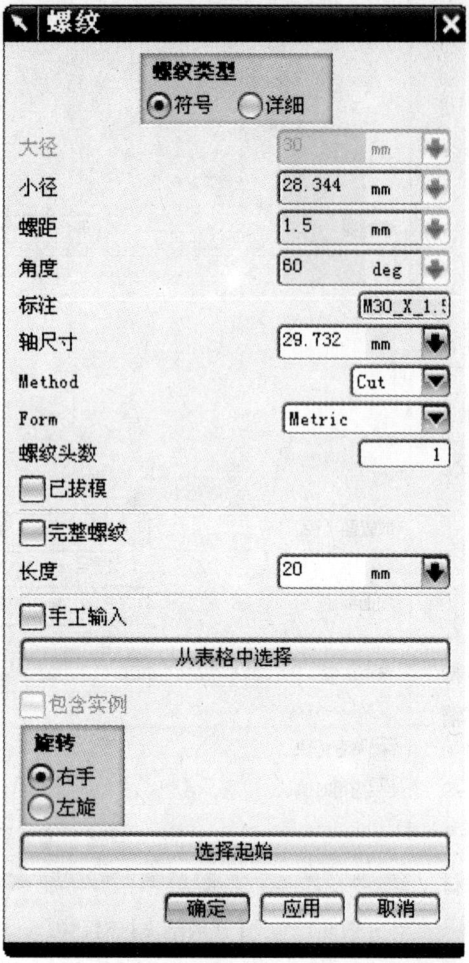

图 6-137 “符号螺纹”对话框

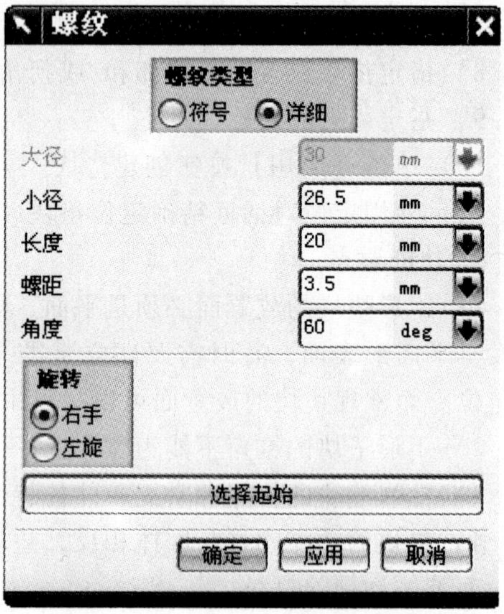

图 6-138 “详细螺纹”对话框

3. 功能要点

“符号螺纹”的计算量小，生成及显示快，推荐使用。“详细螺纹”看起来更真实，但由于计算量大，导致生成及显示缓慢，建议不要使用。

6.8.4 修补

1. 功能描述

修补可以将实体或片体的面替换为另一个片体的面，从而修改实体或片体，如图 6-139 所示。还可以把一个片体补到另一个片体上。

2. 修补对话框

【修补】对话框如图 6-140 所示。

3. 选项功能描述

修补对话框选项描述如表 6-1 所示。

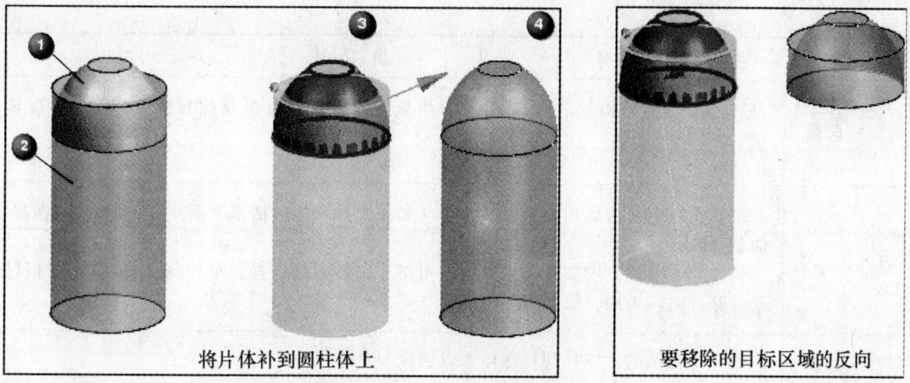

将片体补到圆柱体上　　要移除的目标区域的反向

图 6-139　修补特征

①—片体（黄色）　②—圆柱体（棕色）　③—选择圆柱体作为目标体（青色），选择片体作为补片工具（红色）。请注意向外的指向矢量，它指示将按此方向从目标体上移除面

④—补到圆柱体上的结果片体

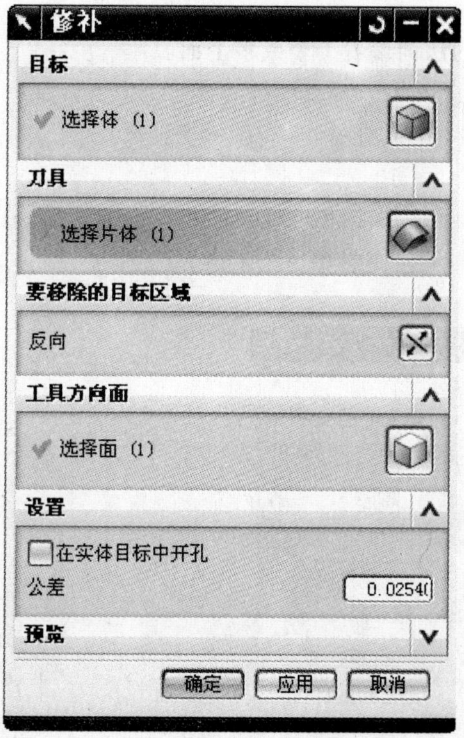

图 6-140　【修补】对话框

表 6-1　修补对话框选项描述

选项	描　述
目标	用于选择片体或实体作为修补目标
工具	用于选择片体以补到目标上。工具片体边缘必须位于目标体的面上或者靠近目标体的面。补片所产生的新边缘必须形成闭环

（续）

选项	描　述
要移除的目标区域	当选择工具片体时，锥形箭头矢量将显示要以什么方向移除目标体的面。要反转此方向，单击反向图标
工具方向面	用于重新定义工具片体的矢量方向（如果工具片体包括多个面）。所选面的法向将成为目标的新移除方向 请注意，移除方向矢量必须与目标相交。如果不是这样，可使用此选项指定与目标相交的新移除方向。否则，修补将失败
在实体目标中开孔	把一个封闭的片体补到目标体上以创建一个孔
公差	用于创建特征的公差值。默认值取自建模首选项中的公差设置

6.8.5 偏置面

1. 功能描述

使用偏置面可以沿面的法向偏置 1 个或多个面。

2. 偏置面对话框

【偏置面】对话框如图 6-141 所示。

3. 功能要点

如果体的拓扑不更改，可以根据正的或负的距离值偏置面。正的偏置距离沿垂直于面而指向远离实体方向的矢量测量，如图 6-142 所示。

图 6-141　【偏置面】对话框

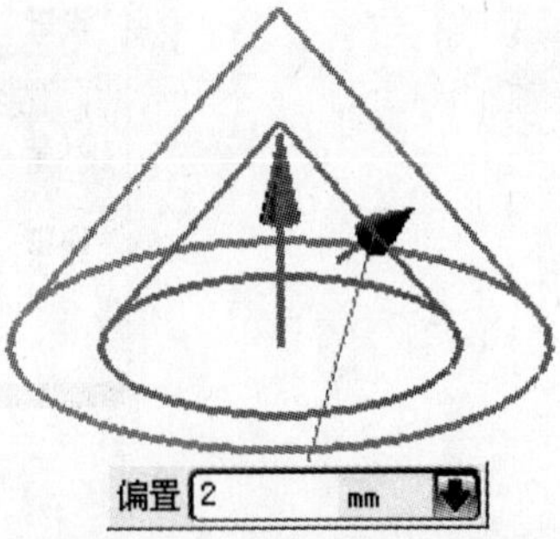

图 6-142　偏置参数设置

也可以对片体进行偏置，但片体偏置后原片体就不存在了，如图 6-143 所示。

如图 6-144 所示，选择中间的筋板侧面进行偏置，如果偏置距离为负，且绝对值大于厚度，则筋板消失。通常使用这种方法来去除错误的小特征。

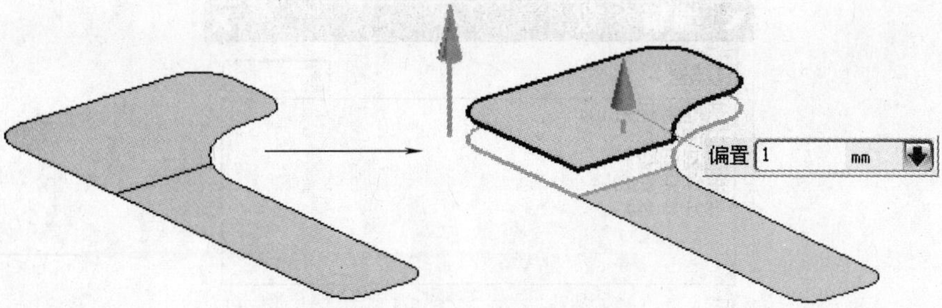

图 6-143　片体偏置

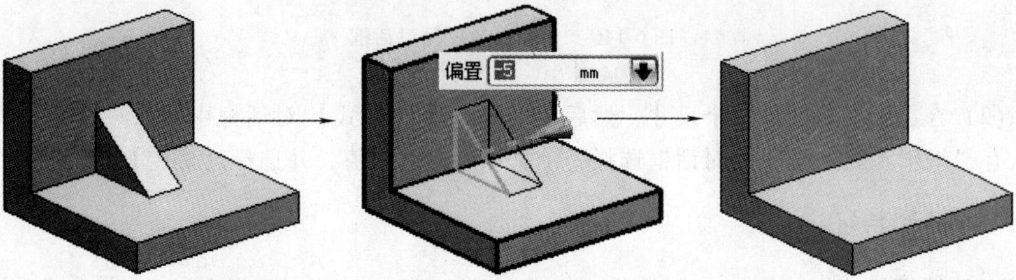

图 6-144　筋板偏置

6.8.6　编辑特征参数

1. 功能描述

使用编辑特征参数可以在创建特征时使用的方法和参数值的基础上编辑特征。如图6-145所示，更改了孔的直径值。

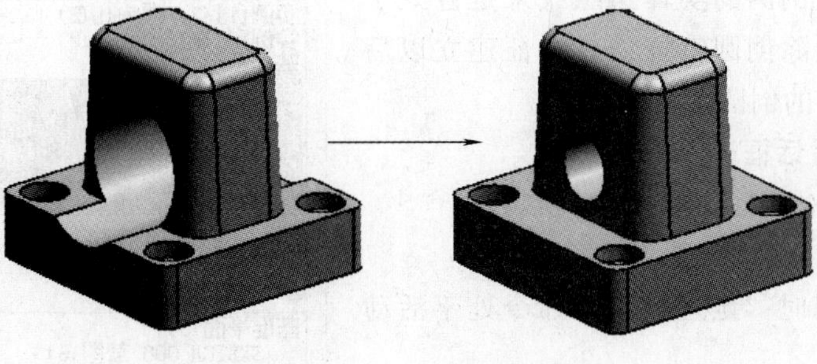

图 6-145　编辑特征参数

2. 编辑参数对话框

【编辑参数】对话框如图 6-146 所示。

3. 功能要点

要编辑各个特征的参数，请执行以下步骤：

(1) 从图形区域或从【编辑参数】对话框选择要编辑的特征。特征参数值显示在图形区域。还会出现有相应的“编辑参数”选项的对话框。

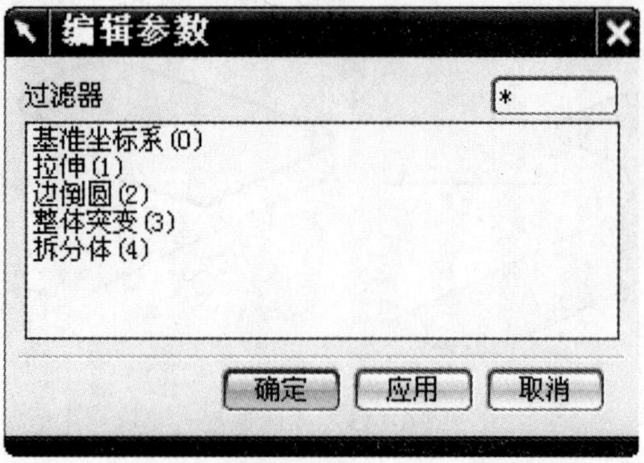

图 6-146 【编辑参数】对话框

（2）在图形区域选择一个尺寸，然后在【输入新表达式】对话框中输入一个新值。或者从有“编辑参数”选项的对话框选择一个选项，输入新值，并选择【确定】按钮。

6.8.7 抑制特征

1. 功能描述

通过此命令可以抑制选取的特征，即暂时在图形窗口中不显示特征。这有很多好处：

（1）减小模型的大小，使之更容易操作，尤其当模型相当大时，加速了创建、对象选择、编辑和显示时间。

（2）在进行有限元分析前隐藏一些次要特征以简化模型，被抑制的特征不进行网格划分，可加快分析的速度，而且对分析结果也没多大的影响。

（3）在建立特征定位尺寸时，有时会与某些几何对象产生冲突，这时可利用特征抑制操作。若要利用已经建立倒圆的实体边缘线来定位一个特征，就不必要删除倒圆特征，新特征建立以后再取消抑制被隐藏的倒圆特征即可。

2. 抑制特征对话框

【抑制特征】对话框如图 6-147 所示。

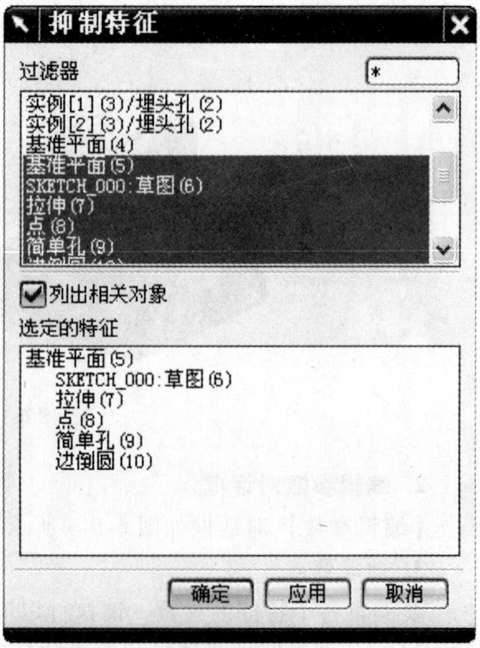

图 6-147 【抑制特征】对话框

3. 功能要点

（1）如果编辑时“延迟更新”命令处于活动状态，则不可用。

（2）实际上，抑制的特征依然存在于数据库里，只是将其从模型中删除了。因为特征依然存在，所以可以用“取消抑制特征”命令调用它们。

（3）设计中，最好不要在抑制特征位置创建新特征。

（4）不能抑制某些类型的特征。

6.8.8　取消抑制特征

1. 功能描述

使用取消抑制特征可以检索先前抑制的特征。在【特征选择】对话框中会显示所有抑制特征的列表，提示用户选择要取消抑制的特征，如图6-148所示。

2. 取消抑制特征对话框

【取消抑制特征】对话框如图6-148所示。

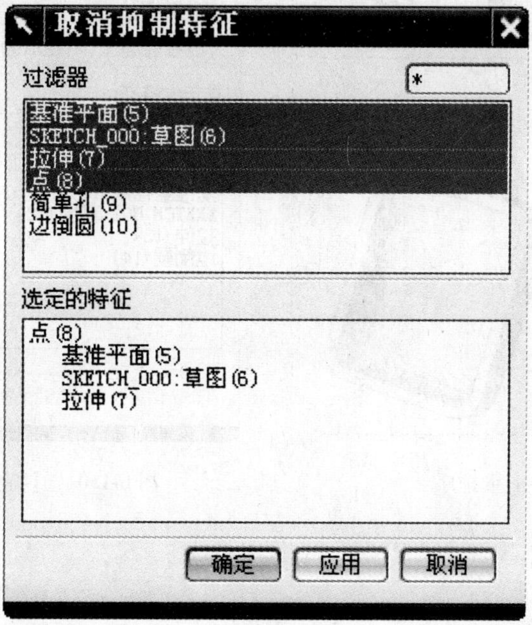

图6-148　【取消抑制特征】对话框

6.8.9　特征重排序

1. 功能描述

通过此命令可以调整特征的建立顺序，使其提前或延后，如图6-149所示。

通常，在建立特征时，系统会根据特征的建立时间依次排序，即在特征名称后的括号内显示其建立顺序号，也称为特征建立的时间标记，这在部件导航器中有明确表示。一旦特征的建立顺序改变了，其相应的建立时间标记也随之改变。

2. 特征重排序对话框

【特征重排序】对话框如图6-150所示。

3. 功能要点

（1）需要注意的是，改变特征的建立顺序可能会改变模型的形状，并可能出错。因此，应当谨慎使用。

（2）特征重排序最便捷的方法是在部件导航器中选中特征以后，用鼠标直接上下拖动。

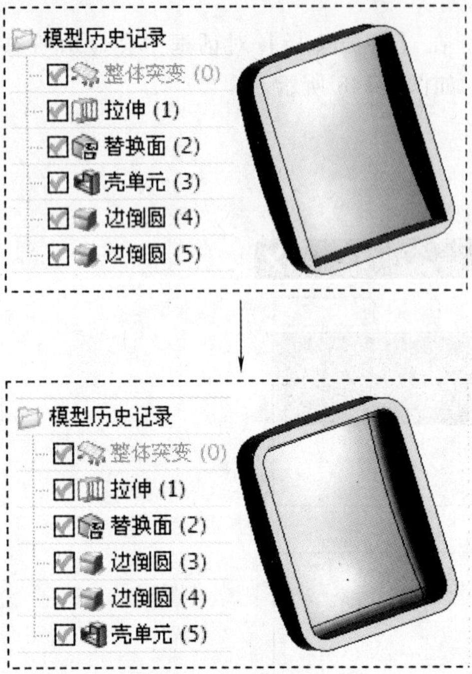

图 6-149　特征重排序

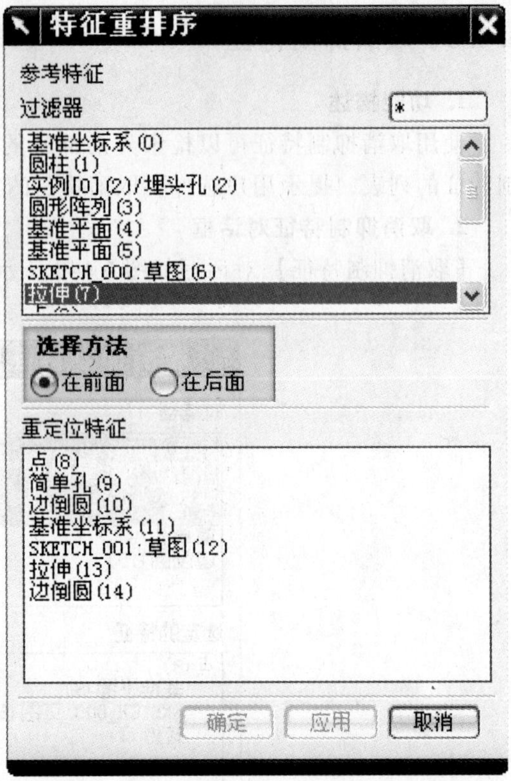

图 6-150　【特征重排序】对话框

6.8.10　替换特征

1. 功能描述

使用替换特征命令来更改设计的基本几何体，但不必编辑或重建所有相关特征。如图 6-151 所示，可以替换体和基准并映射来自原始特征的相关特征，以替换成新的特征。

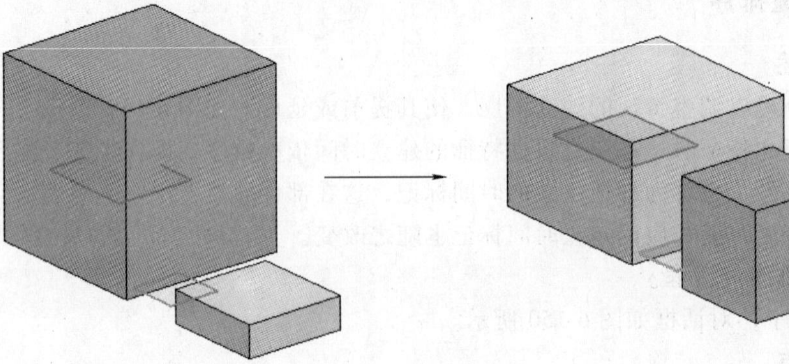

图 6-151　替换特征

这是一个功能强大且灵活的工具，可以用它来：

（1）替换父特征和它的相关特征。用新的“替换特征”替换“要替换的特征”上的原始特征。保持与下游特征的关联性。

(2) 将从其他 CAD 应用程序导入的体的旧版本替换为相同体的更新版本，无需重做稍后的建模。

(3) 将一个自由曲面用以不同方法建模的另一个自由曲面替换。

(4) 用不同方法对体中的一组特征重新建模。

(5) 重新指定下游特征的选择意图。

(6) 重定向“替换特征”的输入方向，使它可以用于下游特征。

(7) 重新确定正在被替换的特征所在的部件中的子特征的父级。如果其他部件被完全载入，那么也重新确定这个部件中的子部件的父特征。

(8) 在重新确定父特征过程中，自动将更改映射到“替换特征”的副本。

2. 替换特征对话框

【替换特征】对话框如图 6-152 所示。

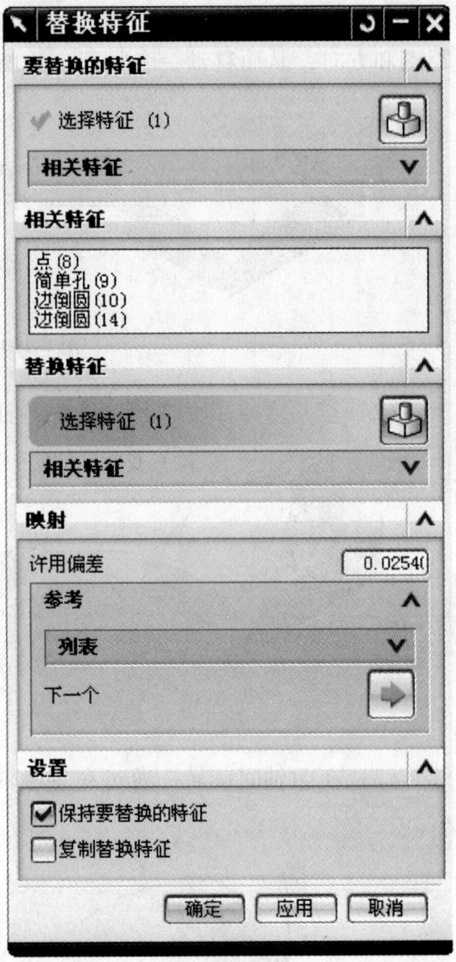

图 6-152 【替换特征】对话框

3. 功能要点

(1) 需要注意的是，改变特征的建立顺序可能会改变模型的形状，并可能出错。因此，应当谨慎使用。

(2) 特征重排序最便捷的方法是在部件导航器中选中特征以后，用鼠标直接上下拖动。

6.8.11 移动特征

1. 功能描述

用此选项可以把无关联的特征移到需要的位置。

2. 移动特征对话框

【移动特征】对话框如图 6-153 所示。

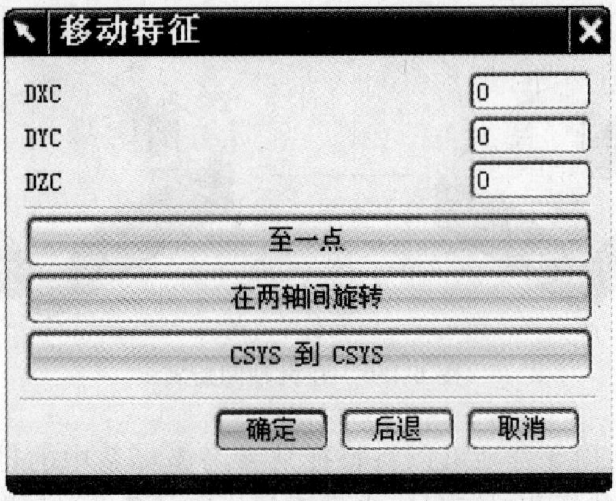

图 6-153 【移动特征】对话框

3. 功能选项

（1）DXC、DYC、DZC 增量　通过使用矩形（XC 增量、YC 增量、ZC 增量）坐标指定距离和方向，从而移动一个特征。该特征相对于工作坐标系作移动，如图 6-154 所示。

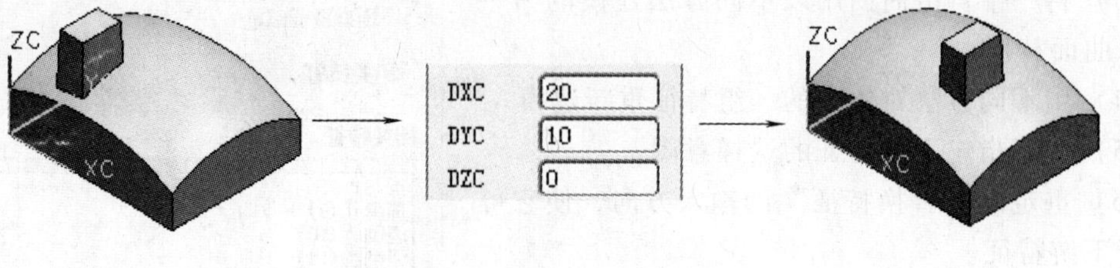

图 6-154　DXC、DYC、DZC 增量

（2）至一点　用此选项可以将特征从参考点移动到目标点，如图 6-155 所示。

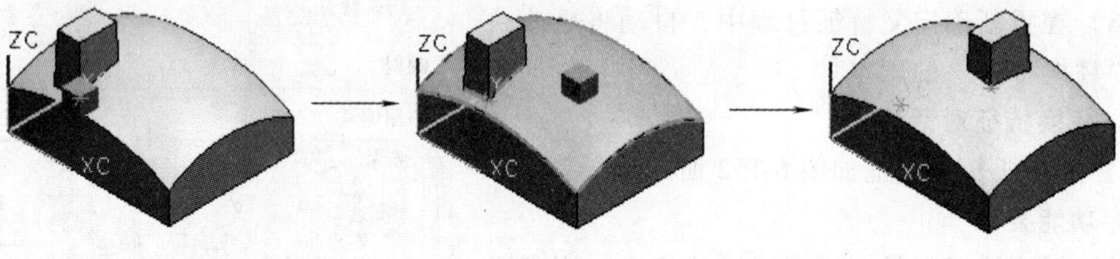

图 6-155　至一点

（3）在两轴间旋转　通过在参考轴和目标轴之间旋转特征，来移动特征，如图 6-156 所示。

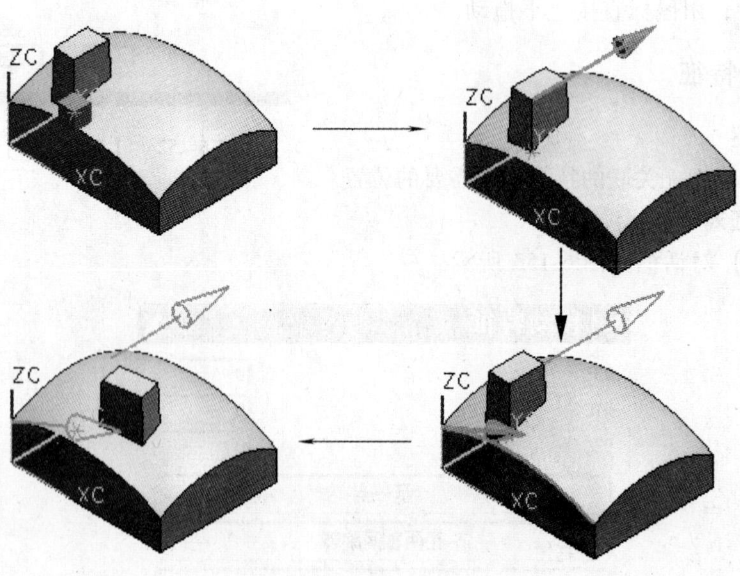

图 6-156　在两轴间旋转

（4）CSYS 到 CSYS　用此选项可以将特征从参考坐标系中的位置重定位到目标坐标系中，如图 6-157 所示。该特征相对于目标坐标系的位置与参考坐标系的相同。

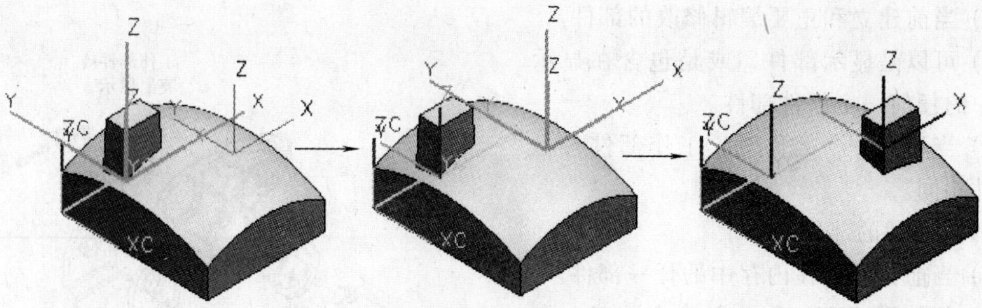

图 6-157　CSYS 到 CSYS

4. 功能要点

不能用此选项来移动位置已经用定位尺寸约束的特征。如果希望移动这样的特征，则使用编辑定位尺寸选项。

6.8.12　装配术语

（1）装配

1）表示一个产品的一组零件和子装配。

2）在 NX 中，装配是一个包含组件的部件文件。

3）装配模型 = Σ组件。

（2）组件对象

1）按特定位置和方向使用在装配中的部件。

2）装配中每次对特定部件的引用都是一个组件对象，特定部件可以被多次引用。

3）组件可以是其他低一级组件组成的子装配。

4）装配中的每个组件仅含有一个指向它的主要几何体的指针。

5）当修改一个组件的几何体时，使用这个几何体的其他组件都会自动更新反映所作的改变。

（3）组件部件

1）包含组件对象实际几何体的文件。

2）装配中的组件指向的部件文件或主几何体。实际的几何体存放在组件部件中。

3）装配体引用组件部件，而非复制组件部件。

（4）上下文设计

1）装配件中，直接编辑组件几何体。

2）可选择装配体中其他组件的几何体辅助建模。

3）也称为“就地编辑”。

（5）自顶向下建模

1）直接在装配级建立和编辑组件部件。

2）在装配级上所作的编辑，立即自动反映在每个被引用的组件对象中。

（6）从底向上建模　单独创建单个部件模型，然后再将其添加到不同层次的装配体中。

（7）显示部件　当前显示在图形窗口中的部件，如图 6-158 所示。

（8）工作部件

1）当前建立和正要编辑修改的部件。

2）可以是显示部件，或是包含在显示部件中的任何一个组件部件。

3）当显示一个部件时，工作部件与显示部件相同。

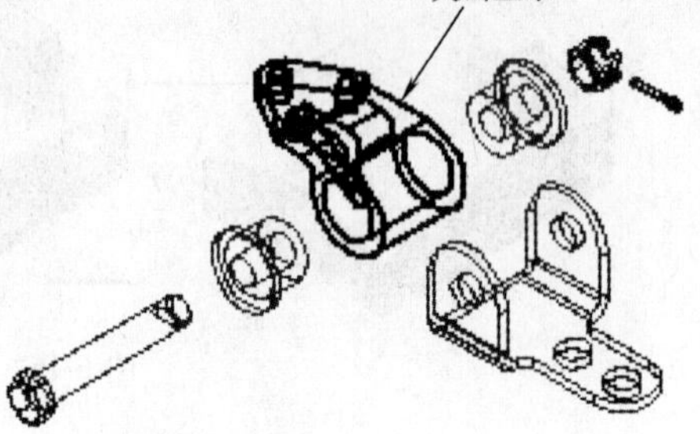
工作部件被
突出显示
所显示部件的其
余部分变灰

图 6-158　显示部件

（9）装载的部件

1）当前打开和在内存中的任一部件。

2）部件用“File/Open”命令装载。

3）当一个装配加入部件时，该部件被隐式装载。

（10）引用集

1）大型的、复杂的装配可通过使用引用集过滤用于表示给定组件或子装配的数据量来简化图形。引用集可用于大幅减少（甚至完全消除）装配的部分图形表示，而不用修改实际的装配结构或基本的几何模型。每个组件都可使用不同的引用集，从而允许单个装配内相同部件具有不同的表示，如图 6-159 所示。

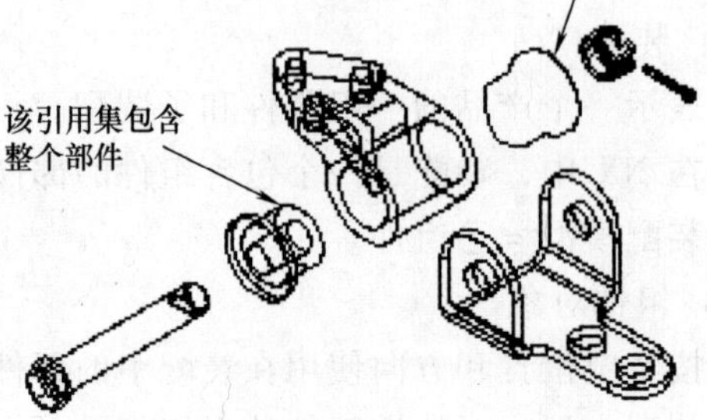
该引用集仅包含部件的轮廓
该引用集包含
整个部件

图 6-159　引用集运用

2）部件中命名的一部分几何体的集合。

3）包括零部件的名称、原点、方向、几何对象、基准、坐标系等。

4）同一个部件可以建立多个引用集。

5）可以简化组件部件的图形显示。

6）可以减小装配文件的大小。

（11）配对条件

1）对单个组件定位的约束集。

2）指定装配中两个组件间的约束关系来完成配对。

3）确定组件之间的相互位置关系。

（12）装配序列

1）控制一个装配的装配和拆卸顺序。

2）可以模拟和回放序列信息。

3）可以通过一个步骤来装配或拆装组件。

4）可以创建运动步骤来模拟组件的移动。

5）一个装配可以存在多个序列。

6.8.13　装配加载选项

1. 功能描述

在打开装配部件文件时，NX 使用加载选项确定它如何查找和加载由该装配引用的任何组件部件。在导入装配、替换子装配或更改需要加载新组件的引用集时，NX 还可使用加载选项。

2. 装配加载选项对话框

选择【文件】→【选项】→【装配加载选项】命令，弹出如图 6-160 所示的【装配加载选项】对话框。

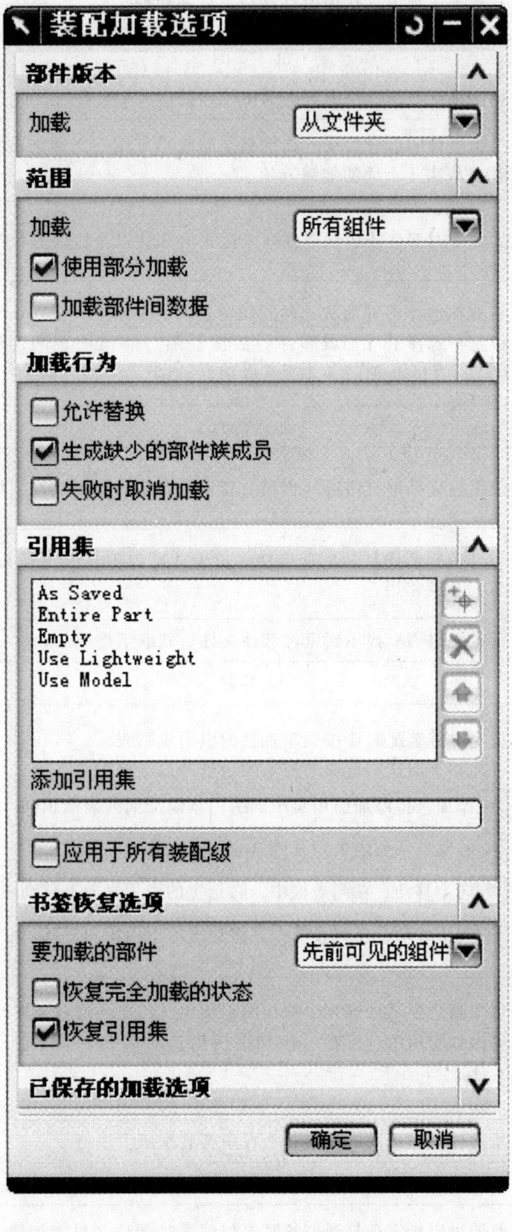

图 6-160 【装配加载选项】对话框

3. 装配加载选项对话框选项描述

装配加载选项对话框选项描述如表 6-2 所示。

表 6-2　装配加载选项对话框选项描述

选项	描　　述
	部件版本
加载	指定要加载的部件的位置 按照保存的：从保存部件的目录加载部件 从文件夹：从与父装配相同的目录加载部件 从搜索文件夹：从搜索目录列表加载部件
	范　围
加载	控制将哪些组件检索到会话中。在处理大型装配时，此选项很有用
使用部分加载	控制组件的部分加载。如果部分加载不可用，当装配被打开时，其组件将同时被完全加载（取决于上面的加载选项）
加载部件间数据	加载配对部件或包含部件间表达式的部件以及加载带有 WAVE 数据的那些部件
加载父项	只有在选择了【加载部件间数据】后才显示 指定在选择了【加载部件间数据】后，应与加载的部件同时加载哪些级别的父项：【无】、【直接级别】或【所有级别】
	加载行为
允许替换	使用内部标识符错误（但名称正确）的组件加载装配，即使它是一个完全不同的部件
允许缺少的部件族成员	与【模板部件】装配首选项（位于【首选项】→【装配】对话框中）的【检查较新版本】相互作用
失败时取消加载	指定如果 NX 找不到组件部件文件，则取消加载
	引用集
列表框	指定加载装配时要按顺序查找的引用集列表 可使用下面这些按钮来控制列表框的内容 添加：将添加引用集中的引用集添加到列表框顶部 移除：从列表框中移除选定的引用集 向上移动：在列表框中，将选定的引用集向上移动一个位置 向下移动：在列表框中，将选定的引用集向下移动一个位置
添加引用集	用于指定要添加到列表框中的引用集，以便在加载装配时它也被包括在搜索中 要添加引用集，可在【添加引用集】对话框中指定它，然后单击列表框下方的【添加】
应用于所有装配级	指定使用引用集的搜索是否在所有装配级上进行
	书签回复选项
要加载的部件	使您可以指定在打开书签时要加载哪些部件。只能加载先前可见的组件、先前加载的组件或先前会话中的所有组件
恢复完全加载状态	控制在打开书签时是否恢复完全加载状态
恢复引用集	控制在打开书签时是否恢复保存书签期间所使用的引用集

（续）

选项	描述
已保存加载选项	
另存为默认值	将当前加载选项设置另存为当前目录中 load_options. def 文件的默认设置。否则，在装配加载选项对话框中进行的所有更改仅应用于当前的 NX 会话 可以通过定义 UGII_LOAD_OPTIONS 环境变量来更改用户默认值文件的默认路径名位置
恢复默认值	将加载选项设置重置为如上次使用另存为默认值定义的默认值
保存至文件	将加载选项设置保存到定制加载选项定义文件，该文件的名称和路径名位置是在保存加载选项文件对话框（当您单击此选项时出现）中定义的
从文件打开	打开恢复加载选项文件对话框，在该对话框中可选择所需的定制加载选项定义文件

4. 功能要点

（1）如果装配保存在其他平台上，使用按照保存的选项可能无法加载装配。当前的平台可能无法识别将目录存储在原先的平台时使用的格式。

（2）“搜索”文件夹和目录的名称中不应包含句点（"."）如 test. std 或 test. model，因为 NX 假定这样的名称属于文件而不是目录。文件夹和目录应使用短划线（"-"）或下划线（"_"）而不是句点，例如 test_std 和 test-model 是文件夹和目录的有效名称。

6.8.14 组件定位

1. 功能描述

通过组件定位可以确定组件之间的相互位置关系。

常用的组件定位方式为：

（1）绝对定位（Absolute）：利用点构造器安放组件。

（2）装配约束定位（Mate）：规定配对条件确定组件间的相对位置。

2. 装配约束对话框

【装配约束】对话框如图 6-161 所示。

3. 装配约束对话框选项描述

装配约束对话框选项描述如表 6-3 所示。

4. 功能要点

（1）装配约束与配对条件。UG NX6 中引入的两个命令定义了装配中的组件定位。

1）装配约束。定义组件之间的关联位置约束。

2）移动组件。用于移动装配中的组件，但不创建关联的位置关系。

（2）这些新命令与 NX 5.0 之前版本中的【配对条件】和【重定位组件】功能相似，而且会在 NX 的未来版本中完全将其替代。

（3）这 2 组组件定位命令不能同时使用，在 UG NX6 中的默认设置是【装配约束】和【移动组件】。若要将其改为【配对组件】和【重定位组件】，可以采用以下方法之一。

1）在【文件】→【实用工具】→【用户默认设置】→【装配】→【另外】→【界面】选项卡中，设置【定位】为【配对条件】。

2）设置【首选项】→【装配】→【交互】为【配对条件】。

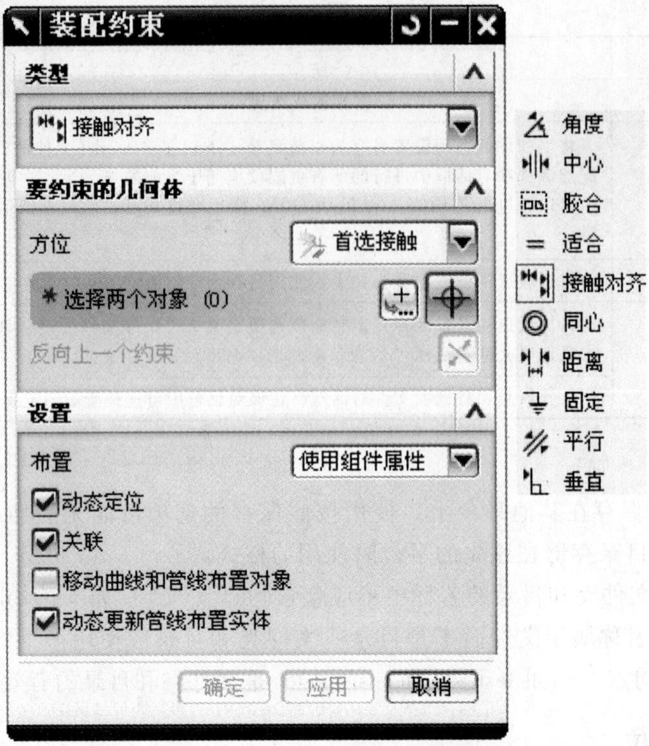

图 6-161 【装配约束】对话框

表 6-3 装配约束对话框选项描述

选项	描　　述
	类　型
类型	指定装配约束的类型 角度：定义两个对象间的角度尺寸 胶合：将组件“焊接”在一起，使它们作为刚体移动 中心：使一对对象之间的一个或两个对象居中，或使一对对象沿着另一个对象居中 同心：约束两个组件的圆形边界或椭圆边界，以使中心重合，并使边界的面共面 距离：指定两个对象之间的最小 3D 距离 拟合：使具有等半径的两个圆柱面合起来。此约束对确定孔中销或螺栓的位置很有用。如果以后半径变为不等，则该约束无效 固定：将组件固定在其当前位置上。因为配对组件从一至关系中隐含的静止对象不存在于无向的装配约束中，所以固定约束很有用 平行：定义两个对象的方向矢量为互相平行 垂直：定义两个对象的方向矢量为互相垂直 接触对齐：约束两个组件，使它们彼此接触或对齐。接触对齐是最常用的约束

（续）

选项	描　　述
	要约束的几何体
方位	仅在类型为接触对齐时才出现 允许按以下方式影响接触对齐约束可能的解 首选接触：当接触和对齐解都可能时显示接触约束。（在大多数模型中，接触约束比对齐约束更常用。）当接触约束过度约束装配时，将显示对齐约束 接触：约束对象，使其曲面法向在反方向上 对齐：约束对象，使其曲面法向在相同的方向上 自动判断中心/轴：指定在选择圆柱面、圆锥面或球面或圆形边界时，NX 将自动使用对象的中心或轴作为约束
子类型	仅在类型为角度或中心时才出现 （仅角度）指定角度约束是 3D 角度：在不需要已定义的旋转轴的情况下在两个对象之间进行测量 定位角：使用选定的旋转轴来测量两个对象之间的角度约束 （仅中心）指定中心约束是 1 对 2：使一个对象在一对对象间居中 2 对 1：使一对对象沿着另一个对象居中 2 对 2：使两个对象在一对对象间居中
反向上一个约束	显示约束的另一个解
循环上一个约束	仅对距离约束出现。当存在两个以上的解时，允许在可能的解之间循环
	设　　置
布置	指定组件如何影响其他布置中的组件定位
动态定位	指定 NX 解算约束，并在创建约束时移动组件。如果取消选择此复选框，则单击【装配约束】对话框中的【确定】或【应用】按钮之前，NX 不解算约束或移动对象
关联	指定在关闭【装配约束】对话框时，将约束添加到装配。如果取消选择此复选框，则约束是临时存在的。在单击【确定】按钮弹出对话框或单击【应用】按钮时，它们将被删除
移动曲线和管线布置对象	在约束中使用管线布置对象和相关曲线时移动它们

3）将配对条件转换为装配约束

4）选择【装配】→【组件】→【转换配对条件】命令，此时将出现【转换配对条件】对话框。

5）在【要处理的部件】下，指定要转换【工作部件】、【工作部件和已加载的子部件】还是【工作部件和所有子部件】中的配对条件。

6）单击【显示结果】以查看装配中转换的当前状态。如果要删除由【显示结果】生成的报告，请单击【删除结果】按钮。

7）指定所需的【设置】：

① 如果要加载受转换影响的参考几何体以便更新它，请选择【加载参考几何体】。

② 如果要在转换后显示结果的报告，请选择【转换后显示结果】。

③ 如果要在转换后显示汇总而非完整报告，请选择【仅显示结果汇总】。

④ 单击【确定】或【应用】按钮以转换配对条件。

6.8.15 爆炸视图

1. 功能描述

爆炸视图是装配结构的一种图示说明。在该视图中，各个组件或一组组件分散显示，就像各自从装配件的位置爆炸出来一样，用一条命令又能装配起来。利用装配视图可以清楚地显示装配或者子装配中各个组件的装配关系，如图 6-162 所示。

通过爆炸视图可以清晰地了解产品的内部结构以及部件的装配顺序，主要用于产品的功能介绍以及装配向导。

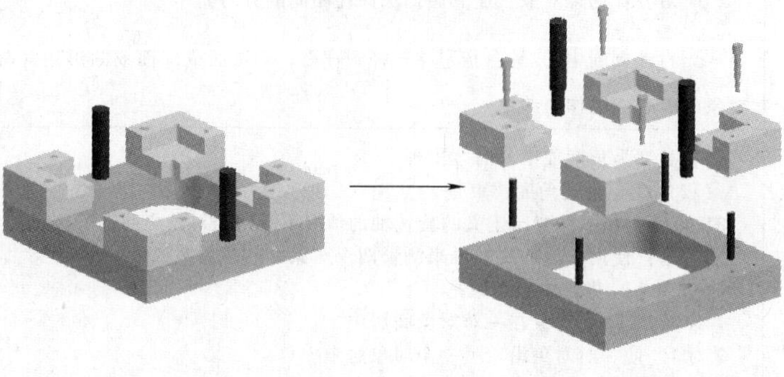

图 6-162　爆炸视图

2. 功能选项

单击装配工具条上的【爆炸图】图标，弹出如图 6-163 所示的【爆炸图】工具条。

图 6-163　【爆炸图】工具条

3. 爆炸图工具条上各命令的含义

爆炸图工具条上各命令的含义如表 6-4 所示。

表 6-4　爆炸图工具条上各命令的含义

选项	描　　述
创建爆炸图	创建一个新的爆炸图
编辑爆炸图	编辑一个现有爆炸图中的爆炸组件
自动爆炸组件	基于组件间的配对条件，自动爆炸组件
取消爆炸组件	取消爆炸一个或多个选定的爆炸组件

（续）

选项	描述
删除爆炸图	删除选定的爆炸图
工作视图爆炸	列出现有爆炸。可以通过从该列表中选择爆炸图来激活它，或如果不想激活任何爆炸图，则可以选择（无爆炸）
从视图移除组件	允许隐藏当前视图中选定的组件
恢复组件到视图	允许显示当前视图中选定的隐藏组件
创建追踪线	启动追踪线工具，该工具允许您在爆炸图中创建追踪线，以定义组件在该视图中爆炸时所沿用的路径

4. 编辑爆炸图

在一个新建爆炸视图中选择组件进行分解爆炸，即编辑一个已经存在的爆炸视图。图6-164所示为【编辑爆炸图】对话框。

5. 自动爆炸组件

根据配对条件由系统自动爆炸并分解所选择的组件。【自动爆炸组件】只能爆炸具有关联条件的组件，对于没有关联条件的组件，不能使用该爆炸方式。图6-165所示为【爆炸距离】对话框。

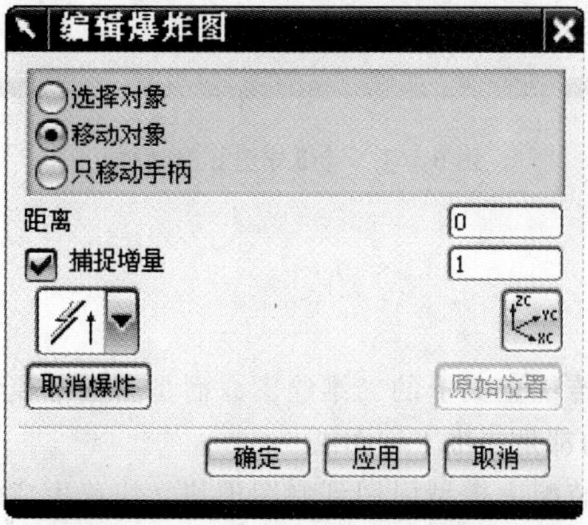

图6-164 【编辑爆炸图】对话框

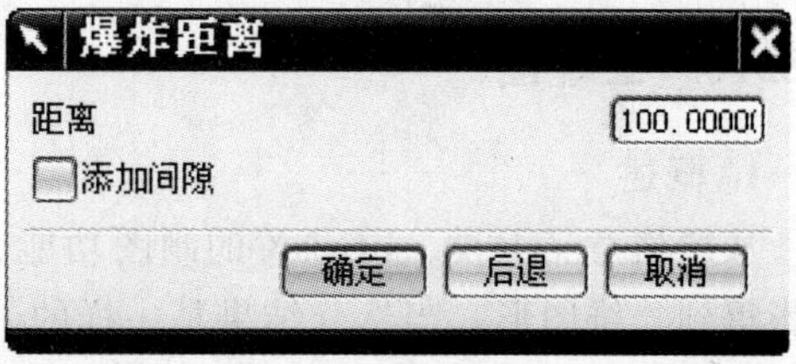

图6-165 【爆炸距离】对话框

6. 自动爆炸组件对话框选项描述

自动爆炸组件对话框选项描述如表6-5所示。

表6-5 自动爆炸组件对话框选项描述

选项	描述
距离	设置爆炸组件间的偏置距离，数值的正负控制自动爆炸的方向
添加间隙	该复选框用于控制自动爆炸的方式。若不选择该复选框，则指定的距离为绝对距离，即组件从当前位置移动指定的距离值；若选择该复选框，则指定的距离为组件相对于关联组件移动的相对距离，如图6-166所示

图 6-166　添加间隙

7. 取消爆炸组件

（1）取消爆炸一个或多个选定组件，即将他们移回装配中的原始位置。

（2）单击爆炸图工具条上的【取消爆炸组件】命令，弹出【类选择】对话框，选择对象后单击【确定】按钮即可。

8. 删除爆炸图

删除现有的爆炸图。如果存在多个爆炸图，将出现包含所有爆炸图列表的【爆炸图】对话框，如图 6-167 所示。

图 6-167　【爆炸图】对话框

6.8.16　工程图

1. 概述

从严格意义上说，UG NX 的制图功能并不是传统意义上的二维绘图，而是由三维模型投影得到二维图形。当然，结果是一样的，得到的都是二维工程图纸。

UG NX 制图利用实体建模功能创建的零件和装配主模型引用到制图模块，快速生成二维工程图。由于 UG 软件所绘制的二维工程图是由三维实体模型投影得到的，因此，工程图与三维实体模型之间是完全相关的，实体模型的尺寸、形状和位置的改变，都会引起二维工程图的变化。

2. 制图模块调用

调用制图模块的方法大致有两种：

（1）单击【应用】工具条上的【制图】命令。

（2）单击【标准】工具条上的【开始】→【制图】命令。

图 6-168 所示为工程图设计界面，该界面与实体建模界面相比，在【插入】下拉菜单中增加了二维工程图的有关操作工具。另外，主界面还增加了 6 个工具条，应用这些菜单命令和工具条按钮，可以快速建立和编辑二维工程图。

3. UG NX 出工程图的一般流程

利用 UG 生成工程图，有两种方法：

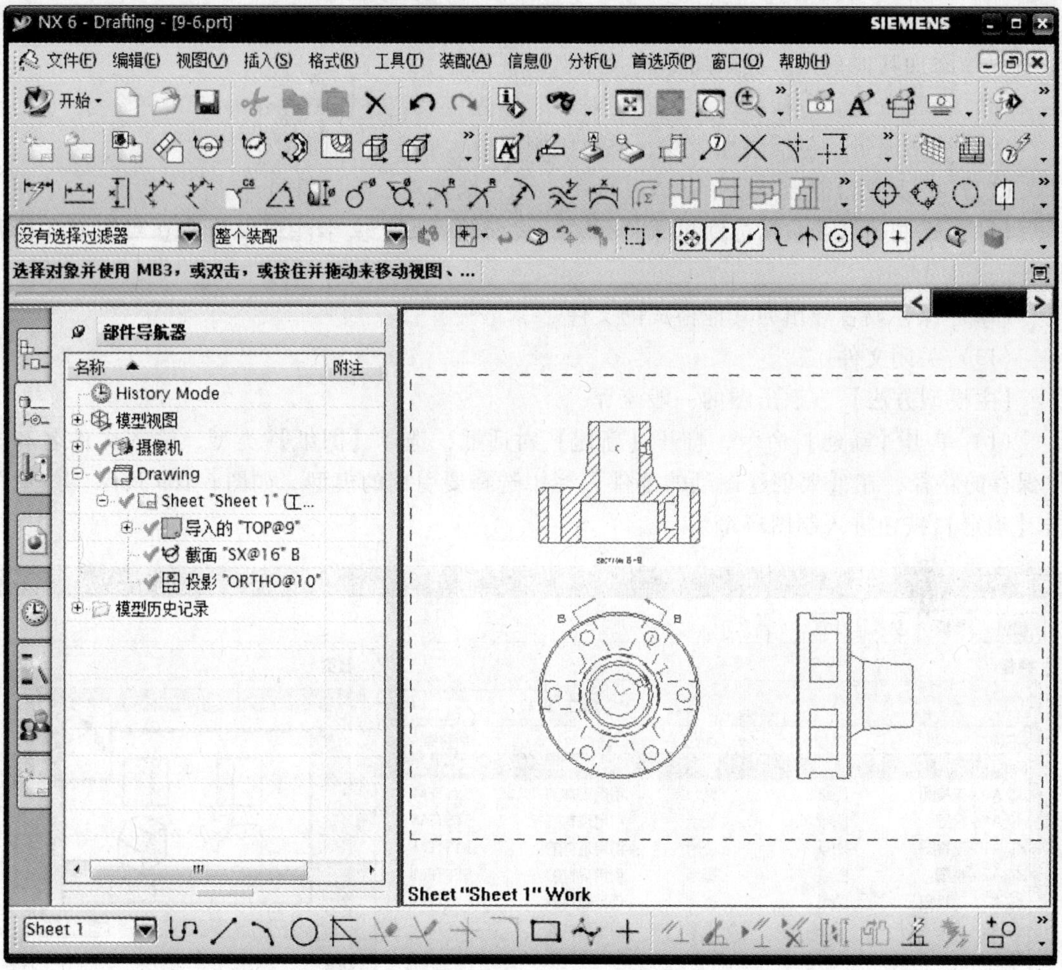

图 6-168　工程图设计界面

(1)【主模型方法】：新建一个图纸（【新建】→【图纸】)，通过引用主模型（三维模型）生成工程图文件。

(2)【非主模型方法】：在建模环境中，通过选择【制图】命令切换到【制图】环境，然后定义工程图。

这两种方法在具体绘制工程图时的步骤和过程是一样的。

【非主模型方法】出图的一般流程：

(1) 打开已经创建好的部件文件。

(2) 选择【标准】工具条上的【开始】→【所有应用模块】→【制图】，或者单击【应用】工具条上的【制图】，进入制图模块。

(3) 设定图纸。包括设置图纸的尺寸、比例以及投影角等参数。

(4) 设置首选项。UG 软件的通用性比较强，其默认的制图格式不一定满足用户的需要，因此在绘制工程图之前，需要根据制图标准设置绘图环境。

(5) 导入图纸格式。导入事先绘制好的符合国标、企标或者适合特定标准的图纸格式。

（6）添加基本视图。例如主视图、俯视图、左视图等。

（7）添加其他视图。例如局部放大图、剖视图等。

（8）视图布局。包括移动、复制、对齐、删除以及定义视图边界等。

（9）视图编辑。包括添加曲线、修改剖视符号、自定义剖面线等。

（10）插入视图符号。包括插入各种中心线、偏置点、交叉符号等。

（11）标注图纸。包括标注尺寸、公差、表面粗糙度、文字注释以及建立明细表和标题栏等。

（12）保存或者导出为其他格式的文件。

（13）关闭文件。

【主模型方法】方法出图的一般流程：

（1）单击【新建】命令，打开【新建】对话框，选择【图纸】类型，输入文件名和文件保存的路径，在【要创建图纸的部件】栏中选择要引用的模型，如图 6-169 所示。然后单击【确定】按钮进入制图环境。

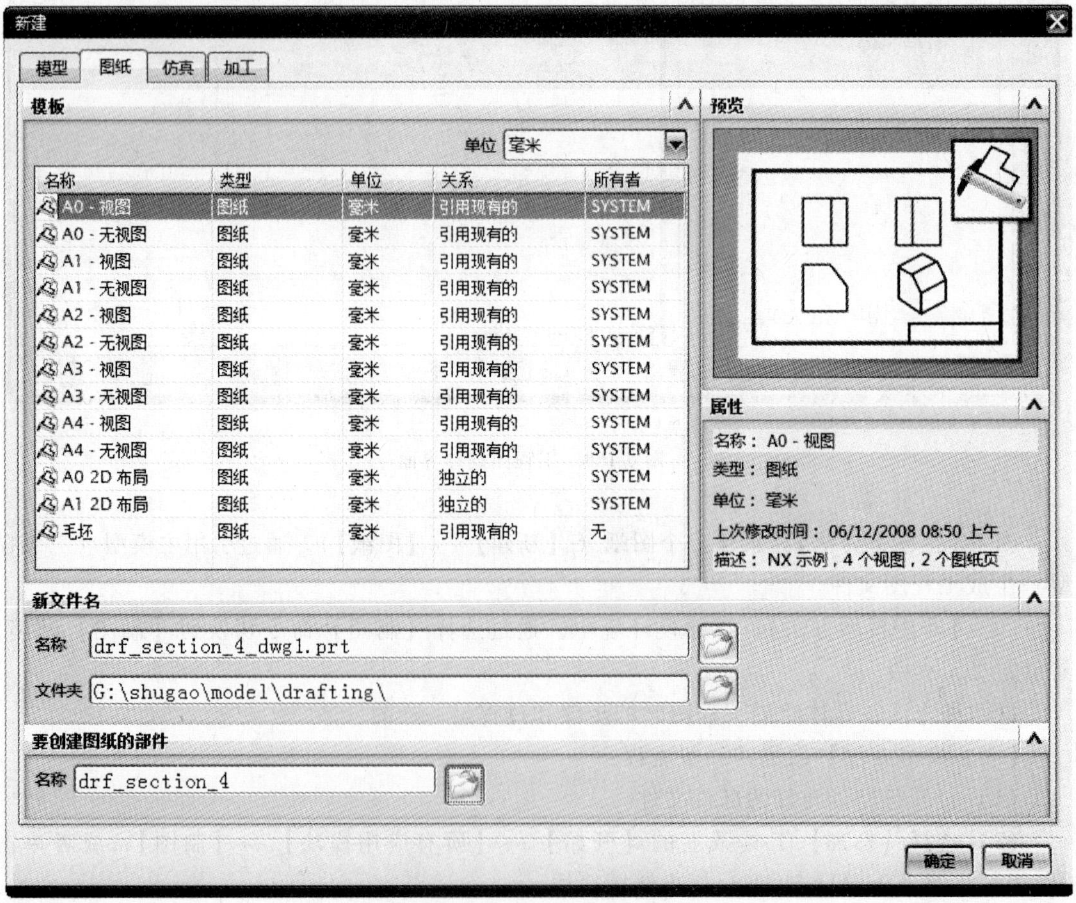

图 6-169 【新建】工程图文件对话框

（2）进入制图环境后，系统将自动地为用户创建默认的图纸。用户更改图纸，具体方法与【非主模型方法】方法中的第(4)～(13)步类似。

6.8.17　基本视图

1. 功能描述

在一张图纸上创建一个或多个基本视图，如图6-170所示。基本视图可以是独立的视图，也可是其他图纸类型的父视图。

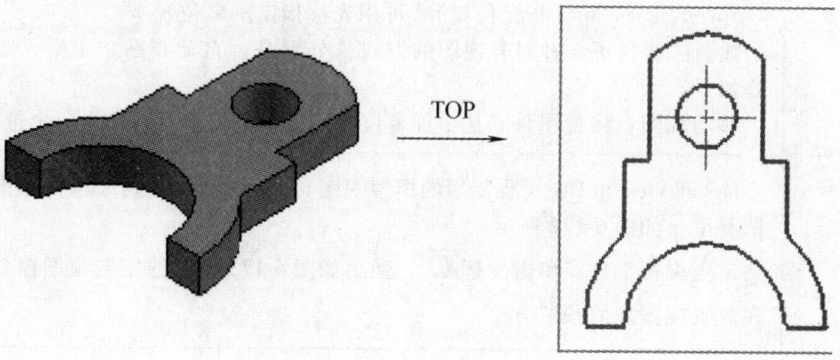

图6-170　基本视图

2. 基本视图对话框

【基本视图】对话框如图6-171所示。

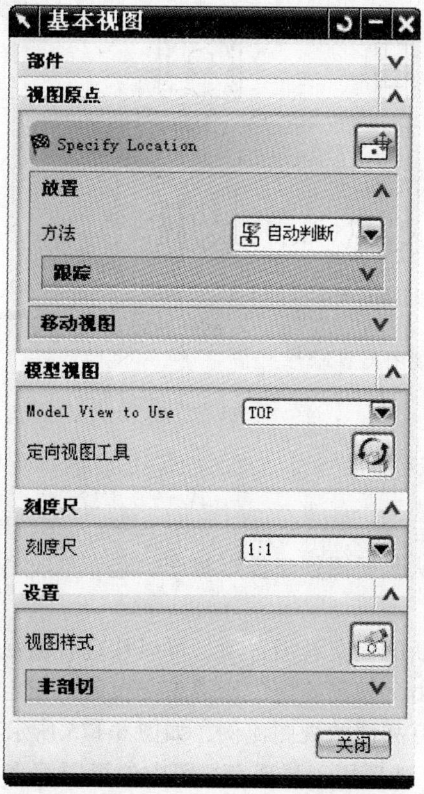

图6-171　【基本视图】对话框

3. 基本视图对话框选项描述

基本视图对话框选项描述如表6-6所示。

表 6-6　基本视图对话框选项描述

选项	描　述
部件	已加载的部件：显示所有已加载部件的名称 最近访问的部件：显示最近曾打开但现在已关闭的部件 打开：从指定的部件添加视图
视图原点	Specify Location（指定位置）：可用光标指定屏幕位置 放置：提供了 5 种对齐视图的方式，分别是：自动判断、水平、竖直、垂直于直线和叠加 移动视图：将视图移到某个屏幕位置，该位置是用光标单击一个位置而指定的
模型视图	Model View to Use（要使用的模型视图）：可从下拉列表中选择视图类型，共有 8 种视图类型，如图 6-172 所示 定向视图工具：单击图标，弹出如图 6-173 所示的定向视图窗口，通过该窗口可以在放置视图之前预览方位
刻度尺	在向图纸添加视图之前，为基本视图指定一个特定的比例
视图样式	单击图标，弹出视图样式对话框。通过该对话框可以在视图被放置之前设置各个视图的参数或者编辑视图参数

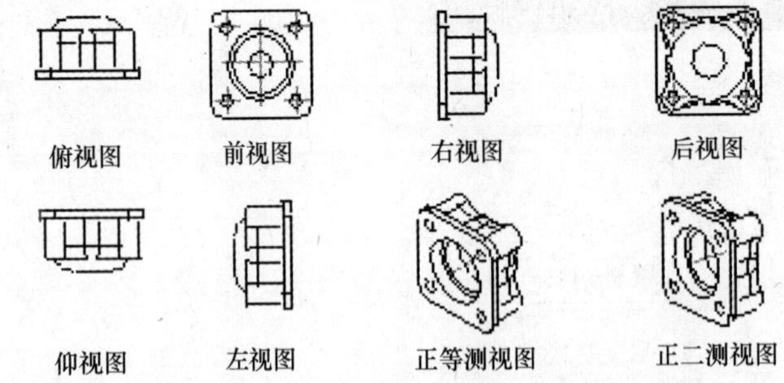

图 6-172　视图类型

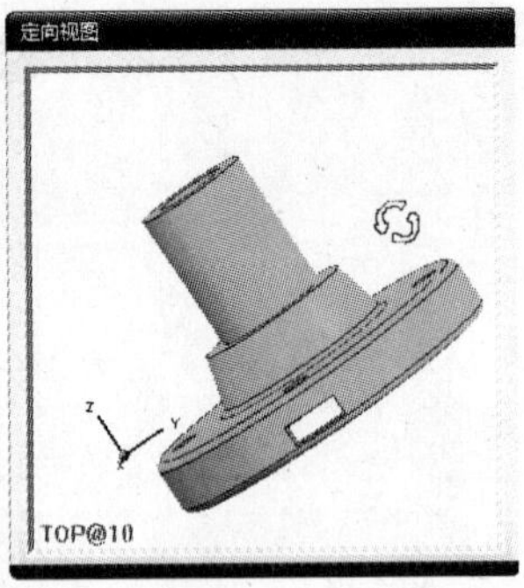

图 6-173　定向视图工具

6.8.18　投影视图

1. 功能描述

使用投影视图命令可以从父视图创建投影视图，包括正交视图和辅助视图，如图 6-174 所示。

正交视图：使用自动判断的正交视图选项，可以从现有的视图创建正交投影。要在图纸上放置一个正交视图，可在由父视图确定的所需正交象限中指定一个位置。正交视图自动与父视图对齐，它与父视图具有相同的视图比例，如图 6-175 所示。

辅助视图：“辅助视图”选项用于将现有视图中的视图垂直投影到所定义的铰链线。所定义的铰链线与辅助视图关联。对铰链线的位置、方位或角度进行的任何更改都反映在辅助视图中，如图 6-176 所示。

2. 投影视图对话框

【投影视图】对话框如图 6-177 所示。

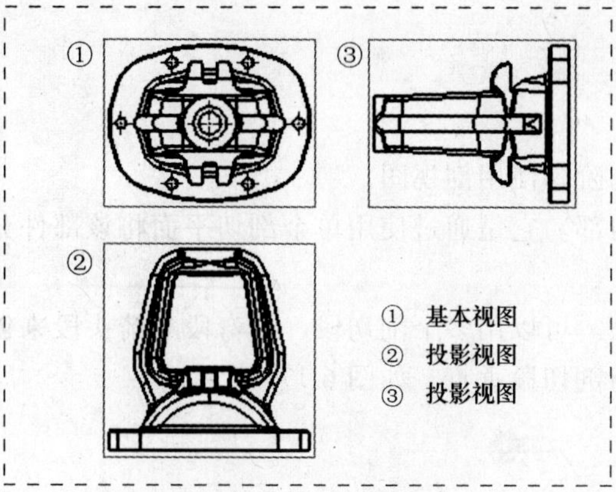

图 6-174　创建投影视图

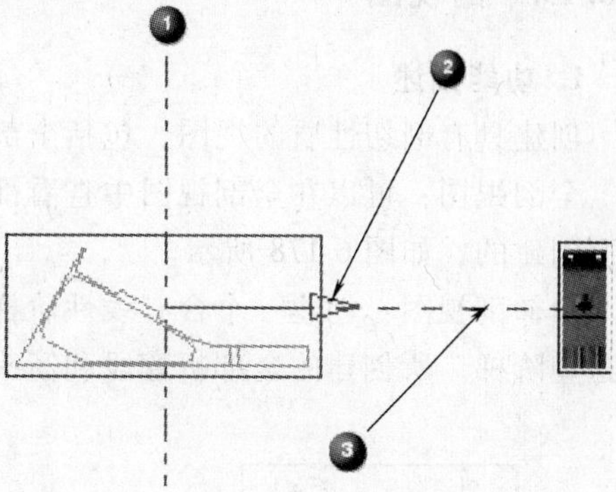

图 6-175　正交视图

1—铰链线　2—矢量方向　3—辅助线

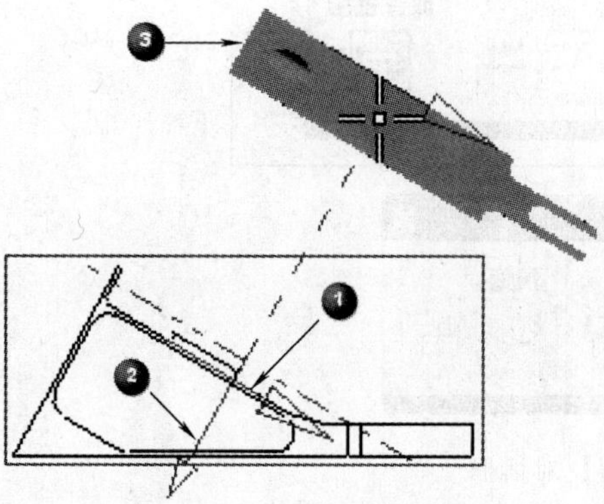

图 6-176　辅助视图

1—铰链线　2—方向与铰链线正交

3—着色的辅助预览

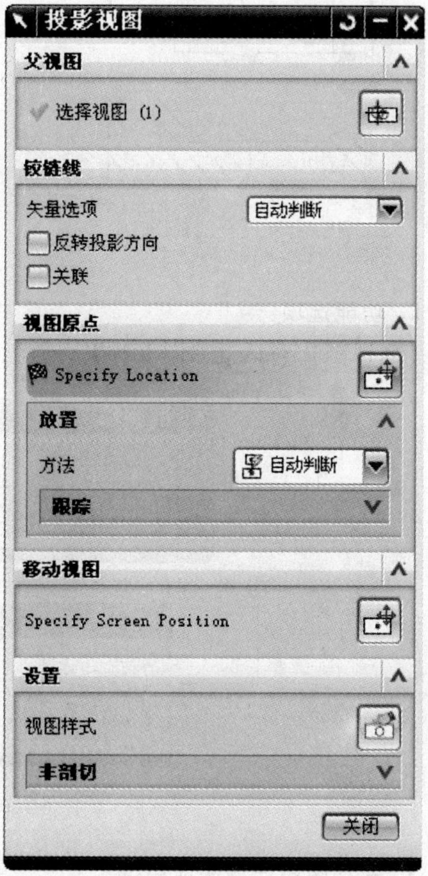

图 6-177　【投影视图】对话框

3. 功能要点

创建投影视图需要指定父视图、铰链线及投影方向。

6.8.19 剖视图

1. 功能描述

创建具有剖切性质的视图，包括全剖视图和阶梯使用剖视图。

全剖视图：可以在全剖视图中查看部件的内部。它是通过使用单个剖切平面将该部件分开而创建的，如图 6-178 所示。

阶梯剖视图：创建一个含有线性阶梯的剖面。可以用多个剖切段、折弯段和箭头段来创建这些阶梯。所创建的全部折弯段和箭头段都与剖切段垂直，如图 6-179 所示。

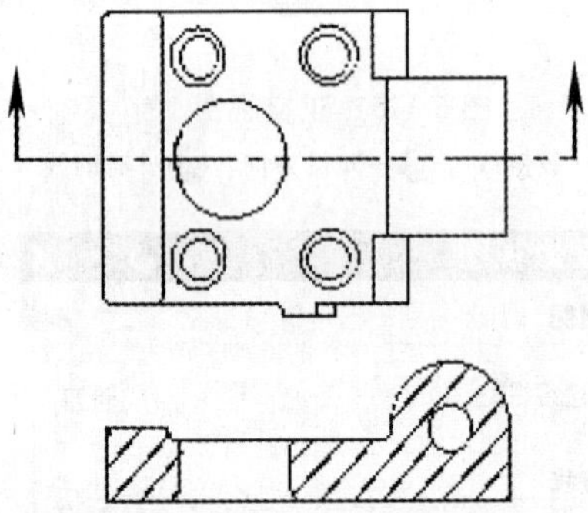

图 6-178　全剖视图

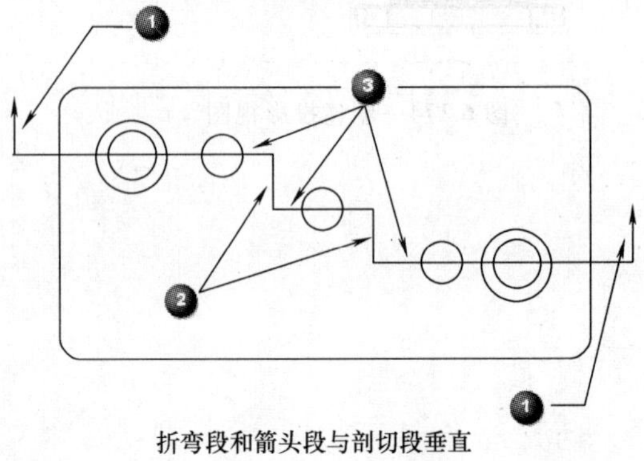

图 6-179　阶梯剖视图

1—箭头段　2—折弯段　3—剖切段

2. 功能选项

【剖视图】对话框如图 6-180 所示。

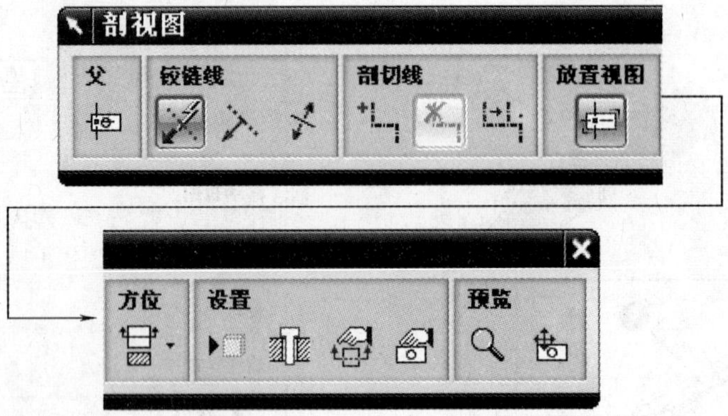

图 6-180　【剖视图】对话框

3. 剖视图对话框选项描述

剖视图对话框选项描述如表 6-7 所示。

4. 创建全剖视图操作步骤

创建全剖视图的基本步骤如下：

（1）选择【插入】→【视图】→【剖视图】命令。

（2）选择要剖切的视图（即选择父视图）。

表 6-7　剖视图对话框选项描述

选项	描　述
父视图	基本视图：在放置基本视图后可用。允许选择另一个基本视图作为父视图
铰链线	自动判断铰链线：用于放置切线。软件将自动判断铰链线 铰链线：允许定义一个固定的关联铰链线 自动判断的矢量：开启【铰链线】选项后可用。用于选择【矢量构造器】选项以定义铰链线 反向：反转剖切箭头的方向
剖切线	添加段：放置剖切线后可用。用于为阶梯剖视图添加剖切线 删除段：用于从剖切线删除剖切段 移动段：允许移动剖切线的单个段并保持该段与相邻段的角度和连接。可移动的段包括剖切段、折弯段和箭头段
放置视图	用于放置视图
方位	允许在不同的方位创建视图。有 3 种可选项 正交的：生成正交的剖视图 继承方位：生成与所选的另一视图完全相同的方位 剖切现有视图：在所选的现有视图中生成剖切
设置	隐藏组件：用于选择要隐藏的组件 显示组件：用于显示隐藏的组件 非剖切组件：用于使组件成为非剖切组件 剖切组件：用于使非剖切组件成为剖切组件 剖切线样式：启动剖切线样式对话框，在该对话框中可以修改剖切线参数 样式：启动视图样式对话框
预览	剖视图工具：启动剖视图对话框 移动视图：用于移动视图

（3）定义剖切位置，如图 6-181 所示。

（4）将光标移出视图并移动到所希望的视图通道。

（5）单击鼠标左键以放置剖视图，如图 6-182 所示。

5. 创建阶梯剖视图基本步骤

创建阶梯剖视图与创建全剖视图类似。差别是通过单击右键并选择添加段来定义剖切线要折弯或切透的附加点。

创建阶梯剖视图的基本步骤如下：

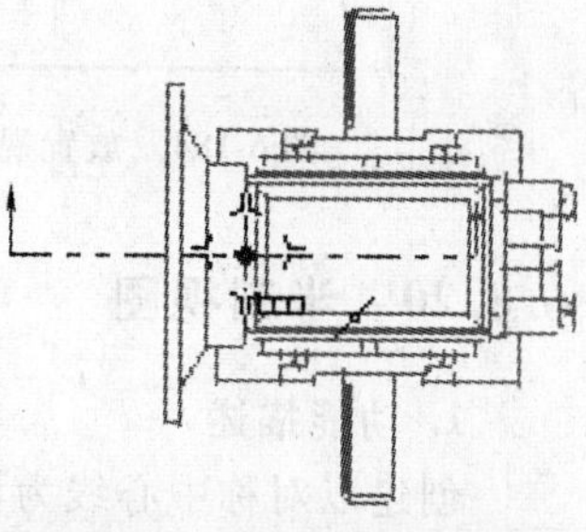

图 6-181　定义剖切位置

（1）选择【插入】→【视图】→【剖视图】命令。

（2）选择要剖切的视图（即选择父视图）。

（3）定义剖切位置，如图 6-183 所示。

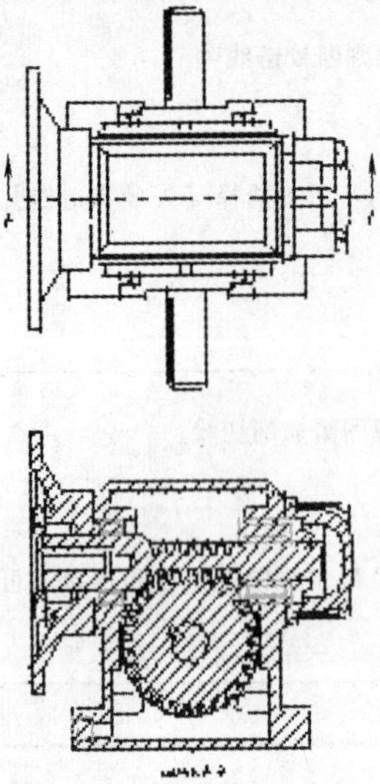

图 6-182　放置剖视图

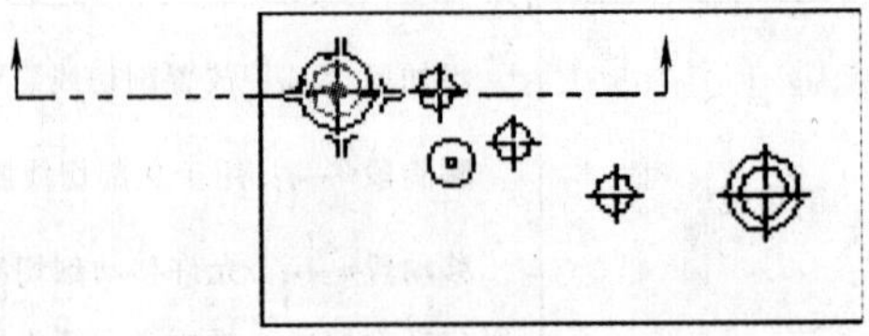

图 6-183　定义剖切位置

（4）右键单击并选择【添加段】命令。

（5）选择下一个点并单击鼠标左键。

（6）根据需要继续添加折弯和剖切。

（7）单击【放置视图】并将光标移到所需的位置，如图 6-184 所示。

（8）单击鼠标左键以放置视图，如图 6-185 所示。

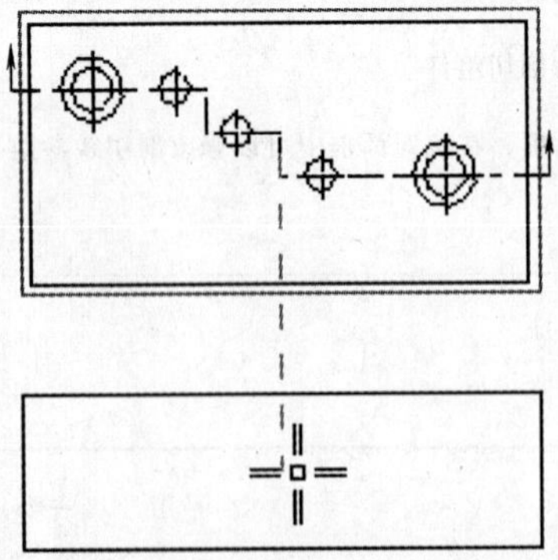

图 6-184　放置视图（一）

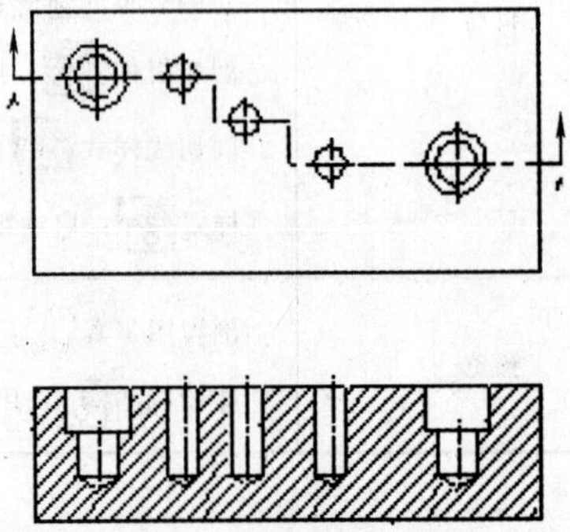

图 6-185　放置视图（二）

6.8.20　半剖视图

1. 功能描述

创建以对称中心线为界，部件一半被剖切，一半未被剖切的视图。半剖类似于全剖和阶梯剖，其剖切段与定义的铰链线平行，如图 6-186 所示。

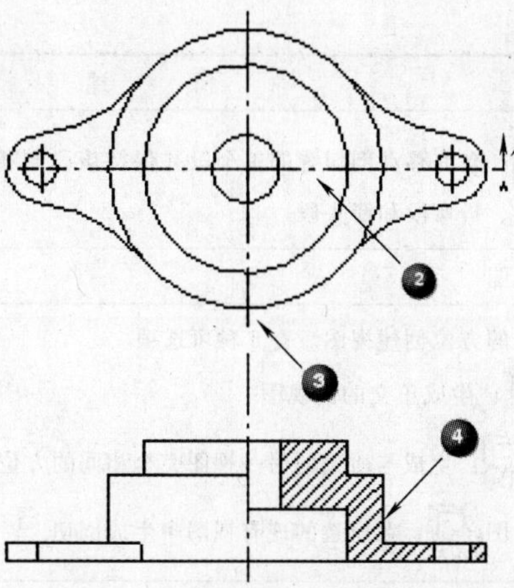

图 6-186　半剖视图

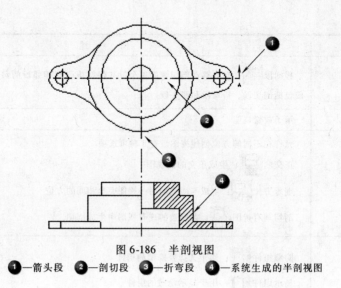

❶—箭头段　❷—剖切段　❸—折弯段　❹—系统生成的半剖视图

2. 功能选项

【半剖视图】对话框如图 6-187 所示。

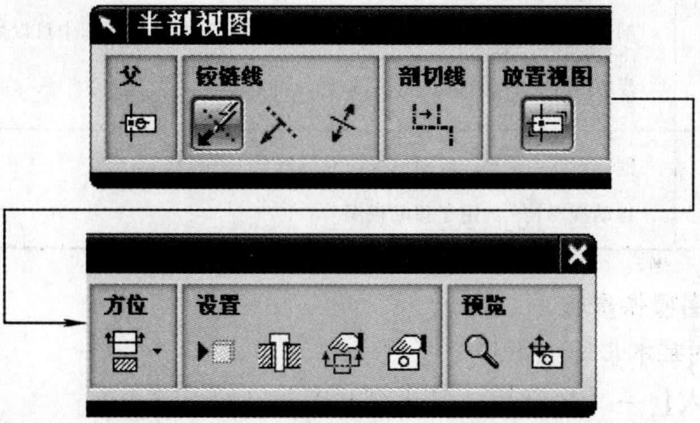

图 6-187　【半剖视图】对话框

3. 半剖视图对话框选项描述

半剖视图对话框选项描述如表 6-8 所示。

表 6-8　半剖视图对话框选项描述

选项	描　　述
父视图	基本视图：在放置基本视图后可用。允许选择另一个基本视图作为父视图
铰链线	自动判断铰链线：用于放置切线。软件将自动判断铰链线 铰链线：允许定义一个固定的关联铰链线 自动判断的矢量：开启【铰链线】选项后可用。用于选择【矢量构造器】选项以定义铰链线 反向：反转剖切箭头的方向

（续）

选项	描　　述
剖切线	移动段：允许移动剖切线的单个段并保持该段与相邻段的角度和连接。可移动的段包括剖切段、折弯段和箭头段
放置视图	用于放置视图
方位	允许在不同的方位创建视图。有 3 种可选项 正交的：生成正交的剖视图 继承方位：生成与所选的另一视图完全相同的方位 剖切现有视图：在所选的现有视图中生成剖切
设置	隐藏组件：用于选择要隐藏的组件 显示组件：用于显示隐藏的组件 非剖切组件：用于使组件成为非剖切组件 剖切组件：用于使非剖切组件成为剖切组件 剖切线样式：启动剖切线样式对话框，在该对话框中可以修改剖切线参数 样式：启动视图样式对话框
预览	剖视图工具：启动剖视图对话框 移动视图：用于移动视图

4. 创建全剖视图操作步骤

创建全剖视图的基本步骤如下：

（1）选择【插入】→【视图】→【半剖视图】命令。

（2）选择要剖切的视图（即选择父视图），如图 6-188 所示。

（3）选择放置剖切线的捕捉点位置（圆弧中心），如图 6-189 所示。

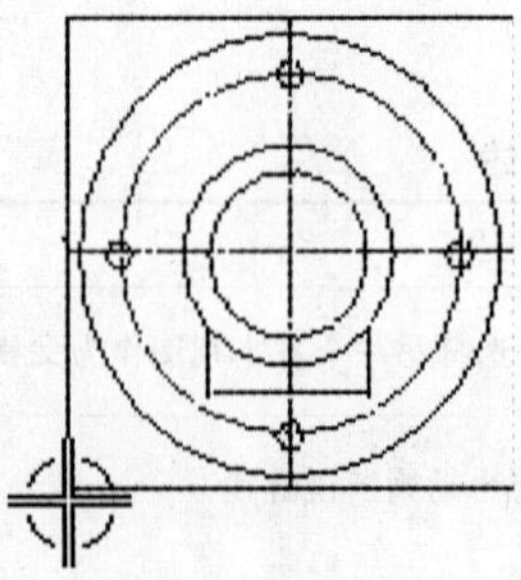

图 6-188　选择父视图

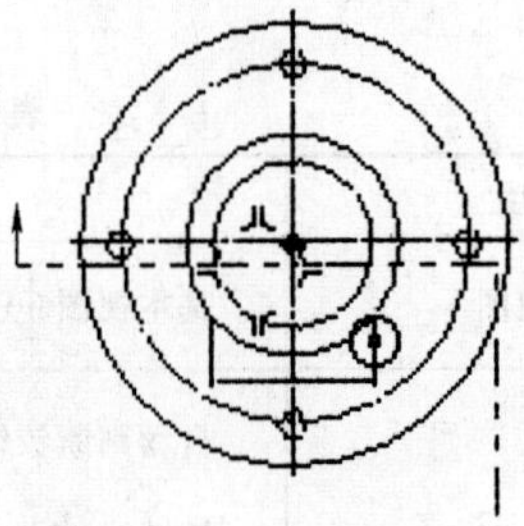

图 6-189　放置剖切线

（4）选择放置折弯的另一个点，如图 6-190 所示。

（5）将光标拖动至希望的位置，然后单击鼠标左键以放置视图，如图 6-191 所示。

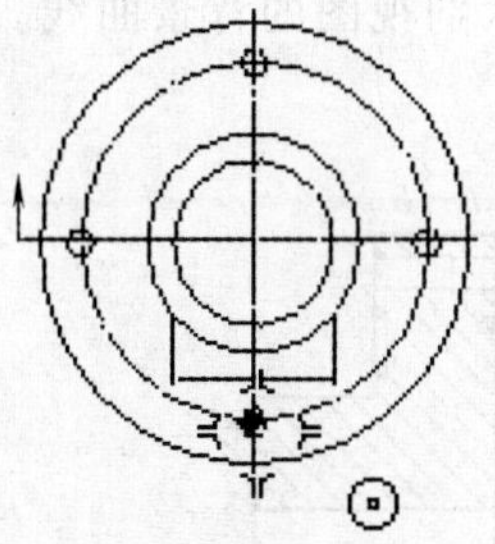

图 6-190　选择放置折弯的另一点

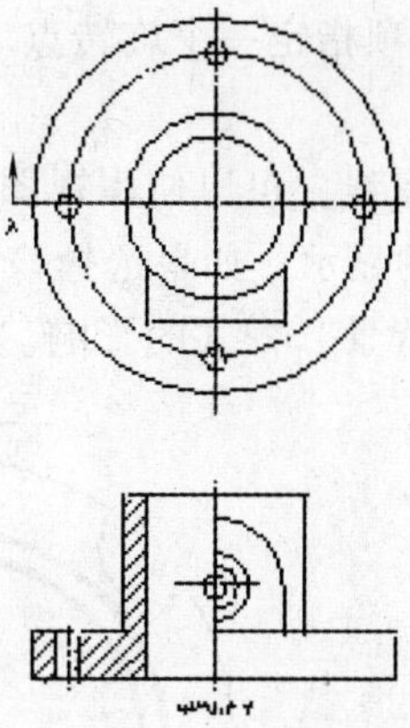

图 6-191　完成放置视图

6.8.21　旋转剖视图

1. 功能描述

创建围绕轴旋转的剖视图。如图 6-192 所示，旋转剖视图可包含一个旋转剖面，也可以包含阶梯以形成多个剖切面。在任一情况下，所有剖面都旋转到一个公共面中。

2. 相关术语

在创建旋转剖视图时，一定要了解下面的术语和概念，旋转剖视图如图 6-193 所示。

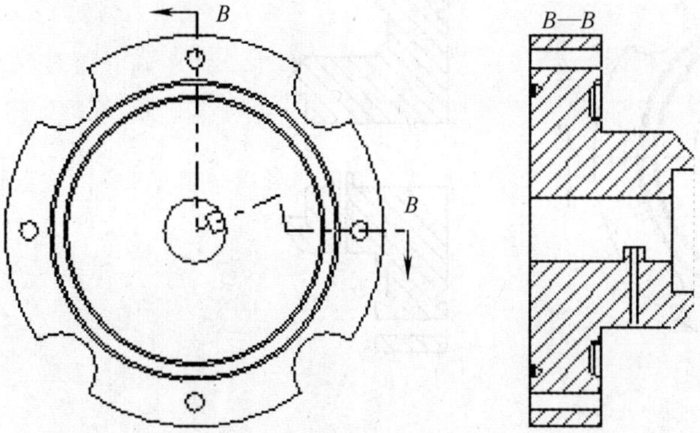

图 6-192　创建旋转剖视图

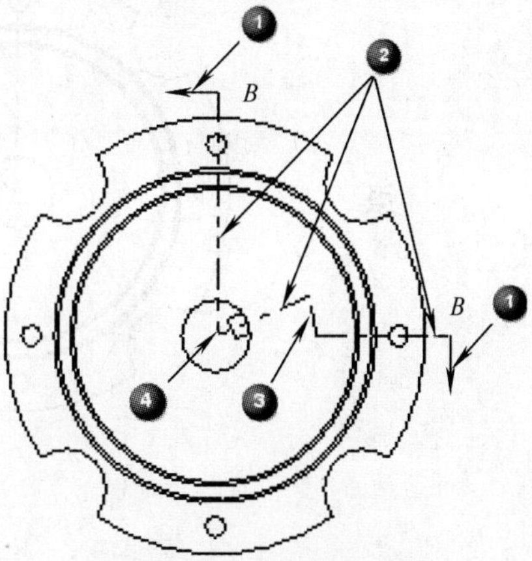

图 6-193　旋转剖视图

❶—箭头段　❷—阶梯/剖切段

❸—折弯段　❹—旋转点

（1）动态剖切线支线　动态剖切线支线会随光标移动并在旋转点为放置提供视觉辅助。在选择父视图后会出现动态剖切线支线，如图 6-194 所示。

（2）剖切线支线　剖切线中用来创建旋转剖的部分。如图 6-193 所示，剖切线支线可以包括剖切段、折弯段和箭头段。一个旋转剖面含有两个剖切线支线。剖切线支线在旋转点相连。

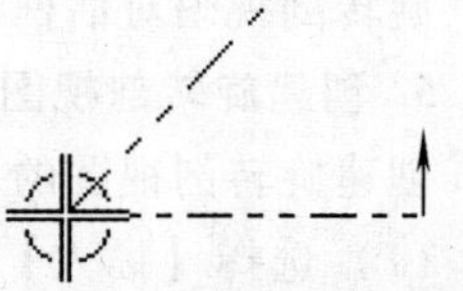

图 6-194　动态剖切线支线

（3）旋转点　创建旋转剖时，必须使用选择条中的某个

“捕捉点”选项指定一个旋转点。该旋转点用来标识剖切线绕其旋转的轴。剖切线支线在旋转点相连。

(4) 背景线　可以使用视图的【样式】→【截面】→【背景】选项来控制该视图上剖视图背景线的显示。如果选择该复选框，将在该视图中显示剖视图的背景曲线。图 6-195 说明“剖视图背景”样式的影响。

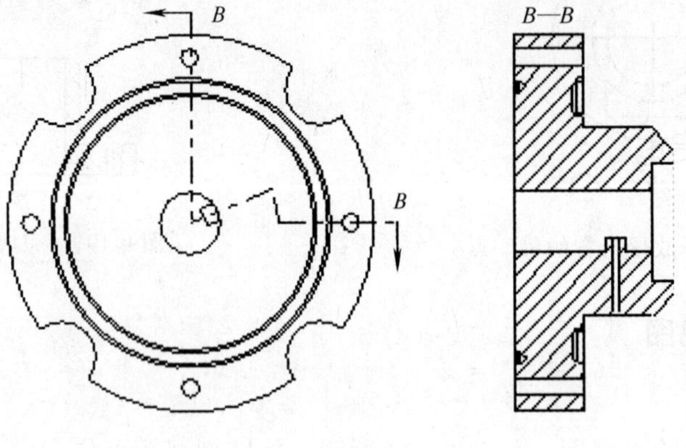

将背景设置为开

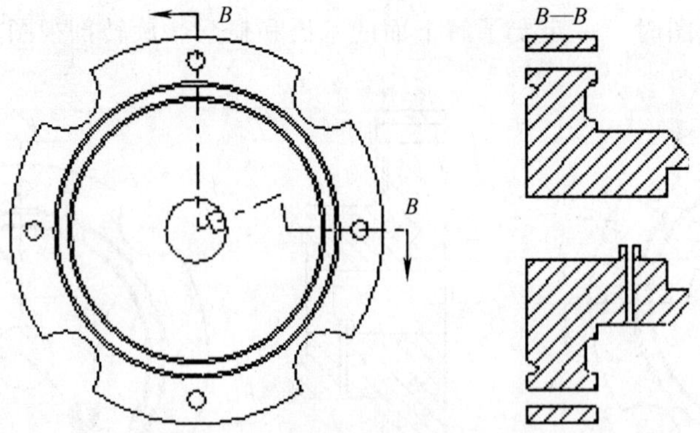

将背景设置为关

图 6-195　剖视图背景样式

3. 旋转剖视图对话框

【旋转剖视图】对话框如图 6-196 所示。

4. 旋转剖视图对话框选项描述

旋转剖视图对话框选项描述如表 6-9 所示。

5. 创建旋转剖视图操作步骤

创建旋转剖视图的基本步骤如下：

(1) 选择【插入】→【视图】→【旋转剖视图】命令。

(2) 选择要剖切的视图（即选择父视图）。

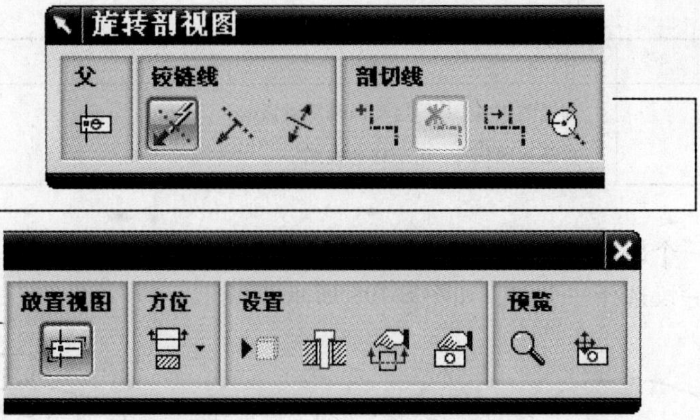

图 6-196　【旋转剖视图】对话框

表 6-9　旋转剖视图对话框选项描述

选项	描　　述
父视图	基本视图：在放置基本视图后可用。允许选择另一个基本视图作为父视图
铰链线	自动判断铰链线：用于放置切线。软件将自动判断铰链线 铰链线：允许定义一个固定的关联铰链线 自动判断的矢量：开启【铰链线】选项后可用。用于选择【矢量构造器】选项以定义铰链线 反向：反转剖切箭头的方向
剖切线	添加段：放置剖切线后可用。用于为阶梯剖视图添加剖切线 删除段：用于从剖切线删除剖切段 移动段：允许移动剖切线的单个段并保持该段与相邻段的角度和连接。可移动的段包括剖切段、折弯段和箭头段 移动旋转点：用于定义一个新的旋转点
放置视图	用于放置视图
方位	允许在不同的方位创建视图。有 3 种可选项 正交的：生成正交的剖视图 继承方位：生成与所选的另一视图完全相同的方位 剖切现有视图：在所选的现有视图中生成剖切
设置	隐藏组件：用于选择要隐藏的组件 显示组件：用于显示隐藏的组件 非剖切组件：用于使组件成为非剖切组件 剖切组件：用于使非剖切组件成为剖切组件 剖切线样式：启动剖切线样式对话框，在该对话框中可以修改剖切线参数 样式：启动视图样式对话框

（续）

选项	描　　述
预览	剖视图工具：启动剖视图对话框 移动视图：用于移动视图

（3）选择一个旋转点以放置剖切线，如图 6-197 所示。

（4）为第一段选择一个点，如图 6-198 所示。

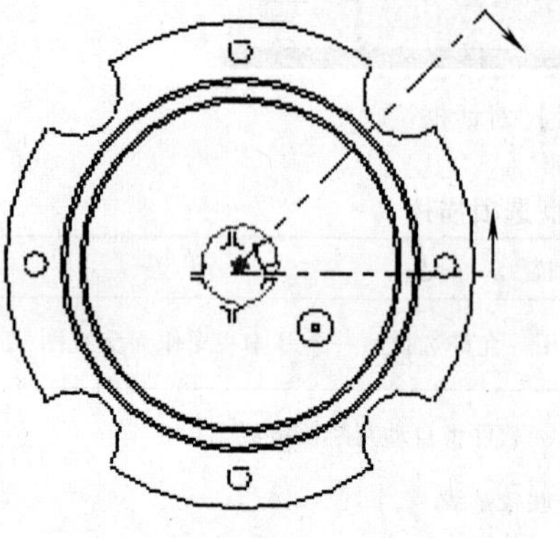

图 6-197　选择一个旋转点以放置剖切线

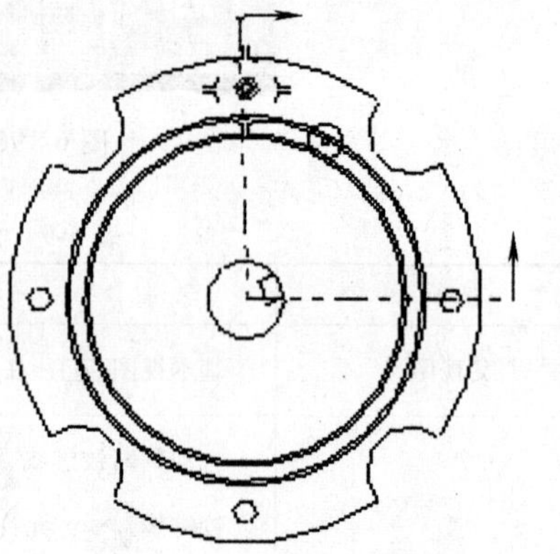

图 6-198　第一段选择一个点

（5）选择第二段的点，如图 6-199 所示。

（6）在视图中时，单击右键并选择【添加段】。

（7）选择一条支线，如图 6-200 所示。

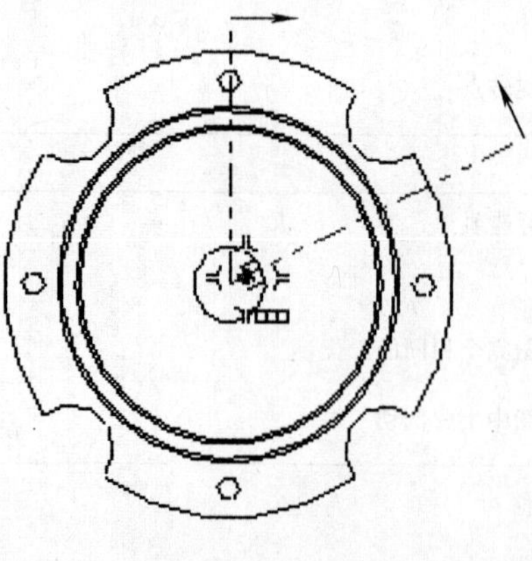

图 6-199　添加段

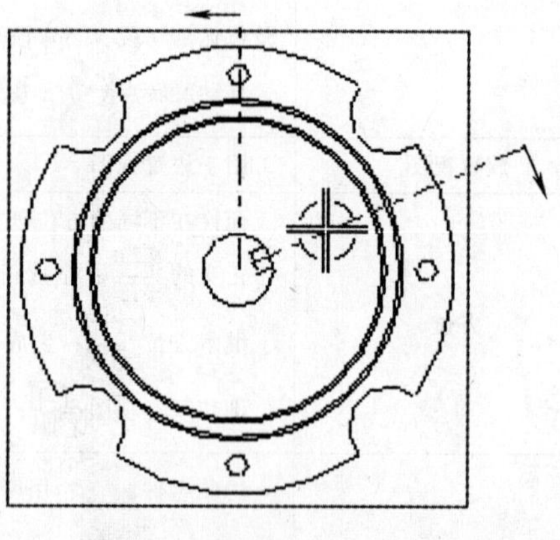

图 6-200　选择一条支线

（8）选择一个点以定义新的段，如图 6-201 所示。

（9）单击右键并选择【放置视图】。将视图拖动至希望的位置并单击以放置视图，最终结果如图 6-202 所示。

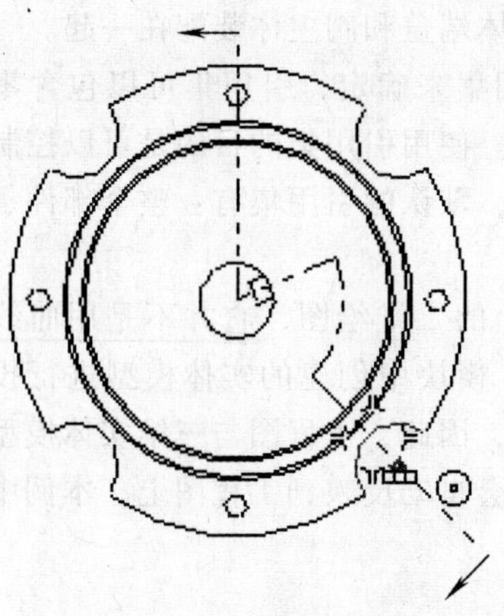

图 6-201 定义新的段

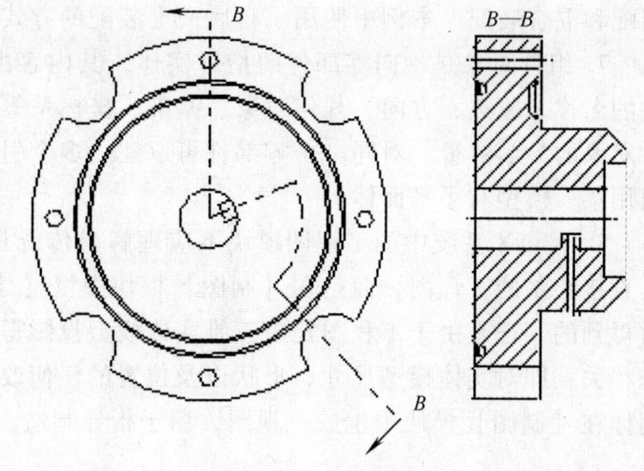

图 6-202 剖视图创建

6.9 项目小结

1. 本项目完成阀体零件建模、装配及制图的整个过程，并对重要知识技能点作了详细的介绍。

2. 在实体建模中，多数情况都会用到草图，在创建草图时，尽量为每一个草图建立一个基准坐标系。该草图与基准坐标系有关联，移动基准坐标系，与该坐标系有关联的草图对象都会跟着移动，这样可以方便的改变草图的定位位置。在建立草图对象时，尽量让草图对象完全约束，在约束时不要用【固定】约束，要用相切、相等长度、同心等几何约束和尺寸约束让草图对象完全固定。完全固定的草图对象可以进行参数化设计，通过修改尺寸约束方便地改变设计结果。

3. 在片体与实体之间进行灵活的变换，通常使用【增厚】、【抽壳】等命令生成等壁厚实体。

4. 在很多产品中都有成型孔，用于满足不同的功能需要，在 UG NX 中“孔”工具用于在已有实体模型上创建一个圆孔特征，最常见的是常规孔、螺钉间隙孔及螺纹孔。这三种类型的孔还可细分简单圆孔、沉头孔和埋头孔。在创建孔特征时需要指定孔的放置平面、孔的定位和孔特征本身的参数。放置平面可以是实体平的表面和基准平面，定位时需要选择定位方式，根据已知条件选择一种合适的定位方式。

5. 在 UG NX 中要创建镜像操作，最常用的有三种工具：【特征】工具条上的【实例几何体】；【特征操作】工具条上的【镜像特征】和【镜像体】。这三个命令都可以用来镜像，但这三个命令还是有一些细微的差别：【镜像特征】命令的镜像对象是特征，如孔、凸台等成型特征，圆角和斜角特征不能镜像；【实体几何体】和【镜像体】类似，都是用来镜像体，区别是【实体几何体】在镜像时可以创建镜像平面；【镜像体】需要已经存在一个基准平面，如果没有，需要先创建基准平面，再使用【镜像体】命令。

6. 任何一台机器都是由多个零件组成的，将零件按装配工艺过程组装起来，并经过调整、试验使之成为合格产品的过程，称为装配。装配有三种模式：自底向上装配、自顶向下装配和混合装配。本例中使用了自底向上装配的方式将阀体端盖和阀主体装配在一起。

7. 组件对象是指向零部件的指针实体，其内容由引用集来确定，引用集可以包含零部件的名称、原点、方向、几何对象、基准、坐标系等信息。使用引用集的目的是可以控制组件对象的显示数量。对同一个零部件可以建立多个引用集，默认的引用集有：整个部件、空引用集、模型和小平面体。

8. UG NX 系统中的工程图模块不应理解为传统意义上的二维绘图，它并不是用曲线工具直接绘制的工程图，而是在【制图】模块中将【建模】模块中创建的实体模型进行投影后得到的。正是由于工程图是由三维实体模型投影得到的，因此，工程图与三维实体模型完全相关，即对实体模型尺寸、形状以及位置的任何改变都会自动反映到工程图上。本例中将阀体在【制图】模块中生成三视图，用于指导制造。

6.10 实战训练

1. 螺纹命令如何使用？“符号螺纹”和“详细螺纹”有何区别？

2. 编辑特征参数命令如何使用？请举例说明。

3. 装配约束主要有哪几种类型，如何使用？

4. UG NX 工程图出图的一般流程是什么？

5. 根据图 6-203，创建三维模型，并以 6_203. prt 为文件名保存。

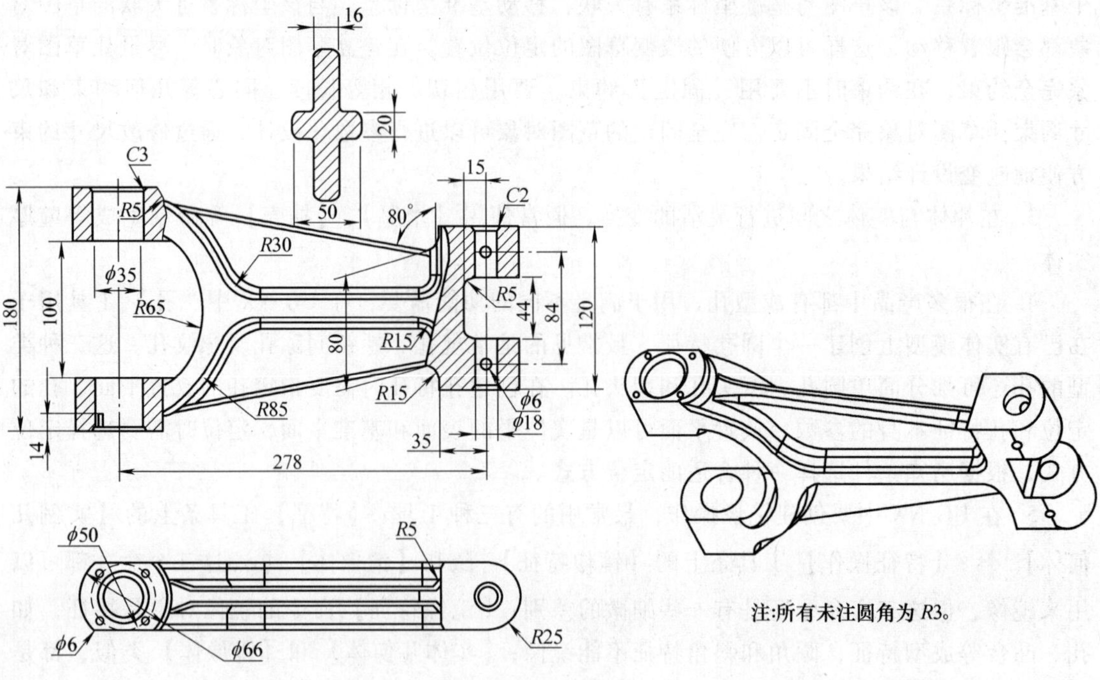

图 6-203　建模练习 1

6. 根据图 6-204、图 6-205，创建三维模型，将其组合成图 6-206 装配体，并设置爆炸图显示。

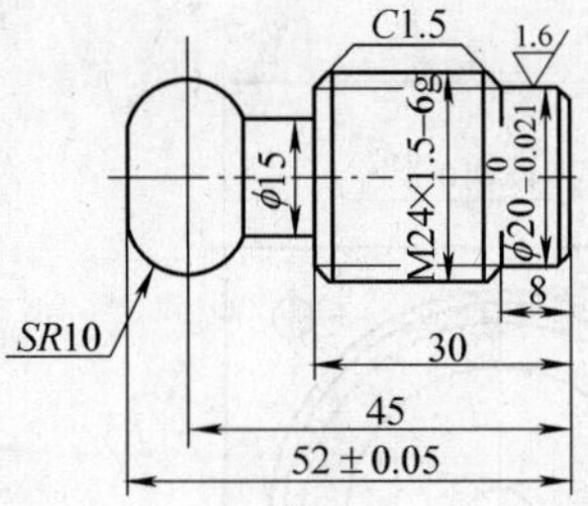

图 6-204　建模练习 2

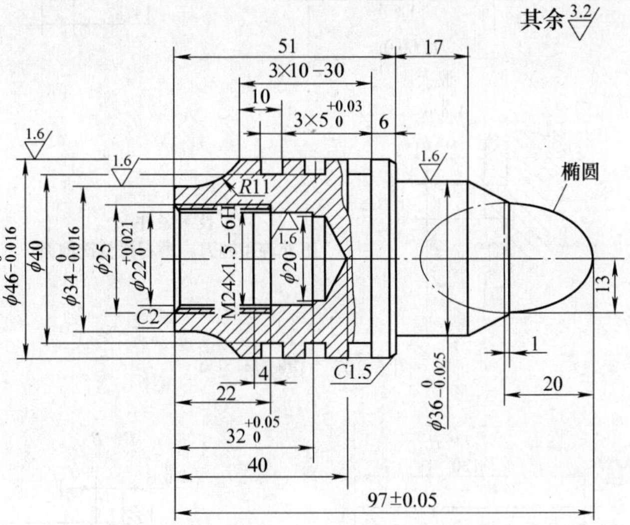

图 6-205　建模练习 3

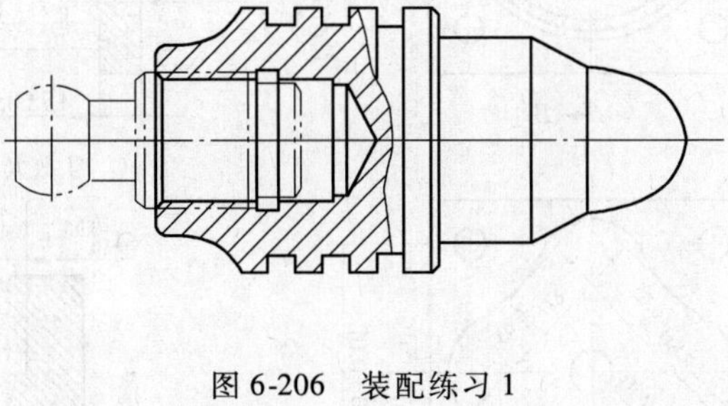

图 6-206　装配练习 1

7. 根据图 6-207 ~ 图 6-209，创建三维模型，将其组合成图 6-210 装配体，并设置爆炸图显示。

8. 根据图 6-211，创建三维模型，并将其生成工程图。

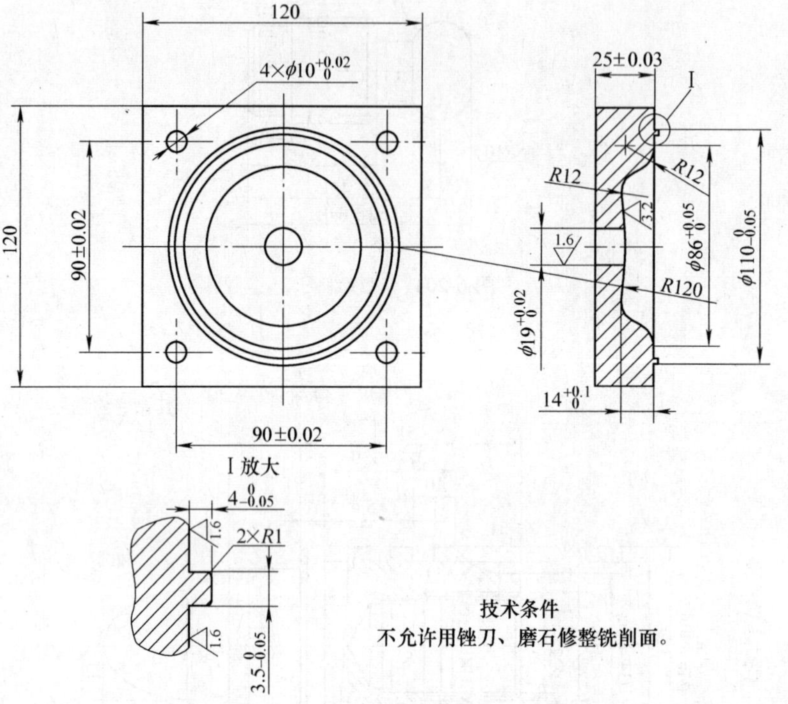

图 6-207　建模练习 4

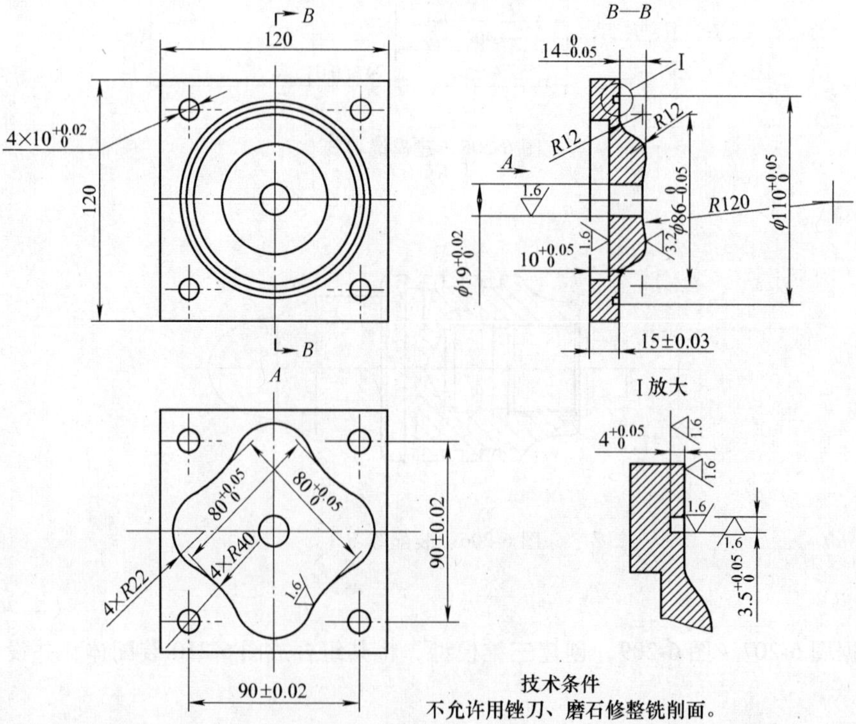

图 6-208　建模练习 5

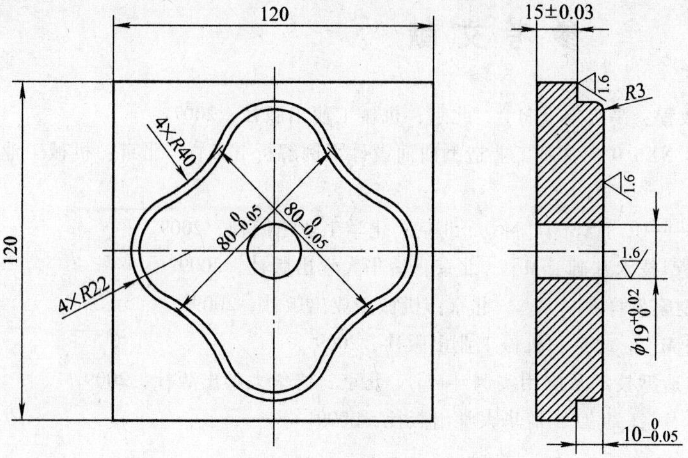

图 6-209　建模练习 6

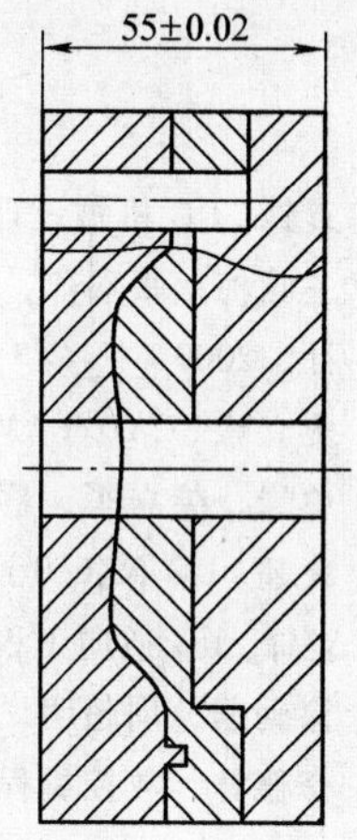

图 6-210　装配练习 2

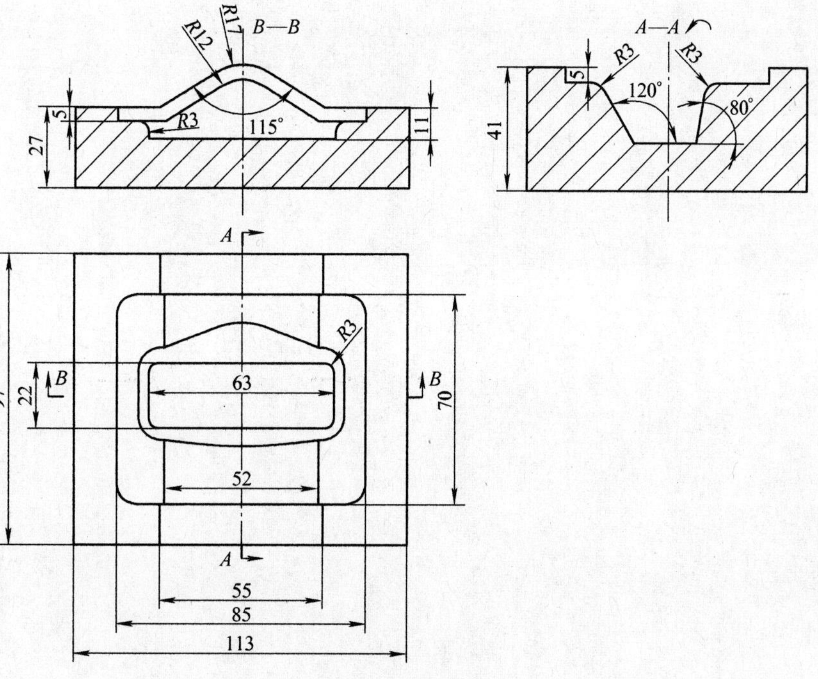

图 6-211　工程图练习

参考文献

[1] 袁锋 . UG 机械设计工程范例教程：高级篇 [M] . 北京：机械工业出版社，2007.

[2] 王咏梅，张瑞萍，胡家宏 . UG NX6.0 中文版工业造型曲面设计案例解析 [M] . 北京：机械工业出版社，2009.

[3] 史立峰 . CAD/CAM 应用技术——UG NX6.0 [M] . 北京：化学工业出版社，2009.

[4] 单岩，吴立军，蔡娥 . 三维造型技术基础 [M] . 北京：清华大学出版社，2009.

[5] 凌超 . UG NX6.0 逆向设计典型案例详解 [M] . 北京：机械工业出版社，2009.

[6] 袁锋 . UG 逆向工程范例教程 [M] . 北京：机械工业出版社，2009.

[7] 徐勤燕，周超明，单岩 . 逆向造型技术及应用实例 [M] . 北京：清华大学出版社，2009.

[8] 李德林 . 数控编程实例图解 [M] . 北京：清华大学出版社，2009.